权威·前沿·原创

皮书系列为
"十二五""十三五"国家重点图书出版规划项目

BLUE BOOK

智库成果出版与传播平台

中共中央党校（国家行政学院）国家高端智库皮书

黄河流域发展蓝皮书

BLUE BOOK OF THE YELLOW RIVER BASIN DEVELOPMENT

黄河流域高质量发展及大治理研究报告（2021）

ANNUAL REPORT ON HIGH-QUALITY DEVELOPMENT AND GOVERNANCE OF THE YELLOW RIVER BASIN (2021)

研　　创／中共中央党校（国家行政学院）课题组

主　　编／林振义

执行主编／董小君

社会科学文献出版社
SOCIAL SCIENCES ACADEMIC PRESS（CHINA）

图书在版编目（CIP）数据

黄河流域高质量发展及大治理研究报告. 2021/林
振义主编. -- 北京：社会科学文献出版社，2021.12
（黄河流域发展蓝皮书）
ISBN 978 - 7 - 5201 - 9344 - 3

Ⅰ.①黄… Ⅱ.①林… Ⅲ.①黄河流域 - 生态环境保
护 - 研究报告 - 2021 Ⅳ.①X321.22

中国版本图书馆 CIP 数据核字（2021）第 227835 号

黄河流域发展蓝皮书

黄河流域高质量发展及大治理研究报告（2021）

研　　创／中共中央党校（国家行政学院）课题组
主　　编／林振义
执行主编／董小君

出 版 人／王利民
组稿编辑／任文武
责任编辑／王玉霞
文稿编辑／李艳芳
责任印制／王京美

出　　版／社会科学文献出版社·城市和绿色发展分社（010）59367143
　　　　　　地址：北京市北三环中路甲 29 号院华龙大厦　邮编：100029
　　　　　　网址：www.ssap.com.cn
发　　行／市场营销中心（010）59367081　59367083
印　　装／天津千鹤文化传播有限公司

规　　格／开 本：787mm×1092mm　1/16
　　　　　　印 张：26　字 数：393 千字
版　　次／2021 年 12 月第 1 版　2021 年 12 月第 1 次印刷
书　　号／ISBN 978 - 7 - 5201 - 9344 - 3
定　　价／128.00 元

"黄河流域发展蓝皮书"编辑组

主　　编　林振义

执行主编　董小君

成　　员　(以姓氏笔画为序)

王　茹　王学凯　许　彦　杨丽艳　汪　彬

张　壮　张学刚　张建君　张品茹　张彦丽

赵春雨　贺卫华

主编单位　中共中央党校(国家行政学院)

协编单位　中共青海省委党校(青海省行政学院)

中共四川省委党校(四川行政学院)

中共甘肃省委党校(甘肃行政学院)

中共宁夏区委党校(宁夏行政学院)

中共内蒙古区委党校(内蒙古行政学院)

中共山西省委党校(山西行政学院)

中共陕西省委党校(陕西行政学院)

中共河南省委党校(河南行政学院)

中共山东省委党校(山东行政学院)

主编简介

林振义 哲学博士,中共中央党校(国家行政学院)科研部主任、副研究员。曾从事党的政策研究和党的基本理论研究等工作,多次参与党中央文稿起草,多次参与中央干部教育重要学习材料编写,在中央政策研究室《简报》《送阅件》《书刊摘报》《党建要报》上刊发多篇内参。编辑省部级领导干部学习习近平总书记系列重要讲话精神专题研讨班用书《习近平总书记十八大以来重要论述专题摘编》,组织编辑《习近平党校工作重要论述专题摘编》,组织采访编写反映习近平总书记成长历程的系列采访实录。撰写或参与撰写多部图书,在上海《科学》杂志发表多篇关于科学思维方式的论文,在《人民日报》《求是》《光明日报》《学习时报》发表多篇理论文章。主要成果:《思维方式与社会发展》(合著,社会科学文献出版社,2000)、《论新时期共产党员修养》(合著,上海三联书店,2002)、《江泽民科技思想研究》(合著,浙江科学技术出版社,2002)、《江泽民执政党建设思想概论》(合著,党建读物出版社,2005)、《向党中央看齐》(合著,人民出版社,2016)、《以习近平同志为核心的党中央治国理政新理念新思想新战略》(合著,人民出版社,2017)、《文化的解释》(合译,译林出版社,1999)、《个人印象》(合译,译林出版社,2013)。

董小君 经济学博士,博士生导师,中共中央党校(国家行政学院)经济学教研部副主任、二级教授。主要研究方向为金融风险与安全、宏观经济、低碳经济等。2009年获"新世纪百千万工程"国家级人选,2011年享受国务院政府特殊津贴，2015 年获全国"四个一批"国家级人才及国家"万人计划"哲学社会科学领军人才称号。主持国家自然科学基金、国家社会科学基金（重大专项、年度、咨询）、国家软科学基金等 8 项，主持世界银行、国务院、国家发展改革委、中国人民银行等委托的多项重大课题研究，参加国务院"十二五""十三五"规划的起草。在《中国社会科学》《人民日报》《管理世界》等报纸、期刊上发表论文 200 余篇，多次被人大复印报刊资料全文转载。出版《金融危机博弈中的政治经济学》《低碳经济与国家战略》《财富的逻辑》《金融的力量》等专著十多部。通过全国哲学社会科学规划办《国家高端智库报告》《成果要报》，中共中央党校《研究报告》、国家行政学院《送阅件》《白头件》，新华社《参考清样》，中国国际经济交流中心《要情》《智库言论》等平台向党中央和国务院报送决策咨询报告 80 余篇，获得中央领导肯定性批示，部分观点被有关部门采纳。

摘　要

　　黄河是中华民族的母亲河，让黄河成为造福人民的幸福河，对于中华民族伟大复兴战略全局具有重大标志性意义。党的十八大以来，习近平总书记高度重视黄河流域治理，多次实地考察黄河流域生态保护和发展情况，并就三江源、祁连山、秦岭等重点区域生态保护建设提出要求。2019 年 9 月 18 日，习近平总书记在郑州主持召开黄河流域生态保护和高质量发展座谈会，黄河流域生态保护和高质量发展成为重大国家战略。

　　《黄河流域高质量发展及大治理研究报告（2021）》由中共中央党校（国家行政学院）主持策划，全书包括总报告、指数报告、专题报告、区域报告、附录五个部分。

　　总报告从国家战略的历史契机、重大意义、战略目标等方面，重点阐述了黄河流域生态保护和高质量发展重大国家战略的总体要求，同时梳理了大江大河治理的国际经验。

　　指数报告由综合指数评价、类别指数分析组成。运用熵权法构建黄河流域生态保护和高质量发展的综合指数，综合指数整体呈上升趋势，但在不同省区间存在一定的差异；从生态环境保护、黄河长治久安、水资源节约集约利用、经济社会高质量发展和保护传承弘扬黄河文化五个方面，构建黄河流域生态保护和高质量发展的类别指数。

　　专题报告认为，黄河流域生态保护和高质量发展要统筹兼顾、综合施策，要不断增强系统性、整体性、协同性，从治理要求、治理目标、治理主体和治理导向几个维度牢牢把握协同推进大治理的发展主线。

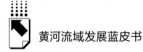

　　区域报告是黄河流域九个省区生态保护和高质量发展情况，九个省区各有功能定位。青海要肩负起保护黄河源头的重要责任，四川要助力黄河上游水源涵养，甘肃要打造黄河流域生态保护和高质量发展示范区，宁夏要建设黄河流域生态保护和高质量发展先行区，内蒙古要走好以生态优先和绿色发展为导向的高质量发展新路，山西要筑牢拱卫京津冀和黄河生态安全的重要屏障，陕西要铸造黄河流域生态保护之芯和高质量发展之核，河南要聚力"四区"协同的流域标杆，山东要绘就黄河下游高质量发展的齐鲁画卷，同时对黄河流域本省区段的发展现状、难题挑战做出系统分析，提出生态保护和高质量发展的对策建议。

　　附录部分是黄河流域生态保护和高质量发展综合指数、类别指数的具体数据。

　　关键词： 生态保护　高质量发展　大治理　黄河流域

前 言

　　黄河流域，具有悠久的人文、厚重的历史、辉煌的经济、脆弱的生态，治理黄河，让黄河成为造福人民的幸福河，对于中华民族伟大复兴战略全局具有重大标志性意义。新中国成立以来，党和国家对黄河流域治理和开发极为重视，把它作为国家的一件大事列入重要议事日程。黄河流域生态环境天然脆弱，水少沙多，自然禀赋较差，资源环境承载能力有限，党和国家对黄河流域水土流失和黄河水患进行了长期大规模综合治理，保障了黄河流域生态安全与经济社会发展。党的十八大以来，习近平总书记高度重视黄河流域治理，多次实地考察黄河流域生态保护和发展情况，并就三江源、祁连山、秦岭等重点区域生态保护建设提出要求。2019 年 9 月 18 日，习近平总书记在郑州主持召开黄河流域生态保护和高质量发展座谈会。2020 年 1 月，中央财经委员会第六次会议专题研究了黄河流域生态保护和高质量发展问题，2020 年 8 月 31 日，中央政治局会议审议了《黄河流域生态保护和高质量发展规划纲要》。由此，黄河流域生态保护和高质量发展与京津冀协同发展、长江经济带发展、长三角一体化发展、粤港澳大湾区建设等一系列区域协调战略上升为重大国家战略。

　　为学习贯彻习近平总书记关于黄河流域生态保护和高质量发展的重要指示，充分理解和把握黄河流域生态保护和高质量发展重大国家战略，推动黄河流域党校（行政学院）助力重大国家战略的落地实施，2020 年 11 月 29 日，中共中央党校（国家行政学院）与中共河南省委联合举办"黄河流域党校（行政学院）学习贯彻黄河流域生态保护和高质量发展重大国家战略

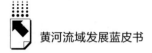

理论研讨会",取得了显著的社会影响和丰硕成果。与此同时,中共中央党校(国家行政学院)科研部组织经济学教研部、社会和生态文明教研部、黄河流域党校(行政学院)的专家学者,通力合作,共同撰写了《黄河流域高质量发展及大治理研究报告(2021)》书稿。

本书以黄河流域生态保护和高质量发展重大国家战略为切入点,重点对黄河流域生态保护和高质量发展做出评价,并提出大治理的对策建议,具有三个方面的特点。

一是全局与流域相结合。本书总报告从国家战略高度阐述黄河流域生态保护和高质量发展的总体要求,指数报告从整体角度构建黄河流域生态保护和高质量发展综合指数、类别指数,专题报告从宏观大治理视角提出协同推进黄河流域生态保护和高质量发展的对策建议,体现着全局的研究视角。区域报告从黄河流域各省区段视角出发,论述黄河流域途经的九省区生态保护和高质量发展的功能定位、现状和问题、对策建议,体现着流域的研究视角。

二是问题与对策相结合。黄河流域仍存在一些突出困难和问题,这些问题的表象在黄河,根子在流域。黄河流域九个省区,虽然主要目标任务相同,但对每个省区而言,其功能定位略有差异,推动黄河流域生态保护和高质量发展,更需要制定因地制宜的对策。本书既从国家宏观战略层面提出协同推进黄河流域生态保护和高质量发展的对策建议,又从区域微观策略层面提出针对各省区特点的对策建议,不仅提出问题,更提出解决问题的对策,体现着问题与对策相结合。

三是定量与定性相结合。评价黄河流域生态保护和高质量发展,需要基于理论选择适合的评价指标体系,本书运用极值处理法对所选指标进行无量纲化处理,通过熵权法对各项指标进行赋权,由此构建黄河流域生态保护和高质量发展综合指数、类别指数,并且各省区运用大量数据、图表进行阐述,体现着定量分析的方法。同时,各省区从本地区实际出发,阐述现状、剖析问题挑战,也体现着定性分析的方法。

本书由中共中央党校(国家行政学院)科研部组织策划,科研部主任林振义主编,经济学教研部副主任董小君主持并统稿,参与写作的有中共中央党校（国家行政学院）汪彬、王茹、王学凯，青海省委党校（青海省行政学院）张壮，四川省委党校（四川行政学院）许彦、裴泽庆、孙继琼、王伟、王晓青、封宇琴，甘肃省委党校（甘肃行政学院）张建君、张瑞宇、翟晓岩，宁夏自治区委党校（宁夏行政学院）杨丽艳、王雪虹，内蒙古自治区委党校（内蒙古行政学院）张学刚、代丹丹、张祝祥，山西省委党校（山西行政学院）赵春雨、聂娜、燕斌斌，陕西省委党校（陕西行政学院）张品茹、张倩、张爱玲、李娟、张维青、任璐，河南省委党校（河南行政学院）贺卫华、张万里、林永然、赵斐，山东省委党校（山东行政学院）张彦丽。中共中央党校（国家行政学院）科研部为本书的协调沟通、出版宣传等做出了大量工作和努力。社会科学文献出版社城市和绿色发展分社任文武社长、王玉霞编辑为本书的出版付出了大量辛劳，在此一并感谢！

诚然，时间紧迫，本书还有诸多提升空间，恭请读者批评指正！

中共中央党校（国家行政学院）课题组

2021 年 8 月

目 录

I　总报告

II　指数报告

III　专题报告

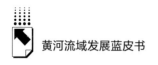
Ⅳ　区域报告

Ⅴ　附　录

皮书数据库阅读 **使用指南**

总 报 告

General Report

B.1

黄河流域生态保护和高质量发展总体要求

汪 彬*

摘　要：　黄河流域生态保护和高质量发展国家战略是新时代立足问题
　　　　　导向、促进区域协调发展、中央与地方上下结合达成一致而
　　　　　应时推出的区域重大战略。黄河流域生态保护和高质量发展是
　　　　　个系统工程，要借鉴大江大河治理的国际经验，推动以水资源
　　　　　为核心的自然资源开发利用和以跨行政区协调为重点的经济持
　　　　　续健康发展，通过系统治理、综合治理、协同治理，实现由行
　　　　　政辖区利益最大化向流域整体利益最大化转变，要构建协同治
　　　　　理长效机制，大力提高流域治理能力；要深刻把握机遇与挑
　　　　　战，破解流域协同发展的体制机制障碍；要加强黄河文化遗产
　　　　　发掘和保护，探索创新黄河文化传播新路径；要把握进入新发

---

* 汪彬，经济学博士，中共中央党校（国家行政学院）经济学教研部副教授、政府经济管理教
研室副主任，中国企业管理研究会理事、公共经济研究会理事，研究方向为城市与区域经济
学、产业经济学。

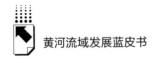
展阶段、贯彻新发展理念、构建新发展格局的重大逻辑，发挥黄河流域在"双循环"格局中的重大作用。

关键词： 生态保护　高质量发展　黄河流域

作为中华民族的母亲河，黄河流域具有悠久的人文、厚重的历史、辉煌的经济，但也存在着脆弱的生态。治理黄河，让黄河成为造福人民的幸福河，对于中华民族伟大复兴战略全局具有重大标志性意义。新中国成立以来，党中央、国务院极度重视黄河流域的治理和开发问题，始终把它列为一件大事，历史上，毛泽东、周恩来等党和国家领导人也多次亲临黄河视察并做出重要批示，其间，采取了一系列的举措，成立黄河规划委、编制治理开发规划、修建水利设施、治理黄河水道等，为保障黄河流域生态安全与经济社会发展奠定了良好基础。党的十八大以来，习近平总书记多次实地考察黄河，并对黄河流域重点生态功能区的三江源、祁连山、秦岭等做出重要批示、提出要求，为黄河流域生态保护和综合治理指明了方向，提供了根本遵循。2019 年 9 月 18 日，习近平总书记在郑州主持召开黄河流域生态保护和高质量发展座谈会。2020 年 1 月，中央财经委员会第六次会议专题研究了黄河流域生态保护和高质量发展问题。2020 年 8 月 31 日，中央政治局会议审议了《黄河流域生态保护和高质量发展规划纲要》。由此，黄河流域生态保护和高质量发展与京津冀协同发展、长江经济带发展、长三角一体化发展、粤港澳大湾区建设等一系列区域协调战略上升为重大国家战略。这些区域重大战略的实施，成为我国打造世界级创新平台和增长极的重要空间载体，成为推动区域经济优化布局和高质量发展的新动能。

一　黄河流域生态保护和高质量发展
国家战略应时而出

黄河流域是中华民族的主要发祥地、国家重要生态安全屏障、国家经济版图重要组成部分和巩固全面建成小康社会的重要区域。黄河流域生态保护和高质量发展重大国家战略，是习近平生态文明思想在黄河流域的具体体现，是以习近平同志为核心的党中央在新发展阶段构建高质量发展国土空间布局的大手笔之作，是对区域发展战略的丰富和完善，为新时代黄河治理和流域发展指明了前进方向，提供了根本遵循，注入了强大动力。

黄河流域对于推动我国经济社会发展，促进区域协调发展，保障国家生态安全方面具有十分重要的地位和重大的意义。黄河发源于青藏高原，流经九省区，全长5464公里，是我国仅次于长江的第二大河流。黄河流域九省区2019年底常住人口为4.22亿，占全国的30.13%，地区生产总值为24.7万亿元，占全国的24.97%。①

（一）立足现实背景，以问题为导向的区域重大战略

黄河流域生态保护和高质量发展战略，是党中央以黄河流域的历史和现实发展存在的诸多问题和突出矛盾为出发点，立足现实背景，以问题为导向，针对制约黄河流域高质量发展的短板和弱项，促进区域协调发展的大战略。改革开放40多年，历经几代人的努力，黄河流域生态保护和经济社会发展取得显著成效，通过实施天然林资源保护、三北防护林体系建设、退耕还林还草、黄土高原综合治理等一系列的重大生态工程，森林覆盖率、植被综合盖度明显提高，植被水源涵养能力显著提升，年入黄河泥沙减少4亿吨左右，黄河含沙量近20年累计下降超过八成，大大减轻了下游泥沙淤积的压力，入渤海水量年均增加约10%。尽管如此，由于黄河流域自身的特殊性和问题的复杂性，黄河流域生态保护和高质量发展及治理还存在一些尖锐的矛盾和突出的问题，既有西部地区的共性问题，也存在黄河流域自身特殊性问题，具体表现为以下几个方面。

一是黄河流域仍是生态脆弱区。黄河流经青海、甘肃、山西、山东等九省区，连接青藏高原、黄土高原、华北平原，以仅占全国2%的水资源量，承

---

① 习近平：《在黄河流域生态保护和高质量发展座谈会上的讲话》，《求是》2019年第20期。

担了全国 12% 的人口、15% 的耕地以及 50 多座大中城市的供水任务。① 中上游土地荒漠化、沙化和水土流失严重，荒漠化土地占全域面积的 25%，中下游环境污染严重，特别是渭河平原以及汾河、渭河等水质重度污染。整个流域水资源极度匮乏，水资源开发利用率为 80%，远超过国际 40% 的生态警戒线。

二是黄河流域是欠发达地区。黄河流域是全面建成小康社会的重点区域，也是少数民族聚集区域，贫困人口分布广、覆盖面大，是特困集中连片地区和"三区三州"深度贫困地区，是全国脱贫攻坚的主战场，也是精准脱贫的重中之重。从城乡居民收入水平也能看出黄河流域的相对落后面貌。2019 年黄河流域九省区，除山东省农村居民人均可支配收入（17775 元）和居民人均可支配收入（31597 元）均高于全国平均水平（分别为 16021 元、30733 元）外，其余地区无论城镇还是农村，居民人均可支配收入均低于全国平均水平（见图 1）。另外，黄河流域 60% 的地区地处西部，存在着西部地区发展落后具有普遍性的共性问题，产业结构单一，发展方式粗放，产业链条短，缺乏产业集群的规模效应；市场发育程度低、竞争能力弱，生产要素质量和效率不高，中心城市带动作用不足，南北差距分化明显，甚至存在城市收缩迹象。

三是黄河流域协调发展不足。黄河流域治理本质上是大江大河的治理问题，由于流域涉及多省区，是典型的跨行政区管理问题，需要实现跨区域治理和协同发展，由于受历史文化、行政管理体制和经济发达程度等综合性因素制约，目前黄河流域的治理和协同发展机制尚不健全，存在着块状分割的碎片化管理，加上经济发展和基础设施建设不均衡，尚未形成有效的分工协作机制，流域协同治理发展还存在较大距离。

（二）在国家层面推动落实城乡区域协调发展的区域重大战略

改革开放 40 多年，中国经济社会发生了历史性巨变，经济跃上新台阶，2010 年已经成为世界第二大经济体，2020 年国内生产总值突破 100 万亿元

---

① 《刘以雷：黄河流域生态保护和高质量发展意义重大》，经济参考网，http://www.jjckb.cn/2020 - 12/14/c_ 139588823. htm。

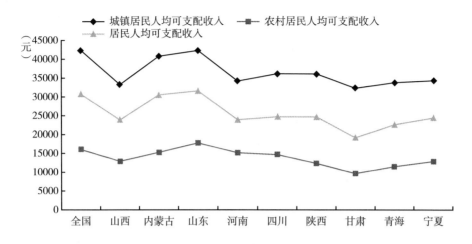

图1　2019年黄河流域各省区与全国城乡居民人均可支配收入状况

大关，中国是名副其实的制造大国，是拥有联合国产业分类中全部工业门类的国家，200多种工业产品产量居世界首位。尽管整体发展水平实现了量与质的飞跃，但是，经济社会快速发展所带来的城乡区域差距问题和矛盾日益凸显，发展不平衡不充分问题成为满足人民日益增长的美好生活需要的主要制约因素。鉴于此，近年来，国家高度重视城乡区域协调发展问题，从国家层面陆续出台了一系列促进区域协调发展的政策措施，党的十九大报告中专门提出了实施区域协调发展战略，2018年中共中央、国务院发布《关于建立更加有效的区域协调发展新机制的意见》，都旨在国家层面推动城乡区域协调发展，为满足人民美好生活需要提供政策支撑。尤其是党的十八大以来，以习近平同志为核心的党中央高瞻远瞩，实施了一系列区域重大战略，京津冀协同发展、长三角一体化、粤港澳大湾区等区域协调发展战略陆续上升为国家战略，成为国家意志。另外，在大江大河治理方面，国家立足"T形"发展思路，推出了长江经济带大战略，出台了《长江经济带发展规划纲要》，以"共抓大保护、不搞大开发"为原则，试图推动长江上中下游地区的互动协作，增强各项举措的关联性和耦合性，加强流域地区综合治理的系统性和整体性。这些国家战略的提出，都充分体现了中国经济发展到一定程度，具备了一定的经济实力，要统筹全局发展，以实施区域协调发展战略，补短板、强弱项，从而实现国民经济整体水平的提升。近些年来，南北差距分化问题日益凸显，经济增速"南快北慢"、经济比重"南升北降"，人口要素分布仍未突破传统的胡焕庸线，黄河流域生态保护和高质量发展上升为国家战略，也旨在提升北方地区经济实力，尤其是提高相对贫困落后的黄河流域经济社会发展水平，这既是落实区域协调发展战略的重大体现，也是实现社会主义国家共同富裕目标的价值追求。

（三）上下结合、中央与地方达成一致共识的区域重大战略

黄河流域生态保护和高质量发展上升为国家战略，是中央和地方、上下相互结合而达成统一共识的区域重大战略。无论是国际经验还是国内发展现实需求，空间形态的竞争已经由单个城市的竞争转变为跨区域合作的都市圈、城市群的竞争，国民经济整体竞争力的提升不再是简单地依赖于传统的行政区经济，跨区域的经济功能区成为重要的空间载体，成为驱动中国经济社会发展的重要增长极，因为传统的行政区经济有其发展的局限性，在特定的空间范围内，以本地利益最大化为出发点，必然导致要素资源自由流动受限，资源要素配置并非最优，经济效率低下。因此，以整体利益最优，追求跨区域合作与协同发展，实现"1+1＞2"的发展模式成为驱动未来经济社会发展的重要途径。近些年，无论是国家层面还是地方政府，越来越重视跨区域合作，跨边界的交流、合作活动与日俱增，成为推动经济发展的必然趋势。国家层面制定出台了区域协调发展新机制、城乡融合发展体制机制、要素市场化配置的体制机制等促进区域一体化发展的政策。另外，从空间形态优化方面，还制定了城市群一体化、都市圈同城化等战略规划，在此发展背景下，各地在紧锣密鼓地出台省级、市级层面的区域协调发展战略和城镇空间一体化战略，这些战略规划和政策措施的出台，都充分体现了跨区域协调发展的现实迫切需求和未来发展趋势。因而，黄河流域生态保护和高质量发展战略的出台旨在打破行政区界限，突破行政壁垒，挖掘合作共赢、资源优势互补的区域经济增长新潜能，这是中央强力推动与地方迫切需求相契合而达成的战略共识，是构建循环畅通国民经济的必然要求。

二 黄河流域生态保护和高质量发展的 重大战略意义

黄河流域生态保护和高质量发展是关系中华民族伟大复兴的千秋大计。党的十八大以来，党中央着眼于生态文明建设战略全局，遵循自然规律，结合实际情况，确立了"节水优先、空间均衡、系统治理、两手发力"的治水思路，采取了一系列行之有效的战略举措，黄河流域的水沙治理取得显著成效，生态环境持续明显向好，经济发展水平不断提升，百姓生活发生很大变化。但是，由于先天不足，黄河一直体弱多病，水患频繁，制约黄河流域生态环境和高质量发展的突出矛盾和问题依然存在。这既有黄河资源禀赋差的客观因素，也有后天失养的人为因素，破解这一问题，关键是要推动黄河的系统治理和全流域治理。2019 年 8 月，习近平总书记在甘肃考察时强调，"治理黄河，重在保护，要在治理"，要统筹推进各项工作，加强协同配合，共同抓好大保护，系统推进大治理。

（一）探索大江大河生态保护治理路径的新标杆

古今中外，人类经济社会的发展历程总是伴随着大江大河的开发和治理。历史上，我国江河洪水灾害频繁，危害严重。对于黄河流域而言，亦是如此。回顾黄河治理历史，从某种意义上说，中华民族治理黄河的历史也是一部治国史。历史上，黄河三年两决口、百年一改道。据统计，从先秦到新中国成立前的 2500 多年间，黄河下游共决溢 1500 多次，改道 26 次，北达天津，南抵江淮。长期以来，受生产力水平和社会制度的制约，再加上自然灾害频发、人为破坏，黄河水害严重，给沿岸百姓带来深重灾难，屡治屡决的局面始终没有得到根本改观，黄河沿岸人民的美好愿望一直难以实现。[1]从现实看，洪水风险依然是黄河流域的最大威胁。黄河流域"地上悬河"

---

① 习近平：《在黄河流域生态保护和高质量发展座谈会上的讲话》，《求是》2019 年第 20 期。

形势严峻，下游地上悬河长达 800 公里，上游宁蒙河段淤积形成新悬河；下游滩区是黄河滞洪沉沙的场所，防洪运用和经济发展矛盾长期存在；下游防洪短板突出，洪水预见期短、威胁大。另外，黄河流域存在着过度开发的问题，中下游地区的工业生产、农业面源污染和生活污水造成流域的水质普遍较差。黄河流域用水供需矛盾较为突出，水资源保障形势严峻。数据资料显示，黄河流域的水资源总量不到长江流域的 7%，人均占有量仅为全国平均水平的 27%。加上现有水资源的利用较为粗放、农业用水效率不高、水资源开发利用率过高等，这一系列问题都成为困扰黄河流域生态保护和流域综合治理的瓶颈。

因此，要深刻分析黄河长期以来久治难愈的复杂根源，准确把握大江大河的治理规律，借鉴国际上流域治理的先进经验，推动黄河流域治理迈上新台阶。要提高防洪减灾能力，发挥水利枢纽工程灌溉、调蓄径流的作用，建设分洪、蓄洪区，调节洪水，减轻洪灾，修筑河堤，疏浚河道，便利航运和防洪。加大植树造林力度，保护自然植被，增强涵养水源功能，减少水土流失及河道泥沙淤积。加强流域生态环境治理。提高城市化地区集中人口和经济要素的承载功能，调整和优化产业结构，促进产业转型升级，加大节能减排技术改造，减轻工业和生活排放强度，缓解人类生产、生活行为对生态空间造成的挤压。无论是从黄河治理历史还是从现实发展情况看，唯有"大保护"与"大治理"并重，才能推动流域合理保护与开发，才能从根本上解决好黄河流域生态保护和高质量发展的问题。

（二）化解区域发展不平衡不充分问题的重要空间抓手

党的十九大对我国社会主要矛盾做出了精准的判断，人民日益增长的美好生活需要和不平衡不充分的发展之间的矛盾已经成为新时代的主要矛盾，其中，城乡区域发展不平衡不充分问题已经成为制约中国经济社会发展的突出矛盾。黄河流域是中国第二大流域，流域面积广、人口数量大、经济占比高、资源储量足，是中国区域经济发展的重要板块和增长极，推动黄河流域生态保护和高质量发展，关系区域协调发展和经济社会高质量发展。与东部沿海发达地区相比,目前黄河流域是落后欠发达地区,还存在着诸多的短板和弱项。从整体上看,黄河流域多数省份为欠发达地区,其中西部省份占绝大多数。黄河流经的九省区中青海、四川、甘肃、宁夏、内蒙古、陕西六个省区为西部地区,西部省份占比达到2/3。从经济发展角度看,这些地区经济发展落后,2019人均地区生产总值统计指标显示,沿黄省区全部低于全国平均水平,其中,人均地区生产总值最高的山东省仅为7.07万元,略低于全国的7.09万元。贫困问题始终是制约沿黄流域地区发展的重大问题,"三区三州"大部分分布在这些地区,全国14个集中连片特困地区有5个涉及黄河流域,① 黄河流域地区是全国脱贫攻坚的主战场。只有将这些地区全面建成小康社会,才能真正实现全国的脱贫攻坚任务。当然,2020年全国所有贫困县都已经脱贫摘帽,下一步要巩固沿黄西部省份脱贫攻坚成果,全面推进乡村振兴战略,做好巩固脱贫攻坚成果同乡村振兴有效衔接工作,抓住党的十九届五中全会中提出的在西部地区脱贫县中集中支持一批乡村振兴重点帮扶县的战略机遇,增强自身巩固脱贫成果及内生发展能力。另外,黄河流域地域跨三大地带,经济发展水平内部差距大、呈明显梯度。沿黄九省区横跨东、中、西三大地带,其中六个省区为西部地区,山西、河南为中部地区,山东为东部地区,黄河流域的内部发展差距大,2019年人均地区生产总值最高的山东省为70652.62元,人均地区生产总值最低的甘肃省为32994.56元,前者是后者的2.1倍(见图2)。源头的青海省玉树州与入海口的山东省东营市人均地区生产总值相差超过10倍。② 因此,推动黄河流域生态保护和高质量发展不仅是事关全国层面的区域协调发展问题,补上全国经济发展的短板和弱项,也是推动黄河流域内部协调发展的重大战略,是事关全局的大战略。可以说,解决了黄河流域的保护与发展问题,就牵住了补齐我国经济社会发展短板的"牛鼻子"。

① 习近平:《在黄河流域生态保护和高质量发展座谈会上的讲话》,《求是》2019年第20期。
② 习近平:《在黄河流域生态保护和高质量发展座谈会上的讲话》,《求是》2019年第20期。

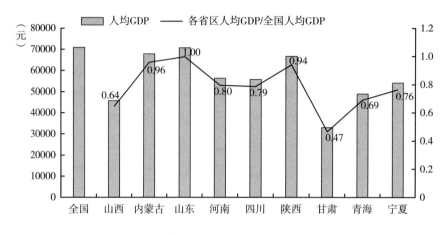

图2　2019年黄河流域各省区与全国人均GDP水平比较

（三）探索区域特色高质量发展新路径的重要示范区域

我国已经进入了高质量发展阶段，高质量发展阶段下的发展理念、动力、方式都发生了转变，为适应高质量发展要求，中央对地方的考核指标体系也发生了变化，在全国一盘棋的统一思想指引下，各地政府也在积极探索高质量发展的新路径，由于各地所处的城镇化和工业化发展阶段不同，区位条件、资源状况、要素禀赋不一，高质量发展的路径也有所不同。与全国平均水平相比，黄河流域九省区在经济发展水平、城镇化、工业化、产业结构方面还相对落后，存在着差距。

工业化阶段是衡量一个国家或地区的经济发达成熟度的重要指标，国际上也有通行的综合指标加以衡量，主要包括人均收入水平（人均GDP或人均生产总值）、产业结构变化、农业从业人员比重、工业结构高度化等。按照美国经济学家钱纳里等人的划分方法，工业化进程大致可以分为工业化初期、中期和后期三个不同的阶段。根据指标测算，我国整体已经进入了后工业化阶段。但是，沿黄九省区工业化进程仍然滞后于全国平均水平，只有山东已经进入工业化后期阶段，山西、内蒙古、河南、四川、陕西、青海、宁夏处于工业化中后期阶段，甘肃还处于工业化前中期阶段（见表1）。

表1　2019年黄河流域九省区与全国工业化指标比较

指标 地区	人均GDP （元）	人均GDP （美元）	三次产业增加值构成（%）			第一产业 从业人员 占全社会 从业人员 比重（%）	人口城市 化率（%）
			第一产业	第二产业	第三产业		
全国	70892.00	10279.09	7.11	38.97	53.92	25.10	60.60
山西	45724.00	6629.84	4.80	43.80	51.40	35.04	59.55
内蒙古	67852.13	9838.35	10.80	39.60	49.60	41.83	63.40
山东	70652.62	10244.41	7.20	39.80	53.00	27.80	61.51
河南	56387.84	8176.06	8.50	43.50	48.00	35.36	53.21
四川	55774.00	8087.06	10.30	37.30	52.40	35.10	53.79
陕西	66649.02	9663.90	7.70	46.50	45.80	38.11	59.43
甘肃	32994.56	4784.11	12.00	32.80	55.10	52.97	48.49
青海	48981.46	7102.16	10.20	39.10	50.70	31.92	55.52
宁夏	54217.00	7861.30	7.50	42.20	50.30	39.41	59.86

注：山东、河南、宁夏第一产业从业人员占全社会从业人员比重数据为2018年数据。按2019年度平均汇率美元与人民币1∶6.8967进行折算。

在生态环境保护和资源约束趋紧的条件下，黄河流域要积极探索适合黄河流域资源禀赋的产业发展新路子，立足比较优势条件，构建符合高质量发展的动力系统，结合资源禀赋、历史底蕴、区位条件、产业基础，遵循"宜水则水、宜山则山，宜粮则粮、宜农则农，宜工则工、宜商则商"的发展原则，积极探索富有地域特色的高质量发展路径。黄河流域地域面积广、地区差异大，各地要在主体功能区规划的基础上找准定位，上游的三江源、祁连山等重要生态功能区的重点功能定位是保护生态、涵养水源，提供和创造更多绿色生态产品，要限制或禁止发展工业，不允许高强度的工业开发。河套灌区、汾渭平原等粮食主产区要发挥"国家粮仓"功能，重点发展现代化农业，积极配合国家做好"藏粮于地、藏粮于技"战略，提高农产品质量和品质，为新发展阶段保障国家粮食安全作出贡献。黄河流域拥有郑州、济南、西安、太原等区域中心城市，以及中原城市群、山东半岛城市群、关中城市群等国家级城市群，这些经济发展条件好的城市化地区要朝着规模化、集约化发展方向，进一步提高承载更多经济和人口要素的能力，更有效率地推动基础设施和公共服务均等化。[①]

（四）构建跨区域流域协同治理新机制的重要典范

黄河流域生态保护和高质量发展的关键在于治理，出路在于协同。由于流域是一个跨区域的空间地理范围，而非简单的行政区划概念，要跳出狭隘的本位主义思维，推动黄河流域的大保护、大发展、大治理，推动实现协同治理、系统治理。在传统的政绩观和行政区划经济导向下，各地开展 GDP 锦标赛，竞争远大于合作，导致狭隘的本位主义盛行，以辖区内的利益最大化为出发点，忽视全局利益，容易引发只顾自身利益而损害全局的情况。黄河流域涉及上中下游整个流域的发展，如果上游地区只顾本地发展，过度开发、粗放发展，那么就会导致水土流失、荒漠化、环境污染等严重影响中下游地区人民生产、生活的状况，如果只顾本地利益，破坏黄河流域整体的生态环境，损害的不仅是其他地区的利益，更是整个黄河流域的利益。因此，推出黄河流域生态保护和高质量发展的本质是要推动跨区域协同发展和生态保护，探索区际利益补偿机制，实现区域协调发展。比如，黄河流域上中游省区为国家生态安全和粮食安全作出了重大贡献和牺牲，应通过全流域统筹协调发展，支持上中游省区发挥比较优势，发展特色农业和生态产业，限制发展工业等污染产业。但是，国家层面或下游省份要通过转移支付、生态补偿等多种方式对上中游省份进行利益补偿，保障生态脆弱和农业核心区的基本公共服务水平与其他地区大体相当。[②]

（五）畅通国内国际双循环构建新发展格局的重要动脉

构建新发展格局要实现生产、分配、流通、消费等各环节的全面畅通。作为中国经济社会发展中具有举足轻重的增长极，黄河流域要在构建新发展

---

① 习近平：《在黄河流域生态保护和高质量发展座谈会上的讲话》，《求是》2019 年第 20 期。

② 马庆斌、陈妍：《推动黄河流域高质量发展》，光明网理论频道，https：//theory.gmw.cn/2019－10/17/content_ 33241799. htm。

格局中发挥重要作用，体现重要地位。从生产角度看，黄河流域资源丰富，是农业生产、生态产品和工业生产的重要空间，黄河流域是我国重要生态屏障和"国家粮仓"。青海、甘肃、内蒙古等西北地区是我国重要的生态屏障，是国家主体功能区中生态产品主要提供区，拥有青海三江源国家森林公园等一批国家级森林公园。河南是国家重要的粮食主产区。从需求角度看，沿黄区域人口多，2019年黄河流域九省区常住人口规模为4.22亿人，占全国人口规模的30.13%，是人口红利最富集的地区之一。其中，山东、河南是中国的人口大省，人口规模均接近1亿人，分列全国人口规模第2、第3位，人口规模大既为产业发展提供了丰富的劳动力，又蕴含着巨大的消费市场，具有强大的本地市场效应，这正符合形成新发展格局中构建完善的内需体系的需要（见图3）。从流通体系角度看，河南、山东是全国重大交通枢纽中心和大通道，是全国物资流通的重要枢纽，是实现物畅其流、人畅其行的重要通道。黄河流域所处的交通区位和发达的交通网络，不仅能够为本区域发展提供强大的物流支撑，也为构建现代化流通体系提供了强大支持。因此，要夯实黄河流域的交通基础设施，发挥交通枢纽功能，畅通现代流通体系，为构建新发展格局作出贡献。

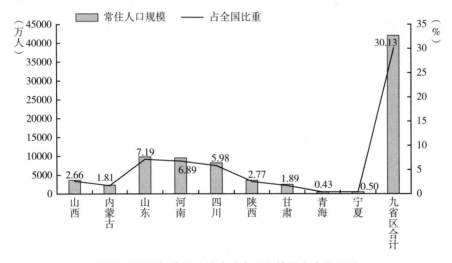

图3 2019年黄河流域常住人口规模及占全国比重

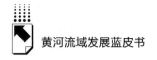

三 黄河流域生态保护和高质量发展的战略目标

推动黄河流域生态保护和高质量发展是个系统工程，需要久久为功。要立足现实问题，以构建协同治理长效机制为抓手，大力提高流域治理能力。要深刻认识黄河流域高质量发展面临的困难与机遇，破解协同发展的体制机制障碍。要加强黄河文化遗产发掘和保护，探索创新黄河文化传播路径，让黄河文化的根魂永久延续。要把握进入新发展阶段、贯彻新发展理念、构建新发展格局的重大逻辑，发挥黄河流域在"双循环"格局中的重要作用。

（一）加强黄河流域生态协同治理长效机制等重大问题研究，推进黄河治理体系和治理能力现代化

黄河流域在中国的空间版图中具有重大的历史和现实意义。黄河是中华民族的母亲河。历史上，黄河曾是给中华民族带来深重灾难的"心腹之患"，黄河所经之处，是我国生态脆弱区分布面积最大、脆弱生态类型最多和生态脆弱性表现最明显的区域，深刻改变了华北地区的自然面貌，给沿岸地区带来了巨大的水患灾害。① 从现实看，黄河流域的区域地理位置十分重要，承东启西、贯通南北，是推动区域协调发展的重要空间载体。无论是从历史还是从现实看，推进黄河流域生态保护和高质量发展都是完善中国空间治理，构建新时代空间布局优化的重要战略举措。党的十九届四中全会提出了国家治理体系和治理能力现代化的制度框架设计，明确了构建面向社会主义现代化国家的治理体系和治理能力体系，国家治理落实到区域和空间层面，就是要完善空间治理，推动空间治理体系和治理能力现代化。对于流域治理而言，就是要推动建立黄河流域的综合治理体系，提高流域治理能力，就目前而言，就是要处理好以下几对关系。

---

① 艾少伟：《黄河：中华民族的母亲河》，《中国民族报》2021 年 1 月 15 日。

第一对关系是"水"与"沙"的关系，确保防洪安全必须治理好水沙关系。洪水风险依然是黄河流域的最大威胁。确保黄河防洪安全、长治久安始终是黄河治理的重中之重。黄河流域水少沙多、水沙关系不协调，这是黄河流域复杂难治的症结所在。黄河水害隐患像一把利剑悬在头上，要保障黄河长久安澜，必须紧紧抓住水沙关系调节这个"牛鼻子"。[1] 统筹兼顾，完善上游防洪工程体系，完善沿黄城市防洪工程体系建设，推进水库加固和山洪灾害防治，提高防洪减灾能力。要完善水沙调控机制，解决流域治理中普遍存在的"九龙治水、分头管理"的顽疾，实施有针对性的河道和滩区综合提升治理工程，减缓黄河下游淤积，确保黄河沿岸安全。

第二对关系是"水"与"产"的关系，要做到以水定产，提高水资源集约利用率。黄河水资源严重短缺、时空分布不均衡，从现有的"水""产"关系来看，黄河流域水资源开发利用率过高，长期超过流域水资源承载能力，严重制约了黄河流域生态保护和高质量发展。因此，要进行统筹规划、系统谋划、综合治理，坚持"以水定城、以水定地、以水定人、以水定产"的系列原则，把水资源作为最大的刚性约束，在科学测定水资源总量的基础上，合理规划黄河流域的人口、城市和产业发展的容量和承载力，从供需两端同时入手解决水资源的供需矛盾，坚决抑制不合理的用水需求，通过节水技术应用推广提高全社会节水能力，推动用水方式向集约高效转变。

第三对关系是处理好"大保护"与"大治理"的关系。保护与治理是辩证统一的，保护是目的，治理是手段，二者统一于黄河流域的可持续发展和高质量发展。没有良好的生态环境，高质量发展就无从谈起，没有高质量的发展，也无法真正实现生态环保和可持续发展。当然，由于黄河流域各段所处环境有所差异，各省区在黄河流域生态保护和高质量发展上的功能定位不同，黄河上游重点在于水源涵养功能，黄河中游侧重于水土保持功能，黄河下游侧重于湿地保护和生态治理（见表2）。当然，整个黄河流域都需注

---

① 习近平：《在黄河流域生态保护和高质量发展座谈会上的讲话》，《求是》2019 年第 20 期。

重生态保护和高质量发展，要遵循"注重统筹、有所区分、因地制宜、协同治理"的原则。①

表2　黄河流域九省区功能定位

省区	功能定位
青海	肩负起保护黄河源头的重要责任
四川	助力黄河上游水源涵养
甘肃	打造黄河流域生态保护和高质量发展示范区
宁夏	建设黄河流域生态保护和高质量发展先行区
内蒙古	走好以生态优先和绿色发展为导向的高质量发展新路
山西	筑牢拱卫京津冀和黄河生态安全的重要屏障
陕西	铸造黄河流域生态保护之芯和高质量发展之核
河南	聚力"四区"协同的流域标杆
山东	绘就黄河下游高质量发展的齐鲁画卷

（二）深刻认识黄河流域高质量发展面临的困难与机遇，破解协同发展的体制机制障碍，构建黄河流域新发展格局

"九龙治水、分头管理"由来已久，是大江大河水资源管理的老大难问题。与长江流域大开发存在的一些共性问题类似，黄河流域也存在着多头管理、碎片化监管、缺乏整体协同效应等问题。一方面，水资源和流域经济的特点决定了多部门管理的特殊性和必要性，水资源管理涉及部门众多，水利部、流域管理委员会、地方政府都是管理部门，也是利益相关主体，各部门各自为政，交通、环保、水利等各部门都是流域管理相关主体，各部门都根据其自身职责，谋求自身利益最大化。由于缺乏完善的流域管理体制，难以达成流域发展的协同效应。对于黄河而言，沿黄九省区、十多个部门来管理

---

① 关于黄河上中下游划分，根据新中国成立以来出版的《黄河卷》《黄河300问》《黄河年鉴》《河南省志》，以及2008年国务院批复同意的《黄河流域防洪规划》，黄河上游为源头至内蒙古托克托县河口镇，黄河中游为内蒙古托克托县河口镇至河南荥阳市桃花峪，黄河下游为桃花峪以下至入海口。

黄河、利用黄河，加上黄河流域本身自然资源禀赋较差，水资源保障能力较弱，黄河流域治理难度更加突出。另一方面，黄河不同流域地段的功能定位不同、存在问题各异，应该分类施策、综合治理。从黄河上游来看，主要存在生态系统退化、水源涵养功能降低的问题。从黄河中游来看，主要存在水土流失严重，汾河等部分支流的水体污染问题突出。从黄河下游来看，主要存在生态流量偏低、河口湿地萎缩的问题，加之该流域地区是城镇、工业的集中地，导致黄河流域的工业、城镇生活和农业面源三方面污染严重。因此，要想从根本上解决黄河流域治理问题，需要各部门、各地区共同商量、互相监督、协调一致，不能部门主义、本位主义，不能各自利益最大化，要齐抓共管。

流域是典型的山水林田湖草有机生命体，无论是保护、治理，还是流域产业布局和城市规模建设等，都需坚持生态系统的整体性原则，统筹规划和实施。因此，各部门、各地区、各方面要达成共识，加强部门和地区的协同联动，从实现黄河水资源管理目标的生态系统整体性、源头根本性和流域系统性出发，加强生态环境修复和保护，强化山水林田湖草的协同治理，推动黄河流域上中下游的互动协作，制定各项关联性、耦合性强的重大举措，把水资源作为黄河流域经济社会发展最大的刚性约束。在流域综合治理过程中，健全流域管理体制是治理取得实效的关键制度保障，要创新流域综合治理的体制机制，坚持"中央统筹、省负总责、市县落实"的工作机制，形成中央、省、市县多层级协同治理的工作机制。除了政府这只手之外，还可以充分发挥市场机制的调节作用，诸如完善黄河水价形成机制，提升全流域水资源利用效率。

（三）加强黄河文化遗产发掘和保护，探索黄河文化传播路径创新，弘扬黄河文化时代价值，让黄河文化的根魂永久延续

黄河是一条孕育伟大文明的河流，是中华文明的重要象征。黄河流经青藏高原、黄土高原和华北平原三大地形阶梯及三大自然地貌，以奔腾之势塑造着黄河流域独特的地理环境，成为孕育中华文明的摇篮。千百年来，奔腾不息的黄河同长江一起，哺育着中华民族，一同孕育了历史悠久的中华文明。早在上古时期，炎黄二帝的传说就产生于此。在我国5000多年文明史

上，黄河流域有3000多年是全国政治、经济、文化中心，并且孕育了河湟文化、河洛文化、关中文化、齐鲁文化等。黄河文化是中华民族的根和魂，积淀了中华民族深层的文化基因，保护传承弘扬黄河文化对坚定文化自信，提升中华民族凝聚力、向心力，实现中华民族伟大复兴和永续发展，具有十分重要的意义。黄河流域生态保护和高质量发展不仅要做好开发与保护工作，还要立足黄河母亲河的特殊历史文化背景，研究黄河流域的辉煌历史和文脉渊源，保护传承弘扬黄河文化，这既是坚持文化自信的应有之义，也是彰显黄河灿烂文化的重要内容。

因此，要把黄河文化保护好、传承好、弘扬好，延续历史文脉。各地要落实好《黄河文物资源保护利用专项规划》，推进黄河文化遗产的系统保护，加大财政投入，加强保障措施，实施黄河文化遗产系统性保护工程，做好文物保护修复工作。加强对黄河历史文化的对外形象宣传工作，突出黄河文化的历史厚重感，增强黄河文化的亲和力，深入挖掘黄河文化蕴含的时代价值，讲好"黄河故事"。要深入研究黄河文化的丰富内涵，推动优秀传统文化创造性转化、创新性发展，通过创作黄河题材的精品纪录片、融合黄河文化元素、开展大江大河文明论坛等各种方式，探索创新黄河文化传播路径，打造黄河文化符号、文化品牌。

（四）把握进入新发展阶段、贯彻新发展理念、构建新发展格局的重大逻辑，发挥黄河流域在加快形成以国内循环为主体，国内国际相互促进的双循环格局的重要作用

构建新发展格局是进入新发展阶段的重要特征和内容，是事关"十四五"时期，甚至未来几十年建设社会主义现代化全局的重大战略，是一项我国主动作为的长期性重大战略任务。构建以国内大循环为主体，就是要发挥我国幅员辽阔、战略腹地广阔和超大规模市场的优势，以扩大内需为战略基点，深化供给侧结构性改革，实现国民经济的畅通循环。黄河流域作为中原腹地，承东启西、连通南北，在构建新发展格局中要明确自身的发展定位，积极探索推动畅通国民经济循环的有效途径。首先，从总体定位上，黄

河流域要紧扣新发展格局的内涵，推动实现需求牵引和供给创造有机结合，从流域整体上推进上中下游的协同联动发展，重点要加强生态环境保护、基础设施互联互通和公共服务共建共享等重大工程项目。其次，与东部沿海发达地区相比，黄河流域经济社会发展水平不高，落后地区较多，今后要进一步推进城镇化建设，以县城、中心城市、都市圈、城市群为主要空间载体，提升城镇化的数量和质量，提高集聚水平和承载能力，巩固提升脱贫攻坚成果同乡村振兴有效衔接，推动落后地区赶上全国经济发展水平。推动城乡融合发展，以公共服务均等化为目标，加大财政投入力度，提升就业、教育、社保、医疗等公共服务共享程度，扎实推动共同富裕。最后，在畅通国民经济循环方面，要发挥黄河流域的运输通道功能，加强完善交通基础设施，构建便捷绿色安全的综合交通网络，构建统一开放有序的运输市场，优化调整运输结构，创新运输组织模式。

四 大河大江治理的国际经验

古代文明主要诞生在适合农业耕作的大江大河流域。黄河文明与世界上著名的尼罗河文明、两河流域文明、恒河文明共同构成了灿烂辉煌的世界大河文明。大江大河治理，本质上是以水资源为核心的自然资源开发利用和以跨行政区协调为重点的经济持续健康发展的综合过程，核心是要通过系统治理、综合治理、协同治理，实现由行政辖区利益最大化向流域整体利益最大化转变。

（一）大江大河治理的理论思考

1. 大江大河治理的特征

与特定的行政区辖区治理相比，大江大河治理具有以下几个特征。一是跨行政区。大江大河流域通常涉及范围广，其上中下游往往跨越多个行政区域，但由于流域内地方政府往往依据行政区划进行属地管理，片面重视行政区域内流域治理，而忽视了流域整体治理战略规划和区域间协调合作治理，最终可能导致地方政府间的利益冲突。二是多头管理。一方面，大江大河流域往往跨越多个行政区域，各行政区域内地方政府管理战略可能存在分歧；另一方面，大江大河流域内的水面、陆地等资源也往往归属不同的管理部门，多个管理部门之间的冲突也使大江大河流域难以实施持续稳定的治理政策。三是产权归属不清晰，大江大河流域由于跨越多个行政区域，涉及多个管理主体，资源的产权归属不够明晰，容易产生利益分割和冲突，发生水污染问题后难以追责，阻碍流域内资源的合理配置和经济的可持续协调发展。

正是由于大江大河流域具有跨越行政区划范围、涉及多个地方政府以及不同层级的管理主体，存在错综复杂的横向和纵向利益协调关系，可能产生多个利益相关者之间的矛盾。比如流域内地方政府虽然存在共同利益的合作需要，但可能出于本辖区的政绩考核和利益最大化的考虑，对于大江大河流域的整体规划目标的实现缺乏足够的动力。同时资源开发、脱贫致富和生态保护之间也存在着矛盾，如何协调地方政府和管理主体间、经济发展和生态保护间的利益冲突，建立统一的协调合作机制并取得实质成效成为大江大河治理的难点问题。

2. 大江大河治理的路径思考

国内学者对于大江大河治理进行了相关研究，彭本利和李爱年总结了流域生态环境协同治理的困境[1]，周浩和吕丹总结了跨界流域治理陷入协作困境的原因[2]。而关于跨行政区的大江大河治理路径问题，黎元生和胡熠运用系统论的思维方式，构建了流域系统协同共生发展机制。[3] 邵莉莉以区域协同理论为指导，从跨界流域利益补偿的本体内容、范围、主体三方面构建了跨界流域利益补偿法律机制。[4] 目前关于大江大河流域的治理存在以下几种

---

① 彭本利、李爱年：《流域生态环境协同治理的困境与对策》，《中州学刊》2019 年第 9 期。
② 周浩、吕丹：《跨界水环境治理的政府间协作机制研究》，《长春大学学报》2014 年第 3 期。
③ 黎元生、胡熠：《流域系统协同共生发展机制构建——以长江流域为例》，《中国特色社会主义研究》2019 年第 5 期。
④ 邵莉莉：《跨界流域生态系统利益补偿法律机制的构建——以区域协同治理为视角》，《政治与法律》2020 年第 11 期。

措施。一是成立超行政区域流域协调合作治理机构。大江大河治理由于涉及多个行政区域、多重管理主体，需要通过建立超行政区域政府间协调合作治理机构合理配置流域内自然资源、规划发展经济，最终实现流域内整体利益的最大化。"超行政区域"是指该机构虽然主要由流域内地方政府、管理部门派出人员组成，但具有很高的行政地位，如可归属国务院直接管理，直接对国务院负责，以此确定该机构在流域内资源、权力、人员协调上的权威性。二是建立有力的法律法规保障。当前我国水资源管理法规体系并不完善，缺乏针对某流域的具有权威性的法律法规，因此需要针对流域内自然资源的开发、利用、管理和流域经济发展，从立法、司法、执法三方面确立严格的流域治理法律法规，并建立合理有效的执法监督保障机制。三是建立行政区域、管理机构之间的横向利益补偿机制。在实现流域整体共同利益最大化的同时，应通过财政手段对部分主体贡献和牺牲的个体利益给予合理的经济补偿，即建立行政区域、管理机构之间的利益补偿机制。如流域内上游政府需要承担涵养水源的生态责任，为此必须放弃经济发展的机会，因此在中央政府的适度干预下，基于"谁受益谁补偿"的原则，由受益地区向上游地区进行定向经济补偿与对口援助。[①] 同时，由于环保考核标准越来越高，所需的生态保护投入日益增大，鼓励流域内地方政府共同设立资源保护治理基金，对利益补偿机制成效不足的部分进行辅助。

（二）美国田纳西河流域大江大河治理的国际经验

1. 美国田纳西河流域概况

田纳西河是美国第八大河，位于美国东南部，是密西西比河水系俄亥俄河的一条流程最长、水量最大的支流，干流全长 1450 公里，年径流量 593 亿立方米。在 1933 年前，田纳西河流域经济发展十分落后，据统计，1933 年田纳西河流域人均年收入为 168 美元，仅为美国人均年收入的 45% 左右。

---

① 徐大伟、涂少云、常亮、赵云峰：《基于演化博弈的流域生态补偿利益冲突分析》，《中国人口·资源与环境》2012 年第 2 期。

在流域开发前，田纳西河流域面临土地侵蚀和退化、农产品产量和收入下降、森林面积急剧减少、水土流失严重、水灾频繁等问题。

2. 美国田纳西河流域治理成效

田纳西河流域治理是国外大江大河治理的经典成功案例之一，该流域通过长期的综合治理开发，取得了极大的成效。1933 年，美国联邦政府机构田纳西河流域管理局（Tennessee Valley Authority，简称 TVA）成立，TVA 是美联邦一级机构，直接对总统负责，由经美国总统任命和国会批准的 3 人董事会组成领导层，董事会由设有管理职责的 7 个沿岸州的代表组成，被美国国会和联邦政府授予规划、开发、利用、保护流域内各项自然资源的权力。TVA 首先集中开发流域内丰富的水资源，完善其防洪、航运和供水功能，其次结合开发水电、火电、核电，为流域内居民生活和工业生产提供廉价的电力。TVA 还通过对流域内土地、矿产等自然资源的综合利用，促进林业、农业、牧业、渔业以及工业、旅游业的发展，同时 TVA 也注重自然资源的保护，制定了严格的生态保护政策。

3. 美国田纳西河流域治理经验启示

通过几十年的治理，田纳西河流域综合开发取得了显著成效，陈湘满[①]、谢世清[②]、李颖和陈林生[③]等学者对其综合治理经验进行了深入剖析，主要可以概括为以下几点。一是重视立法建设，美国国会在 1933 年通过了《田纳西河流域管理局法案》，以此保障 TVA 的综合治理开发的合法权利。二是通过 TVA 的成立对流域内的自然资源进行统一规划和管理，以调动各方力量，达成各部门之间的协调合作。三是注重经济社会和环境的可持续发展。TVA 十分注重自然资源的保护，制定了严格的生态保护政策，并依此发展生态旅游业，在保障生态利益的同时实现了经济的可持续发展。四是充分利用

---

① 陈湘满：《美国田纳西河流域开发及其对我国流域经济发展的启示》，《世界地理研究》2000 年第 2 期。

② 谢世清：《美国田纳西河流域开发与管理及其经验》，《亚太经济》2013 年第 2 期。

③ 李颖、陈林生：《美国田纳西河流域的开发对我国区域政策的启示》，《四川大学学报》（哲学社会科学版）2003 年第 5 期。

流域内各种资源，TVA 通过对流域内水资源、煤炭资源的集中开发利用，发展航运、水电、火电产业，同时积极利用土地资源发展农林牧渔业和工业。五是强调高科技技术的应用，TVA 通过应用地理信息系统（GIS）、全球定位系统（GPS）、遥感技术（RS），采集、存储、分析、显示、应用流域内资源和地理相关的实时数据，并在实时数据分析应用的基础上做出科学决策。

（三）借鉴国际大江大河治理经验，推动黄河流域大治理

我国黄河流域水资源在区域分布上极不均匀，水资源浪费和污染问题严重，造成了干旱缺水、水土流失和水环境恶化等生态问题，严重影响经济社会和人民生活的可持续发展。长期以来，黄河水利委员会作为水利部派出的流域管理机构，在黄河流域和新疆、青海、甘肃、内蒙古内陆河区域内依法行使水行政管理职责。但是，黄河水利委员会一直被定位于事业单位，没有被明确授予足够有效的行政执法权、监督权和处罚权，国家赋予的职能与现行机构目标责任不相符，导致黄河水利委员会在履行职能时遭遇重重困境而无力解决。[1] 通过借鉴美国田纳西河流域开发管理的经验，可以总结出以下黄河流域开发管理的针对性建议。

1. 健全黄河流域生态用水管理的法律体系和利益补偿机制

为了规范流域开发，达到流域开发的预期目标，美国国会在 1933 年通过了《田纳西河流域管理局法案》，并根据该法案成立了田纳西河流域管理局，以此保障 TVA 的统一综合管理开发权利。而当前我国水资源管理法规体系并不完善，国内现行的涉水相关法律均是针对全国普遍情况制定的，尚未根据特定流域特点开展专门性立法，对长江、黄河这些大尺度流域治理保护调控功能不足。因此，首先可以考虑推动"黄河法"的制定颁布，从立法、司法、执法三方面针对黄河流域内自然资源的开发、利用、管理和流域经济发展等问题做出专门规定，明确管理目标、责任主体等，还需结合黄河流域生态系统保护需求及状况，配套法律执行的政策法规工具。其次需要建

---

① 石春先、张锁成：《从 TVA 发展历程探讨黄河流域管理方向》，《人民黄河》2000 年第 5 期。

立行政区域、管理机构之间的利益补偿机制，在中央政府的合理支持下，通过财政手段给予承担生态保护责任的主体合理的经济补偿，同时鼓励流域内地方政府共同设立资源保护治理基金进行辅助支持，这是促进黄河流域协同合作和持续有效治理的重要手段。同时配套建立合理有效的执法监督保障机制，强化流域管理机构对地方政府的日常监管和约束指导职能，提升黄河流域规划调度、监督管理和协调发展的能力。

2. 确立黄河流域管理机构统一的开发、管理职权和地位

目前黄河水利委员会只是水利部下属一个派出的流域管理机构，在流域内依法行使水行政管理职责。但是，黄河水利委员会在流域治理过程中没有被授予足够有效的行政权力。目前黄河流域治理结构存在着行政管理、专门流域管理机构和河长制管理三元并存的监管模式，需要通过资源整合，优化流域管理组织机构，重点突出黄河流域管理委员会的职能。可以通过法律提高黄河水利委员会的政治地位，赋予其有效的行政执法和行政监督权力，使其具备政府的职能，可以考虑设置由中央政府和黄河九省区共同参与的统一流域管理机构，由黄河水利委员会统一负责流域综合治理开发，承担水利、防洪、生态保护、流域开发等统一职能。

3. 建立生态优先的管理思路，注重资源、环境、经济的可持续发展

TVA 十分注重自然资源的保护，制定了严格的生态保护政策，在保障生态利益的前提下实现经济的可持续发展。在黄河流域的开发管理过程中，需要树立生态优先的管理思路，因地制宜以实现可持续发展的流域开发建设。一方面，黄河流域内历史文化资源丰富，保护生态环境是对发展文化旅游产业的必要之举；另一方面，黄河流域生态环境脆弱，水资源严重不足，水资源污染、水土流失问题突出，生态保护压力巨大，坚持生态优先是打好污染防治攻坚战的前提。一是加强生态保障的财政支持，统筹规划上、中、下游的生态保护责任，研究制定合理的生态补偿政策。二是加快编制黄河流域生态治理规划，制定黄河流域生态治理的战略目标，合理分配区域间任务，筹划布局重大生态修复治理工程，维护生物多样性。三是通过使用更清洁的能源如水电、核电等，提高能源利用效率，减少碳排放量，提高空气质量和流域水质。

4. 充分利用各种资源实现黄河流域综合开发治理

TVA 通过对流域内丰富的水资源、土地资源、矿产资源、煤炭资源的综合开发利用，发展航运、水电、火电、核电以及农林牧渔业，同时通过生产提供廉价的电力，为工业发展打下基础，并依托政策保护下的自然环境发展生态旅游业。黄河流域大部分位于我国中西部地区，土地资源丰富，矿产资源尤其是能源和有色金属资源储量丰富，具有巨大的自然资源优势。在黄河流域综合开发治理过程中，需要根据黄河流域资源、生态和环境状况，以及其在全国的地位和作用，充分发挥黄河流域自然资源的开发优势，推出各项人才优待措施，积极引进先进技术人才，实现产业结构的优化调整和发展过程的持续宏观调控。同时，在黄河流域的综合治理开发过程中，不仅需要充分利用资金、物质、人才等实体性资源，还需要挖掘利用隐形资源如信息、经验、技术等。实时收集流域内外部门、资源、政策、环境等信息，学习国内外流域开发治理经验和先进技术，及时提出并动态调整合理的政策和技术手段开发治理黄河流域。

5. 高度重视运用高科技手段技术开发治理黄河流域

TVA 在流域管理数据采集、分析和预告调度上，积极运用遥感技术、卫星通信、GPS 技术和 GIS 技术，极大地提高了数据采集、分析利用的效率和信息预警的实时性，因此在黄河流域开发管理的过程中同样需要高度重视运用科学技术特别是高新技术的重要性。一是要按照黄河的实际情况，研究采用先进的科技手段如物联网、大数据、5G 技术等，对流域管理过程进行长期的系统检测研究和效果评价，建立实时信息反馈机制，便于不断调整改进生态保护利用措施。二是加大黄河流域治理开发课题的研发投入，对于黄河流域治理开发过程中遇到的关键科学技术问题，组织多部门、多学科联合攻关，力争早日取得突破，为治理开发黄河流域提供有力的科技支撑。三是参考借鉴国内外先进治理技术和手段，积极引进和自主开发先进的环保机器设备和配套软件如污水处理设备、信息采集设备等，通过提供软硬件的有力支撑，更快达成节能减排和高质量发展目标。

指数报告

Index Reports

B.2
黄河流域生态保护和高质量发展综合指数评价

王学凯*

摘　要： 选择5大类共45项指标，以2006～2018年数据为基础，运用熵
权法构建黄河流域生态保护和高质量发展综合指数。从纵向
看，黄河流域生态保护和高质量发展综合指数整体呈上升趋
势；从横向看，黄河流域生态保护和高质量发展综合指数低
于全国平均生态保护和高质量发展综合指数，且差距呈先缩
小再拉大趋势；从地区看，可将黄河流域九个省区的生态保
护和高质量发展分为高水平、追赶式、低水平发展三种
类型。

关键词： 生态文明　生态保护　高质量发展　黄河流域

* 王学凯，博士，中国社会科学院财经战略研究院博士后、助理研究员，研究方向为宏观经济。

评价黄河流域生态保护和高质量发展，需要基于理论选择适合的评价指标体系，运用极值处理法对所选指标进行无量纲化处理，通过熵权法对各项指标进行赋权，由此得到黄河流域生态保护和高质量发展综合指数。总的来说，黄河流域生态保护和高质量发展综合指数整体呈上升趋势，但在不同省区间存在一定差异。

一　指数评价的理论基础与实践支撑

伴随我国越来越重视生态文明建设和高质量发展，学术界和政策界做出了诸多探索。根据现有理论和实践，大致可分为生态保护指数和高质量发展指数两类。

（一）生态保护指数的理论基础

生态保护指数主要基于生态环境保护而构建相应的指标评价体系，从政策实践和理论研究看，主要有三大类。

第一类是生态环境部的《生态环境状况评价技术规范》。早在 2006 年，环境保护部就发布了《生态环境状况评价技术规范（试行）HJ/T192 - 2006》，并在 2015 年对其进行了修订，形成《生态环境状况评价技术规范（HJ 192 - 2015）》，这一规范适用于县域、省域和生态区的生态环境状况及其变化趋势，各省区市根据这一规范，每年发布生态环境状况公报。根据规范，生态环境状况指数（EI）=0.35 × 生物丰度指数 + 0.25 × 植被覆盖指数 + 0.15 × 水网密度指数 + 0.15 × 土地胁迫指数 + 0.1 × 污染负荷指数 + 环境限制指数，其中生物丰度指数由生物多样性指数、生境质量指数[①]构成，植被覆盖指数为区域均值，水网密度指数通过归一化方法得到，土地胁迫指数包含重度侵蚀、中度侵蚀、建设用地和其他土地胁迫，污染负荷指数则由

---

①　生境质量指数包含林地、草地、水域湿地、耕地、建设用地和未利用地等，都赋以相应权重。

各类污染物排放量加权计算得到，环境限制指数则包括重大生态破坏、环境污染和突发环境事件等。根据计算结果，将生态环境状况指数分为五级，$EI \geq 75$ 为优，$55 \leq EI < 75$ 为良，$35 \leq EI < 55$ 为一般，$20 \leq EI < 35$ 为较差，$EI < 20$ 为差。此外，生态环境部还制定了《生态保护红线监管技术规范生态状况监测（试行）（HJ1141－2020）》《自然保护区管理评估规范（HJ913－2017）》等，是构建各类生态指数的重要依据。

第二类是绿色发展指数。2016 年，根据党中央、国务院印发的《生态文明建设目标评价考核办法》，国家发展和改革委员会会同国家统计局、环境保护部、中央组织部共同印发《绿色发展指标体系》和《生态文明建设考核目标体系》，并于 2017 年制定了《绿色发展指数计算方法（试行）》。绿色发展指标体系包括资源利用、环境治理、环境质量、生态保护、增长质量、绿色生活、公众满意程度 7 个一级指标以及 56 个二级指标，除公众满意程度之外的 6 个一级指标共 55 个二级指标被纳入绿色发展指数的计算，公众满意程度调查结果进行单独评价与分析。资源利用包含能源消费总量、单位 GDP 能源消耗降低、单位 GDP 二氧化碳排放降低、非化石能源占一次能源消费比重、用水总量、万元 GDP 用水量下降、单位工业增加值用水量降低率、农田灌溉水有效利用系数、耕地保有量、新增建设用地规模、单位 GDP 建设用地面积降低率、资源产出率、一般工业固体废物综合利用率、农作物秸秆综合利用率等 14 个二级指标，环境治理包含化学需氧量排放总量减少、氨氮排放总量减少、二氧化硫排放总量减少、氮氧化物排放总量减少、危险废物处置利用率、生活垃圾无害化处理率、污水集中处理率、环境污染治理投资占 GDP 比重等 8 个二级指标，环境质量包含地级及以上城市空气质量优良天数比率、细颗粒物（$PM_{2.5}$）未达标地级及以上城市浓度下降、地表水达到或好于 III 类水体比例、地表水劣 V 类水体比例、重要江河湖泊水功能区水质达标率、地级及以上城市集中式饮用水水源水质达到或优于 III 类比例、近岸海域水质优良（一、二类）比例、受污染耕地安全利用率、单位耕地面积化肥使用量、单位耕地面积农药使用量等 10 个二级指标，生态保护包含森林覆盖率、森林蓄积量、草原综合植被覆盖度、自然岸线保有率、湿地保护率、陆域自然保护区面积、海洋保护区面积、新增水土流失治理面积、可治理沙化土地治理率、新增矿山恢复治理面积等 10 个二级指标，增长质量包含人均 GDP 增长率、居民人均可支配收入、第三产业增加值占 GDP 比重、战略性新兴产业增加值占 GDP 比重、研究与试验发展经费支出占 GDP 比重等 5 个二级指标，绿色生活包含公共机构人均能耗降低率、绿色产品市场占有率（高效节能产品市场占有率）、新能源汽车保有量增长率、绿色出行（城镇每万人口公共交通客运量）、城镇绿色建筑占新增建筑比重、城市建成区绿地率、农村自来水普及率、农村卫生厕所普及率等 8 个二级指标。在 2016 年生态文明建设年度评价结果中，北京、福建、浙江、上海、重庆排在前五位。

第三类是生态指数的其他探索。基于可持续发展的人类绿色发展指数，1990 年联合国开发计划署创立了人类发展指数（HDI），经过改良，目前用预期寿命、成人识字率和人均 GDP 的对数，分别表示人的长寿水平、知识水平和生活水平。以此为基础，李晓西等提出，要从经济社会可持续发展和生态资源可持续发展两大维度测算，经济社会可持续发展包括反映贫困的低于最低食物能量摄取标准的人口比例、反映收入的不平等调整后收入指数、反映健康的不平等调整后预期寿命指数、反映教育的不平等调整后教育指数、反映卫生的获得改善卫生设施的人口占一国总人口的比重、反映水的获得改善饮用水源的人口占一国总人口的比重等 6 个指标，资源环境可持续发展包括反映能源的一次能源强度、反映气候的人均二氧化碳排放量、反映空气的 PM_{10}、反映土地的陆地保护区面积占土地面积的百分比、反映森林的森林面积占土地面积的百分比、反映生态的受威胁动物占总物种的百分比等 6 个指标。[1]当然，还有基于生态文明发展水平测度[2]、基于生态环境质量变化的指数[3]、

① 李晓西、刘一萌、宋涛：《人类绿色发展指数的测算》，《中国社会科学》2014 年第 6 期。

② 成金华、陈军、李悦：《中国生态文明发展水平测度与分析》，《数量经济技术经济研究》2013 年第 7 期。

③ 孙东琪、张京祥、朱传耿、胡毅、周亮：《中国生态环境质量变化态势及其空间分异分析》，《地理学报》2012 年第 12 期。

基于生态安全预警的指数①、基于城镇化与生态环境耦合协调关系②、基于生态消费发展指数③等，这些研究所选指标大多没有超出《生态环境状况评价技术规范》和绿色发展指数范围。

（二）高质量发展指数的理论支撑

党的十九大报告提出高质量发展的概念，确立了我国未来经济的发展目标。随后，有不少研究提出高质量发展指数，也有少数地方政府提出高质量发展评价指标体系。

地方政府对高质量发展指数的探索。与生态保护指数不同，目前国家层面尚未出台较为通用的高质量发展指数，只有少数地方政府对高质量发展评价体系做出了探索。2019 年广东顺德发布高质量发展评价指标体系，围绕经济提质、产业升级、动能转换、环境优化、民生改善 5 个维度，设置 18 个一级指标以及 58 个二级指标。经济提质强调经济发展质量和效益，设置了效益提升、金融支撑、开放发展、风险防控 4 个一级指标以及 13 个二级指标，其中 13 个二级指标包含村改成效、单位用地产出、税收质量、融资能力、外贸结构、外贸方式、安全生产、金融风险等方面；产业升级紧扣制造业强区的定位，设置结构优化、产品强质、智能发展、规模成长 4 个一级指标以及 10 个二级指标，其中 10 个二级指标包含先进制造、高新技术、现代服务、工业设计、机器人应用、产品质量、规模企业等方面；动能转换聚焦发展新动力、新活力，在创新投入、知识产权保护、创新成效、人才发展等方面设置 4 个一级指标以及 10 个二级指标，其中 10 个二级指标包含R&D 经费、工业技改、研发机构、专利申请、商标密度、高层次人才等方面；环境优化着眼于可持续发展，在资源集约利用、环境整治、环境质量提

---

① 徐成龙、程钰、任建兰：《黄河三角洲地区生态安全预警测度及时空格局》，《经济地理》2014 年第 3 期。
② 崔木花：《中原城市群 9 市城镇化与生态环境耦合协调关系》，《经济地理》2015 年第 7 期。
③ 倪琳、成金华、李小帆、杨昕：《中国生态消费发展指数测度研究》，《中国人口·资源与环境》2015 年第 3 期。

升等方面设置 3 个一级指标以及 11 个二级指标，其中 11 个二级指标包含单位能耗水耗、垃圾处理、污水处理、空气质量、水环境质量、绿化建设、绿色生活等方面；民生改善关注群众获得感，在服务共享、就业收入、安全保障等方面设置 3 个一级指标以及 14 个二级指标，其中 14 个二级指标包含教育、医疗卫生、养老、文体服务、志愿服务、就业收入、食品药品安全、公共治安等方面。

学术界对高质量发展指数的构建。学术界对高质量发展指数的构建，根据对高质量发展的不同认识而略有不同。有的学者重点关注人民获得感、幸福感，将其作为检验高质量发展的标准[1]；有的学者强调发展、人才、创新，将其列为高质量发展的关键[2]；也有学者将创新、协调、绿色、开放、共享的"五大发展理念"作为评价经济社会高质量发展的重要依据[3]。诸如此类的评价指标体系，不仅包括经济指标，还包括社会、环境、民生等多个方面。具体来说，基于效率、动力、效益的高质量发展指数，可以由经济活力、创新效率、绿色发展、人民生活、社会和谐 5 个方面共 27 个指标体系构成[4]；基于供给侧结构性改革的高质量发展指数，可以参考经济发展高质量、创新发展高质量、绿色发展高质量、协调发展高质量、民生发展高质量 5 个方面[5]，也可以参考"三去一降一补"任务构建高质量发展指数[6]。这些研究为高质量发展指数的构建提供了良好的基础。

（三）理论与实践评价

生态保护指数和高质量发展指数的理论与实践，各有侧重，各有特点，

---

① 潘建成：《美好生活与不平衡不充分如何监测》，《中国统计》2018 年第 5 期。

② 张军扩：《高质量发展怎么看、怎么干？》，《经济日报》2018 年 2 月 1 日。

③ 史丹、李鹏：《我国经济高质量发展测度与国际比较》，《东南学术》2019 年第 5 期。

④ 李金昌、史龙梅、徐蔼婷：《高质量发展评价指标体系探讨》，《统计研究》2019 年第 1 期。

⑤ 孟祥兰、邢茂源：《供给侧改革背景下湖北高质量发展综合评价研究——基于加权因子分析法的实证研究》，《数理统计与管理》2019 年第 4 期。

⑥ 苏永伟、张跃强、陈池波：《湖北省供给侧结构性改革绩效评价》，《统计与决策》2018 年第 5 期。

为评价黄河流域生态保护和高质量发展提供了较好的理论依据和实践基础。不过，目前专门针对黄河流域生态保护和高质量发展指数的评价不是很多，有个别学者侧重绿色发展，构建黄河流域绿色发展指数①，也有个别学者从经济社会发展和生态安全两大方面，构建包含经济发展、创新驱动、民生改善、环境状况和生态状况 5 个维度的黄河流域高质量发展评价指标体系②。不过，这些指标评价体系大多注重经济社会发展、生态环境保护，与习近平总书记强调的黄河流域生态保护和高质量发展还存在一定差异，特别是缺少黄河长治久安和黄河文化的要素。本研究将严格按照习近平总书记要求的加强生态环境保护、保障黄河长治久安、推进水资源节约集约利用、推动黄河流域高质量发展和保护、传承、弘扬黄河文化 5 个方面，构建更加全面的黄河流域生态保护和高质量发展指标评价体系。

二 指数评价的方法选择和数据处理

构建黄河流域生态保护和高质量发展指数，首先需要选择能够反映黄河流域生态保护和高质量发展的指标体系，然后需要对所选指标进行无量纲化处理，再选择合适的赋权方法对指标赋予权重，根据无量纲化和赋权结果，可以得到相应指数。

（一）指标体系选择

选择反映黄河流域生态保护和高质量发展的指标体系，需要遵循一些原则，基于国家政策方向、理论和实践背景，确定指标体系。

1. 指标体系选择原则

选择反映黄河流域生态保护和高质量发展指数评价的指标体系，要遵循

---

① 张廉、段庆林、王林伶主编《黄河流域生态保护和高质量发展报告（2020）》，社会科学文献出版社，2020，第 231～243 页。
② 徐辉、师诺、武玲玲、张大伟：《黄河流域高质量发展水平测度及其时空演变》，《资源科学》2020 年第 1 期。

指数评价选择指标体系的一般性原则。一是科学性原则，所选指标体系要有理论和实践支撑，指标体系的概念界定明确清晰，数据来源精准可靠，能够从不同角度较为全面地反映黄河流域生态保护和高质量发展的情况。二是系统性原则，指标体系包含多个层面，每个层面可以独立反映黄河流域生态保护和高质量发展的一个侧面，同时各个层面之间又存在相对严密的逻辑关系，共同构成层次分明、结构合理的体系。三是可比性原则，既能横向对比同一时间不同评价对象之间的特性，又能纵向对比同一评价对象不同时间的特性，还要做好绝对指标和相对指标的结合。四是可操作性原则，综合考虑不同指标间的量纲、量级等差异性，注意这些差异性处理对评价结果的影响，指标的数据可直接获取，或通过科学的方法计算得到。

同时，还要遵循黄河流域生态保护和高质量发展的特殊性原则。一是紧扣主题原则，紧紧扣住"黄河流域生态保护和高质量发展"这一主题，要反映黄河流域的特性，突出生态保护和高质量发展这两个方面的内容。二是生态保护和高质量发展相结合原则，只讲生态保护不讲高质量发展，或者只讲高质量发展不讲生态保护，都相对片面，提出黄河流域生态保护和高质量发展，就是要在生态保护和高质量发展之间寻求相对均衡，既推动生态保护，又促进高质量发展。三是有效但有限原则[1]，尽可能多的指标可能有助于更全面地反映所要刻画的对象，但并非指标越多越好，既要考虑到理论和实践中各种指标体系的全面性，更要注重指标之间的交叉、重叠，特别是注意避免指标之间的高度相关性。四是实际区分性原则[2]，有些指标可以很好地反映黄河流域生态保护和高质量发展，但是指标的实际数值可能已经接近可能值或目标值，可变动的空间较小或区域差异不大，因而没有必要纳入此类指标。

2. "五位一体"指标体系

2019年9月18日，习近平总书记在黄河流域生态保护和高质量发展座

① 李晓西、刘一萌、宋涛：《人类绿色发展指数的测算》，《中国社会科学》2014年第6期。

② 李金昌、史龙梅、徐蔼婷：《高质量发展评价指标体系探讨》，《统计研究》2019年第1期。

谈会上强调，黄河流域生态保护和高质量发展的主要目标任务包括加强生态环境保护、保障黄河长治久安、推进水资源节约集约利用、推动黄河流域高质量发展以及保护、传承、弘扬黄河文化，这五项目标任务为构建黄河流域生态保护和高质量发展指数指明了方向。基于黄河流域生态保护和高质量发展指标评价理论支撑，以及实践中关于生态保护和高质量发展指标评价的探索，构建"五位一体"的指标体系（见图1）。

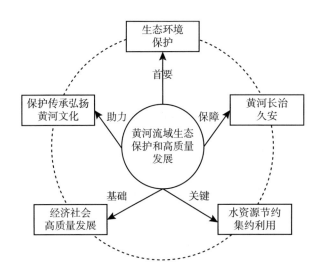

图1 黄河流域生态保护和高质量发展指标体系逻辑关系

"五位一体"的指标体系各有侧重。生态环境保护侧重于生态禀赋、污染负荷，黄河长治久安侧重于灾害破坏、治理恢复，水资源节约集约利用侧重于水资源节约、水资源集约，经济社会高质量发展侧重于经济发展、创新驱动、对外开放和民生改善，保护传承弘扬黄河文化侧重于文化事业产业、旅游产业。

"五位一体"的指标体系紧密联系。生态环境保护是黄河流域生态保护和高质量发展的首要，习近平总书记强调"治理黄河，重在保护，要在治理"，由此可见，生态保护是黄河流域的首要目标任务，要充分考虑上中下游的差异，因地制宜、有所侧重地制定生态保护方案。黄河长治久安是黄河流域生态保护和高质量发展的保障，发展离不开安全，保障黄河长治久安就是为发展提供安全保障，要保障黄河长久安澜，必须紧紧抓住水沙关系调节这个"牛鼻子"。水资源节约集约利用是黄河流域生态保护和高质量发展的关键，"有多少汤泡多少馍"，水是实现黄河流域生态保护和高质量发展的关键要素，要坚持以水定城、定地、定人和定产，要坚持量水而行。经济社会高质量发展是黄河流域生态保护和高质量发展的基础，经济社会高质量发展既是黄河流域生态保护和高质量发展的目标之一，又是加强黄河流域生态保护的基础，只有各地区发挥比较优势，构建高质量发展的动力系统，才能更好地推动整个黄河流域同时实现生态保护和高质量发展。保护传承弘扬黄河文化是黄河流域生态保护和高质量发展的助力，黄河文化是中华民族的根和魂，保护传承弘扬黄河文化是坚定文化自信的重要来源，有助于更好地实现黄河流域生态保护和高质量发展。

3. 具体指标体系说明

综合各类因素，黄河流域生态保护和高质量发展指标体系共包含 5 类共 45 项指标（见表 1）。

生态环境保护方面，共有 10 项指标。主要参考《生态环境状况评价技术规范（HJ192－2015）》，考虑到各指标的权重和数据可得性，将生物丰度指数、植被覆盖指数和水网密度指数合并为生态禀赋，作为生态环境保护的正向指标，具体包括野生动植物及自然保护区投资完成额、造林总面积、森林覆盖率、单位面积水资源总量共 4 项指标；将土地胁迫指数和污染负荷指数合并，形成新的污染负荷指数，作为生态环境保护的负向指标，具体包括城市征用土地面积、单位面积化学需氧量排放量、单位面积氨氮排放量、单位面积二氧化硫排放量、单位面积烟（粉）尘排放量、单位面积氮氧化物排放量共 6 项指标；环境限制指数属于约束性指标，由于与黄河长治久安方面更为相关，未纳入生态环境保护方面。

黄河长治久安方面，共有 9 项指标。主要考虑黄河流域水沙关系，与其密切相关的因素可能包括降水、地质、森林等。灾害破坏共包含 6 项指标，是黄河长治久安的负向指标，具体包括反映自然灾害的农作物受灾面积，反

表1 黄河流域生态保护和高质量发展指标体系

综合	一级指标	二级指标	序号	三级指标	单位	属性	权重
黄河流域生态保护和高质量发展	生态环境保护（0.2278500）	生态禀赋（0.0879978）	1	野生动植物及自然保护区投资完成额	万元	正向	0.0216758
			2	造林总面积	千公顷	正向	0.0219868
			3	森林覆盖率	%	正向	0.0225037
			4	单位面积水资源总量	万立方米/平方公里	正向	0.0218315
		污染负荷（0.1398522）	5	城市征用土地面积	平方公里	负向	0.0232751
			6	单位面积化学需氧量排放量	吨/平方公里	负向	0.0233066
			7	单位面积氨氮排放量	吨/平方公里	负向	0.0233098
			8	单位面积二氧化硫排放量	吨/平方公里	负向	0.0233312
			9	单位面积烟（粉）尘排放量	吨/平方公里	负向	0.0233152
			10	单位面积氮氧化物排放量	吨/平方公里	负向	0.0233143
	黄河长治久安（0.2031291）	灾害破坏（0.1400114）	11	农作物受灾面积	千公顷	负向	0.0233149
			12	发生地质灾害起数	起	负向	0.0233594
			13	地质灾害直接经济损失	万元	负向	0.0233566
			14	森林火灾次数	次	负向	0.0233508
			15	森林病虫鼠害发生面积	万公顷	负向	0.0232846
		治理恢复（0.0631177）	16	突发环境事件件数	次	负向	0.0233451
			17	本年林业投资完成额	万元	正向	0.0210568
			18	工业污染源治理投资总额	亿元	正向	0.0219941
			19	地质灾害防治投资	万元	正向	0.0200668

续表

综合	序号	一级指标	二级指标	三级指标	单位	属性	权重
黄河流域生态保护和高质量发展	20	水资源节约集约利用（0.1365605）	水资源节约（0.0698482）	人均用水量	立方米	负向	0.0232609
	21			万元 GDP 用水量	立方米	负向	0.0233210
	22			万元工业增加值耗水量	立方米	负向	0.0232663
	23			地表水供水占比	%	正向	0.0230360
	24		水资源集约（0.0667123）	城市污水日处理能力	万立方米	正向	0.0220847
	25			城市供水公用设施建设固定资产投资完成额	万元	正向	0.0215916
	26	经济社会高质量发展（0.3073840）	经济发展（0.1139161）	人均 GDP	元	正向	0.0225322
	27			粮食产量	万吨	正向	0.0219378
	28			万元 GDP 能耗同比增速	%	负向	0.0232878
	29			城镇化率	%	正向	0.0229841
	30			第二产业增加值占 GDP 比重	%	正向	0.0231742
	31		创新驱动（0.0604216）	规模以上工业企业 R&D 人员全时当量	人年	正向	0.0209401
	32			万人国内专利申请授权量	项	正向	0.0206838
	33			技术市场交易额	亿元	正向	0.0187977
	34		对外开放（0.0421316）	外贸依存度	%	正向	0.0211784
	35			全社会固定资产投资利用外资占比	%	正向	0.0209532

续表

	序号	一级指标	二级指标	三级指标	单位	属性	权重
综合	36	经济社会高质量发展（0.3073840）	民生改善（0.0909147）	城乡收入差距	%	负向	0.0231557
	37			城镇登记失业率	%	负向	0.0230500
	38			人均教育支出	元	正向	0.0224029
	39			人均医疗支出	元	正向	0.0223061
黄河流域生态保护和高质量发展	40	保护传承弘扬黄河文化（0.1250762）	文化事业产业（0.0433503）	各地人均文化事业费	元	正向	0.0218416
	41			文化产业本年完成投资	万元	正向	0.0215087
	42		旅游产业（0.0817259）	入境过夜游客总人数	万人次	正向	0.0204534
	43			国际旅游外汇收入	亿美元	正向	0.0205959
	44			文物业门票销售总额	万元	正向	0.0174060
	45			餐饮业成本负担	亿元	负向	0.0232706

注：一级和二级指标名称下括号内为权重，将在本文第三小节进行详细说明。

映地质灾害的发生地质灾害起数、地质灾害直接经济损失，反映森林灾害的森林火灾次数、森林病虫鼠害发生面积，反映人为灾害的突发环境事件次数。治理恢复共包括3项指标，是黄河长治久安的正向指标，分别是本年林业投资完成额、工业污染源治理投资总额和地质灾害防治投资。

水资源节约集约利用方面，共有6项指标。集中在水这一关键要素上，分为水资源节约、水资源集约。水资源节约包括人均用水量、万元GDP用水量、万元工业增加值耗水量共3项指标，是水资源节约集约的负向指标，即数值越大，水资源节约集约利用越不到位。水资源集约包括地表水供水占比、城市污水日处理能力、城市供水公用设施建设固定资产投资完成额共3项指标，是水资源节约集约的正向指标，数值越大表示水资源节约集约利用越好。

经济社会高质量发展方面，共有14项指标。既考虑经济发展水平，又考虑创新驱动和对外开放，还考虑民生改善。经济发展包括人均GDP、粮食产量、万元GDP能耗同比增速、城镇化率、第二产业增加值占GDP比重共5项指标，创新驱动包括规模以上工业企业R&D人员全时当量、万人国内专利申请授权量、技术市场交易额共3项指标，对外开放包括外贸依存度、全社会固定资产投资利用外资占比共2项指标，民生改善包括城乡收入差距、城镇登记失业率、人均教育支出、人均医疗支出共4项指标。其中需要说明的是，一般将第三产业增加值占GDP比重提高解释为产业结构优化，即使黄河流域有些地区不宜发展产业经济，但对仍在发展中的中国以及处于不充分发展阶段的黄河流域来说，以制造业为基础的第二产业仍占据重要地位，现代农业和现代服务业也要探索与先进制造业相结合，因而将第二产业增加值占GDP比重作为影响黄河流域生态保护和高质量发展的正向指标。

保护传承弘扬黄河文化方面，共有6项指标。反映保护传承弘扬黄河文化的直接可比指标相对稀少，可以通过一些指标进行替代。文化事业产业包括各地人均文化事业费、文化产业本年完成投资共2项指标，旅游产业包括入境过夜游客总人数、国际旅游外汇收入、文物业门票销售总额、餐饮业成本负担共4项指标，其中餐饮业成本负担作为保护传承弘扬黄河文化的负向指标。

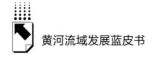

（二）无量纲化处理方法

构建指数需要选取多个指标，而指标之间的类型存在差异，量纲也大多不一致，为了排除指标间差异的影响，需要对指标采取无量纲化处理。

常见的线性无量纲化方法包括标准化处理法、极值处理法、线性比例法、归一化处理法、向量规范法、功效系数法、极标复合法、线性奖优惩劣法等。采用不同的无量纲化方法，得出的结果往往存在差异，因而选择合适的无量纲化方法极为重要。无量纲化方法的选取，至少遵循六个原则：一是单调性，即要求无量纲化后的数据依然可以保留原有数据之间的序关系；二是差异比不变性，即要求无量纲化后的数据仍然保留原有数据之间对某个标准量的比较关系；三是平移无关性，即要求平移变换原始数据不会影响无量纲化结果；四是缩放无关性，即要求缩小或放大原始数据不会影响无量纲化结果；五是区间稳定性，即要求无量纲化结果处于一个确定的取值范围内；六是总量恒定性，即要求无量纲化的标准值之和为恒定常数。根据学者的梳理总结，可以得到常用线性无量纲化的优势和劣势（见表2）。

表2 不同无量纲化方法比较

无量纲化方法	单调性	差异比不变性	平移无关性	缩放无关性	区间稳定性	总量恒定性
标准化处理法	√	√	√	√	×	√
极值处理法	√	√	√	√	√	×
线性比例法	√	√	×	√	×	×
归一化处理法	√	√	×	√	×	√
向量规范法	√	√	×	√	×	√
功效系数法	√	√	√	√	√	×
极标复合法	√	√	√	√	×	√
线性奖优惩劣法	√	√	√	√	×	√

资料来源：郭亚军、易平涛《线性无量纲化方法的性质分析》，《统计研究》2008年第2期；詹敏、廖志高、徐玖平《线性无量纲化方法比较研究》，《统计与信息论坛》2016年第12期。

理想的无量纲化方法应该同时满足以上六个原则，但这种理想状态并不存在，因为区间稳定性和总量恒定性这两个原则存在互斥的特点，即无法同时满足这两个原则。尽管极标复合法和线性奖优惩劣法可以进行一些优化，使得在不同情况下，区间稳定性和总量恒定性有所加强，但仍无法同时实现。

根据比较，极值处理法在无量纲化处理中具有一定的优势[①]。极值处理法的思路是，假设有 n 个评价对象，m 个评价指标，那么对第 i 个对象的第 j 个指标进行无量纲化处理。

当指标 j 为正向指标时，作正向化处理，结果为：

$$x_{ij}^* = \frac{x_{ij} - \min_j\{x_{ij}\}}{\max_j\{x_{ij}\} - \min_j\{x_{ij}\}}$$

当指标 j 为负向指标时，作负向化处理，结果为：

$$x_{ij}^* = \frac{\max_j\{x_{ij}\} - x_{ij}}{\max_j\{x_{ij}\} - \min_j\{x_{ij}\}}$$

其中，$i = 1, 2, \cdots, n$，$j = 1, 2, \cdots, m$，$\min_j\{x_{ij}\}$ 和 $\max_j\{x_{ij}\}$ 分别表示第 j 个指标的最小值和最大值，并且经过处理后的 $x_{ij}^* \in [0,1]$，如果 $x_{ij}^* = 0$，表示最不理想的指标水平，如果 $x_{ij}^* = 1$，表示最理想的指标水平。

（三）赋权方法

确定评价指标权重是多属性决策的核心问题，现有赋权方法分为主观赋权法和客观赋权法两大类[②]。主观赋权法依托专家经验，确定评价指标的重要性排序和权重，常用的方法包括层次分析法（AHP）、序关系分析法（G1 - 法）和唯一参照物比较判断法（G2 - 法）等，其优点在于能够反映

[①] 朱喜安、魏国栋：《熵值法中无量纲化方法优良标准的探讨》，《统计与决策》2015 年第 2 期。

[②] 李刚、程砚秋、董霖哲、王文君：《基尼系数客观赋权方法研究》，《管理评论》2014 年第 1 期。

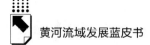
专家对某项指标重要性的判断，其缺点在于受人为因素的干扰比较明显，并且不能体现指标的数据信息。

客观赋权法根据指标在不同评价对象上的数据信息或数据变动情况，确定指标在指数中的权重，常用的方法包括复相关系数法、指标难度赋权法、熵权法、数据包络分析法（DEA）、灰色关联分析法、变异系数法、CRITIC 法等，其优点在于排除了人为因素的干扰，客观地体现了指标的数据信息。熵权法排除人为干扰因素，根据指标的熵值大小进行赋权，反映了指标与均值或理想值的差异程度，得到较为广泛的应用。熵权法的步骤如下。[1]

第一步，计算第 i 个对象的第 j 个指标在所有评价对象第 j 个指标总和中的比重，计算公式为：

$$p_{ij} = \frac{x_{ij}}{\sum_{i=1}^{n} x_{ij}}$$

第二步，计算第 j 个指标的熵值，计算公式为：

$$e_j = \frac{-1}{\ln(n)} \sum_{i=1}^{n} p_{ij} \ln(p_{ij})$$

该步骤借鉴了信息熵理论，如果比重 p_{ij} 差异越大，熵值 e_j 越小，表明信息量越大。如果 $p_{ij} = 0$，则定义 $\ln(p_{ij}) = 0$；如果 p_{ij} 完全相等，那么 $e_j = 1$。

第三步，计算指标权重，计算公式为：

$$w_j = \frac{1 - e_j}{\sum_{j=1}^{n} (1 - e_j)}$$

---

[1] 张廉、段庆林、王林伶主编《黄河流域生态保护和高质量发展报告（2020）》，社会科学文献出版社，2020，第 234～235 页；王会、郭超艺：《线性无量纲化方法对熵值法指标权重的影响研究》，《中国人口·资源与环境》2017 年第 11 期（增刊）。

其中，$w_j \in [0,1]$，且 $\sum_{j=1}^{m} w_j = 1$。

第四步，根据指标和权重，采用线性加权方法计算指数，计算公式为：

$$index = \sum_{j=1}^{m} w_j x_{ij}^*$$

由此，可以得到黄河流域生态保护和高质量发展指数。

三 综合指数评价的结果和分析

根据指数评价方法，以及黄河流域有关数据，可以得到黄河流域生态保护和高质量发展综合指数。

（一）评价对象与数据说明

黄河流域横跨东中西，流经青海、四川、甘肃、宁夏、内蒙古、陕西、山西、河南和山东九个省区，以这九个省区为评价对象，以九个省区平均水平代表黄河流域生态保护和高质量发展整体水平，为了便于对比，增加全国平均水平的生态保护和高质量发展情况。

数据方面，根据数据可得性，选择 2006~2018 年全国 31 个省区市 45 项指标的数据作为基础，加上全国平均和黄河流域，共 33 个观察样本，以面板数据的形式确定各项指标的权重（见表 1）。其中，个别数据缺失或不可直接获取，处理方法如下。①全国平均和黄河流域的单位面积、人均指标均为加总后与总面积、总人口的比值。②单位面积化学需氧量排放量、单位面积氨氮排放量、单位面积二氧化硫排放量、单位面积烟（粉）尘排放量、单位面积氮氧化物排放量 2018 年数值缺失，用 2017 年数值替代；2006~2010 年单位面积烟（粉）尘排放量和单位面积氮氧化物排放量缺失的数据以 2011~2017 年算数平均值替代。③2014 年地质灾害直接经济损失、2006~2010 年突发环境事件次数缺失，假设为 0；2018 年工业污染源治理投资总额用 2017 年替代；地质灾害防治投资 2018 年数值用 2017 年替代，

2014 年为 2014 年和 2015 年全国数值比例折算得到，其他空值补 0。④2014 年浙江人均用水量为 2013 年和 2015 年算数平均值；西藏万元 GDP 能耗同比增速为 30 个省区市算数平均值；规模以上工业企业 R&D 人员全时当量，2010 年为 2009 年与 2011 年算数平均值，2006~2007 年为 2008~2011 年算数平均值方法得到；城乡收入差距为城镇居民人均可支配收入与农村居民人均可支配收入比值，2013 年及之后为新口径，总值为原始数值的简单算数平均，均值为原始数值乘以人口加总后的算数平均；吉林 2008 年、福建 2016 年的教育支出为前后两年均值；河北和浙江 2018 年人均医疗支出同 2017 年，吉林 2008 年、福建 2016 年的医疗支出为前后两年均值。⑤各地人均文化事业费 2006~2008 年数值通过 2005 年和 2009 年数据算数平均得到；文化产业本年完成投资 2018 年数值同 2017 年，上海 2008 年、湖北 2007 年、四川 2007 年、宁夏 2007 年为前后两年均值，重庆 2017 年数值同 2016 年，西藏 2017 年数值同 2016 年，西藏 2008 年、2011 年、2014 年和 2015 年分别为前后两年均值；青海 2010~2018 年文物业门票销售总额为全国减去其他 30 个省区市得到；餐饮业成本负担为限额以上餐饮业主营业务成本与主营业务收入比值，西藏 2006 年收入和成本用 2007 年数值替代。

（二）黄河流域综合指数分析

根据前文方法和数据，得到黄河流域和全国平均的生态保护和高质量发展综合指数（见图 2）。其中，黄河流域生态保护和高质量发展综合指数代表黄河流域九省区平均水平。

从纵向看，黄河流域生态保护和高质量发展综合指数整体呈上升趋势，具体来说，一是整体上升趋势。黄河流域生态保护和高质量发展综合指数从 2006 年的 0.4495 增加至 2018 年的 0.4939，增幅为 0.0444，年均增速为 0.79%。这说明黄河流域生态保护和高质量发展取得了一些成效。新中国成立以来，党和国家高度重视黄河治理开发，党的十八大以来愈发重视生态文明建设，确立了"节水优先、空间均衡、系统治理、两手发力"的治水思路。水沙治理成效显著，基本建成防洪减灾体系，龙羊峡、小浪底等大型水

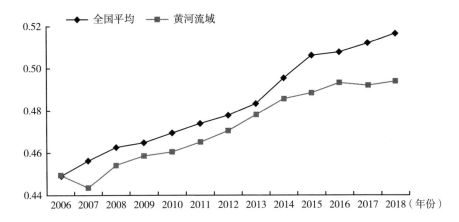

图 2　2006～2018 年黄河流域和全国生态保护和高质量发展综合指数比较

利工程作用明显，21 世纪以来黄河含沙量累计下降 80% 多，水资源提效利用有力支撑经济社会可持续发展；生态环境持续向好，加快实施三江源等重大生态保护和修复工程，提升上游水源涵养能力，加快实施植树造林等工程，提高中游黄土高原蓄水保土能力，加快推进湿地保护等工程，丰富下游生物多样性；发展水平不断提升，加快建设黄河流域中心城市和中原城市群，巩固农牧业生产基地和能源基地，百姓生活明显改善。二是上升趋势先快后慢。2006～2016 年黄河流域生态保护和高质量发展综合指数稳步上升，从 0.4495 增加至 0.4931，年均增速超过 0.93%，但 2016 年以来上升缓慢，年均增速只有 0.08%。根据所选指标变动趋势，黄河流域出现这一现象的原因在于，城市供水公用设施建设固定资产投资完成额减少，2018 年的平均投资完成额为 11.77 亿元，仅与 2011 年水平相当；规模以上工业企业 R&D 人员全时当量减少，2014 年平均全时当量为 62560.3 人年，但到 2018 年只有 60108.9 人年，基本呈下降趋势；外向经济受冲击，2016 年以来，美国不断挑起经贸摩擦，这对中国外向经济产生较大冲击，黄河流域外向经济自然也受到波及。三是并非所有年份都在上升，个别年份甚至出现下降。2007 年黄河流域生态保护和高质量发展综合指数为 0.4435，较 2006 年下降 0.0061，降幅约为 1.36%，2017 年较 2016 年也有一定程度的下降。根据所选指标变动趋势，2007 年出现下降的原因在于经济社会高质量发展，2007年美国开始爆发次贷危机，并演变为国际金融危机，对全球实体经济产生巨大冲击，黄河流域省区经济发展程度本就不高，叠加外部冲击，受到的影响更大；2017 年出现下降的原因在于生态环境保护不足，秦岭、祁连山等地破坏生态环境事件触目惊心。

当然，除了特定因素和事件的影响，黄河流域生态保护和高质量发展仍然面临共性问题。洪水风险依然是黄河流域最大威胁，大型水利工程的水沙调节后续动力不足，"地上悬河"形势严峻，防洪防汛压力较大。生态环境仍然脆弱，上游局部地区生态系统退化，水源涵养功能降低，中游水土流失较为严重，支流污染问题突出，下游生态流量偏低，一些地方河口湿地萎缩。水资源保障形势仍然严峻，黄河水资源开发过度，水资源利用效率不高。经济社会高质量发展水平不高，除了下游的河南与山东相对发达外，黄河流域上中游七个省区均为发展不充分地区，不论是经济发展水平还是创新驱动，抑或对外开放以及民生改善，都不及下游，更与其他发达省份存在较大差距。

从横向看，黄河流域生态保护和高质量发展综合指数低于全国平均生态保护和高质量发展综合指数，且差距呈先缩小再拉大趋势。具体来说，一方面，黄河流域生态保护和高质量发展综合指数低于全国平均水平。2006 年黄河流域生态保护和高质量发展综合指数略高于全国平均水平，此后便一直低于全国平均水平，黄河流域九个省区只有山东处于东部地区，山西和河南处于中部地区，其他六个省区均处于西部地区，而中西部地区发展一直落后于东部地区，这是我国不平衡不充分发展的一个例证。另一方面，黄河流域生态保护和高质量发展综合指数与全国平均水平差距先缩小再拉大。2007 ~ 2013 年，黄河流域生态保护和高质量发展综合指数与全国平均水平的差距有缩小的趋势，但 2013 年后二者差距越来越大。根据所选指标变动趋势，二者差距拉大体现在，水资源节约集约利用，2013 ~ 2018 年，全国平均城市供水公用设施建设固定资产投资完成额分别为 16.93 亿元、15.33 亿元、20 亿元、17.61 亿元、18.71 亿元、17.52 亿元，而黄河流域同时段分别为

13 亿元、10.28 亿元、16.81 亿元、17.32 亿元、14.55 亿元、11.77 亿元，均低于全国平均水平；经济社会高质量发展，2013 年全国人均 GDP 与黄河流域人均 GDP 大体相当，但到 2018 年，全国人均 GDP 是黄河流域人均 GDP 的 1.21 倍，2006 年全国平均规模以上工业企业 R&D 人员全时当量仅为黄河流域的 1.23 倍，但 2013 年以来二者基本保持在 2 倍，万人国内专利申请授权量和技术市场交易额同样存在较大差距；保护传承弘扬黄河文化，不论是各地人均文化事业费，还是文化产业本年完成投资，抑或入境过夜游客总人数和国际旅游外汇收入，黄河流域与全国平均都存在一定的差距，这说明黄河流域保护传承弘扬黄河文化的投入不足，对国内外游客的吸引力仍有待加强。

（三）分地区综合指数分析

按照同样的权重，可以分别计算出黄河流域九个省区的生态保护和高质量发展综合指数（见图 3）。参照黄河流域生态保护和高质量发展综合指数，可将黄河流域九个省区的生态保护和高质量发展分为高水平、追赶式、低水平发展三种类型。

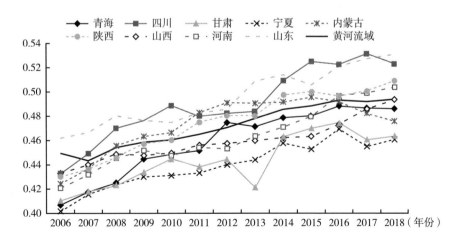

图 3 2006～2018 年黄河流域九省区生态保护和高质量发展综合指数

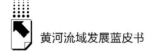
　　第一类是高水平发展型。高水平发展型指的是该省区生态保护和高质量发展综合指数较黄河流域一直都高，符合这一标准的只有山东。作为东部地区的省份，山东的发展水平一直相对靠前，事实上，2006年以来，山东生态保护和高质量发展综合指数不仅高于黄河流域，还高于全国平均，2018年山东生态保护和高质量发展综合指数排在全国第九位①。2020年中央财经委员会第六次会议上，习近平总书记强调"发挥山东半岛城市群龙头作用，推动沿黄地区中心城市及城市群高质量发展"，为山东在黄河流域生态保护和高质量发展重大国家战略中赋予新的使命担当。

　　第二类是追赶式发展型。追赶式发展型指的是该省区生态保护和高质量发展综合指数较黄河流域有高有低，符合这一标准的有四川、内蒙古、陕西和河南，其中四川、陕西、河南追赶成功，内蒙古追赶失败。2006年，四川生态保护和高质量发展综合指数还低于黄河流域，也低于全国平均，但之后便追赶超越黄河流域生态保护和高质量发展综合指数，也基本略高于全国平均，到2018年，四川生态保护和高质量发展综合指数仅次于山东，成为黄河流域发展水平第二高的省份。2006~2010年，陕西生态保护和高质量发展综合指数低于黄河流域，但之后便与黄河流域不相上下，到2018年尚能保持略高于黄河流域的水平。2006~2015年，河南生态保护和高质量发展综合指数一直低于黄河流域，但2016~2018年，河南顺利完成赶超，其生态保护和高质量发展综合指数高于黄河流域，不过仍低于全国平均。2006~2007年，内蒙古生态保护和高质量发展综合指数低于黄河流域，其于2008~2015年实现了赶超，但是2016~2018年，内蒙古生态保护和高质量发展综合指数再次低于黄河流域，且与黄河流域、全国平均的差距越来越大，属于追赶失败的案例。内蒙古之所以追赶失败，可能

---

　　① 2018年生态保护和高质量发展综合指数排在前8位的分别是广东、浙江、北京、江苏、上海、福建、广西、湖北，虽然山东经济社会高质量发展优于广西和湖北，但广西和湖北的生态环境保护优于山东，故广西和湖北的综合指数略高于山东。

的原因在于①，一是水灾水害防御压力较大，境内曾多次发生大水灾，仅2000年以来，就发生过3次决口，以黄河凌汛、病险水库为代表的中小水险较为突出，比如2008年凌期，仅1000立方米/秒左右的流量就造成卡冰结坝、河水出槽。二是泥沙治理难度较大，内蒙古是黄河流域主要产沙区之一，十大孔兑最为严重，境内"悬河"长达240公里，威胁生态环境保护和经济社会高质量发展。三是水资源利用较为低效，河套灌区的灌溉水利用水系数仅为0.4左右，低于其他引黄灌区10个百分点以上，同时也低于全区平均水平。这些原因使得内蒙古生态保护和高质量发展处于黄河流域相对靠后的位置，2018年内蒙古生态保护和高质量发展综合指数位列全国倒数第四。

第三类是低水平发展型。低水平发展型指的是该省区生态保护和高质量发展综合指数较黄河流域一直都低，符合这一标准的有青海、甘肃、宁夏、山西。2006年以来，除个别年份外，青海、甘肃、宁夏和山西的生态保护和高质量发展综合指数均低于黄河流域，更低于全国平均，一直处于低水平发展的状态。这四个省区有一个共同点，就是生态环境更加脆弱。青海是黄河的发源地，"中华水塔"三江源、"生命之源"祁连山均在青海境内，目前还有2个Ⅳ类水质断面，仍然存在农用地和企业土壤污染，历史遗留铬污染场地、选矿废渣等土壤污染突出环境问题②，2018年青海生态保护和高质量发展综合指数位列全国倒数第六。甘肃目前有3个Ⅳ类水质断面，污染地块安全利用率仍有待提升③，2018年甘肃生态保护和高质量发展综合指数位列全国倒数第三。宁夏三面环沙、缺水少绿、干旱少雨、生态脆弱"先天不足"，空气质量超标天数超过12%，沙尘天气时有发生，境内黄河干流水质达到国家考核标准，但9条黄河支流水质总体为中度污染，Ⅳ类和劣Ⅴ类

---

① 参考刘万华《在内蒙古自治区黄河流域生态保护和高质量发展座谈会上的发言》，内蒙古水利厅官网，http://slt.nmg.gov.cn/art/2019/12/6/art_914_83545.html。
② 参考青海省生态环境厅《2019年青海省生态环境状况公报》。
③ 参考甘肃省生态环境厅《2019年甘肃省生态环境状况公报》。

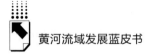
水质断面占 57.1%，水土流失面积高达 1.61 万平方公里（2018 年）①，2018 年宁夏生态保护和高质量发展综合指数位列全国倒数第一。山西是华北水塔，由于地形起伏大、黄土土质疏松的特殊地貌，水土流失现象特别严重，水土流失面积 3.78 万平方公里，占黄河流域水土流失总面积的 14.4%，占境内水土流失面积的 62%②，2018 年山西生态保护和高质量发展综合指数位列全国倒数第九。

---

① 参考宁夏回族自治区生态环境厅《2019 年宁夏生态环境状况公报》。
② 参考山西省生态环境厅《2019 年山西省生态环境状况公报》，以及 2020 年全国"两会"期间山西代表团提交的建议《支持山西省黄河流域生态保护和高质量发展》，详见《山西日报》2020 年 5 月 29 日。

B.3
黄河流域生态保护和高质量
发展类别指数分析

王学凯*

摘 要： 基于生态环境保护、黄河长治久安、水资源节约集约利用、
经济社会高质量发展和保护传承弘扬黄河文化五个方面，运
用熵权法构建黄河流域生态保护和高质量发展类别指数。生
态环境保护方面，可分为生态环境保护相对充分区、相对适
度区、相对不足区；黄河长治久安方面，指数呈不规则弱增
长趋势，各省区面临的灾害破坏有所差异，治理恢复是保障
黄河长治久安的重要举措；水资源节约集约利用方面，指数
缓慢上升，黄河下游基本属于水资源节约集约利用相对高效
区域，黄河中上游基本属于相对低效区域；经济社会高质量
发展方面，指数稳中有进，黄河下游是经济社会高质量发展
的领先区域，黄河中上游是潜力区域；保护传承弘扬黄河文
化方面，指数低于全国平均水平，个别省区指数波动较大。

关键词： 生态保护 高质量发展 黄河文化 黄河流域

2018 年黄河流域生态保护和高质量发展综合指数较 2006 年有所提高，
这种提高体现在生态环境保护、黄河长治久安、水资源节约集约利用、经济

---

* 王学凯，博士，中国社会科学院财经战略研究院博士后、助理研究员，研究方向为宏观经济。

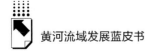

社会高质量发展和保护传承弘扬黄河文化等方方面面。本研究将从这五大分类，结合黄河流域各省区的政策和状况，分析黄河流域生态保护和高质量发展的类别指数。

一 生态环境保护指数

推动黄河流域生态保护和高质量发展，生态环境保护是首要。党的十八大以来，习近平总书记十分重视生态文明建设，提出绿色发展理念，要求坚持绿水青山就是金山银山，坚持尊重自然、顺应自然、保护自然。

（一）生态环境保护指数分析

将黄河流域生态保护和高质量发展综合指数拆解，可以得到黄河流域九省区生态环境保护指数（见图1）。其中，黄河流域生态环境保护指数代表黄河流域九省区平均水平。2006～2018年，黄河流域生态环境保护指数略有上升，从0.1434增加至0.1513。根据黄河流域生态环境保护指数，将黄河流域九省区生态环境保护分为三类地区。

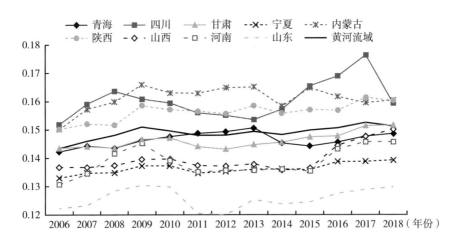

图1 2006～2018年黄河流域及各省区生态环境保护指数

第一类是生态环境保护相对充分区。生态环境保护相对充分区指的是生态环境保护指数超过黄河流域，甚至超过全国平均，符合这一特征的包括四川、内蒙古和陕西。2006 年以来，四川、内蒙古、陕西的生态环境保护指数一直高于黄河流域和全国平均水平，虽然个别年份有一定波动，但仍能保持较高水平。以 2018 年数据为例来说明这三个省区生态环境保护的优势。生态禀赋方面，四川野生动植物及自然保护区投资完成额高达 15042 万元，而黄河流域平均仅为 3831 万元，全国平均不过为 4977 万元；四川、内蒙古、陕西的造林总面积分别为 437 千公顷、348 千公顷、600 千公顷，而黄河流域和全国平均为 305 千公顷、235 千公顷；四川森林覆盖率达 38%，陕西更是超过 43%，相比较而言，黄河流域森林覆盖率不到 22%，全国平均也仅为 23%；除了属于黄河流域，四川也在长江流域范围，叠加亚热带季风气候，水资源总量可以达到 60 万立方米/平方公里，而全国平均水平为 28.7 万立方米/平方公里，黄河流域只有 16.4 万立方米/平方公里。污染负荷方面，内蒙古和陕西城市征用土地面积分别为 29.6 平方公里、31.8 平方公里，而黄河流域城市征用土地面积平均高达 54.7 平方公里，全国平均更是达到 64.6 平方公里；得益于辽阔的面积，内蒙古的单位面积各项污染排放量都非常小，四川单位面积二氧化硫排放量、单位面积烟（粉）尘排放量、单位面积氮氧化物排放量均低于黄河流域和全国平均。

第二类是生态环境保护相对适度区。生态环境保护相对适度区指的是生态环境保护指数与黄河流域大致相当，有些年份超过黄河流域，有些年份低于黄河流域，符合这一特征的包括青海和甘肃。从 2018 年生态环境保护指数的各项指标看，青海和甘肃的生态禀赋并不占优势，野生动植物及自然保护区投资完成额低于黄河流域；甘肃造林总面积高于黄河流域，但青海却低于全国平均；受限于高山、黄土高原等特殊地貌的影响，青海和甘肃的森林覆盖率更是排在全国倒数位置，青海为 5.8%，甘肃为 11.3%；青海和甘肃单位面积水资源总量也低于黄河流域。不过，青海和甘肃的污染负荷全面优于黄河流域和全国平均。甘肃城市征用土地面积为 29 平方公里，青海只有0.5 平方公里，远低于黄河流域平均 54.7 平方公里；青海和甘肃的单位面

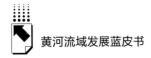

积各项污染排放量低于黄河流域和全国平均，青海的单位面积各项污染排放量甚至低于新疆，与西藏相差不大。

第三类是生态环境保护相对不足区。生态环境保护相对不足区指的是生态环境保护指数低于黄河流域，符合这一特征的包括宁夏、山西、河南和山东。以 2018 年各项指标的数据说明这四个省区的不足。生态禀赋方面，山西、河南、山东野生动植物及自然保护区投资完成额分别为 2852 万元、2960 万元、1568 万元，低于黄河流域的 3831 万元，宁夏只有 21 万元，排在全国倒数第一位，即使在其他年份，宁夏野生动植物及自然保护区投资完成额也未超过 2700 万元；山西造林总面积略高于黄河流域，但宁夏、河南和山东造林总面积都低于黄河流域，更低于全国平均；宁夏南部是黄土地貌，北部则以干旱剥蚀、风蚀地貌为主，使其森林覆盖率低于黄河流域；河南和山东单位面积水资源总量略高于黄河流域，但低于全国平均，宁夏和山西单位面积水资源总量则远低于黄河流域。污染负荷方面，山东城市征用土地面积高达 142.5 平方公里，仅次于江苏（214.2 平方公里）、四川（192.6 平方公里），是黄河流域的近 3 倍，是全国平均的 2 倍多；宁夏、山西、河南和山东的单位面积各项污染排放量均高于黄河流域，绝大部分污染排放量也高于全国平均，特别是河南单位面积各项污染排放量是黄河流域的 1.8~4 倍不等，山东单位面积各项污染排放量是黄河流域的 4.6~6.7 倍不等。

（二）生态环境保护政策分析

黄河流域生态环境保护，从更大范围看，是打好污染防治攻坚战的重要组成部分，专门针对黄河流域生态环境保护的政策并不是很多，不过各省区正在陆续制定实施专门规划与方案。

黄河流域生态环境保护是打好污染防治攻坚战的组成部分。在 2019 年 9 月 18 日习近平总书记召开黄河流域生态保护和高质量发展座谈会之前，黄河流域生态环境保护没有专门单列，只是作为打好污染防治攻坚战、建设生态文明的一部分。党的十九大报告提出"要坚决打好污染防治攻坚战"，为此党中央、国务院于 2018 年 6 月出台《关于全面加强生态环境保护 坚决打好污染防治攻坚战的意见》。该意见从推动形成绿色发展方式和生活方式、坚决打赢蓝天保卫战、着力打好碧水保卫战、扎实推进净土保卫战、加快生态保护与修复和改革完善生态环境治理体系六个方面做出了具体部署，并提出了到 2020 年的总体目标，为全面加强生态环境保护、打好污染防治攻坚战提供了指南。该意见适用于全国各省区市，因而黄河流域也应遵循。其中，明确提及黄河流域的只有一处，即在打好渤海综合治理攻坚战部分，提到"以渤海海区的渤海湾、辽东湾、莱州湾、辽河口、黄河口等为重点，推动河口海湾综合整治"。

各省区陆续制定出台黄河流域生态环境保护专门政策与方案。从黄河流域各省区发布的历年生态环境状况公报看，各省区针对辖内的水环境保护、大气污染综合整治、土壤环境安全防控、核与辐射安全监管、自然生态保护等问题做出了诸多努力，也取得了显著的成效。不过，各省区针对黄河流域生态环境保护很少制定专门政策。1992 年青海出台《青海省湟水流域水污染防治条例》，湟水是黄河上游重要支流，该条例较早提出水污染防治，并经过多次修订，确立了湟水流域统一规划、预防为主、防治结合、综合治理的原则，配合《湟水流域水环境综合治理规划》等，有效保护了湟水流域生态环境。2017 年 2 月山西出台《山西省汾河流域生态修复与保护条例》，汾河作为黄河第二大支流，正式拥有了一部专门的生态环境保护条例，该条例明确规定汾河流域生态修复与保护应当统一规划，对生态修复、生态保护都做出了具体的规定。随着国家越来越重视黄河流域生态环境保护，各省区市依据《水污染防治法》，相继出台水污染防治条例，特别是在 2019 年之后，各省区积极编制实施符合本省区实际特点的黄河流域生态保护和高质量发展规划、专项规划、工作方案等。当然，从部际协调层面也出台了一些政策，比如 2020 年 1 月生态环境部、水利部印发的《关于建立跨省流域上下游突发水污染事件联防联控机制的指导意见》，2020 年 6 月最高人民法院印发的《关于为黄河流域生态保护和高质量发展提供司法服务与保障的意见》等。

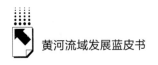

二 黄河长治久安指数

推动黄河流域生态保护和高质量发展，黄河长治久安是保障。尽管黄河多年未出现大的水灾，但黄河水害隐患始终存在。水沙关系调节是保障黄河长久安澜的"牛鼻子"，要多措并举，确保黄河沿岸安全。

（一）黄河长治久安指数分析

可从黄河流域生态保护和高质量发展综合指数拆解出黄河长治久安指数，由灾害破坏和治理恢复两方面组成（见图2）。其中，黄河流域长治久安代表黄河流域九省区平均水平。从黄河长治久安指数的演变，可以发现一些特点。

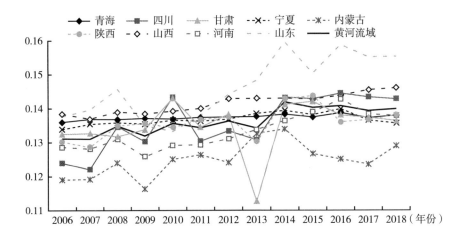

图2 2006～2018年黄河流域及各省区长治久安指数

一是黄河流域长治久安指数呈不规则弱增长趋势。2006年黄河流域长治久安指数为0.1311，2018年为0.1399，十余年间的增长幅度较小。并且，这种增长不是体现在每一年，在个别年份，黄河流域长治久安指数还呈下降的状态，比如2007年、2009年、2011年、2013年、2015年以及2017年较前一年均有一定程度下降，2014 年是黄河流域长治久安指数的峰值，达到 0.1419。追溯具体指标，可以发现黄河流域灾害破坏相对减少，治理恢复相对增多。当然，自 2006 年以来，黄河流域长治久安指数与全国平均长治久安指数一直都是大体相当，这与习近平总书记关于"黄河多年没出大的问题"的论述相一致。

二是各省区面临的灾害破坏有所差异。内蒙古的长治久安指数一直低于黄河流域长治久安指数，排在黄河流域九省区末位，出现这一情况的原因可能包括，内蒙古自然灾害多发，使得农作物受灾面积大大高于黄河流域其他八个省区，也高于除黑龙江外的全国其他省区，以 2018 年为例，内蒙古农作物受灾面积达到 2630 千公顷，约为黄河流域平均 827 千公顷的 3.2 倍，是全国平均 671 千公顷的 3.9 倍左右；内蒙古森林火灾较多，且影响较大，比如 2006 年的"5·16 特大森林火灾"、2017 年 5 月连发三起特大森林火灾等，2018 年内蒙古发生森林火灾次数为 105 次，而黄河流域和全国平均分别只有 64 次、80 次，综观内蒙古森林火灾时空动态，发现森林火灾频发，过火面积较大，多发于呼伦贝尔市、赤峰市、鄂尔多斯市和兴安盟等地区，且火灾频发与人类活动及气候特点息息相关；① 内蒙古森林病虫鼠害多发，2018 年内蒙古森林病虫鼠害发生面积为 102 万公顷，比森林资源同样丰富的东北三省都要高，是黄河流域平均森林病虫鼠害发生面积 49 万公顷的 2 倍多，是全国平均 39 万公顷的近 3 倍。河南长治久安指数在大多数年份也低于黄河流域长治久安指数，主要影响因素是森林火灾频发，虽然过火面积较内蒙古小，但是河南森林火灾发生次数远高于内蒙古，2006 ~ 2018 年河南年均发生森林火灾 472 次，而内蒙古年均发生森林火灾 110 次，黄河流域年均发生森林火灾 123 次，全国平均年均发生森林火灾 189 次，河南属于森林火灾发生频率较高的省区市之一。四川 2006 ~ 2013 年长治久安指数基本低于黄河流域长治久安指数，2014 ~ 2018 年又高于黄河流域长治久安指数，

---

① 萨如拉、周庆等：《1980 ~ 2015 年内蒙古森林火灾的时空动态》，《南京林业大学学报》（自然科学版）2019 年第 2 期。

四川饱受地质灾害的威胁，2008 年"5·12 汶川地震"、2017 年九寨沟县7.0 级地震以及数不清的低等级地震，造成了巨大的经济损失和人员伤亡，当然，地震是由地理条件造成的；四川也饱受森林火灾的困扰，2006～2018年四川年均发生森林火灾 342 次，高于黄河流域平均的 123 次和全国平均的189 次，与河南类似，虽然过火面积都不是很大，但发生森林火灾次数居于全国前列。甘肃同样饱受地质灾害的影响，2006～2018 年甘肃年均发生地质灾害 1052 起，特别是 2008 年发生地质灾害 8245 起，其中受"5·12 汶川地震"影响较大，2013 年发生地质灾害 3860 起，其中"7·22 定西地震"叠加暴雨侵袭，导致地震灾区滑坡、泥石流等灾害叠加，造成直接经济损失 56.8 亿元，这也是 2013 年甘肃长治久安指数突然下降的原因。

三是治理恢复是保障黄河长治久安的重要举措。山东对治理恢复的投入较大，因而山东长治久安指数大都处于黄河流域九省区领先地位，从构成指数所选指标看，具体表现在，山东大力投入林业，林业投资完成额从 2006年的 18 亿元，增加至 2018 年的 300 亿元，高于黄河流域平均的 140 亿元、全国平均的 155 亿元，仅次于广西（960 亿元）、湖南（320 亿元），排在全国第三位；山东对污染治理的投入也较大，2006～2018 年山东年均工业污染源治理投资总额为 86 亿元，约为黄河流域年均的 3 倍，是全国年均的 4倍多。山西长治久安指数相对平稳地高于黄河流域长治久安指数，与其对污染治理和地质灾害防治投资密不可分，2006～2018 年山西年均工业污染源治理投资总额为 39 亿元，在黄河流域九省区中位列第二，仅次于山东；山西还加大地质灾害防治投资，2018 年地质灾害防治投资达 5.3 亿元，超过黄河流域平均的 4.3 亿元，也高于全国平均的 5.2 亿元。当然，青海、宁夏、陕西在平衡灾害破坏和治理恢复方面也做出了诸多努力。

（二）黄河长治久安状况分析

黄河长治久安关系黄河流域人民生命财产安全，水沙关系是黄河长治久安的重中之重。根据水利部黄河水利委员会编制的公报，可以看出黄河流域水沙问题。

　　黄河流域泥沙问题受自然条件影响较大①。2019 年汛期，黄河上游出现 3 次编号洪水，黄河中游出现 1 次编号洪水，黄河上游来水增多冲刷整个流域，使得泥沙问题相对突出。在监测的 12 个干流水文站②中，2019 年黄河干流实测径流量较 1987～2015 年均值要大，唐乃亥、石嘴山、头道拐、小浪底、高村和利津实测输沙量较 1987～2015 年均值要大，幅度在 6%～233% 不等，特别是头道拐和小浪底实测输沙量较 2018 年分别增大 44%、17%。在监测的 12 个支流水文站③中，2019 年洮河红旗、泾河张家山、渭河咸阳和渭河华县实测径流量较 1987～2015 年大，输沙量较 1987～2015 年偏小，不过汾河河津输沙量较 2018 年增大 12%，沁河武陟输沙量从 2018 年的 0 增加至 2019 年的 0.943 万吨。2018 年 10 月至 2019 年 10 月，内蒙古河段典型断面石嘴山和头道拐断面、黄河下游高村断面以上河段表现为淤积，内蒙古巴彦高勒和三湖河口断面、黄河下游高村断面以下河段、三门峡库区、小浪底水库都表现为冲刷。2019 年黄河下游引沙量为 3840 万吨，较 2018 年的 1795 万吨增长了约 114%。不过，随着水利设施的不断完善，黄河水利委员会抓住时机，利用小浪底水库、万家寨水库、龙口水库等，开展汛期排沙，取得了一定的效果。

　　黄河流域水土保持工程稳步推进④。水利部黄河水利委员会积极组织黄河中上游管理局和黄河流域以及新疆（含新疆生产建设兵团）水行政主管部门，开展黄河流域（片）大型生产建设项目水土保持工程监督检查工作。截至 2019 年，在建的黄河流域（片）大型生产建设项目水土保持工程累计 93 项，其中不少项目主体工程已完工，或至少完工 80% 以上。重点检查各

① 参考水利部黄河水利委员会《黄河泥沙公报 2019》，详见水利部黄河水利委员会官方网站公告公报栏。
② 这 12 个干流水文站分别是唐乃亥、兰州、石嘴山、头道拐、龙门、潼关、三门峡、小浪底、花园口、高村、艾山和利津。
③ 这 12 个支流水文站分别是洮河红旗、皇甫川皇甫、窟野河温家川、无定河白家川、延河甘谷驿、泾河张家山、渭河咸阳、北洛河头、渭河华县、汾河河津、伊洛河黑石关和沁河武陟。
④ 参考水利部黄河水利委员会《黄河流域（片）大型生产建设项目水土保持公报 2019》，详见水利部黄河水利委员会官方网站公告公报栏。

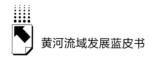
项目水土保持"三同时"制度①执行情况以及国家相关管理规定落实情况,包括水土保持方案变更与后续设计、表土保护利用、取弃土场选址与防护、水土保持措施实施、水土保持监测与监理、水土保持设施验收等。

三 水资源节约集约利用指数

推动黄河流域生态保护和高质量发展,水资源节约集约利用是关键。水资源是最大的刚性约束,黄河水资源总量有限,所有发展均要以黄河水资源总量作为刚性约束,着力推动用水方式由粗放向节约集约转变。

(一)水资源节约集约利用指数分析

水资源节约集约利用指数包含水资源节约、水资源集约,水资源节约体现的是水资源的利用量,水资源集约则体现水资源的利用效率。根据图3,可以发现黄河流域水资源节约集约利用指数的特征,其中黄河流域水资源节约集约利用指数为黄河流域九省区平均水平。

一是黄河流域水资源节约集约利用指数缓慢上升。2006年黄河流域水资源节约集约利用指数为0.0765,2018年为0.0863,年均仅增加0.0008,而同期全国平均水资源节约集约利用指数从0.0786增长至0.0920,年均增加0.0011。水资源节约方面,由于黄河属于资源性缺水河流,黄河水资源总量不到长江的7%,人均占有量仅为全国平均水平的27%,承担着占全国15%的耕地面积、12%的人口、几十座大中城市和能源基地的供水任务,因此,黄河流域水资源节约具有先天条件,2006~2018年黄河流域年均人均用水量与全国平均大致相等,2012年以来黄河流域年均人均用水量低于全国平均;黄河流域万元GDP用水量一直低于全国平均,2006~2018年黄河流域年均万元GDP用水量为98立方米,而全国平均为133立方米,不过二

---

① 根据《水土保持法》第3章第27条,"三同时"制度指的是依法应当编制水土保持方案的生产建设项目中的水土保持设施,应当与主体工程同时设计、同时施工、同时投产使用。

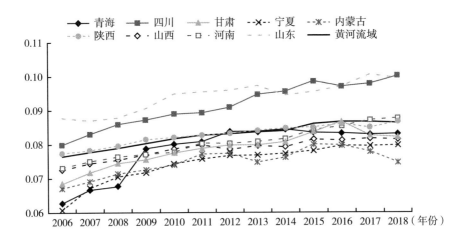

图3　2006～2018年黄河流域及各省区水资源节约集约利用指数

者之间的差距越来越小；黄河流域万元工业增加值耗水量与万元GDP用水量保持一致趋势，且其与全国平均的差距也越来越小。水资源集约方面，由于受长期以来经济发展方式的影响，黄河流域水资源利用较为粗放，农业用水效率不高，水资源开发利用率高达80%，远超一般流域40%的生态警戒线①，农业节水有很大空间；黄河流域地表水供水占比不到70%，而全国平均地表水供水占比超过80%，黄河流域地表水利用有较大提升空间；黄河流域城市污水日处理能力低于全国平均，2006～2018年黄河流域年均城市污水日处理能力为308万立方米，而全国平均高达451万立方米，且二者之间的差距呈拉大趋势；黄河流域城市供水公用设施建设固定资产投资完成额与全国平均存在一定差距，2006～2018年黄河流域年均城市供水公用设施建设固定资产投资完成额为10亿元，而全国平均达到14亿元。

　　二是黄河下游基本属于水资源节约集约利用相对高效区域。2006～2018年，黄河上游的山东水资源节约集约利用指数高于黄河流域，也高于全国平均。水资源节约方面，山东年均用水量远低于黄河流域，2006～2018年山东年均用水量为226立方米/人，仅为黄河流域人均用水量的一半左右；山

———————————

　　①　习近平：《在黄河流域生态保护和高质量发展座谈会上的讲话》，《求是》2019年第20期。

东万元 GDP 用水量不到黄河流域的 60%，2006～2018 年山东年均万元 GDP 用水量为 52 立方米，而黄河流域平均为 98 立方米，全国平均更是高达 133 立方米；山东万元工业增加值耗水量更低，2006～2018 年山东年均万元工业增加值耗水量约为 14 立方米，黄河流域平均约为 36 立方米，山东不到黄河流域的 40%，与全国平均相比不到 20%。水资源集约方面，山东地表水供水占比低于黄河流域，《2019 年山东省水资源公报》显示，2019 年山东跨流域调水量（引黄、引江）占总供水量的 38.66%，说明山东本地地表水供应相对欠缺；不过，山东城市污水日处理能力很强，2006～2018 年山东年均城市污水日处理能力为 907 万立方米，是黄河流域平均的近 3 倍，也是全国平均的 2 倍多；相应地，山东城市供水公用设施建设固定资产投资完成额也较多，2006～2018 年山东年均城市供水公用设施建设固定资产投资完成额为 31 亿元，是黄河流域平均水平的 3 倍多，是全国平均水平的 2 倍多。当然，作为黄河上游的四川，其水资源节约集约利用指数也比黄河流域高，且略高于全国平均水资源节约集约利用指数，这与四川水资源较为丰富、经济发展相对高效密切相关。

三是黄河中上游基本属于水资源节约集约利用相对低效区域。除去山东和四川，包括黄河下游的河南在内，黄河流域的其他省区均属于水资源节约集约利用相对低效区域。水资源节约方面，黄河上游省区人均用水量明显高于黄河中下游，2006～2018 年年均用水量宁夏为 1105 立方米/人，内蒙古为 743 立方米/人，青海为 507 立方米/人，甘肃为 463 立方米/人，河南、陕西和山西人均用水量低于黄河流域人均用水量；黄河上游省区万元 GDP 用水量也明显超过黄河中下游，2006～2018 年年均万元 GDP 用水量宁夏为 418 立方米，甘肃为 268 立方米，青海为 208 立方米，内蒙古为 160 立方米，同样，河南、陕西和山西万元 GDP 用水量低于黄河流域万元 GDP 用水量；不过，中上游省区万元工业增加值耗水量没有明显规律，2006～2018 年年均万元工业增加值耗水量甘肃为 86 立方米，高于全国平均的 79 立方米，青海为 78 立方米，宁夏为 61 立方米，河南为 44 立方米，内蒙古为 39 立方米，高于黄河流域的 36 立方米，山西和陕西均低于黄河流域。水资源集约方面，黄河上游的青海、甘肃和宁夏地表水供水占比较高，中游的内蒙古、陕西、山西相对较低，河南地表水供水占比也较低；黄河上游城市污水日处理能力相对较低，中游次之，河南城市污水日处理能力高于全国平均，这与城镇化率、城市规模较为相关；黄河流域中上游城市供水公用设施建设固定资产投资完成额都相对较少，除了内蒙古 2006～2018 年年均超过 15 亿元，高于全国平均城市供水公用设施建设固定资产投资完成额外，青海、甘肃、宁夏、陕西、山西与河南均低于黄河流域城市供水公用设施建设固定资产投资完成额。

（二）水资源节约集约利用状况分析

黄河流域水资源短缺，制约经济社会可持续发展，只有做好水资源节约集约利用这篇大文章，让水资源成为黄河流域高质量发展的最大公约数，才能真正让黄河安澜。[①]

黄河流域水资源短缺且蓄水不足。[②] 降水总量方面，自然条件导致黄河流域降水相对较少，2019 年黄河流域平均降水量为 496.9 毫米，虽然较 1956～2000 年均值高出 11.1%，但低于全国平均降水量的 645.5 毫米，相比于长江流域的 1175.5 毫米差距更大，内蒙古大部、宁夏中部和北部、甘肃中西部、青海中部等地降水量仅为 100～400 毫米，青海西北部甚至不足 100 毫米，内蒙古西部、甘肃西部、青海西北部降水少于 50 天，青海中南部、甘肃中部和南部、四川北部和东南部降水只有 10～20 天。[③] 降水区域方面，区域分布较为不平衡，以 2019 年为例，在黄河流域 8 个二级流域分区[④]中，降水量最多的为龙羊峡至兰州，为 696.8 毫米，龙羊峡以上次之，为 611.1 毫米，黄河内流区最小，只有 313.2 毫米，除了龙羊峡至兰州、兰

---

① 郭志远：《做好黄河流域水资源节约集约利用大文章》，《学习时报》2020 年 9 月 16 日。

② 参考水利部黄河水利委员会《黄河水资源公报 2019》，详见水利部黄河水利委员会官方网站公告公报栏。

③ 参考国家气候中心《2019 年中国气候公报》。

④ 这 8 个二级流域分区包括龙羊峡以上、龙羊峡至兰州、兰州至头道拐、头道拐至龙门、龙门至三门峡、三门峡至花园口、花园口以下、黄河内流区。

州至头道拐降水量较 2018 年不减，其他 6 个二级流域分区 2019 年降水量较 2018 年减少 7.8% ~32.3% 不等。水库蓄水方面，在统计的 219 座大、中型水库中，2019 年初蓄水量为 450.69 亿立方米，但到年末只有 430.8 亿立方米，年蓄水量减少 19.89 亿立方米，其中 96.4% 的来自大型水库蓄水量的减少，特别是小浪底水库、龙羊峡水库蓄水量减少分别为 13.35 亿、3.78 亿立方米。地下水蓄水方面，2019 年黄河流域浅层地下水蓄水量较 2018 年减少 7.87 亿立方米，蓄水量下降面积占黄河流域的 90% 以上，宁夏、内蒙古和山西共统计 6 个浅层地下水降落漏斗，山西太原盆地的漏斗中心地下水埋深增加 1.87 米，陕西和河南共统计 18 个地下水超采区，仍有 4 个超采区平均地下水埋深有所增大。

黄河流域水资源利用效率较低。供水结构方面，黄河流域相对依赖地下水，2019 年黄河供水区总取水量为 555.97 亿立方米，其中地表水占 79.4%，地下水占 20.6%，而长江流域总供水量为 2064.5 亿立方米，其中地表水占 96.2%，地下水和其他水源只占 3.8%。[1] 取水量与耗水量平衡方面，区域相对不平衡，2019 年兰州至头道拐取水量最多，约 1/3 来自这一分区，其中内蒙古为总取水量最多的省区，占总取水量的 19%，而花园口以下耗水量最多，约 1/3 的水由这一分区消耗，其中山东地表水耗水量最多，占地表水总耗水量的 22.6%，陕西地下水耗水量最多，占地下水总耗水量的 24%。地表水利用方面，农林牧渔畜业消耗了大量水，2019 年黄河供水区地表水耗水量为 370.7 亿立方米，其中农田灌溉耗水占 67.8%，林牧渔畜占 4.7%，工业占 9.3%，城镇公共占 2.1%，居民生活占 6%，生态环境占 10.1%。地下水利用方面，农林牧渔畜业同样消耗了一半以上的水，2019 年黄河供水区地下水消耗量为 84.7 亿立方米，其中农田灌溉耗水占 47.9%，林牧渔畜占 12.3%，工业占 16.2%，城镇公共占 4.6%，居民生活占 16.4%，生态环境占 2.6%。

---

[1] 参考水利部长江水利委员会《长江流域及西南诸河水资源公报 2019》，详见水利部长江水利委员会官方网站公报专栏。

四　经济社会高质量发展指数

推动黄河流域生态保护和高质量发展，经济社会高质量发展是基础。伴随迈入建设社会主义现代化国家新征程，经济社会高质量发展成为应有之义。黄河流域除了要做好生态保护，更要因地制宜发挥各地区比较优势，构建高质量发展的动力系统，推动经济社会高质量发展。

（一）经济社会高质量发展指数分析

经济社会高质量发展指数由经济发展、创新驱动、对外开放和民生改善四个部分组成，既体现量，又反映质（见图4）。黄河流域经济社会高质量发展指数代表黄河流域九省区的平均水平，可以发现黄河流域经济社会高质量发展的演变特点。

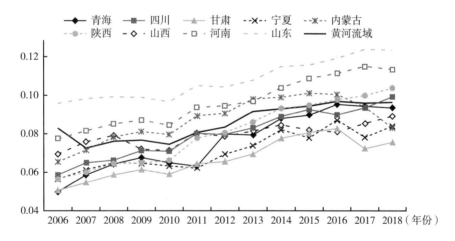

图4　2006～2018年黄河流域及各省区经济社会高质量发展指数

一是黄河流域经济社会高质量发展指数稳中有进。2006年以来，黄河流域经济社会高质量发展指数基本呈上升趋势，并且长期低于全国平均经济社会高质量发展指数，不过，这一上升趋势也存在一些"波折"。一方面，个别年份存在下降的现象。2007年较2006年有所下降，从构成指标看，受

2007 年美国次贷危机的影响，2007 年黄河流域外贸依存度、全社会固定资产投资利用外资占比较 2006 年均有所下滑，城乡收入差距也有所拉大；2010 年较 2009 年、2017 年较 2016 年均略有下滑，更多源于外部不确定性的冲击。另一方面，2014 年以来增速放缓。2014 年以前黄河流域经济社会高质量发展指数能保持一定幅度的增长，2007～2014 年年均增长 3.61%，但 2014 年以来增速较慢，2014～2018 年年均增速只有 0.91%。出现增速放缓的现象，与我国经济转型升级有关，党的十八大以来，我国经济进入"新常态"，从高速增长转向高质量发展，转变发展方式、优化经济结构、转换增长动力成为重要目标，因而增速放缓在情理之中。未来，在创新驱动、高水平对外开放和民生改善的不断提升下，黄河流域经济社会高质量发展指数将进一步提高。

二是黄河下游是经济社会高质量发展的领先区域。作为黄河下游省区，山东和河南经济社会高质量发展指数显著高于黄河流域，并且还高于全国平均。2018 年，山东和河南经济社会高质量发展指数紧随第一梯队，分别排在全国第七、第九位。① 经济发展方面，山东人均 GDP 一直高于全国平均水平，河南 GDP 总量在各省区市中排名靠前，但由于人口众多，人均 GDP 不占优势；山东和河南都属于我国粮食主产区，因而其粮食产量很高，远远高于黄河流域和全国平均；山东和河南万元 GDP 能耗同比都在下降，且降幅较大；山东城镇化率高于全国平均，2018 年为 61.68%，而全国平均为59.58%，河南城镇化率低于黄河流域，2018 年为 51.71%，而黄河流域为55.84%；黄河流域第二产业增加值占 GDP 比重先升后降，不过仍略高于全国平均，2018 年黄河流域第二产业增加值占 GDP 比重为 41.58%，全国平均为 39.69%，山东和河南作为制造业大省，其第二产业增加值占 GDP 比重高于全国平均。创新驱动方面，山东规模以上工业企业 R&D 人员全时当量远高于黄河流域和全国平均，紧随广东、江苏和浙江之后，是黄河流域的近4 倍，河南规模以上工业企业 R&D 人员全时当量与全国平均相差不大，是

---

① 2018 年经济社会高质量发展指数前六位分别为北京、江苏、广东、上海、浙江、天津。

黄河流域的 2 倍左右；山东万人国内专利申请授权量高于黄河流域，但低于全国平均，河南万人国内专利申请授权量低于黄河流域，2018 年山东和河南万人国内专利申请授权量分别为 13.2 项、8.6 项，黄河流域和全国平均分别为 9.3 项、16.5 项；山东技术市场交易额较高，是黄河流域平均的 2 倍左右，也高于全国平均，不过河南技术市场交易额不高，2018 年为 149.3 亿元，不到黄河流域平均 392.3 亿元的 40%。对外开放方面，黄河流域外贸依存度较全国平均低很多，比如 2006 年全国平均外贸依存度为 65.4%，而黄河流域只有 18.8%，二者差距很大，不过到 2018 年，全国平均外贸依存度只有 33.1%，黄河流域为 16.3%，这其中，山东外贸依存度较高，许多年份高出黄河流域外贸依存度 10 个百分点以上，河南外贸依存度相对较低；山东全社会固定资产投资利用外资占比较同期黄河流域和全国平均都要高，河南略低于黄河流域。民生改善方面，山东和河南城乡收入差距小于黄河流域，也小于全国平均；山东和河南的城镇登记失业率大多低于黄河流域城镇登记失业率；山东和河南人均教育支出低于全国平均，也大致低于黄河流域，2018 年山东和河南人均教育支出分别为 1991 元、1770 元，而黄河流域和全国平均分别为 1948 元、2150 元；山东和河南人均医疗支出低于黄河流域和全国平均。

三是黄河中上游是经济社会高质量发展的潜力区域。黄河中上游省区的经济社会高质量发展指数基本低于黄河流域经济社会高质量发展指数，其中 2008～2016 年内蒙古经济社会高质量发展指数曾高于黄河流域，但 2017～2018 年又低于黄河流域，追赶失败有外部因素的冲击，也有内部因素的影响。经济发展方面，内蒙古、陕西、宁夏、四川、青海、山西、甘肃 2018 年人均 GDP 分别为 68302 元、63478 元、54094 元、48883 元、47689 元、45328 元、31336 元，黄河流域和全国平均分别为 54688 元、66006 元，其中内蒙古自 2006 年以来一直高于黄河流域，也高于全国平均，陕西一直接近于全国平均，宁夏一直与黄河流域相差不大，其他省区则处于相对落后的状态；四川和内蒙古也是我国粮食主产区之一，其粮食产量高于黄河流域和全国平均，其他省区粮食产量则相对较低，2018 年山西、陕西、甘肃、宁夏、青海粮食产量分别为 1380 万吨、1226 万吨、1151 万吨、393 万吨、103 万吨，黄河流域平均粮食产量为 2585 万吨，全国平均也达到 2122 万吨；黄河中上游七个省区万元 GDP 能耗也在下降，但降幅略小于下游的山东和河南，且个别年份存在升高的情况，比如青海 2011 年万元 GDP 能耗同比增加 9.44%，宁夏 2011 年、2017 年和 2018 年万元 GDP 能耗同比分别增加 4.6%、7.65%、2.85%；内蒙古城镇化率始终高于全国平均，宁夏、山西和陕西与全国平均相当，青海、四川、甘肃城镇化率低于黄河流域；对黄河中上游七个省区来说，三江源、祁连山等生态功能重要的地区需要做好生态保护，因而青海、甘肃的第二产业增加值占 GDP 比重较低符合黄河流域的发展定位，四川第二产业增加值占 GDP 比重也很低，2018 年只有 37.43%，河套灌区、汾渭平原等粮食主产区适合发展现代农业，因而内蒙古、山西、陕西的第二产业增加值占 GDP 比重较高也符合定位，宁夏第二产业占 GDP 比重相对较高，2018 年为 42.39%。创新驱动方面，四川规模以上工业企业 R&D 人员全时当量高于黄河流域，但只有全国平均的一半左右，陕西、山西、内蒙古、甘肃、宁夏、青海 2018 年规模以上工业企业 R&D 人员全时当量分别只占全国平均的 27.7%、19.2%、11.1%、5.7%、5%、0.8%；陕西和四川万人国内专利申请授权量略高于黄河流域，但低于全国平均水平，宁夏、甘肃、青海、山西、内蒙古 2018 年万人国内专利申请授权量分别为 8.2 项、5.3 项、4.4 项、4.1 项、3.8 项，除宁夏外，均低于黄河流域的 6.9 项；陕西和四川技术市场交易额增长较快，从 2006 年不到全国平均的一半，到 2018 年分别为全国平均的 1.97 倍、1.75 倍，甘肃、山西、青海、内蒙古、宁夏技术市场交易额较低，2018 年分别为 180.9 亿元、150.8 亿元、79.4 亿元、19.8 亿元、12.1 亿元。对外开放方面，黄河中上游七个省区外贸依存度均低于黄河流域，2018 年陕西、四川、山西、宁夏、内蒙古、甘肃、青海的外贸依存度分别只有 14.7%、13.9%、8.7%、7.1%、6.6%、4.9%、1.8%；这七个省区全社会固定资产投资利用外资占比也相对较低。民生改善方面，四川城乡收入差距小于黄河流域，也小于全国平均，山西和内蒙古部分年份城乡收入差距小于全国平均，青海、甘肃、宁夏、陕西城乡收入差距均大于全国平均，城乡发展不平衡问题较为突出；甘肃城镇登记失业率低于黄河流域，青海、陕西和山西城镇登记失业率在有的年份低于黄河流域，四川、宁夏和内蒙古城镇登记失业率高于黄河流域，特别是四川和宁夏，有些年份甚至超过全国平均；四川人均教育支出低于全国平均，除此之外，青海、甘肃、宁夏、内蒙古、陕西、山西人均教育支出均基本高于全国平均，这也体现出国家对中西部教育的倾斜政策；四川和山西人均医疗支出基本低于全国平均，除此之外，青海、甘肃、宁夏、内蒙古、陕西的人均医疗支出基本高于全国平均，同样体现出国家对中西部医疗的倾斜政策。

（二）经济社会高质量发展状况分析

在南方北方经济发展差距逐渐拉大的背景下，推动黄河流域经济社会高质量发展具有重要的战略意义。黄河流域是我国重要的粮食、能源、工业等聚集区，经济社会高质量发展有一定基础，但也面临一些问题。

一是生态环境脆弱，对经济发展形成掣肘。从黄河流域生态保护和高质量发展综合指数、分地区生态保护和高质量发展综合指数以及生态环境保护、黄河长治久安、水资源节约集约利用类别指数可以看出，黄河流域存在水资源短缺、水土流失严重、地表采矿塌陷频发、洪水威胁较大等固有劣势，流域生态环境脆弱。黄河上游局部地区面临生态系统退化、水源涵养功能降低的威胁，中游面临水土流失严重的问题，特别是汾河等支流污染问题突出，流域中上游地区适合人口集聚和第二、第三产业发展的规模有限；下游面临生态流量偏低、一些地方河口湿地萎缩的问题。黄河流域还面临着工业、城镇生活、农业、尾矿库等多个方面的污染。这些问题使得黄河流域无法像长三角地区、珠三角地区等大力发展先进制造业、现代服务业，而只能维持农业、能源、工业等优势的传统产业。可以说，生态禀赋决定了一个地区的发展前景，生态脆弱则掣肘了一个地区的发展空间。

二是创新基础不足，优势产业转型升级乏力。在我国经济迈入高质量发展阶段，黄河流域也在进行着产业转型升级的探索。与我国发达省份相比，黄河流域产业发展水平还有较大差距，这有不同产业发展自身规律的制约，也受各地方对创新驱动认识的差异影响。黄河流域是我国重要的经济地带，从农业看，耕地面积占全国总量的35%左右，黄淮海平原、汾渭平原、河套灌区是农产品主产区，提供了约占全国1/3的粮食和肉类产量。从能源看，黄河流域又被称为"能源流域"，煤炭、石油、天然气和有色金属资源丰富，煤炭储量占全国一半以上，是我国重要的能源、化工、原材料和基础工业基地。但除了山东创新具有一定优势外，黄河流域其他八个省区的创新基础较弱，黄河流域规模以上工业企业R&D经费支出额、亿元工业增加值R&D经费支出额只相当于全国平均水平的80%多，国内三种专利申请数、授权数仅相当于全国平均水平的50%多。特别是一些矿资源富集地区，长期处于采掘和粗加工的价值链低端，高附加值的中高端产业不多或流向其他省区市，造成较为严重的资源浪费，丧失了不少创新机遇。不论是研发投入，还是创新结果，都不足以支撑本省区优势产业转型升级。

三是重点城市不强，城市群带动作用有限。城市群是推动经济社会高质量发展的重要引擎和战略载体，东京湾区、纽约湾区、旧金山湾区和大伦敦都市区等世界级城市群的国际经验，以及我国京津冀、长三角、粤港澳大湾区等城市群的实践，都表明了城市群的带动作用。在黄河流域，山东半岛城市群（以济南都市圈、青岛都市圈为主）相对发达，成都与重庆组成的成渝城市群潜力也较大，除此之外，黄河流域的其他城市经济实力相对较弱，在住房和城乡建设部规划的九大国家中心城市①中，郑州、西安排名靠后，太原、西宁、兰州、银川、呼和浩特作为省会城市，其经济发展水平不如东部地区的一个地级市，甚至都比不上东部地区的一个县级市，单个城市发展水平极为有限，城市群的带动作用就更无从谈起，这是阻碍黄河流域经济社会高质量发展的重要因素。

---

① 2010年住房和城乡建设部发布《全国城镇体系规划（2010～2020年）》，明确提出北京、天津、上海、广州、重庆五大国家中心城市的规划和定位，此后在2016～2018年，国家发展和改革委员会、住房和城乡建设部又发函支持成都、武汉、郑州、西安建设国家中心城市，由此形式九大国家中心城市。

五 保护传承弘扬黄河文化指数

推动黄河流域生态保护和高质量发展，保护传承弘扬黄河文化是助力。黄河流域生态保护和高质量发展看似与生态建设、经济建设密切相关，但同样离不开文化建设。黄河文化是中华文明的重要组成部分，讲好"黄河故事"，坚定文化自信，为实现中华民族伟大复兴的中国梦凝聚精神力量。

（一）保护传承弘扬黄河文化指数分析

文化事业、文化产业是保护传承弘扬黄河文化的重要组成部分，同时，旅游产业也是黄河文化的具体体现。因而，融合文化事业产业、旅游产业，构建保护传承弘扬黄河文化指数①（见图5），其中黄河流域的各项指标代表黄河流域九个省区平均水平。

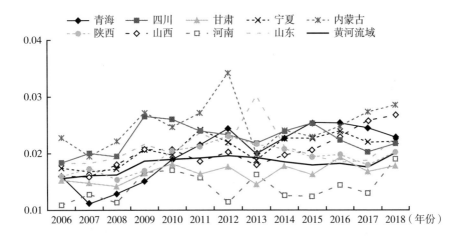

图5 2006～2018年黄河流域及各省区保护传承弘扬黄河文化指数

---

① 需要说明的是，由于各省区历年专门针对保护传承弘扬黄河文化的数据不易获得，考虑可比性，选择各省区文化事业产业、旅游产业数据作为替代，虽然从名称上仍为保护传承弘扬黄河文化，但事实上是覆盖更大范围的文化指数。由此，保护传承弘扬黄河文化指数不仅在黄河流域可比，在全国范围内也有一定的可比性。

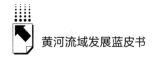

一方面，保护传承弘扬黄河文化指数较全国平均文化指数低。2006～2018年，保护传承弘扬黄河文化指数从0.0156曲折增加至0.0201，个别年份出现指数下降的情况，而同期全国平均文化指数从0.0194增加至0.0287，基本保持上升态势，可以看出，保护传承弘扬黄河文化指数一直低于全国平均文化指数，而且增长幅度也较全国平均小。文化事业产业方面，黄河流域人均文化事业费一直低于全国平均，且二者之间的差距越来越大，2006年为11.6元，全国平均为15元，二者相差3.4元，但是到2018年，黄河流域为52.2元，全国平均达到63.9元，二者相差11.7元，之所以出现这种情况，不是黄河流域中上游省区投入不足，而是因为人口大省的河南和山东文化事业费投入较少，2006年河南和山东人均文化事业费分别只有6.8元、10.1元，即使到2018年，这两个省人均文化事业费也分别只有28.9元、42.1元，拉低了黄河流域的平均水平；黄河流域文化产业本年投资完成额2011年之前甚至高于全国平均，但2012年以来一直低于全国平均，且二者差距逐渐拉大，各省区之间文化产业投资不平衡不持续问题较为突出，2013年山东文化产业本年投资完成额高达9.9亿元，而同期青海只有186万元，同一省区不同年份文化产业投资不平衡，2015年青海文化产业本年投资完成额为2.5亿元，而2012年只有14万元。旅游产业方面，黄河流域入境过夜游客总人数远低于全国平均，还不到全国平均的一半水平，2018年黄河流域入境过夜游客总人数为187万人次，全国平均达到382万人次，特别是青海、甘肃、宁夏等省区，2009年以来入境过夜游客总人数与全国平均相比，不到其3%的水平；与入境过夜游客总人数相一致，黄河流域国际旅游外汇收入远低于全国平均，全国平均国际旅游外汇收入较黄河流域最高可达4倍多（2015年），最低也有2倍左右（2012年和2013年），2018年黄河流域平均国际旅游外汇收入为11.6亿美元，全国平均为41亿美元，而青海、甘肃和宁夏自2006年以来均不到1亿美元，也就是说，黄河流域不仅对国内游客的吸引力较弱，对国际游客的吸引力更弱；黄河流域文物业门票销售总额在绝大多数年份高于全国平均，文物业门票销售总额与各地区历史禀赋、自然禀赋有关，陕西的秦文化和华山、山东的"三孔"文化和泰山等，都是本地区文物业发展的重要支撑；黄河流域餐饮业成本负担较全国平均高，只有宁夏餐饮业成本负担与全国平均相当，其他八个省区基本都高于全国平均。

另一方面，个别省区保护传承弘扬黄河文化指数波动较大。对黄河流域九个省区而言，2009 年九个省区保护传承弘扬黄河文化指数均出现较大幅度增长，从指标上看，可能是由于 2006 ~ 2008 年各地人均文化事业费由 2005 年和 2009 年数据的算术平均计算得到，所以 2009 年这一指标的数值较 2008 年会出现较大幅度变动；大部分省区 2009 年文化产业本年投资完成额、入境过夜游客总人数、国际旅游外汇收入、文物业门票销售收入较 2008 年也有较大幅度增长，而餐饮业成本负担则有一定幅度下降。对内蒙古而言，2012 年内蒙古保护传承弘扬黄河文化指数出现大幅增长，但 2013 年又出现了大幅下降，内蒙古人均文化事业费 2012 年较 2011 年增长 26.6%，而 2013 年较 2012 年只增长 6.8%；内蒙古文化产业本年投资完成额 2012 年较 2011 年增长 55.8%，而 2013 年较 2012 年下降 75.6%。对河南而言，2012 年河南保护传承弘扬黄河文化指数出现了下降，2013 年又实现了回升，河南文化产业本年投资完成额 2012 年较 2011 年下降 71.3%，2013 年较 2012 年又增长 60.6%；河南入境过夜游客总人数 2012 年较 2011 年增长 13.7%，但 2013 年较 2012 年下降 33.5%。对山东而言，2013 年山东保护传承弘扬黄河文化指数出现大幅上升，2014 年又出现了大幅回落，山东人均文化事业费 2013 年较 2012 年增长 18.5%，但 2014 年较 2013 年只增长 2.3%；山东文化产业本年投资完成额 2013 年较 2012 年大幅增长 343.5%，2014 年较 2013 年又下降 65%。

综合来看，黄河流域对文化的保护传承弘扬还有提升空间，特别是要深入挖掘黄河文化蕴含的时代价值，讲好"黄河故事"。

（二）黄河文化禀赋分析

黄河有着独特的历史文化遗产，人文遗迹、自然遗迹弥足珍贵，文学艺

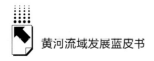
术作品、非物质文化遗产丰富。①

　　大河胜迹方面，黄河流域有夏商遗址老牛坡、多个黄河古都、塬上嘉峪关、古阳关遗址、仰韶遗址、半坡遗址等文化遗址，有西安城墙、平遥城墙、阿房宫遗址、唐长安城遗址、青海民和喇家遗址、殷墟遗址等古城址，有秦始皇陵、东汉帝陵、西汉帝陵、西夏王陵、昭君墓等古墓葬，有双塔、一百零八塔、大雁塔、小雁塔、青龙寺等塔寺庙观，有龙门石窟、大佛寺石窟、清凉山石窟等石窟奇观，有黄河图说碑、古云梯关碑等碑刻摩崖，有太行山、祁连山、华山、嵩山等名山峻峰，还有三门峡、天下黄河第一湾等名胜。文学方面，古有《尚书》记载尧舜禹治国、治水，今有诗歌散文传唱黄河流域之壮阔、之宏伟。民风民俗方面②，黄河流域民风民俗具有多样性和开放性，包容着不同地域的习俗和文化，黄河流域民风民俗具有连续性，由先民们代代相传至今。

---

　　① 参考水利部黄河水利委员会官方网站黄河文化专栏整理得到。
　　② 牛建强、张逸尘：《大河民风：黄河流域的民俗风情》，《黄河报》2017 年 11 月 14 日。

专题报告
Special Report

B.4

协同推进黄河流域生态保护和高质量发展

王　茹[*]

摘　要： 黄河流域生态保护和高质量发展要统筹兼顾、综合施策，不
断增强系统性、整体性、协同性，从治理要求、治理目标、
治理主体和治理导向几个维度牢牢把握协同推进大治理的发
展主线，切实抓好高水平生态环境保护、黄河长治久安、水
资源节约集约利用、经济社会高质量发展、保护传承弘扬黄
河文化等重点任务，加强顶层设计、协调机制、市场导向、
制度保障、基础设施、基础研究等战略支撑体系。

关键词： 协同治理　生态保护　高质量发展　黄河流域

---

* 王茹，博士，中共中央党校（国家行政学院）社会和生态文明教研部副教授，研究方向为环
境经济学、资源环境管理、环境政策。

黄河是中华民族的母亲河，是中华文明的重要发祥地，保护黄河是关系中华民族伟大复兴的千秋大计。黄河流域生态保护和高质量发展重大国家战略的提出，为新时代黄河流域生态保护和高质量发展指明了前进方向，提供了根本遵循，注入了强大动力。黄河流域生态保护和高质量发展要统筹兼顾、综合施策，不断增强系统性、整体性、协同性，从治理要求、治理目标、治理主体和治理导向几个维度牢牢把握协同推进大治理的发展主线，切实抓好高水平生态环境保护、黄河长治久安、水资源节约集约利用、经济社会高质量发展、保护传承弘扬黄河文化等重点任务，加强顶层设计、协调机制、市场导向、制度保障、基础设施、基础研究等战略支撑体系。

一 把握黄河流域生态保护和高质量发展的主线

习近平总书记提出的"共同抓好大保护，协同推进大治理"是黄河流域生态保护和高质量发展的总体要求和发展主线。从本质上看，"大保护"的要求蕴含在广义的"大治理"之中。要在研究和实践中不断明晰协同推进大治理的治理要求、治理目标、治理主体、治理模式，建立上下协同、区域协同、主体协同、文化协同的现代化流域治理体系。

（一）治理要求：增强系统性、整体性、协同性

黄河流域生态保护和高质量发展是一项系统工程，协同推进大治理要求突出发展和治理的系统性、整体性和协同性，从经济、社会、生态环境等不同领域协同发力，通过一定时期达成主攻目标与分进合击的统筹谋划协调，加强要素、空间、时间维度的系统推进，促进全流域的高质量发展进程。[①]

一是要增强系统性。黄河流域环境污染和发展质量问题涉及流域、区域、领域等不同维度，要从生态系统性和流域系统性出发，自上而下的顶层设计与自下而上的基层探索相结合，系统协调的总体框架与深入细致的具体

---

① 陈晓东、金碚：《黄河流域高质量发展的着力点》，《改革》2019 年第 11 期。

措施相结合，标本兼治、系统推进，防止"头痛医头、脚痛医脚"。要统筹推进山水林田湖草沙综合治理，统筹推进水土保持、环境保护、结构优化、创新发展等多元化发展目标，将生态文明建设全面深入融入"五位一体"总体布局，实现高水平保护和高质量发展的统一。以协同推进大治理为导向，避免过度开发与利用资源对经济系统和社会系统产生负外部性，实现生态系统、经济系统和社会系统的和谐共生。

二是要增强整体性。"治国先治黄"，黄河流域要努力成为大江大河整体治理的重要标杆，为欠发达和生态脆弱地区生态文明建设和高质量发展提供示范。突出问题导向，着眼于整体布局，促进黄河流域的整体发展而非针对单一问题的解决，依据流域整体保护和发展要求设计目标框架和发展路径。重点解决水资源短缺、生态脆弱、水沙关系不协调、发展不平衡不充分、民生发展不足等突出矛盾和问题。强化底线意识，确保经济社会发展不突破资源环境阈值和生态保护红线，确保自然恢复为主的治理方针可以起作用，而不是继续走"先污染后治理"的老路。

三是要增强协同性。协同理论从物理学概念逐步进入人文社会科学尤其是治理领域，体现了大系统与外部环境之间、大系统与子系统之间、子系统相互之间的关系协同要求。黄河流域各省区发展梯度差异较大，从历史上看比较缺乏协作传统，在资源禀赋、发展基础、文化传统等方面都表现出不同的特点，行政区划带来的治理碎片化与流域整体保护和发展的要求之间存在冲突。流域内各省区之间要依据各自资源禀赋和比较优势进行合理分工，在生态优先的前提下促进流域在分工基础上进行生态保护和经济发展协作，推进上中下游协同联动，共同促进流域高质量发展。[1] 强化流域范围的基础设施和公共服务共建共享，引导下游地区资金、技术等资源要素向中上游地区有序转移，促进产业对接合作，打造流域协同推进生态环境治理和协同推进高质量发展的新样板。

---

[1] 任保平、张倩：《黄河流域高质量发展的战略设计及其支撑体系构建》，《改革》2019年第10期。

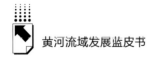

（二）治理目标：由经济增长到全面发展

"让黄河成为造福人民的幸福河"是对新时代黄河流域生态保护和高质量发展的总定位和总要求。协同推进大治理要求从经济增长到经济社会全面发展的治理目标转型。

经济增长是工业文明时代的价值取向。发展经济学理论中的经济发展扩展了经济增长的概念，加入了结构变化、财富分配等因素。传统的经济发展理论视角下，在追求经济均衡发展中往往强调经济规模意义上的均衡，特别是强调欠发达地区对具有经济规模优势的发达地区的追赶。黄河流域上中下游的地理空间差异较大，如果不加区分全部采取以经济增长为主要目标的发展导向，会不断加剧黄河流域的生态脆弱性。① 因此，在价值导向和治理目标上要实现从单一化、碎片化向综合性、整体性的转变，推动经济、社会、生态全面高质量发展。不仅要强调经济产品的产出，而且要强调生态产品的产出，不仅要强调物质产品的产出，还要强调精神产品的产出。根据不同区域的主体功能定位在发展重点方面有所侧重，既要充分满足人民日益增长的物质文化需要，也要通过提升生态产品的供给能力满足人民日益增长的生态环境需要。

（三）治理主体：构建利益协调、共建共享的社会治理共同体

协同治理的多元主体不但包括系统内部的不同主体，也包括与组织外部主体的协调互动。黄河流域协同推进大治理要充分发挥"看得见的手"与"看不见的手"的共同作用，政府要积极鼓励和引导企业、公众、社会组织等其他主体参与治理，多元主体各司其职，形成优势互补的治理共同体，从而实现流域发展生态效益、经济效益和社会效益的叠加。

现代化治理体系所内含的共同利益诉求、共同协商机制、共同行动规

① 郭晗、任保平：《黄河流域高质量发展的空间治理：机理诠释与现实策略》，《改革》2020年第4期。

则、共同成果分享等特征与黄河流域社会治理共同体建设具有目标一致性和逻辑一致性。治理共同体的形成是实现"共建共治共享"的重要保障，是从参与式治理到合作式治理的必然选择。以生态保护为例，从经济学的角度看，生态环境属于公共物品，关系全体社会成员的切身利益。越多的个体加入环境治理体系，环境产品和环境服务的数量和质量越高。根据萨缪尔森"所有权—消费性质"理论，清洁空气、水源和土壤等环境物品属于纯公共物品，分享环境收益和分担治理成本的消费者数量很多，群体规模扩大非但不会带来收益竞争，反而可以促进环境公共物品供给，同时通过成本分摊降低公共产品提供的边际成本。从供给端来看，由多元主体联合提供环境公共物品，共同成为环境公共物品数量的决定者（Quantity – maker），是环境污染的有效解决之道。① 解决环境领域"搭便车"问题同样需要治理共同体建设。要有效解决环境问题就应当让治理权力回归公众，鼓励在传统政府单一管制模式下被排除在环境决策范围外的成员参与环境治理，为其提供更大的个人和集体参与空间。由此可见，黄河流域大治理可以通过社会治理共同体建设共同规划治理目标，共同设计治理政策，共同开展治理实践，共同享受治理成果。

（四）治理模式：格局重构、区域协同、上下联动、分类施策

1. 格局重构

黄河流域实现高质量发展，必须从顶层设计上坚持系统思维，重点突出对人的生产生活行为进行引导和管控，高度重视空间优化配置，统筹人口、水源与土地的关系，促进形成水陆统筹、协调联动的流域空间综合治理格局。特别值得注意的是，黄河水资源非常宝贵，且流经的地区多为干旱半干旱地区，必须强化水资源在流域发展中的核心配置作用，以水资源和水环境承载力为基础，严控发展规模，调整发展模式，优化产业结构。根据区域资源禀赋差

---

① Wichman C. J. "Incentives, Green Preferences, and Private Provision of Impure Public Goods," *Journal of Environmental Economics and Management*, 2016, 79（C）：208 – 220.

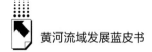
异和空间格局生态功能的不同要求，对黄河流域空间格局进行整体优化调整。

从土地空间来看，要增强国土空间规划的科学性与合理性，在严格落实主体功能区规划的基础上科学划定富有黄河流域特色的城镇空间、农业空间、生态空间。加强空间用途管制，严格落实"三线一单"制度，尤其要严守生态保护红线、永久基本农田、城镇开发边界。国土空间开发的着力点应"从不断扩张开发空间和建成区面积，转为调整和优化空间结构布局、提高土地资源使用效率，防范生产生活空间对生态空间的'挤压'和不良影响，不断优化城市、农业、生态空间结构，不断优化工业、居住、公共服务、基础设施的空间结构"[①]。在国土空间管控和空间结构优化的基础上，通过资金、劳动力、科技等要素的流域内转移与合理流动，进一步提高各类资源要素的空间配置效率。

城市群及中心城市发展是黄河流域生态保护和高质量发展的关键，尤其要关注城市群之间以及上中下游重点城市之间的分工与合作，[②] 加强城市群和中心城市的辐射和带动作用，促进流域空间重构和竞争力提升。黄河流域城市要主动融入京津冀、长三角等国家重大区域发展战略，深度参与国家层面的区域分工与合作。区域中心城市和流域城市群中心城市可以重点发展新一代信息技术、高端装备制造、节能环保等具有创新性、带动力的战略性新兴产业，吸引发达地区及国外优秀人才、高新技术、优质资金等向黄河流域聚集。[③] 提高黄河流域城市群的综合承载能力和资源配置能力。下游的山东半岛城市群和中原城市群应充分发挥内部各个城市间的协同作用，缩小城市群内的发展差异，同时注重加强与中上游城市之间的合作，缩小流域内城市间的发展差异。[④] 集中力量培育区域增长极以及重视增长极之间的协同发

---

① 郭晗、任保平：《黄河流域高质量发展的空间治理：机理诠释与现实策略》，《改革》2020年第4期。

② 杨永春、穆焱杰、张薇：《黄河流域高质量发展的基本条件与核心策略》，《资源科学》2020年第3期。

③ 刘家旗、茹少峰：《基于生态足迹理论的黄河流域可持续发展研究》，《改革》2020年第9期。

④ 张可云、张颖：《不同空间尺度下黄河流域区域经济差异的演变》，《经济地理》2020年第7期。

展，嵌入全球产业链和价值链，重构流域高质量发展的空间结构。

2. 区域协同

黄河流域虽然自然资源丰富，但其对外经济联系呈现较强的多向辐射性特征，流域本身的城市之间经济联系比较弱。流域经济以各具特色、各自为政的行政区经济为主，虽然资源禀赋和产业层次存在着差异性，具备合作基础，但事实上各省区间分工协作度不高，对流域外省份和城市反而呈现出较强的依赖性，[1] 未形成良好的联动效应，引致域内各城市内部、城市之间、城市群之间缺乏合理的产业分工及特色产业簇群。流域内行政区划壁垒尚未破除，跨区域合作思想和意识仍然较为保守，实质性的跨区域合作从制度安排到具体项目都发展缓慢。城市间基础设施的互通互联程度与东南沿海地区城市群差距较大，难以支撑流域高效协同发展。[2]

根据黄河流域的发展基础和环境，要着眼于流域整体进行统一布局，建立跨区域协作机制，统筹推进整体治理和整体发展，以区域协作缩小流域发展差距，发展流域优势产业，引导不同区域发挥主体功能，从而构建合理分工合作的流域开发和保护格局。区域合作应优先集中于基础设施共建共享、产业合作、文化交流等领域，以有效制度安排加快破除区域合作的行政壁垒，促进要素在流域间自由流动和在空间上实现集聚。除了黄河流域内部不同区域的深度合作，还要重视与其他区域的竞争合作关系，促进内外联动。在流域内部联动方面，黄河流域九省区要加强产业协作和产业互补，防止低水平重复建设和恶性产业竞争，努力实现产业协同化、市场统一化和基建一体化。在基础设施通达、基本公共服务均等化的基础上，高度重视加强区域合作，尤其是加强沿海城市和港口城市与流域腹地的物流联系，深化上下游、干支流、左右岸地区的协同发展。[3] 在与流域外部的合作方面，注重发

① 刘海洋、王录仓、李赛国、严翠霞：《基于腾讯人口迁徙大数据的黄河流域城市联系网络格局》，《经济地理》2020 年第 4 期。

② 杨永春、穆焱杰、张薇：《黄河流域高质量发展的基本条件与核心策略》，《资源科学》2020 年第 3 期。

③ 李小建、文玉钊、李元征、杨慧敏：《黄河流域高质量发展：人地协调与空间协调》，《经济地理》2020 年第 4 期。

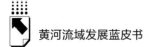
挥黄河流域作为统一整体的品牌效应和竞争优势,加强与长江经济带、粤港澳大湾区、京津冀城市群等区域的优势互补和分工合作。在国际合作方面,要充分发挥黄河流域双向开放的特色,注重发挥山东沿海优势,提升关中城市群、西安自贸区等流域城市群和增长极的带动作用,深入利用拓展两种资源、两个市场,促进黄河流域综合效益和整体福利的最大化。①

3. 上下联动

受区位条件、地理特质、生态环境承载力、资源禀赋等多种因素制约,黄河流域上中下游的经济社会发展不均衡现象有史以来就非常突出。黄河流域是一个复杂的经济、社会、生态综合体,必须通过上中下游联动推进流域高质量发展。

在生态联动方面,习近平总书记多次强调黄河流域生态环境保护要充分考虑上中下游的差异,加大上游水源涵养、中游水土保持、下游湿地保护和生态治理。根据全国生态功能区划的总体安排,黄河上游地区如三江源地区、祁连山、甘南山地等是重要水源涵养生态功能区,要重点进行环境治理与生态修复,增强生态产品供给能力和生态系统服务能力。协调开发与保护的矛盾,加快推进实施重大生态保护修复和建设工程,限制毁林开荒、过度放牧、无序采矿等破坏资源环境的生产生活方式,增强水源涵养能力。在中游地区,要突出防止水土流失,注重恢复天然植被的生产能力,发挥水利枢纽工程的多重优势与功能,继续实施退耕还林还草,在农业主产区,要加强重点区域污染治理,推进现代农业的结构优化,促进农业生产效率的提升和农业生产的绿色化、生态化转型。流域下游是重要的湿地和生物栖息地,要注重生态系统修复和建设,加强水综合流量协调与管控,保护生物多样性。②

在产业联动方面,上中下游区域应积极加强经济联系,重视发挥各自比较优势,推动形成布局合理、优势互补的现代产业分工体系,鼓励上中下游在提升自身发展质量的同时寻求联动发展。上游地区重在严守开发红线,在

---

① 任保平:《黄河流域高质量发展的特殊性及其模式选择》,《人文杂志》2020 年第 1 期。

② 任保平:《黄河流域高质量发展的特殊性及其模式选择》,《人文杂志》2020 年第 1 期。

此基础上以点状开发形式进行生态型产业布局，严格控制国土开发强度，尽可能减少和防止对生态系统的干扰和破坏。重点打造绿色循环产业体系，推进现代农牧业规模化、品牌化，风、光等新能源产业及生物医药等战略性新兴产业。中游地区要坚持开发与保护并重，重点加快传统产业升级步伐和培育战略新兴产业集群，在发挥自然资源富集优势的同时注意绿色转型，增强能源绿色利用能力。重点加快能源化工基地转型升级，促进能源化工产业与冶金、焦化等传统优势产业协同发展。壮大高端装备制造业、新材料产业与生物医药、节能环保等新兴产业，着力推进产业向低碳化、集约化、循环化方向发展。下游地区应以集聚、集约、创新发展为主线，培育发展新动能，增强产业和人口集聚能力。以创新为引领，加快传统产业绿色化、智能化、高端化转型，促进新一代信息技术设备、高档数控机床、生物医药和医疗器械、机器人以及面向"蓝海经济"的高端制造业发展，努力打造全国最具竞争力的制造业高地。持续推进现代化农业和节水农业发展，提高农业综合生产能力，为国家粮食安全提供坚强保障（见表1）。

表1　黄河流域产业联动

流域划分	开发模式	重点产业
上游地区	点状开发	重点打造绿色循环产业体系，推进现代农牧业规模化、品牌化，风、光等新能源产业及生物医药等战略性新兴产业
中游地区	开发与保护并重	促进煤炭、石油、天然气为基础的能源化工产业与冶金、焦化、建材、装备制造等传统优势产业互动发展，壮大轨道交通装备、节能与新能源汽车、航空航天装备等高端装备制造业，新型轻合金、高端金属结构、石墨等新材料，生物医药、节能环保等新兴接替产业
下游地区	集聚集约和创新发展	发展装备制造、家电、纺织服装、食品产业，壮大新一代信息技术设备、高档数控机床和机器人、海洋工程装备及高技术船舶、现代农机装备、生物医药及高性能医疗器械等高端制造业

4. 分类施策

遵循"分类指导、分区施策"原则，基于主体功能定位，充分考虑黄河流域不同区域需求的差异性，因地制宜、分区分类，提高空间分工程度和专业化效率，明确不同类型区域的功能定位，明确工业产品供给、农业产品供给和生态产品供给的功能划分。

主要分为四类区域：生态涵养区、粮食主产区、城市化地区和欠发达地区。一是提供生态产品的生态涵养区，例如三江源、祁连山等生态功能和生态地位非常重要的地区，其主要功能定位和发展目标是提供更多优质生态产品，提升生态系统服务能力，严守生态保护红线。对于因环境保护而部分让渡的发展权利可以通过纵向和横向的转移支付、生态补偿、生态移民等方式进行补偿。二是主要提供农业产品供给的粮食主产区，例如河套灌区、汾渭平原等重要粮食产区，主要功能定位和发展目标是严守永久基本农田控制线，积极发展现代农业，优化农用地规模和布局，提升高质量农产品供给能力，保证国家粮食安全。三是城市化地区，主要功能定位和目标是实现空间发展中的经济发展，促进要素的集成和资源的高效配置。要以水资源为刚性约束，合理划定并严格控制城市开发边界①，在合理规划发展空间的基础上加强集聚程度，提高区域的空间经济和人口承载力，提升城市群和中心城市在创新驱动、动能转化等方面对整个流域的辐射力和拉动力。四是欠发达地区，主要功能定位是要改善民生，加强基础设施建设，促进基本公共服务均等化，这类区域的目标是发展成果真正实现共享，最终实现人的全面发展（见表2）。②

表2　黄河流域功能区分类

功能区名称	功能区举例
生态涵养区	三江源、祁连山、甘南山地等
粮食主产区	河套灌区、汾渭平原等
城市化地区	黄河流域城镇等
欠发达地区	黄河流域欠发达乡村等

① 王金南：《黄河流域生态保护和高质量发展战略思考》，《环境保护》2020年第1期。
② 郭晗、任保平：《黄河流域高质量发展的空间治理：机理诠释与现实策略》，《改革》2020年第4期。

二 抓好黄河流域生态保护和高质量发展的重点任务

黄河流域生态保护和高质量发展的主要目标任务包括加强生态环境保护，保障黄河长治久安，推进水资源节约集约利用，推动黄河流域高质量发展以及保护、传承、弘扬黄河文化，这五项目标任务也是本书构建黄河流域生态保护和高质量发展指数的基本依据。《国民经济和社会发展第十四个五年规划和 2035 年远景目标纲要》进一步明确了十四五时期乃至更长一段时间黄河流域生态保护和高质量发展的重点任务，包括加大上游重点生态系统保护和修复力度，创新中游黄土高原水土流失治理模式，推进能源资源一体化开发利用，优化中心城市和城市群发展格局，实施黄河文化遗产系统保护工程，建设黄河流域生态保护和高质量发展先行区等。

（一）实现高水平生态环境保护

良好的生态环境是实现黄河流域高质量发展的基本前提和根本保证，实现高水平生态环境保护是获得良好生态环境的关键举措。黄河流域大部分地区属于干旱、半干旱地区，生态系统本底脆弱，经过长期忽视生态环境因素的发展，目前已处于生态系统负荷过满状态[①]，严重超出生态系统承载力。多年来，基于工业文明的发展理念和发展模式导致黄河流域内的生态环境极为脆弱，也进一步限制了经济社会可持续发展，新时代要针对黄河流域生态系统的复杂性和多功能性，构建基于生态文明的流域空间治理模式，促进从工业文明向生态文明的转型。[②]

1. 坚决贯彻落实习近平生态文明思想

黄河流域生态环境问题"表象在黄河，根子在流域"，必须基于流域维

---

① 张宁宁、粟晓玲、周云哲、牛纪苹：《黄河流域水资源承载力评价》，《自然资源学报》2019 年第 8 期。

② 郭晗、任保平：《黄河流域高质量发展的空间治理：机理诠释与现实策略》，《改革》2020 年第 4 期。

度推进生态文明建设。① 黄河流域既要加强生态保护，又要推进高质量发展，这就需要进一步加强对习近平生态文明思想，尤其是"两山"理念的研究和实践。"两山"理念的核心在于转化，不是不要发展，而是如何发展。要深刻认识绿水青山和金山银山相互转化的条件，找准保护和发展的结合点与切入点，把生态优势转化为发展优势。黄河流域要积极探索创新生态产品价值实现机制，将"绿水青山"生态资源转化为"金山银山"生态资产，将绿水青山的生态优势转化为提高人民福祉的综合效益。综合发挥市场和政府的共同作用，提升生态产品供给和生态系统服务能力。

实现高水平生态环境保护要坚持系统观念，将黄河流域作为一个完整的有机生态系统，建立流域生态保护和高质量发展的长效机制，构建良性循环的生产生态系统。一是注重生态要素的系统性。生态环境是一个内部有机联系的生命共同体，要统筹考虑自然生态各要素及其与环境的互动关系，遵循生态系统的整体性、系统性及其内在规律。二是注重环境治理的系统性。以保持流域生态环境的安全稳定为前提，加快构建系统协调的国土空间布局、环境治理体系、绿色产业格局。以发挥主体功能和保护生态要素为指引，合理规划黄河流域的生产力布局、城市规模与发展方式，实现流域生态系统健康可持续发展。

2. 持续提升环境质量

党的十八大以来，随着生态文明建设的深入推进，黄河流域生态环境得到显著改善，但生态环境形势总体仍不容乐观。尤其是水资源紧张成为关键约束因素，黄河流域资源性缺水严重，生态环境敏感脆弱，"流域以全国2%的水资源支撑了12%的人口、15%的耕地，资源环境容量严重超载，流域3/4以上区域属于中度以上脆弱区，高于全国55%的平均水平。部分地区环境污染严重，2019年黄河流域劣Ⅴ类断面比例为8.8%，高出全国5.4个百分点，汾河、渭河、涑水河等支流入河污染物严重超载"②。

---

① 杨开忠：《"五个坚持"让黄河成为造福人民的幸福河》，《中国国情国力》2020年第8期。
② 王金南：《黄河流域生态保护和高质量发展战略思考》，《环境保护》2020年第1期。

黄河流域上中下游地区生态环境面临的主要问题差异性较大，必须遵循因地制宜、分类施策的原则，尊重科学规律，循序渐进提升环境质量。[1] 必须坚持绿色发展理念，坚持生态优先原则，坚决避免"先污染后治理"，把生态保护修复以及流域综合治理放在优先位置。重点加强黄河源区和生态脆弱地区的生态保护和修复，加强水土流失严重地区的生态修复和治理，对不同地区采取因地制宜的治理策略，努力将黄河流域打造成全国生态文明样板区域。[2]

3. 促进产业绿色转型

产业绿色化是实现黄河流域高水平生态保护的关键抓手，必须将资源环境要素纳入发展函数，使绿色发展理念内化于经济发展模式选择，构建以生态产业化和产业生态化为特征的现代产业体系。在农业发展方面，要大力发展生态农业，打造具有流域特色的区域地理品牌，促进以绿色生态为特色的一二三产业融合发展。在工业发展方面，以碳达峰、碳中和以及降低污染物排放为目标导向，大力推行清洁生产，促进形成循环、低碳、绿色的工业生产方式，积极发展先进装备制造、新能源等资源环境友好型产业，推动形成以绿色为特质和优势的流域工业体系。在服务业发展方面，注重服务业协同绿色转型，重点发挥生产性服务业对工业绿色转型的促进作用，包括绿色金融、绿色物流、绿色技术服务等，大力发展绿色康养、生态旅游、红色旅游等绿色生活性服务业。[3]

4. 加快能源结构调整

黄河流域是新中国成立以来我国一次能源与二次能源主要生产基地与供应基地，目前其煤炭产量仍然占全国煤炭总产量的 70% 左右，约占中国一

① 陈怡平、傅伯杰：《黄河流域不同区段生态保护与治理的关键问题》，《中国科学报》2021年3月2日。
② 赵荣钦：《黄河流域生态保护和高质量发展的关键：人地系统的优化》，《华北水利水电大学学报》（自然科学版）2020年第3期。
③ 于法稳、方兰：《黄河流域生态保护和高质量发展的若干问题》，《中国软科学》2020年第6期。

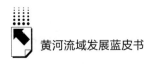

次能源生产量的 40%。①

针对以化石能源为主的发展方式路径依赖，要促进以煤为主的化石能源的高效清洁利用，充分发挥黄河流域不同地区在水能、太阳能、风能、地热能、潮汐能等清洁能源的差异化优势，加强绿色能源技术开发与应用，促进流域绿色能源互联网建设，打造高质量发展的绿色引擎。加快清洁能源替代化石能源的步伐，让煤油气等回归工业原材料属性，加快建设国家清洁能源基地，提高能源消费品质和效率，形成以电能为主的能源消费格局。加强国内国际电网合作，加快物联网、大数据、能源互联网等新技术应用，推动能源优化配置，加快解决弃风、弃光、弃水和"窝电"等问题。②

（二）确保黄河长治久安

"水沙关系"是确保黄河长治久安的"牛鼻子"。20 世纪 50 年代，我国开始在黄土高原持续开展种植林草、封禁治理、修建淤地坝等水土保持和水土流失治理措施，大幅度减少了黄河泥沙。但目前黄河泥沙和下游二级悬河问题依然严峻，严重影响滩区群众安全。随着经济社会发展水平的提高，流域用水量将进一步增加，黄河水沙关系不协调的矛盾将更加突出，加强黄河水沙治理迫在眉睫。

1. 完善水沙综合调控机制

坚持全流域山水林田湖草沙系统治理，以小流域为单元进行水沙综合治理，发挥行政区在分工负责、分步实施方面的作用。尽快确定全流域水土保持工作系统方案和防治重点，同时加快推进流域各省区市细化方案的制定和实施。重点抓好粗泥沙集中来源区水土保持工作，改善黄土高原地区生态环境，因地制宜、因害设防，配置实施梯田、淤地坝等工程防护措

---

① 陆大道、孙东琪：《黄河流域的综合治理与可持续发展》，《地理学报》2019 年第 12 期。
② 杨开忠、董亚宁：《黄河流域生态保护和高质量发展制约因素与对策——基于"要素 - 空间 - 时间"三维分析框架》，《水利学报》2020 年第 9 期。

施，充分发挥生态系统的自我修复能力，科学采取乔、灌、草等生物防护措施，[①] 进一步减少入黄泥沙。加快推进退耕还林还草工作进度，延长补助年限，适当提高补助标准，减轻人类耕牧活动对流域生态环境的破坏。

2. 加快推进重大工程建设

重大工程是黄河长治久安的硬件保障。一是要加快病险淤地坝除险加固和坝系建设，加快建设防洪排洪设施，做好淤地坝建设和坝体陡坡防护，完善拦沙减沙体系，减少黄河下游泥沙淤积抬高河道的情况。二是抓紧开工建设古贤水利枢纽，古贤水库建成后可以与小浪底水库联合调水调沙，可以协同减少淤积在小浪底、三门峡库区以及下游河道的泥沙，充分利用水流输沙能力。三是加快完成下游滩区安全建设，黄河下游重新建设堤防时将部分群众隔离在两岸堤防之间，目前在滩区居住和依赖滩区生存发展的人口约190万，其中50万人居住在20年一遇洪水淹没水深大于0.5米区域。要加快完成高风险区安全建设，发挥滩区滞洪沉沙作用，确保滩区居民生命财产安全。四是抓紧开展二级悬河治理。二级悬河增大洪水冲刷造成堤防重大险情的概率，危及华北平原防洪安全，必须抓紧开展治理，保证黄河下游防洪安全。[②]

3. 加快完善监测预警系统

新技术时代调整黄河水沙关系、降低生态环境风险具有前所未有的基础条件，可以通过建立完善水土流失监测预警系统为确保黄河流域长治久安提供实时高效数据支撑。[③] 加快流域水土保持监测站点布局，及时掌握流域不同节点水土流失的存量和增量及其实时变动情况，科学分析黄河水沙动态和水土保持效果，在数据基础上建立预警方案。[④]

---

① 朱小勇：《充分发挥水土保持在黄河流域生态保护和高质量发展中的重要作用》，《人民黄河》2019 年第 11 期。

② 李文家：《加强黄河治理重大措施，保障黄河长治久安》，《人民黄河》2019 年第 11 期。

③ 郭晗：《黄河流域高质量发展中的可持续发展与生态环境保护》，《人文杂志》2020 年第 1 期。

④ 于法稳、方兰：《黄河流域生态保护和高质量发展的若干问题》，《中国软科学》2020 年第 6 期。

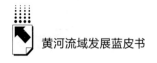
（三）推进水资源节约集约利用

"水"是黄河流域生态保护和高质量发展中的关键问题。过度开发利用黄河水资源，已成为制约黄河流域保护和发展的最大短板之一。"黄河流域水资源总量仅占全国的2%，其水资源开发利用率高达80%以上，远超国际公认的40%警戒线。"[①] 与长江流域相比，黄河流域由于地理条件导致水资源先天不足，且水生态系统极其脆弱，还承担着向外部区域调水的供水任务。同时，受到全球气候变暖等其他因素的影响，黄河流域的水循环失衡和水资源供需矛盾更加突出。从管理体系来看，流域水资源统一调度有待进一步完善，部分支流水电站调度与水调关系不协调，流域监管能力薄弱，违法侵占河道以及乱建、乱排、乱采等现象时有发生。[②] 必须加强黄河水资源节约集约利用刚性约束，通过合理规划、加强监管、全社会节水等措施大力提高用水效率。

1. 推进水资源系统配置管理

水资源配置思维要由人水对立向人水和谐转变，配置目标由增长绩效向福利绩效转变，管理方式由单一方式向水量—水质—水生态三位一体的管理方式转变，从生态系统整体保护和发展的角度考虑水资源对经济社会的重要作用，努力实现水量安全、水质安全和水生态安全。[③] 要将保护水资源、改善水环境、恢复水生态、治理水灾害等治理目标协调统一，实施全流域水资源统一调度，一方面，通过实施全面节水、优化用水结构等措施减少用水总量；另一方面，可以考虑跨流域水资源均衡配置，以满足黄河流域生态保护和修复水系自我恢复能力的需求。

2. 做实以水定城、以水定人、以水定产

突出"水"在黄河流域发展中的关键性地位，把水资源作为最大的刚

---

① 任保平：《黄河流域高质量发展的特殊性及其模式选择》，《人文杂志》2020年第1期。

② 赵钟楠、张越、李原园、袁勇、田英：《关于黄河流域生态保护与高质量发展水利支撑保障的初步思考》，《水利规划与设计》2020年第2期。

③ 方兰、李军：《粮食安全视角下黄河流域生态保护与高质量发展》，《中国环境管理》2019年第5期。

性约束统筹规划生产布局和生活布局，建立最严格水资源管理制度，以流域用水总量"只减不增"为目标，坚决抑制不合理用水需求。一是以水定功能性质。调整为生产服务主导的用水战略，以满足人民美好生活需要为目标指向，优先保障生活用水，适当控制生产用水，大力发展水循环经济，着力建设节水型社会。二是以水定发展区位。打破黄河流域传统的低效水资源分配路径，改革"87"分水方案，总结常住人口、城市化和产业布局变化规律，建立人随水走、逐水而居的高效路径，形成更加高效的流域水资源分配新方案。三是以水定发展体量。在科学画定三条红线的基础上，全面实施生态环境准入清单管理①，以发展底线倒逼水资源节约和环境保护。

3. 建立健全水资源管控体系

建立取用水总量控制和限批机制，全面开展流域取水工程核查工作，建立流域水资源承载能力实时监测预警机制。建立超常用水量的退减机制，倒逼相关区域的经济转型升级，促进高质量发展。建立取水许可量动态调整机制，促进节余水指标的有偿转让与市场交易，优化存量用水指标。探索建立河湖生态监测预警和流量管控机制，继续开展重要湿地生态补水，②推动流域各省区内部黄河分水指标细化工作，建立地下水用水总量和地下水水位双控体系，推动发展规划的水资源论证，建立与水资源相适应的发展规模与产业布局，促进水生态系统的逐步修复和改善。

4. 实施全社会节水行动

全社会节水行动是推进水资源集约节约利用的关键，也是建设节水社会的主体基础。黄河流域包括重要的粮食主产区，要大力推进农业节水，积极发展节水产业和节水技术，提高水资源利用效率和循环利用率，保护流域河湖和地下水体环境质量。③ 在黄河流域各地尝试推行居民用水阶梯价格，以

① 杨开忠、董亚宁：《黄河流域生态保护和高质量发展制约因素与对策——基于"要素 - 空间 - 时间"三维分析框架》，《水利学报》2020 年第 9 期。
② 陈晓东、金碚：《黄河流域高质量发展的着力点》，《改革》2019 年第 11 期。
③ 钞小静、周文慧：《黄河流域高质量发展的现代化治理体系构建》，《经济问题》2020 年第 11 期。

经济杠杆推动全社会参与节水行动。①加大节水宣传教育，从中小学教育抓起②，从娃娃抓起，奠定资源友好型社会的国民基础。加强公民的节水意识，使爱惜水资源、水环境和水生态成为常态意识和公众自觉行动，通过全社会用水方式的转变实现人水和谐。

（四）促进经济社会高质量发展

黄河流域经济发展水平总体低于全国平均水平，大体处于集聚功能大于扩散效应的时期。黄河流域九省区包含了我国北方大部分区域，要从缩小南北差距、实现北方地区高质量发展的高度理解黄河流域高质量发展的重大意义。促进黄河流域经济社会高质量发展要致力于满足人民美好生活需要，坚持创新驱动，建立现代产业体系，促进双向开放，加快传统优势产业转型升级和新兴支柱产业培育，探索能够发挥流域比较优势的高质量发展新路径，实现经济、社会和生态价值的综合提升。

1. 坚持创新驱动

黄河流域全要素率较低、资源环境约束紧张，实现高质量发展更加需要坚持创新驱动，实现发展的动能转化。"2018年长江流域各省份研发投入占全国的56.8%，专利授权量占全国的62%，而黄河流域9省份研发投入仅为长江流域的41.7%，专利数只是前者的38.7%。长江流域共设立了6个国家自主创新示范区，而黄河流域目前只有甘肃兰白、河南郑洛新、山东半岛3个国家自主创新示范区。"③因此，要积极营造黄河流域创新生态系统，加强新型基础设施建设，全面提升流域创新能力，使创新成为黄河流域高质量发展的第一动力。

不断提高基础研究与核心技术的研发投入强度，构建技术创新、产品创

① 赵莺燕、于法稳：《黄河流域水资源可持续利用：核心、路径及对策》，《中国特色社会主义研究》2020年第1期。
② 樊杰、王亚飞、王怡轩：《基于地理单元的区域高质量发展研究——兼论黄河流域同长江流域发展的条件差异及重点》，《经济地理》2020年第1期。
③ 陈耀、张可云、陈晓东等：《黄河流域生态保护和高质量发展》，《区域经济评论》2020年第1期。

新、商业模式创新、管理方式创新、组织形式创新等多维度创新体系。争取在黄河流域布局更多的国家实验室、技术工程中心等国家级研发平台，并通过各类创新平台和激励政策汇集高层次人才和创新资源。系统推进流域重点国家级自主创新示范区的全面创新改革试验，探索官产学协同合作的机制，促进创新主体面对面交流和知识溢出，注重人力资本的积累，打造有利于创新创业的创新集群，形成具有国际竞争力的创新资源集聚区。以中心城市、科技中心、总部经济中心、自由贸易区、航运枢纽等建设为核心，夯实黄河流域现代产业体系的创新基础。①

2. 建立现代产业体系

黄河流域建立现代产业体系必须要有历史定力，充分调研评估各地的产业基础和比较优势，找准产业方向，明确发展方位，确定发展目标，有重点、有步骤地整体推进，切忌盲目铺新摊子，必须下决心不搞粗放式大开发。② 要加快黄河流域传统优势产业提质增效、转型升级，加快产业集聚，增强规模效应，提高产业竞争力。③ 计划经济时期，黄河流域是"三线"建设的重点地区，超前发展的重工业城镇或工业点在流域内分布较广。从制造业发展基础来看，黄河流域工业设备制造、信息元器件与信息设备制造、国防军工产业以及新型材料产业等均有比较明显的优势。改革开放以后，重工业发展因技术提升缓慢、资金人才要素配置受阻等原因面临着一系列发展瓶颈。针对国家命脉产业，要加快进行相关产业集群的升级，提升国有企业和重工业基地的竞争力。与能源相关的制造业也具有相当的规模和基础，但多数城市的能源工业仍是以能源、原材料等为主的浅加工，产业链较短，应延伸矿产品、煤化工、有色金属、石油化工等资源型产业链，构建新型能源产业集群。在重要生态功能区和粮食主产区，应加快发展以生态产品加工、粮

① 杨开忠、董亚宁：《黄河流域生态保护和高质量发展制约因素与对策——基于"要素－空间－时间"三维分析框架》，《水利学报》2020 年第 9 期。
② 陆大道、孙东琪：《黄河流域的综合治理与可持续发展》，《地理学报》2019 年第 12 期。
③ 韩海燕、任保平：《黄河流域高质量发展中制造业发展及竞争力评价研究》，《经济问题》2020 年第 8 期。

食加工为特色的优势制造业，以保护生态环境、严守生态红线为基本前提，加强品牌建设，提升产业竞争力。① 加快推进新经济发展，全面推进新技术与实体经济深度融合，使新经济、新业态成为黄河流域高质量发展的新增长点。通过围绕现有产业链建立技术创新链和管理创新链，推动制造业智能化发展，为传统产业的升级改造提供新契机②，提高黄河流域制造业竞争力水平。

积极发展现代服务业，尤其是生产性服务业和以旅游休闲产业为代表的生活性服务业。培育现代生产性服务业增长极，大力提高生产性服务业对制造业的支撑作用，推动制造业和服务业的融合发展。大力发展信息产业和数字经济，通过加大对科技、信息等产业的投入，充分发挥西安科技服务业、郑州物流业、济南信息业等优势，深度融合第二、第三产业，全面提高制造业和服务业竞争力。依托流域特色历史文化资源和独特自然景观大力发展特色文旅产业、红色旅游产业。③

3. 促进双向开放

双向开放是实现黄河流域高质量发展的内在要求。要抓住构建双循环新发展格局的历史机遇，以欧亚国际大通道为基础，促进黄河流域内陆沿海双向开放。扩大内需市场和拓展国际市场，要变被动为主动，通过产业政策、指标约束、政策激励等方式提高全要素生产率，增强流域参与国内外产业竞争的比较优势。以"一带一路"建设为契机，将黄河流域建设成东西开放的大通道。加强以汽车、火车以及高铁等为载体的"硬交通"和以互联网、手机等交流工具为手段的"软交通"的持续进步和有效对接。④ 借助"丝绸之路经济带"以及黄河流域重大国家战略的政策红利叠加效应，促进陕西、

---

① 杨永春、穆焱杰、张薇：《黄河流域高质量发展的基本条件与核心策略》，《资源科学》2020 年第 3 期。
② 高煜、许钊：《超越流域经济：黄河流域实体经济高质量发展的模式与路径》，《经济问题》2020 年第 10 期。
③ 赵瑞、申玉铭：《黄河流域服务业高质量发展探析》，《经济地理》2020 年第 6 期。
④ 高煜、许钊：《超越流域经济：黄河流域实体经济高质量发展的模式与路径》，《经济问题》2020 年第 10 期。

甘肃、青海、宁夏、四川等"丝绸之路经济带"重要省区加强区域联动、提高整体对外开放水平。[①] 通过绿色"一带一路"建设提升参与全球环境治理能力，为建设清洁美丽世界贡献中国智慧、中国方案。

4. 满足人民美好生活需要

黄河流域生态保护和高质量发展要把让人民生活更美好作为根本方针，从适应新时代社会主要矛盾变化和满足人民日益增长的美好生活需要高度出发进行顶层设计和系统推进。鼓励各省区从各自需求出发，因地制宜提升和创造发展优势，以各种有效和可持续方式满足人民不断增长的多方面需要。着力缩小上中下游之间以及黄河流域与国内发达地区之间的发展差距，统筹推进基础设施完善、基本公共服务均等化、生态环境质量改善以及整体福利水平的提升。[②]

满足黄河流域人民美好生活需要的难点是如何加快欠发达地区的发展。黄河流域上中游地区和下游滩区是我国贫困人口相对集中的区域。要攻克制约资源优势转换为经济优势的关键点，发挥黄河流域可再生能源和矿产资源丰富、生物和农副土特产品资源独特等比较优势，提高资源优势地区的交通可达性，促进黄河流域上游地区的矿产资源绿色开发利用，壮大全域旅游和打造国家公园旅游品牌。[③] 在打赢脱贫攻坚战的基础上实现乡村振兴，全面提高人民的安全感、获得感、幸福感。

（五）保护传承弘扬黄河文化

黄河文化是中华文明的重要组成部分，在上中下游分别形成了河湟文化、中原文化和海岱文化，独特的地理与人文空间塑造了流域特色生活方式和风俗习惯。要打破黄河流域不同文化之间的鸿沟，延续黄河历史文脉，打

---

① 徐辉、师诺、武玲玲、张大伟：《黄河流域高质量发展水平测度及其时空演变》，《资源科学》2020 年第 1 期。

② 杨开忠：《"五个坚持"让黄河成为造福人民的幸福河》，《中国国情国力》2020 年第 8 期。

③ 樊杰、王亚飞、王怡轩：《基于地理单元的区域高质量发展研究——兼论黄河流域同长江流域发展的条件差异及重点》，《经济地理》2020 年第 1 期。

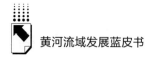

造传承、弘扬和创新黄河文化的全国平台，系统推进黄河文化遗产保护，推动黄河文化大繁荣和大发展。

1. 加强黄河文化遗产保护

文化遗产保护是传承弘扬黄河文化的前提和基础。借助大运河文化带申遗成功之机，重点加快千里黄河大堤、明清黄河故道等重点项目申遗步伐，对大王庙治黄遗址、摩崖石刻、洪水碑刻、修堤碑刻、水利图碑等文物加大保护力度。系统整理黄河历史文献遗产，对历史时期治黄文献全面搜集、科学整理、系统研究，发掘历史治黄中的人水和谐理念和民族奋斗精神等重要文化内涵。可以充分利用现代科学技术，实现对黄河历史文化遗产进行数字活化利用，实现历史与现实的相互交融。[1] 加快建立黄河流域文化资源数据库，积极开展非物质文化遗产口述史、影像史和图片展等工作。[2]

2. 促进黄河文化产业发展

新时期黄河流域文化产业发展要紧紧抓住战略机遇期，挖掘黄河流域文化的时代价值和综合价值，打造黄河文化创意产业集中区，促进建立开放共享的文化产业服务平台。[3] 以重点城市和核心景区为中心，强化总体设计和系统规划，深度挖掘流域文化和地方文化内涵，打造以流域生态游、黄河文化游、红色文化游、工业景观游等为特色的文化旅游体系。[4] 颠覆传统文化产业发展模式，创新文化产业发展体制机制，促进文旅融合发展，扩大文化创意产业规模，推动文化产业价值链向高端跃升。完善文化市场主体、文化要素市场以及文化产品市场建设，主动回应群众文化需求，促进文化产业各类生产要素的优化配置，加快文化产业信息化建设，构建现代文化产业服务体系。鼓励黄河流域各省区加强合作，构建高效有序的流域文化

---

① 吴漫：《研究黄河治理历史经验　保护传承弘扬黄河文化》，《人民黄河》2019 年第 11 期。

② 申军波、石培华：《推进黄河流域文旅产业高质量发展的路径选择》，《中国国情国力》2020 年第 6 期。

③ 钞小静、周文慧：《黄河流域高质量发展的现代化治理体系构建》，《经济问题》2020 年第 11 期。

④ 杨永春、穆焱杰、张薇：《黄河流域高质量发展的基本条件与核心策略》，《资源科学》2020 年第 3 期。

产业合作发展机制，在政策制定、规划统筹、项目建设和宣传推介等方面形成合力。

三　夯实黄河流域生态保护和高质量
发展的战略支撑体系

黄河流域生态保护和高质量发展从本质上看是关于流域的保护与开发问题。一方面，河流流域是人类生存的重要基础，是人类赖以生存发展的重要来源，事关人民生命健康和经济社会可持续发展；另一方面，河流流域蕴藏着许多重要资源，水利资源、渔业资源、交通枢纽等都是人类生产生活的重要基础。推动黄河流域生态保护和高质量发展要坚持系统观念，为黄河流域健康可持续发展夯实战略支撑体系。

（一）立足长周期视野，做好顶层设计

黄河流域生态保护和高质量发展要有历史视野、长周期视角，与党的十九届五中全会确定的 2035 年远景目标相衔接、相适应。2035 年远景目标中生态文明建设目标对绿色生产、绿色生活、碳排放达峰、生态环境根本好转等目标进行了明确要求。碳排放越过峰值、生态环境根本好转意味着要实现环境污染的显著下降、环境质量的持续提高，意味着经济发展和环境污染之间的关系由正相关转为负相关，逐步进入生态赤字的平衡期甚至减小期，经济社会发展不再以巨大的资源消耗和污染排放为前提。这一时期，黄河流域也要抓住战略机遇，合理制定阶段性发展目标，争取到 2035 年取得重大战略成果，实现黄河流域生态环境全面改善，生态系统稳定健康，水资源节约集约利用水平全国领先，现代化经济体系基本建成，黄河文化大发展、大繁荣，人民生活水平显著提高。"十四五"时期是我国实现"两个一百年"奋斗目标的历史交汇期，是开启全面建设富强民主文明和谐美丽的社会主义现代化强国新征程的第一个五年规划期，也是推进生态文明、建设美丽中国的关键窗口期。要深入研究"十四五"时期我国工业化、城镇化、信息化、

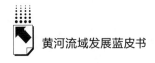
国际化等领域的阶段性发展规律，科学预判和谋划黄河流域的发展目标、发展格局、发展路径。

黄河流域协调发展问题并不是现在才起炉灶或临时起意的，其实，早在20世纪80年代，黄河流域协调发展问题已经引起有识之士的重视并付诸行动加以实施，1988年由山东省牵头成立了黄河经济协作带，1992年改名为黄河经济协作区，沿黄九省区先后都参与其中，在协作区成立的头几年各地高层领导都高度重视，积极参加研讨会，会议期间都联合发布倡议书和共同宣言之类的文件，应该说这些做法为黄河流域协作发展起了个好头、做了铺垫。但是由于缺乏核心龙头引领以及合作长效机制，大家都是各自为政，黄河流域区域协调发展并未取得预期效果和实质性成果，与长江三角洲地区一体化发展相比，黄河流域协同发展起步早、推进慢，正所谓"起了个大早，赶了个晚集"。现阶段，黄河流域高质量发展的问题之一是各省区的规划视角相对局限于区域发展和短期发展，缺乏宏观性、长远性的系统规划。要通过科学合理的顶层设计，为黄河流域生态保护和高质量发展提供长期保障。① 顶层设计要重点对流域各省区进行差异化功能定位，着眼于各地区发展阶段、资源禀赋和其他基础条件，形成各司其职、优势互补、协同发力的流域经济社会发展体系。要尊重黄河流域的发展规律，在规划中既要谋划长远，又要立足当下，既要实现高水平保护，又要实现高质量发展，既要发挥国内资源优势，又要积极拓展国外市场，注重流域保护和发展的系统性、整体性和协同性。②

（二）建立协调机制，降低制度交易成本

由于黄河流域上下游之间、各区域之间缺乏历史合作基因，协同发展面临着较高的制度交易成本，构建跨区域协调机制是降低制度交易成本的关键。习近平总书记在黄河流域生态保护和高质量发展座谈会上的讲话中指出："黄

---

① 郭晗：《黄河流域高质量发展中的可持续发展与生态环境保护》，《人文杂志》2020年第1期。
② 任保平、张倩：《黄河流域高质量发展的战略设计及其支撑体系构建》，《改革》2019年第10期。

河流域生态保护和高质量发展，同京津冀协同发展、长江经济带发展、粤港澳大湾区建设、长三角一体化发展一样，是重大国家战略。国家发改委要会同有关方面组织编制规划纲要，按程序报党中央批准后实施。党中央成立领导小组，统筹指导、协调推进相关重点工作。"因此，要积极探索建立全局性的区域协作机构，在国家层面成立黄河流域发展领导小组，负责黄河流域发展的顶层设计、战略谋划、监督考核。完善黄河流域各省区之间的合作机制，包括政府协商合作机制、生态环境保护合作机制、经济合作机制①、风险联动机制等。考虑建立黄河流域生态保护和高质量发展联席会议制度，对流域内各省区的政策执行问题进行协调，并为政策实施提供具有约束力的体制保障。发挥各地的比较优势和资源禀赋，打破行政区划壁垒，合理配置资源，引导产业更合理地布局，有效改善产业结构，推动流域高质量发展。②

（三）培育有效市场，塑造有为政府

黄河流域的市场化水平总体不高，尚未形成畅通的要素资源流动机制和统一高效的流域市场，全面提升流域市场化水平是黄河流域高质量发展的重要内容。要进一步理顺政府与市场的关系，关键是建立有效市场，强化市场在资源配置中的决定性作用，破除要素流动壁垒，引导流域内土地、劳动力、资本、技术、数据等要素的自主有序流动和资源交易自由化，提高流域内生产要素的配置效率，充分利用大数据、人工智能、工业互联网等新兴信息技术的溢出效应有效促进要素流动。③把处于分割状态的行政区经济聚合成为开放型的流域经济、形成整个流域规模的市场优势，共同培育统一、开放、有序的市场体系，实现资源在统一大市场范围内的最优配置，通过市场整合的"扩散效应"推动流域协调发展。值得特别注意的是，黄河流域是

① 安树伟、李瑞鹏：《黄河流域高质量发展的内涵与推进方略》，《改革》2020 年第 1 期。
② 杨永春、穆焱杰、张薇：《黄河流域高质量发展的基本条件与核心策略》，《资源科学》2020 年第 3 期。
③ 钞小静、周文慧：《黄河流域高质量发展的现代化治理体系构建》，《经济问题》2020 年第 11 期。

国有资产存量的大区，国有经济占据全国较高比重，要注重鼓励中小企业与民营企业发展，逐步改变以国有经济和重工业为主的黄河流域经济形态，释放民间投资活力，建立多种经济成分互为补充、共同发展的流域经济形态。

建设有为政府，实现管理型政府向服务型政府转变，更好发挥政府在战略规划、发展导向、政策激励等方面的作用，为流域生态保护和高质量发展创造良好的制度环境和营商环境。深化"放管服"改革，解决企业全生命周期中面临的审批、融资、监管等突出问题，增强政府管理的透明度，重点加强产权保护，促进民营企业和中小企业的发展。[1] 妥善处理中央政府、流域机构与地方政府之间的关系，合理界定责权边界，公共产品原则上供给责任的承担者应该以公共品外部效应的覆盖范围大小为准，覆盖黄河流域多个省级行政区域的公共物品供给应由中央政府承担。[2]

（四）加强制度保障，完善政策体系

发挥法律、制度和政策的规范、引导作用，创造新的制度红利。注重在制度形成过程中将生态保护与经济利益结合起来，按"谁投资谁受益""谁开发谁保护""谁污染谁治理"的基本思路，明确权责关系，促进黄河流域生态环境效益、经济效益与社会效益的共同发展。

发挥法律的底线保障作用，认真研究和借鉴《长江保护法》，加快推进出台"黄河保护法"，为规范黄河流域的开发、保护和治理明确基本要求。各省区要加快对本区域内不同行业涉及黄河流域生态保护和发展的法律法规进行系统梳理，通过流域协调机构或专业法律机构进行分析研判，将互相冲突的内容和条目尽快修改完善，建立统一协调的流域法律法规体系，并加快建立联合执法机制，坚决打击各类涉河违法活动。通过强化环境监管和责任追究、环境保护公益诉讼制度等法律制度的完善，保障黄河流域居民环境权益。

完善空间管控政策，考虑各省区的自然禀赋条件，以黄河流域的生态保

---

① 韩海燕、任保平：《黄河流域高质量发展中制造业发展及竞争力评价研究》，《经济问题》2020 年第 8 期。

② 安树伟、李瑞鹏：《黄河流域高质量发展的内涵与推进方略》，《改革》2020 年第 1 期。

护和高质量发展为前提明确黄河流域企业生产、居民生活及生态空间开发的管制界限。建立严格的资源管理制度，包括用水总量、用水效率等方面的要求。建立责权明晰的责任体系，严格生态文明绩效考核评价和责任追究制度。通过空间规划统筹黄河流域资源的利用与开发①原则，建立跨流域调水的资源补偿机制。完善黄河流域生态保护和高质量发展投入机制，加大中央财政支持力度，研究设立专项基金，完善中央项目储备库。加大对深度贫困地区、生态脆弱地区、重要水源区等流域特殊区域的财政和资源支持力度。② 积极创新投融资机制，充分发挥金融机构信贷资金的功能，加大绿色信贷、绿色债券、绿色保险的投放，充分运用"互联网＋绿色金融"的商业模式，通过市场竞争手段解决绿色信贷期限错配等问题。建立健全流域纵向与横向相结合的生态补偿机制，在保证发展权和环境权的前提下充分调动不同类型地区的积极性。制定出台黄河流域水权交易办法，建立完善黄河流域水权交易机制。③ 加强环保税、资源税、生态税在内的内生成本税体系建设，建立绿色补偿基金，加大财政补贴，用以奖励实际践行绿色生产的企业。④

（五）加快基础设施建设，增强区域联系

加快构建高效便捷的流域交通体系。加快构建铁路、公路、水路、民航、管道等多种运输方式协同发展的综合交通网络，⑤ 上游地区要注重补齐交通短板，中下游地区要注重大通道大枢纽建设，优化运输结构。持续改善航空网络通达性，推进山东半岛形成紧密协作的港口群。大力发展智慧交通，借助互联网、大数据、人工智能等技术使交通运输更加契合需求，减少

---

① 任保平、张倩：《黄河流域高质量发展的战略设计及其支撑体系构建》，《改革》2019 年第10 期。
② 董战峰、郝春旭、璩爱玉、梁朱明、贾晰茹：《黄河流域生态补偿机制建设的思路与重点》，《生态经济》2020 年第 2 期。
③ 王金南：《黄河流域生态保护和高质量发展战略思考》，《环境保护》2020 年第 1 期。
④ 姜安印、胡前：《黄河流域经济带高质量发展的适宜性路径研究》，《经济论坛》2020 年第5 期。
⑤ 张贡生：《黄河经济带建设：意义、可行性及路径选择》，《经济问题》2019 年第 7 期。

无效运输、过度运输，形成智慧化的交通基础设施空间新布局，强化流域城市之间、与周边地区和国家的经济联系和社会交往。

加快保齐环境基础设施短板，强化以水为核心的基础设施体系建设。突出自然本底作用，黄河流域的环境基础设施规划要注重不同功能性自然生态系统之间的连接和协调，将河流、湿地、岸线等进行策略性衔接，保持并提高生态系统自我调节、自我修复和持续发展的能力。加强流域环境基础设施建设规划与流域总体规划、土地利用规划、生态环境保护规划等衔接，遵循生态环境演化规律、社会系统演化规律及其相互作用的规律。实施河道和滩区综合提升工程，加快防洪减灾设施建设，加强重点河段防护工程①，确保黄河长治久安。

加快新型基础设施建设。提高新型基础设施建设在政府财政投入中的优先序，加快5G基站、数据中心、智能电网、工业互联网等重点领域建设，搭建新技术时代的"高速公路"网络体系。以新型基础设施建设推进传统产业信息化改造，培育新型产业，加快建设数字黄河、智慧黄河。

（六）以中心城市、都市圈、城市群为抓手，推动黄河流域新型城镇化建设取得实质性进展

当今，国家（地区）之间的空间竞争已经由单个城市的竞争逐步转化为以组团城市为主要形态的都市圈、城市群的竞争。中心城市、都市圈、城市群已经成为承载发展要素的主要空间形态，这一空间竞争形态代表了未来国家经济发展的总体实力和竞争地位。因此，要按照客观经济规律调整完善区域政策体系，增强中心城市和城市群的经济和人口承载能力，强化城市间合作，打造成为相互融合的一体化城市组合体才是赢得国际竞争的重要载体。黄河流域生态环境脆弱、水资源紧缺，要更加突出地打造以中心城市、都市圈、城市群为主要形态的核心增长极，把要素集聚在承载能力强、空间潜力大的城市化地区，以城市龙头带动，驱动区域经济一体化发展。黄河流

---

① 金凤君：《黄河流域生态保护与高质量发展的协调推进策略》，《改革》2019年第11期。

域要遵循城市发展的客观规律，结合自身实际情况，打造沿黄流域的中心城市和城市群。打造"黄河命运共同体"，加强交通基础设施建设，实现区域内部的互联互通，依托第二亚欧大陆桥和"十纵十横"综合运输通道建设承接国内发达地区产业向黄河流域转移。加快西安、郑州等经济发展潜力和基础好的国家中心城市的领头羊作用，在构建双循环发展格局中率先发挥作用，推进一批省会城市与周边具有紧密联系的城市或区域打造成为区域一体化增长极，构建区域竞争新优势。充分利用黄河流域内各省以及周边地区的口岸、港口等重要通道区位优势，在黄河沿岸点状分布的城市群基础上，推动兰州—西宁、宁夏沿黄、呼包鄂榆、关中平原、中原和山东半岛城市群的互动发展，打造黄河流域增长极和中心城市群。

（七）立足区域资源要素禀赋，发展特色优势产业和现代化产业体系

发展是解决一切问题的关键，产业发展是实现黄河流域高水平保护和高质量发展的重要支撑。鉴于黄河流域自身发展现实和国家经济转型升级迫切需求，黄河流域要贯彻新发展理念，积极主动地适应和落实国家高质量发展阶段的政策要求，转变传统粗放式发展模式，立足资源要素禀赋和区位条件，因地制宜培育和发展特色优势产业和现代化产业体系，培育竞争新优势。黄河流域内部差距大，既有东部发达地区的省份，也有西部欠发达地区的省份，不同经济发展水平地区的产业发展形态也应有所不同。黄河流域在产业发展上要勇于创新，坚持把产业发展着力点放在实体经济上，发挥流域协同联动的整体优势，围绕产业链现代化全面打造创新驱动发展新优势。建立促进产学研相结合、跨区域通力合作的体制机制，加快与流域产业发展相关的关键核心技术突破，推动科技创新中心和综合性国家实验室建设，提升原始创新能力和基础研究水平，推动科技成果转化和市场应用。激发各类主体活力，破除制约要素自由流动的樊篱，强化企业创新主体地位，打造自主可控、安全高效的产业链供应链。加快发展战略新兴产业，培育数字经济等新业态、新模式，打造有国际竞争力的先进产业集群。

（八）加大改革开放力度，构建黄河流域高水平对外开放型经济

加大改革开放力度，形成政策配套。一是深化改革破除制约黄河流域生态保护和高质量发展的体制机制障碍，深化"放管服"改革，强化竞争政策基础地位，打破行政性垄断，清理废除妨碍统一市场和公平竞争的各种规定和做法。打造市场化、法治化、国际化一流的营商环境，建立开放、公平公正、竞争有序的市场体系和秩序。建立亲清政商关系，支持民营企业发展，调动企业家尤其是民营企业参与生态保护和高质量发展的积极性。增强经营预期和投资信心，提高金融服务实体经济、区域经济的能力和生态文明建设的能力。深化要素市场化配置改革，促进要素自主有序流动，进一步激发全社会创造力和市场活力。健全区域创新体系，完善创新政策。二是打造黄河流域高水平对外开放新高地。积极研判找准定位，主动向国内外开放，凭借沿海、沿江、沿边、沿交通干线区位优势，统筹沿海沿江沿边和内陆开放，加强与境内外的经贸联系，加快培育更多内陆开放高地，打造陆海内外联动和东西双向互济的高水平开放格局。融入国家大战略，充分挖掘国家重大区域战略政策红利。要推动黄河流域和共建"一带一路"的融合，加快战略支点和大通道建设，扩大投资和贸易，促进商品要素流通。对接新时代西部大开发、京津冀协同发展、长三角一体化等重大发展战略，积极争取更多的国家战略项目和平台落户黄河流域，打造高品质的自由贸易试验区、经济合作区、综合保税区等功能平台。加强与国内其他发达地区的互动合作，通过共建利益共享机制，联合打造新的合作平台或实现原有平台的功能延伸。

（九）充分发挥各地资源要素禀赋，构建国土空间开发保护新格局

黄河流域要遵循自然规律和经济发展规律，着力构建国土空间开发保护新格局。各地要立足资源环境承载能力和各自比较优势，加快形成三大空间格局，优化重大基础设施、重大生产力和公共资源布局。

一是生态功能区。黄河流域是连接青藏高原、黄土高原、华北平原的生

态廊道，是我国重要的生态屏障，要以保护生态、涵养水源为主，大力提升生态产品供给能力和生态系统服务能力。青海、四川、甘肃等黄河上游地区，重点建设成为黄河流域生态保护和水源涵养功能区，这些毗邻省份地区应该加强合作，协同推进水源涵养和生态保护修复，推进实施重大生态保护修复工程，提升水源涵养能力。比如，保护好三江源、祁连山等国家公园和国家重点生态功能区，甘肃、青海在祁连山生态保护和上游冰川群保护上要深化合作。中游要突出抓好水土保持和污染治理，加强对黄土高原水土流失区、五大沙漠沙地等重点区域的生态治理，保护好东平湖、乌梁素海等湖泊、湿地资源，支持生态功能区的人口有序转移到城市化地区。下游的黄河三角洲是我国暖温带最完整的湿地生态系统，要重点做好湿地保护工作，促进流域生态系统健康发展，保护生物多样性。

二是农产品主产区。黄河流域是我国重要的粮仓，黄淮海平原、汾渭平原、河套灌区是农产品主产区，粮食和肉类产量占全国的1/3左右。要支持粮食主产区大力增强农业供给能力，落实最严格的耕地保护制度，坚决防止"耕地非农化"，为国家粮食安全提供坚强保障。大力发展现代农业，强化农业科技和装备支撑，加大高标准农田和农业水利设施建设力度，提高农业良种化水平，全力提高农产品质量。加快推动农业供给侧结构性改革，优化农业生产结构和区域布局，完善粮食主产区利益补偿机制。深化农村集体产权制度改革，发展新型农村集体经济，推动农村一二三产业融合发展。坚持巩固脱贫攻坚成果同乡村振兴有效衔接，积极争取乡村振兴试点县机会，增强农村内生发展动力。

三是城市化地区。城市化地区要高效集聚经济和人口，西安、郑州、济南等国家中心城市要发挥人口和经济要素集聚的龙头带动作用，兰州、太原、西宁、银川等区域中心城市要加强集约发展和提高承载能力。优化流域城市空间结构，加快实施城市更新行动，推动城市生态修复和功能完善，加强城镇老旧小区改造和社区建设，加快建设海绵城市、韧性城市，提高城市防范和应对重大风险的能力。发挥山东半岛城市群、中原城市群、关中平原城市群、呼包鄂榆城市群、兰州—西宁城市群等引领作用。充分发挥黄河流

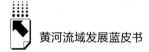
域资源和能源优势，坚持合理、适度的资源能源开发利用原则，推动产业转型升级，加强城市发展与产业发展协同推进。

（十）加强基础研究，加快智库建设

发挥基础研究对黄河流域生态保护和高质量发展的基础性作用。通过基础研究加深对黄河流域人与自然关系、自然内部各要素关系的认识，加深对黄河流域生态系统演化规律、经济社会发展规律、流域综合治理规律的认识，加强黄河流域生态—经济协同发展关键技术研究，增强对流域生态保护和高质量发展所涉及的利益关系、约束条件、影响因素等问题的规律性认识，拓展研究的历史视野、国际视野、学科视野和实践视野。

加强以党校（行政学院）系统为代表的智库建设。智库机构相对比较超脱，且拥有比较雄厚的研究力量，如果以党校（行政学院）系统为代表的流域智库能够结成智库联盟，把整个黄河流域作为研究对象，可以发挥系统整合的研究优势，助力重大国家战略的实施。在解决黄河流域生态环境治理碎片化问题，提高流域生态治理的整体性和生态服务的公共性，理顺流域管理与行政区域管理的关系，加强流域治理规划统筹，加快流域综合性立法和省际联合执法等问题方面群策群力、共同推进，发挥地域优势和禀赋优势，集中智慧和力量为党中央和地方决策服务。

区域报告

Regional Reports

B.5

青海：肩负起保护黄河源头的重要责任

张　壮*

摘　要：　黄河在青海流域面积达15.23万平方公里，干流长度占黄河总
　　　　　长的31%，多年平均出境水量占黄河总流量的49.4%，既是
　　　　　源头区，也是干流区，对黄河流域水资源可持续开发利用具
　　　　　有决定性影响。党的十八大以来，青海坚决扛起保护三江
　　　　　源、保护"中华水塔"的重大责任，积极探索以生态优先、
　　　　　绿色发展为导向的高质量发展之路。本文就青海如何肩负起
　　　　　保护黄河源头重要责任展开论述，明晰了黄河流域青海段的
　　　　　功能定位，对黄河流域青海段的现状进行了分析，阐释了黄
　　　　　河流域青海段面临的困难问题，包括生态保护成果巩固任务
　　　　　仍然艰巨，水资源供需矛盾问题突出，安全隐患依然存在，
　　　　　高质量发展支撑能力尚较薄弱，政策保障体系仍需完善等。

---

* 张壮，博士，中共青海省委党校（青海省行政学院）发展战略研究所副所长、教授，研究方
向为产业经济学，人口、资源与环境经济学，国家公园等。

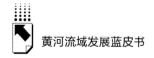
最后提出了推动黄河流域青海段发展的对策建议，包括加强黄河源头生态管护，推进流域环境协同治理，因地制宜推动绿色发展，持续改善民生福祉，传承弘扬河湟文化，构建对内对外开放新格局。

关键词： 源头意识　生态优先　绿色发展　青海

青海历届省委省政府把加强黄河保护和治理作为治青理政的关键之要。党的十八大以来，青海省委省政府按照"四个扎扎实实"重大要求和"三个最大"省情定位，深入推进"一优两高"战略部署，黄河青海流域生态环境保护建设取得重大进展，经济社会持续健康发展，民生保障水平不断提高，全面打赢脱贫攻坚战，与全省同步全面建成小康社会。站在新起点，推动黄河流域生态环境保护和高质量发展是青海主动服务国家战略的政治自觉、思想自觉和行动自觉，是青海义不容辞的重大责任担当，必须举全省之力，坚持不懈、久久为功，切实肩负起保护黄河源头的重要责任。

一　黄河流域青海段的功能定位

黄河流域生态环境保护和高质量发展事关国家生态文明建设的根本性和全局性，是中华民族伟大复兴和永续发展的千秋大计。素有"中华水塔"之美誉的青海，是"三江之源"，而滋润中原大地的黄河正发源于此。青海黄河流域的水域面积广阔，高达15.23万平方公里，多年平均出境水量更是占黄河总流量的近50%，流经境内的干流1694公里，占黄河总长度的31%。作为源头区也是干流区的黄河流域青海段对黄河流域生态环境保护和高质量发展具有决定性影响。

（一）青海省在全国主体功能区中的地位作用

1. 源头活水、中华水塔

青海作为"中华水塔"，是黄河的源头活水，具有独一无二的价值。发源地位于玉树藏族自治州曲麻莱县巴颜喀拉山的北麓，每年向下游输送源源不断的清洁水源。黄河流域青海段水资源总量208.5亿立方米，占整个黄河流域水资源的38.9%；境内流域面积50平方公里及以上河流共有917条，常年水面面积1平方公里及以上湖泊40个；出省干流断面水质始终保持在Ⅱ类及以上；年均出境水量达24.3亿立方米（含甘肃、四川入境水量61.2亿立方米），占黄河天然径流量的49.4%；龙羊峡等7座水电站资源贡献率高，防洪调度地位十分重要。

2. 生态根基、安全屏障

青海地处世界屋脊，昆仑山群峰矗立，祁连山空气新鲜，阿尼玛卿山磅礴险峻，境内沼泽广布、河网密集、湖泊众多，拥有世界最大面积的高寒湿地、高寒草原，是世界上高海拔地区生物多样性最集中的地区，是世界四大无公害超净区之一。黄河流域青海段是三江源、青海湖、祁连山和东部干旱区组成的生态功能板块的核心部分之一，其域内集中分布与交错着森林、草原、湿地与荒漠生态系统，是我国重要的生态功能区和水源涵养区。保护好黄河流域青海段生态环境，不仅影响青海省自身经济社会发展，而且直接影响中华民族的长远利益和我国的可持续发展，甚至影响全球的生态安全。

3. 丝路要冲、稳疆固藏

青海自古就是国家安全的战略要地，享有"海藏咽喉"、"天河锁钥"、"金城屏障"以及"西域要冲"等称谓。青海作为全国民族区域自治面积最大、少数民族人口比例最高的建制省，全国10个藏族自治州中6个在青海，对周边涉藏州县极具影响力，一直是敌对势力分裂渗透的重点地区。青海联藏络疆、连甘通川，是"一带一路"和唐蕃古道的战略支线，稳边固疆、辐射西南的作用十分重要，青海稳则西北稳，西北安则国家安。

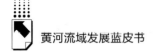

4. 绿色有机、光热充裕

青海牧区是我国五大牧区之一，黄河青海流域草场面积5.6亿亩，占全省草场面积的81%，流域内祁连、河南、泽库等12县通过有机认证的草原面积达6916万亩。全省有机生态畜牧业生产基地达63个，成为全国规模最大的有机畜牧业生产基地，认证的有机牦牛、藏羊450万头（只），获证绿色食品、有机农产品和地理标志农产品692个。黄河青海流域是全国最大的冷水鱼生产基地，鲑鳟鱼等冷水鱼产量占全国的1/3。全省可开发太阳能资源有35亿千瓦，风能可开发资源超过7500万千瓦，水能资源理论蕴藏量2187万千瓦，水光风互补发电项目全球领先，清洁能源供电7日、9日、15日和三江源绿电百日不断刷新世界纪录。

5. 多彩文化、魅力无限

青海境内的河湟文化是黄河文化的重要组成部分。辛店文化、马家窑文化、齐家文化等灿烂辉煌，宗日遗址、马场垣遗址、喇家遗址、沈那遗址、柳湾遗址等星罗棋布，史前文物种类齐全、丰富珍贵，对研究古代民族、部落集团的文明进程具有不可替代的作用。青海多民族聚居、多文化交融，"唐蕃古道""藏羌彝文化走廊""古丝绸之路"见证了多民族交往交流交融的历史。青海非物质文化遗产多彩纷呈，传统手工艺、民间美术精美绝伦，享誉海内外。青海是精神高地，红色文化底蕴丰厚，"两弹一星"精神、"五个特别"青藏高原精神和"新青海精神"鼓舞和感召着全省党员干部群众艰苦奋斗、奋勇拼搏。同时，青海自然景观原始神秘，生态文化独具魅力，与悠久的历史文化、多元的民族文化交相辉映、相得益彰，形成了绚丽多彩的地域文化，是讲好"黄河故事"不可或缺的部分，是现代旅游开发的宝贵资源。

（二）青海省在黄河流域生态环境保护和高质量发展战略中的战略定位

1. 习近平生态文明思想的实践高地

深入学习贯彻落实习近平生态文明思想，以"三个最大"省情定位为出发点与落脚点，将黄河流域青海段生态环境保护作为青海省生态文明建设的头号任务。牢固树立绿水青山就是金山银山的理念，统筹山水林田湖草沙综合治理、系统治理、源头治理，推进实施一批生态系统保护和修复重大工程，打造生态安全屏障新高地、绿色发展新高地、国家公园示范省新高地、人与自然生命共同体新高地、生态文明制度创新新高地、山水林田湖草沙综合治理新高地、生物多样性保护新高地，为构建人与自然生命共同体提供青海方案，努力打造成为全流域生态保护的典范区、重要优质生态产品供给区、全国乃至国际生态文明高地。

2. 中华民族永续发展的生命之源

牢牢把握习近平总书记关于"保护好三江源，保护好中华水塔是青海义不容辞的重大责任，来不得半点闪失"的重大指示要求，立足黄河源头优势，把守护好源头活水上升到为中华民族永续发展作出最大贡献的高度，树牢"源头意识"，坚守"江源初心"，担起"核心责任"，以促进流域生态系统良性循环、筑牢国家生态安全屏障为出发点，积极引入现代科学技术，采取硬性工程措施和柔性调蓄方法，治好、管好、用好黄河水，努力提升水源涵养能力、水土保持能力、水质监测能力、水文化创意能力，维护源头活水和水中钻石的独一无二价值，确保中华水塔丰沛坚固、水质清洁，为大江大河治理贡献青海智慧，让黄河清流源源不断地滋润华夏大地。

3. 黄河流域绿色高质量发展的高原样板

坚持以习近平新时代中国特色社会主义经济思想为指导，全面贯彻习近平总书记关于黄河流域高质量发展的重要论述，与时俱进落实"四个扎扎实实"的重大要求，充分发挥流域各地区比较优势，以推动产业生态化、生态产业化为重点，大力发展高原农牧、清洁能源、节能环保、生物医药、高原康养等绿色产业，加快传统产业绿色化改造，培育壮大锂电、光伏光热、新能源、新材料等产业集群，构建以绿色为导向的现代产业体系。巩固提升兰西城市群核心增长极功能，推进重大创新平台、产业平台和开放平台共建共享，深度融入流域产业链、价值链和创新链。加快发展绿色交通、绿色建筑和绿色消费，倡导绿色低碳的生活方式，努力走出富有青海特色、流域特点的绿色高质量发展新路，让各族群众共享发展成果，与全流域一道

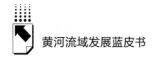

基本实现社会主义现代化。

4. 黄河文化保护传承弘扬的展示窗口

深刻领会习近平总书记关于"黄河文化是中华文明的重要组成部分，是中华民族的根和魂"的重要论述，坚持中国特色主义文化发展道路，坚定文化自信、以文化人，深入挖掘河湟文化的博大内涵和时代价值，加强文化遗产的系统性保护，推进国家历史文化名城名镇名村保护利用，推进国家级、省级以及州级文化生态保护实验区建设，推动文化旅游深度融合，打造具有河湟特色、时代特征的文化旅游品牌，积极创建国家文化公园，高水平建设黄河上游河湟文化生态保护实验区，打造千里黄河文化走廊。延续历史文脉，激发文化创新创造活力，大力弘扬新青海精神，彰显保护黄河的历史担当、文化自信和家国情怀，创新文化对外交流合作方式，着力提升河湟文化的影响力，讲好青海"黄河故事"，凝聚保护黄河的"青海力量"。

5. 全国民族团结进步的时代典范

深刻领会习近平总书记关于民族工作的重要论述和在西藏和平解放七十周年考察时的重要讲话精神，特别是在青海不谋民族工作不足以谋全局的重要指示精神，全面贯彻新时代党的治藏方略，坚持和完善民族区域自治制度，以铸牢中华民族共同体意识为主线，以创建民族团结进步示范省为目标，夯实各族群众"三个离不开""五个认同"的思想基础，深化"中华民族一家亲"和感恩教育，推进"民族团结进步创建进N"活动，推动"民族团结进步＋"深度融合发展，实现巩固拓展脱贫攻坚成果与乡村振兴有效衔接，加快推进基本公共服务均等化，稳步推进青甘川交界地区平安与振兴工程，拓宽流域交界地区协作范围，提升黄河流域青海段社会治理能力，促进各民族之间交往、交流与交融，共同努力、团结奋斗与繁荣发展，始终保持民族团结进步事业走在全国前列。

二 黄河流域青海段的现状分析

习近平总书记就青海生态保护工作先后多次做出重要批示，特别是在

2016 年 8 月视察青海时，提出了"扎扎实实推进生态环境保护"的重大要求。青海省委、省政府全面贯彻落实党中央、国务院决策部署和习近平总书记的重要批示指示精神，并在省委十三届四次全体会议上做出了坚持生态环境保护优先、推动高质量发展和创造高品质生活的"一优两高"战略部署，坚持新发展理念，制定并实施生态报国战略，认真谋划生态环境保护新方法与新思路，大力推进国家生态文明制度体系建设，筑牢国家生态安全屏障，特别是沿黄流域生态环境保护与修复取得了显著成效。

（一）生态环境质量持续向好

成为全国首个承担双国家公园体制试点的省份，印发实施《保护中华水塔行动纲要（2020～2025 年）》，协同开展第二次青藏高原综合科学考察。统筹推进山水林田湖草沙综合性、系统性治理，推动并实施了包括三江源和祁连山等在内的重大生态工程，完成投资超过 210 亿元。2012 年以来，在黄河流域青海段完成的国土绿化面积已达 1297 万亩。五级河湖长体系已全面建成，构建的"天空地一体化"生态网络监测体系已初见成效。黄河源头水源涵养功能不断增强，千湖美景已然重视，雪豹、白唇鹿、藏羚羊等濒危野生动物种群数量显著增加。黄河上游近 14 年年均自产淡水资源量达 225.6 亿立方米，并且呈现持续偏丰趋势，出省干流断面水质连续 12 年保持优良。

（二）水资源利用率不断提高

由于制定并落实了最严格的水资源管理制度，2019 年青海省全省用水总量仅 26.18 亿立方米，远低于年度目标的 37.76 亿立方米；全省万元 GDP 用水量仅为 82.5 立方米（按 2015 年可比价），较 2015 年下降了 1/4 多；全省万元工业增加值用水量仅为 25.3 立方米（按 2015 年可比价），较 2015 年也下降了 1/4 多；全省灌溉水利用系数 0.5004，完成 0.4978 的年度目标任务。黄河流域地表水耗水量 7.84 亿立方米，低于国家下达青海的 14.1 亿立方米的分配任务，强有力地支持了黄河中下游各省区的经济社会发展，连续 6 年全面完成了水资源管理"三条红线"的年度目标任务。积极推进节水型

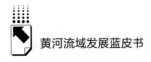

社会建设，统筹推进农业、工业、城镇生活节水，西宁被命名为全国节水型社会示范区。

（三）沿黄水安全体系逐步完善

黄河干流防洪主体工程全面建成，布置 70 处防洪工程，建设护岸 150 公里、堤防 35 公里，整治河道 138 公里。积极配合黄河流域开展的整体性生态调度与防洪调度，有力地缓解了流域中下游防洪防凌压力，为保障全流域水资源生态安全与经济社会的持续性发展作出了积极的贡献。西干渠、北干渠二期工程正在加快实施，引大济湟石头峡水利枢纽、调水总干渠、湟水北干渠一期工程已经投入运行，沿黄四大水库灌区主体工程已经投资建成。与青海可持续发展密切相关的共和盆地及其外围水资源配置和引黄济宁等重大水利工程的前期工作正处于积极推进阶段。

（四）绿色发展方式加快转变

初步形成了以"五个示范省"（即国家公园示范省、高原美丽城镇示范省、民族团结进步示范省、清洁能源示范省、绿色有机农畜产品示范省）的全面建设为载体，以"四种经济形态"（即生态经济、循环经济、数字经济、平台经济）的有效培育为引领的经济转型发展新格局。世界第一条高比例清洁能源特高压通道建成投运，黄河青海流域成为全国重要的清洁能源基地，清洁能源装机容量已经达到 3310 万千瓦。积极推进先进储能国家重点实验室建设，统筹布局国内与国际相互贯通的互联网数据专用通道和根镜像服务器，投资建成包括青藏高原数据灾备中心在内的多个大数据项目。新型城镇化和乡村振兴战略双轮驱动让前行更为有力，兰西城市群建设步入快车道，区域城乡发展的联动性、协同性大幅增强。

（五）民生福祉得到显著提升

年均转移农牧区劳动力上百万人，高校毕业生就业率达 85% 以上。教育、卫生、文化、扶贫等领域成效显著，十五年免费教育政策覆盖全省所有贫困家庭、九年义务教育巩固率达到95%以上，基层卫生机构标准化达标率达到85%以上，广播电视综合人口覆盖率达98%以上。社会保障水平大幅提升，全体居民可支配收入年均增长9.9%。实现绝对贫困人口全部"清零"，三江源国家公园黄河源园区"一户一岗"生态管护公益岗位已经设置了3042个，农牧民增收渠道不断拓宽。加快美丽城镇和美丽乡村建设步伐，深入开展农牧区人居环境整治和"厕所革命"，城乡近1/3的人口改善了住房条件。农牧区饮水安全得到巩固提升，实现了饮水安全工程全覆盖。

（六）黄河文化魅力日益彰显

通过对黄河流域特色文化资源的充分挖掘，已经建立了以国家级项目为龙头、以省部级项目为骨干、以州县级项目为基础的四个层级的非遗名录体系。三个国家级文化生态保护实验区，即热贡文化实验区、格萨尔文化（果洛）实验区、藏族文化（玉树）实验区建设和省部级文化生态保护实验区，包括土族文化（互助）实验区、循化撒拉族文化实验区等建设处于加快推进阶段。河湟文化博物馆、沈那遗址公园、喇家国家考古遗址公园等重大文化项目有序推进。沿黄文化旅游产业发展迅速，多措并举推进国家全域旅游示范区建设，旅游总收入增长连续4年保持20%以上。各族人民在黄河保护上形成了越来越浓厚的文化氛围，保护黄河的理念越来越坚定，为凝聚保护黄河的青海力量奠定了坚实的基础。

三　黄河流域青海段的困难问题

由于青海省湿地、森林、荒漠化等存在基数大、分布广、海拔高的特征，重点生态工程所能覆盖的面积为需治理总面积的40%，生态修复工程覆盖区域以外生态退化趋势问题短期内难以从根本上得到扭转，包括荒漠化、草场退化、水土流失在内的生态问题依然存在。此外，水资源方面供需矛盾也仍然突出，农牧区生态环境基础设施建设依然滞后，流域内现存的水

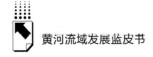

利工程普遍具有标准低与配套差的特点，造林绿化难度大等问题仍然是制约黄河流域青海段生态环境保护与修复的关键难题。

（一）生态保护成果巩固任务仍然艰巨

经过长期不懈的努力，黄河青海流域生态恶化趋势有所缓解，但受青藏高原、黄土高原生态脆弱性、复杂性的影响，流域内生态环境保护成果巩固任务依然艰巨，整体形势不容乐观，局部地区草地退化、土地沙化、水土流失等问题依然突出。东部干旱山区等生态板块仍无专项建设资金支持，区域性生态安全格局尚未稳固形成。城镇环境污染问题依然突出，低水平企业环境管理和较弱的环境治理能力，造成了局部环境污染。工业点源污染、农业面源污染问题并存，高海拔、分散地区垃圾污水收集处理技术尚不成熟，局部支流水体受生活污水污染严重。

（二）水资源供需矛盾问题突出

长期以来，"留不住水、调不动水、贡献了水、用不到水"的问题十分突出，特别是人口聚集、经济相对发达的湟水流域，缺水已成为制约地区发展的重大瓶颈。黄河流域青海段经济社会发展布局与水资源禀赋条件不匹配，水资源刚性需求增长与用水总量"红线"约束并存，工程性和指标性缺水问题突出，生态保护和高质量发展的供水保障问题亟待解决，特别是西宁—海东都市圈、兰西城市群、泛共和盆地城镇区等区域实施的重大战略加快落实与推进，流域水资源供需之间的不平衡将表现得更加突出。另外，受到黄河"八七"分水方案14.1亿立方米耗黄指标的约束，黄河流域青海段用水量指标剩余空间很小，经济高质量发展受水资源刚性约束的瓶颈制约日益趋紧。

（三）安全隐患依然存在

干支流防灾减灾设施体系尚不完善，防御水旱灾害的能力十分有限，重点城镇防洪能力仍然不足，部分县城和乡镇尚未达到规定的防洪标准，农村水系尚未开展系统整治，中小河流治理、病险淤地坝除险加固等有待进一步加强。水蚀风蚀冻融侵蚀交错，水土流失面积占流域国土面积的21.78%，纳入国家水土保持重点工程建设范围的县（区）有限，无法统筹全流域水土保持工作，水土保持率较低。受全球气候变暖影响，青藏高原呈现暖湿化，区域雪线上升、冻土消融日趋普遍，原本被高寒草甸覆盖的山体顶部出现大面积的裸露碎石，导致泥石流、崩塌、滑坡、冰湖溃决、山洪、雪灾、干旱和冻胀融沉等多种灾害链生群发，自然灾害危险性加剧，给沿黄生态安全和人民生命安全造成了威胁。

（四）高质量发展支撑能力较为薄弱

青海省为黄河流域经济总量最小的省份，源头的玉树州与入海口的山东省东营市人均地区生产总值相差超过10倍。流域内适宜发展和居住的空间严重不足，国土空间开发强度和效率均偏低，西宁市和海东市以占全省2.8%的土地面积，支撑着全省人口总量的63.8%，同时贡献着全省经济总量的61.2%，并且随着城镇化进程的快速推进、人口数量的持续增长以及经济发展的转型升级，生态环境约束将更为紧张。基础设施欠账仍然较多，3个州不通铁路、2个州不通航、6个县不通高速。产业链总体处于价值链中低端，产业发展关联度低、协同性弱，传统产业占比高，高新技术产业比重偏低，生产性服务业缺乏。农牧业重量级龙头企业少，高品质绿色农畜产品精深加工不足，文旅融合的旅游业尚在起步阶段。科技创新支撑明显不足，R&D经费支出占GDP比例仅为0.9%，重点领域中创新人才缺乏的困境非常突出，基础和高等教育质量在全国几乎处在末位。重点生态功能区高质量发展的土地政策、产业发展政策等要素支撑不足，不同程度制约地区发展。民生保障能力还需提升，区域间、城乡间发展失衡依然存在。国际物流基础设施建设相对滞后，对外开放水平层次较低。

（五）政策保障体系仍需完善

流域内政策支持力度不一致，涉藏州县有特殊政策支持，投入资金相对较多、扶持力度较大，而河湟民族聚居区没有特殊政策支持，多数领域中央预算内项目地方配套比例高达 20%～40%，地方政府财力有限，影响部分项目建设实施。多元化投入机制尚未形成。流域间横向生态补偿机制尚未建立，无法形成支撑源头生态脆弱区生态保护和经济高质量发展的长效投入机制。省内上下游间、省区间流域协同机制尚未建立。

四 推动黄河流域青海段发展的对策建议

为保护黄河流域的生态环境，促进青海省黄河流域高质量发展，应重点从以下几个方面开展工作。

（一）加强黄河源头生态管护

1. 守好筑牢"中华水塔"

第一，加强冰川雪山系统保护。推进黄河源头冰川雪山冻土综合保护试验示范点建设，开展大型冰川雪山全观测、保护工作。开展气候变化对冰川雪山的影响评估，加强气候变化及其适应性研究。在大型雪山群、冰川附近设置警示牌、防护栏和巡查站点，严控人为扰动。以冻区域为主，加强冰川雪山监测，定期观测记录冰川雪线后退情况，及时预测冰川雪山变化并发出预警。根据雨水形成机理和冻土积雪变化规律，适时开展人工增雨雪作业。加强宣传提高公众对冰川雪山保护的意识。

第二，强化河湖湿地保护修复。严格保护国际重要湿地和国家重要湿地、国家级湿地自然保护区等重要湿地生态空间，加大对扎陵湖、鄂陵湖、约古宗列曲、玛多河湖泊群等河湖的保护力度，维持天然状态。科学系统开展湿地生态环境本底调查，加强湿地自然保护区、湿地公园、小微湿地建设，完善河湖湿地监测、评估和预警体系。系统梳理湿地分布状况，实施湿地保护恢复工程，对中度以上退化区域实施封禁保护，恢复退化湿地生态功能和周边植被，遏制沼泽湿地萎缩趋势。争取扩大湿地生态效益补偿范围。以自然河湖水系为基础，加强对入河湖、湿地河道的生态修复，促进河湖生态良性循环。严格管控流经城镇（乡）河段岸线，全面禁止河湖周边采矿、采砂、渔猎等活动。科学确定江河湖泊生态流量和生态水位，将生态用水纳入流域水资源统一配置和管理。

第三，稳固水源涵养能力。推进草地生态系统保护，采取适度封育、补播改良、饲草种植、舍饲圈养等适度干预修复措施，对中度以上退化草地进行差别化治理，科学分类推进鼠虫害、毒杂草等治理措施，加大黑土滩治理力度。强化草原火灾、有害生物的监测预警和防控体系建设。健全草原产权制度，完善草原承包经营制度和用途管制制度，落实基本草原保护制度，动态调整农牧民奖补政策。推进草地划区轮牧，适度控制散养规模，减轻草地利用强度。加强森林植被保护与建设，加大水源涵养林封山禁牧、轮封轮牧和封育保护力度，建立健全天然林保护修复制度体系。全面开展以森林抚育和林分结构改造为主的林分修复改造，推进灌木林改造，加强幼林地抚育管理，提高造林质量，建立天然林保护修复约束机制。加强公益林建设，积极争取国家级公益林补偿扩面提标。适度发展经济林和林下经济。推进森林防火、森林有害生物防控体系建设。

第四，增强生态系统稳定性。统筹推进草地、森林、河湖湿地、荒漠等生态系统保护和修复，实现生态良性循环。推进草原休养生息，增加沙化草地植被盖度。积极推进退牧还湿、生态补水、植被恢复等综合治理措施，严格保护青海湖等重要湿地，提升湿地生态服务功能。加强祁连山冰川与水源涵养区生态保护与修复，加大黑河、疏勒河、湟水河等流域源头区整体性保护力度，加强布哈河、哈尔盖河、沙柳河等入湖水系的系统保护。开展荒漠生态系统本底调查和科学评估，实施动态监测。在环湖和祁连山适宜地区设立沙化土地封育保护区，科学实施固沙治沙防沙工程，加大流动沙丘治理力度，强化沙地边缘地区生态屏障建设，开展光伏治沙试点。

第五，降低人为活动过度影响。正确处理生产生活和生态环境的关系，着力减少过度放牧、过度资源开发利用、过度旅游等人为活动对生态系统的影响和破坏。全面推进生态保护红线勘界落地，强化保护和用途管制措施。科学评估自然保护地，将保护价值低的建制镇、村或人口密集区域、社区民生设施以及基本农田等调整出自然保护地范围。在尊重群众意愿的基础上，有序推进国家公园等自然保护地居民搬迁。采取设置生态管护公益岗位、开展新型技能培训等方式，引导保护区居民转产就业。在超载过牧地区开展减畜行动，研究制定高原牧区减畜补助政策。加强人工饲草地建设，控制散养放牧规模，加大对舍饲圈养的扶持力度，减轻草地利用强度。巩固游牧民定居工程成果，通过特许经营、开展生态体验和自然教育等手段，引导牧民调整改变生产生活方式。科学确定旅游规模。

2. 打造生态优美"绿河谷"

第一，打造流域绿水青山样板。深入开展大规模国土绿化，巩固提升"四边"绿化成果，推进林草植被恢复和低质低效林草改造提升，提高综合植被覆盖度，让黄河水更清、山更绿、环境更优美。加快推进国家湟水规模化林场试点建设，持续实施西宁、海东南北两山及黄河两岸等造林绿化工程。完善城镇绿化布局，加快园绿地和节点绿地建设，提升建成区绿化覆盖率。开展轮作休耕和草田轮作，持续推进高标准农田建设，加强盐碱地治理，推行生态种植，发展绿色有机农牧业、设施农牧业，提高生态农牧业效益，提高生态农牧业和高效农牧业培育水平。

第二，建设碧水清流生态廊道。综合利用包括山水林田湖草沙在内的各种生态要素，兼顾生态安全、文化景观和经济发展等功能，持续开展黄河上游水环境保护、水生态修复、水污染治理，绘制"清水绿岸、鱼翔浅底、水草丰美"的美好画卷。以汇流聚湖、活力营造、生态修复、城市修补为主线，以引大济湟、引黄济宁等重大水利工程为骨干，连接周边重要支流，调剂补充各支流生态水量，连通河湖库渠，恢复改善河湖水质，打造滨水文化景观带。着力营造绿意更浓的城乡宜居环境，加强湟水河、黄河干流沿岸生态环境治理，加快推进农村水系综合整治，实施千里碧道工程，实现绿水绕城、绿水润城、绿水活城。

3. 加强生物多样性保护

第一，开展本底调查与评估。利用地理信息系统、全球定位系统和遥感监测等技术，结合实地调查，开展珍稀濒危野生动植物资源本底调查，准确掌握野生动植物空间分布及种群数量变化，调查迁徙类野生动物活动范围和规律，编制野生动植物名录，建立野生动植物数据库和种质资源库。完善野生动植物保护和监测网络，建立统一协调的监测、评价和预警系统，实现对野生动植物的实时远程监测，减少人为活动对野生动植物的干扰。开展水产种质资源保护区环境监测。

第二，加强栖息地和生态廊道建设。在约古宗列、扎陵湖、鄂陵湖、星星海、阿尼玛卿山等生物多样性保护关键区，采取有效措施开展受损栖息地植被恢复工程。在黄河干流和支流加强珍稀濒危及特有鱼类资源产卵场、越冬场等重要生境的保护，实施水生生物洄游通道恢复、微生境修复等工程，恢复珍稀、濒危、特有等重要水生生物栖息地。根据野生动物生存繁衍与迁徙规律及其生态学特征，通过疏通野生动物迁徙通道、调整围栏布局、建设迁徙廊道等方式，实现生态断裂点修复，以保障迁徙性物种迁移。恢复并维持景观之间的连通性，打通物质、能量以及信息的正常交换通道，促进生态网络循环运转，确保区域生态系统结构稳定、功能发挥。

第三，完善野生动植物管护体系。实施珍稀濒危野生动物保护繁育行动，强化濒危鱼类增殖放流，完善野生动物收容救护体系，优化野生动物临时救护站点建设布局，依托现有的农林牧渔场，建设野生动物救护站。完善野生动物疫源疫病监测防控体系。严格执法监管，坚决打击乱捕滥猎、乱采滥挖、乱食滥用野生动植物等违法犯罪活动。探索人兽冲突重点区域缓解措施和解决方案。建设珍稀濒危植物繁育场所，开展古树名木抢救保护。

（二）推进流域环境协同治理

1.健全流域协同治理机制

第一，推动建立上下游协同管理机制。按照中央确定的国家、部门、流域、地方事权划分原则，在全国统一的黄河流域生态保护和高质量发展管理体制框架下，落实全流域省级河长联席会议制度，履行更多流域生态建设、环境保护、节约用水和防洪减灾等管理职能；探索建立流域上下游利益协调机制，重点在上下游生态补偿制度、城市间双向补偿机制、重要支流生态补偿试点等方面加大指导和协调力度，推动相关工作取得实质性进展。配合做好深化水利部黄河水利委员会改革工作，实现干支流防洪、监测、调度、监督等方面"一张网"全覆盖。加强流域生态环境联防联控联治和综合执法能力建设，开展跨流域跨部门联合执法，推动形成全流域生态环境保护执法"一条线"全畅通。建立流域突发事件应急预案体系，健全应急管理、应急指挥和应急救援体系，提升全流域应急响应处置能力。推动建立黄河流域生态保护联盟，加强黄河水生态保护相关标准规范研究，推动"母亲河"保护工作的科学化、规范化。落实生态保护、污染防治、节水、水土保持等目标责任，实行最严格的生态建设活动监管。

第二，建立全流域生态综合管理机制。成立黄河流域青海省管理委员会，承接好国家赋予的各项管理职责，协调好流域管理与行政区域管理体制。全面开展黄河青海流域资源环境承载能力和国土开发适性评价，科学统筹划定三条控制线，合理开发和高效利用国土空间。严格三条控制线监测监管，将三条控制线划定和管控情况作为地方党政领导班子和领导干部政绩考核内容。加快编制黄河青海流域"三线一单"，构建生态环境分区管控体系。配合做好国家黄河保护法立法工作，积极参与制定黄河流域生态补偿、水资源节约集约利用等立法基础性研究。探索出台地方性法规、地方政府规章，完善黄河青海流域生态保护和高质量发展的法制保障体系。出台青海省实施河长制湖长制条例，修订青海省河道管理实施办法，制定青海省河道采砂管理实施办法，出台青海省河湖长制政策落实激励措施，建立科学合理、公平公正的考核评估指标体系。建立健全生态环境损害赔偿制度，构建生态环境监察体系。合理确定不同水域功能定位，完善黄河流域水功能区划。开展水域岸线确权划界并严格用途管控，确保水域面积不减。完善综合生态管护公益岗位长效机制，建立管护员绩效考核机制。加快推进林草长制，制定管理实施办法和考核评估体系。

2. 开展水土保持综合治理

第一，强化农牧业面源污染治理。推进农牧业废弃物综合利用，因地制宜推进种养适度规模经营，推广科学施肥、安全用药、农田节水等清洁生产技术与装备，提高化肥、农药、有机肥、饲料等投入品利用效率。建立健全畜禽粪污、农作物秸秆等农牧业废弃物综合利用和无害化处理体系，推进畜禽粪污资源化利用，推行生态健康养殖，完善规模化畜禽养殖场配套粪污处理利用设施，鼓励发展粪污专业化、资源化集中处理第三方企业，实现畜禽粪污资源化综合利用。加大病死畜禽和渔业无害化处理设施建设力度。有效修复治理耕地污染，以保持良好的土壤环境质量为核心，严格控制新增土壤污染，强化土壤污染管控修复。实施农用地分类管理，确保受污染耕地得到安全利用。制定受污染耕地安全利用总体方案，编制受污染耕地土壤质量分类清单，开展农用地安全利用示范工程和污染修复试点，分级分类实施污染治理修复。在黄河干流、湟水河等大中型灌区实施农田退水污染综合治理，建设氮磷高效生态拦截净化工程，加强农田退水循环利用，扩大测土配方施肥面积。强化农田残膜、农药废弃包装物等回收处理。开展化肥农药减量增效行动试点，支持部省共建绿色有机农畜产品示范省。

第二，加强工业污染协同治理。开展黄河干支流入河排污口专项整治行动，加快构建覆盖所有排污口的在线监测系统，规范入河排污口设置审核。关停并转沿黄"散乱污"企业，推动沿黄一定范围内高耗水、高污染企业进入合规园区，加快钢铁、煤电超低排放改造，强化工业炉窑和重点行业挥发性有机物综合治理，逐步实行生态敏感脆弱区工业行业污染特别排放限值要求。严禁在黄河干流及主要支流临岸一定范围内新建"两高资"项目及相关产业园区。实行能源和水资源消耗、建设用地等总量和强度双控，全面执行最严格的节能、节水、节地、节矿和粉尘氮氧化物等污染排放标准。强化危险固废风险管控，加强对全流域危险固体废弃物污染状况排查，强化废弃危险化学品污染防治的环境监管，防范废弃危险化学品环境风险，有效应对突发环境事件。实施现有固体废物存量清零行动，强化危险废弃物转移风险管控，严格控制不以利用为目的的外省危险废弃物向青海黄河流域跨省转移，推进固体废弃物综合处理与处置，加大淘汰落后危险废物利用和处理力度。

第三，开展矿区生态环境综合整治。开展黄河流域历史遗留矿山调查与恢复治理效果评价。统筹土地利用现状、开发潜力和生态保护修复难易程度，分类制定生态恢复和治理工程清单，实施生态综合治理，提升历史遗留矿山与周边地形地貌景观和谐度。按照"谁破坏、谁修复""谁修复、谁受益"的原则盘活矿区自然资源，探索利用市场化方式推进矿山生态修复。以河湖岸线、水库、饮用水水源地、地质灾害易发多发区等为重点，开展黄河流域尾矿库、尾液库风险隐患排查，"一库一策"制定治理和应急处置方案，采取预防性措施化解渗漏和扬散风险，鼓励尾矿综合利用。开展矿区污染治理和生态修复试点示范。加强河道采砂监管力度。建设绿色矿山，严格落实绿色矿山标准和评价制度，强化矿山边开采、边治理举措，及时修复生态和治理污染，停止对生态环境造成重大影响的矿产资源开发，加快推动传统矿业转型升级，构建科技含量高、资源消耗低、环境污染少的绿色矿山发展新模式，最大限度提高矿产资源开发利用水平和效率，最大限度减轻矿产资源勘查开发过程中对生态环境的扰动。2021年后，新建矿山按照绿色矿山建设规范进行设计、建设、运营。大力推进绿色矿业示范区建设，争创绿色矿山示范点，建立一批科技引领、创新驱动的绿色矿山典范。

第四，统筹推进城乡生活污染治理。建立全链条垃圾收运处置体系，加大存量治理力度，探索"互联网＋资源回收"新模式，提升生活垃圾治理无害化、专业化、市场化水平。加快推进生活性垃圾焚烧处理设施建设，推广并设立小型生活性垃圾焚烧处理设施试点，因地制宜开展阳光堆肥房等生活垃圾资源化处理设施建设，完善生活垃圾处理设施、运营和排放监管体系建设，提升生活垃圾无害化处理率。因地制宜完善厨余垃圾设施，稳步提高厨余垃圾处理水平，在西宁、海东等城市推进建筑垃圾资源化利用。加大医疗废弃物集中处置水平，推进医疗废物集中转运点及处置中心提标扩能，县城实现医疗废物集中处置全覆盖，并逐步向镇、农牧区延伸。加强城乡生活污水处理，实施全流域城镇污水处理提质增效行动，提标扩能城镇污水处理厂。全流域城镇实现雨污分流，对现有雨污混流管网进行改造，新建管网全部实现雨污分流。巩固提升城市（镇）黑臭水体治理成效，基本消除县级及以上行政辖区建成区黑臭水体，建立城市（镇）水体久清长效机制。推进"厕所革命"，优化城乡公厕布局，全面提升交通厕所建设管理和服务水平，提升旅游景区厕所品质，加强改厕与农村生活污水治理有效衔接，整村分类推进农牧区卫生户厕建设，推动专业化管理维护。全面防控永葆"高原蓝"，推进绿色交通和绿色出行，强化移动源污染治理。大力实施清洁供暖，在西宁、海东都市圈和城乡人口密集区普及集中供暖，加快推进其他区域以电能替代为主的清洁供暖改造。

（三）因地制宜推动绿色发展

1. 构建生态经济体系

加快构建生态经济体系，以产业生态化和生态产业化为主要内容，以山水林田湖草为运行载体，以生态文明体系建设为保障，探索以绿色能源、绿色产业、绿色消费、绿色农牧业为架构的发展方式，让青海天更蓝、山更绿、水更清、环境更优美。全面落实主体功能区和国土资源空间规划，依托生态文明建设，构建与之相适应的生态经济功能布局体系，守护好山水林田湖草这一生命共同体。推进产业生态化，建设生态产业园，发展循环经济；推进生态产业化，通过创新生态产品价值实现的方式，把生态资源优势转化为本地经济社会的发展优势；通过建立健全并实行最严格的生态环境保护制度、资源高效利用制度与生态环境保护和修复制度，明晰生态环境保护责任，构建自然资源监督与开发体系；建立生态产权交易体系，强化生态领域技术支撑，建立高质量发展的生态体系；建立生态资本增值、价值实现和目标投资体系，并完善生态效益和生态评估考核体系，使生态产业化实现良性循环。推动飞地经济建设，在省内坚持生态优先，立足功能定位，统筹布局"飞出地"，科学规划"飞入地"，促进区域协调发展；探索开拓省外飞地，利用发达地区人才、技术、市场优势，借梯登高、借船出海、共生发展、融合发展，推动青海高质量发展。

2. 打造绿色有机农畜产品输出地

充分挖掘流域特色农牧业资源优势和发展潜力，优化农牧业生产力布局，夯实农牧业发展基础，增强农业科技园区引领作用，着力打造东部高效种养、环湖循环农牧、青南生态有机畜牧业发展区及沿黄冷水鱼绿色养殖发展带"三区一带"黄河流域青海段农牧业发展格局。坚持"藏粮于地、藏粮于技",严格落实耕地保护制度,确保永久基本农田数量不减少、质量不降低,以保障粮食安全为底线,加大对西宁、海东等产粮大县、产油大县的支持力度,稳定种植面积,高水平推进河湟谷地粮油种植和设施农业发展,提升"黄河彩篮"发展水平,提高粮食产量和品质,支持粮食主产区建设粮食生产核心区,增强保障全省粮食安全的能力。大力发展寒旱农业,积极推广优质粮食品种种植,大力建设高标准农田,实施保护性耕作,开展绿色循环高效农业试点示范。大力支持发展节水型设施农业。做优做精牦牛、藏羊、青稞、冷水鱼、油菜等优势特色产业,稳固提升海南、海北、黄南、果洛、玉树生态畜牧业示范区综合生产能力,落实对牛羊调出大县的奖励政策,建设优质奶源基地、现代牧业基地、优质饲草料基地和牦牛藏羊繁育基地。适度发展黄河流域现代绿色冷水鱼产业,建设全国最大的冷水鱼生产基地。积极发展高原现代种业,建设国家级和省级良种繁育基地。加快发展农畜产品加工业,打造若干农畜产品精深加工产业集群和集散基地。实施品牌强农行动,整体打造"生态青海、绿色农牧"区域品牌,创建藏羊、青稞、冷水鱼等特色农产品优势区,建设牦牛、冷水鱼产业联盟,培育循化线椒、湟中燕麦、湟源马牙蚕豆、玉树牦牛等一批叫得响、有影响力的"青字号"农畜产品品牌。完善农牧业标准化体系,持续推进农产品绿色、有机、地理标志认证,实现流域农畜产品质量安全县全覆盖,全面建立农牧业投入品和农畜产品品质安全追溯体系。大力培育新型农牧业经营主体,提高经营主体发展质量,完善"龙头企业 + 基地 + 合作社 + 农牧户"模式,健全新型农牧业社会化服务体系,完善现代农牧业服务业。着力构建"田间—餐桌""牧场—餐桌"农畜产品产销新模式,打造实时高效农牧业产业链供应链。

3. 打造国家清洁能源产业高地

全面提升水电、光伏、锂电池等全产业链发展水平,把新能源产业打造成具有规模优势、效率优势、市场优势的重要支柱产业,建成国家重要的新型能源产业基地,推动率先开展绿色能源生产和消费革命,推进清洁能源示范省建设，创建国家能源革命综合试点省。加快发展新能源制造产业，以高效晶体硅太阳能电池及其核心设备为重点，培育一批全国领先的高效光伏制造企业，打造以光伏发电成套设备、关联设备制造为主体的产业集群。加快光热发电关键部件、熔盐等核心材料和系统集成技术开发，集中攻关全球领先的光热发电应用技术，打通新能源装备制造全产业链。稳步开展大规模运用盐基锂离子等储能技术及应用试点，大力发展电化学储能产业。发展塔筒、轴承、叶片等风电装备制造，推动产业链条向风机整机设备终端延伸。开展退役光伏组件、光热熔盐、储能电池等循环利用和无害化处理，发展壮大节能环保与循环利用产业。科学有序推进黄河水电基地绿色开发，加快黄河上游已规划水电站论证和建设进度，积极推进待开发水电站前期工作。大力推进光伏发电和风电规模化建设，持续壮大海南、海西两个千万千瓦级清洁能源基地规模，积极布局储能项目，挖掘黄河上游水电储能潜力，推进储能工厂和抽水蓄能电站建设，大力发展"新能源＋储能"，推动光热发电试点，打造国家储能发展先行示范区。科学布局干热岩、地热能、氢能等能源供给新品种，形成未来能源发展新支撑。积极构建多能互补储能调峰体系。加快推进清洁能源特高压外送通道建设及电网互联互通，加大清洁能源消纳外送能力和保障机制建设。加大油气资源勘探力度和战略储备，因地制宜建设地下储气库，推进西气东输跨区域输气管网建设。积极开展被动式太阳能暖房改造、推广分布式太阳能供热供暖系统。推进电力市场化交易，有序放开发用电计划，扩大清洁能源与大用户等负荷主体直接交易范围，积极参与跨省跨区电力交易。建立与清洁能源发展相适应的电价体系，加快推进增量配电业务试点项目建设，建立峰谷电价动态调整机制，推动清洁电力生产和消费主体参与碳排放权交易和绿证交易。研究建立可再生能源电力现货市场体系，争取建设国家清洁能源交易中心，打造青海"绿电特区"。合理控制煤炭开发强度，严格规范各类勘探开发活动。推动煤炭产业绿色化、智能化发展。严格控制新增煤电规模，加快淘汰落后煤电机组。加强能源资源一体化开发利用，推动能源化工产业向精深加工、高端化发展。做大做强清洁能源、金属冶炼、盐湖化工等支柱产业循环化发展。构建绿色能源消费体系，

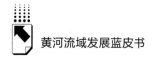

推动全社会用能方式变革。

4. 培育现代新兴产业集群

加快推动新材料、装备制造、节能环保、应急、生物医药等新兴产业基础能力再造，积极搭建新兴产业合作平台，培育一批具有较强竞争力的现代产业集群。大力发展新材料产业，积极发展新型合金新材料、光电新材料、非金属新材料及锂电材料，推进锂电池终端应用产业发展，加快促进金属冶炼、建材向高端延伸，突破石墨烯、特种纤维等新材料开发应用技术。发展高端装备制造业，支持发展太阳能发电核心装备、新能源汽车、高端锻铸、专用数控机床、电子及通信设备和基础零部件等高端产品。加快节能环保技术和装备产业化，加强高效节能锅炉制造、节能电机、太阳能光伏板及新能源新动力蓄电池回收、新型环保车辆等技术攻关，提高先进节能环保装备和产品生产能力。鼓励发展应急产业，支持医疗卫生、消防、工程抢险救援装备等应急产品生产。培育发展中藏医药、生物制品和保健品等生物产业，推进中藏药材规范化种植养殖，着力畅通藏医药全产业链，大力开发虫草、枸杞、蜂、沙棘等特色生物制品，培育一批知名品牌，建设全国重要的藏医药产业基地。大力支持民营经济发展，支持制造业企业跨区域兼并重组。对符合条件的先进制造业企业，在上市融资、企业债券发行等方面给予积极支持。推动传统产业转型升级和新型工业化示范基地建设。

5. 打造服务业融合创新发展集聚区

推动生产性服务专业化发展，通过服务业态和服务模式的创新，推动生产性服务业的分工专业化与价值链向高端化发展，同时推动生活性服务业的精细化与高品质化转变。重点推进现代物流、金融、科技服务、信息服务、设计服务、人力资源等生产性服务业加快发展，打造一批特色现代服务业基地和集聚区。推动有一定基础的市（州）、县（市、区）、产业园区开展先进制造业和现代服务业融合发展试点。优化流域现代物流体系布局，加快物流园区、物流中心、物流信息平台和冷链物流体系建设，积极发展多式联运，着力打造以西宁为核心，以平安、共和、同仁为副中心，以海晏、玛沁等州府县城和重点城镇为节点的"一核三副多点"的现代物流体系。发挥国家电子商务示范城市引领作用，发展电子商务物流、移动电子商务等新业态，大力发展农村电子商务，支持"电商村"建设。丰富生活性服务业产品供给，健全服务网络，提升商贸、教育培训、家政服务、康养休闲、体育健身等发展品质。全面开放养老服务市场，加快推进西宁、海东、海北、海南等居家和社区养老服务改革试点，在西宁、海东等适宜地区布局建设康养基地，探索并利用地热资源，加快推动康养健康养老休闲产业发展。支持社会力量发展普惠托育服务，建成一批带动效应明显的示范性托育服务机构。

（四）持续改善民生福祉

1.提升脱贫地区发展能力

建立防止返贫监测和帮扶机制，加强对不稳定脱贫户、边缘户等的监测预警，落实产业帮扶、就业帮扶、综合保障、扶志扶智，加强社会帮扶，持续巩固脱贫攻坚成果。持续用好脱贫攻坚建立的组织领导、驻村帮扶、资金投入、金融服务、社会参与、责任监督、考核评估等有效机制，实现脱贫攻坚与乡村振兴有效衔接。做好易地扶贫搬迁后续帮扶工作，巩固提升集中安置区后续产业发展，加大扶贫项目资金资产管理与监督力度，积极推动特色产业实现可持续发展，实现稳得住能致富。继续用好东西部扶贫协作、对口支援、定点帮扶等政策举措。健全消费扶贫协作机制，争取更多机构把黄河青海流域脱贫地区作为其消费扶贫对象，加大农牧产品采购规模，大力拓宽特色农畜产品销售渠道。大力实施以工代赈，扩大建设领域、赈济方式和受益对象，增加群众劳务性收入，积极拓宽群众就业增收渠道。聚焦易地扶贫搬迁群众等重点人群，加强技能培训，加大政策扶持力度，创新帮扶举措，引导各类人员实现高质量就业创业。规范乡村保洁员、道路管护员、河湖管护员、林草管护员等公益性岗位，建立健全动态调整机制。实施脱贫地区特色产业提质增效行动，支持培育壮大一批龙头企业，持续发展壮大特色种植、生态畜牧、生态旅游、高原康养、户外休闲健身、光伏产业等绿色产业。

2.促进教育优质均衡共享

促进学前教育普及普惠发展，大力发展公办园，规范发展民办园。加强

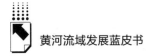

乡村小规模学校及乡镇寄宿制学校建设，统筹推进城乡义务教育一体化发展。实施特殊教育提升计划，完成"一州一特校"和重点县特校建设。进一步扩大高中阶段教育资源，加快推进高中阶段育人模式改革和优质特色发展。实施职业教育质量提升计划，支持各州办好中等职业学校。支持省内高校在青藏高原生态保护修复、水资源、清洁能源、高原医学、藏医药、高原健康、高原应急、盐湖资源开发、民族学等领域培育建设一批重点学科，与省外高校合作共建学科专业、科研平台，联合开展人才培养，提高人才培养质量和服务经济社会发展的能力。加快推进"互联网+教育"和"智慧教育"建设，持续实施15年教育资助政策，不断提升流域不同层级和不同类别教育服务供给能力与供给水平。制订并实施优秀教师教育振兴行动计划，创新和规范教师配备，解决教师结构性、阶段性、区域性短缺问题。加大急需学科带头人、优秀拔尖人才和高层次人才培养引进力度，推进乡村优秀青年教师培养奖励计划实施，推动各类教师培训向农村欠发达地区倾斜。完善教师资格体系和准入制度，建立健全教师岗位设置、职称评定和考核评价制度。完善教师福利待遇保障制度，建立健全中小学教师工资长效联动机制，保障落实义务教育教师平均工资水平不低于当地公务员平均工资水平。健全教师荣誉表彰奖励体系，努力提高教师社会地位。提升民族地区教育发展水平，推动民族地区国家通用语言文字普及。提升学校自主管理能力和现代化治理水平，支持和规范社会力量兴办教育。持续深化教育领域综合改革、"放管服"改革、新时代教育督导体制机制改革、教育评价改革。积极稳妥推进考试招生制度改革。加强青海教育立法工作，健全教育法律实施和监管机制，提高教育法治化水平，加快推进教育治理体系和治理能力现代化。

3. 健全医疗卫生服务体系

坚持预防为主、防治协同，建立全流域公共卫生事件应急应对机制，实现流行病调查、监测分析、信息通报、防控救治、资源调配等协同联动，筑牢全方位网格化防线，织密疾病防控网。加快疾病预防控制体系现代化建设，加大各级疾控机构和相关生物安全实验室建设，建设省级生物安全三级（P3）、市（州）和县级加强型生物安全二级（P2+）实验室，提升传染病病原体、健康危害因素等检验检测能力。健全重大突发公共事件医疗救治体系，建设省级重大疫情救治基地，依托省市（州）和县级综合医院，全面加强公共卫生救治服务体系建设，建设发热门诊、传染病区、重症救治监护病区（ICU）、核酸检测（PCR）实验室，并配置必要的诊疗和检验检测设备。分级分层推动全流域传染病救治体系建设，实现省、市（州）、县传染病防控救治体系全覆盖。完善应急物资储备保障体系，建设覆盖省、市（州）两级卫生应急物资储备库，做好药品、消毒防护用品、疫苗、血液制品、医疗器械等重要物资储备和跨区域应急调运。健全以公立医院为骨干、社会办医为补充的医疗服务体系。大力推进国家区域医疗中心和省级区域医疗中心建设，充分利用现有资源，通过加强肿瘤筛查诊疗、中西结合诊疗、应急医疗救治等中心建设，打造全省医学高地。实施大型医院强身瘦体工程和优质医疗资源扩容下沉工程，不断提升县级医院服务能力和服务水平。借助信息化手段，按照"规划统筹、业务联动、信息支撑"的工作思路，统筹安排卫生信息化数据集成系统、县域医共体互联互通建设，打造智慧医院。完善全生命周期医疗服务体系建设，加快康复医疗、0～3岁托育机构建设。加强与流域中下游城市医院合作，积极引入医疗团队、科研项目等来青服务。广泛开展爱国卫生运动，开展卫生城镇创建。加强中藏医医院基础设施建设，实施基层中藏医药服务能力提升工程，加大中藏医适宜技术培训力度，支持中藏医馆和名医工作室建设，提升中藏医诊疗服务能力。加强中藏医药传承保护与理论研究，开展中藏医药服务能力关键技术研究。实施中医药传承与创新"百千万"人才工程，加强中藏医类别全科医生培养，建设名老中藏医药专家传承工作室。发挥中藏医药"治未病"优势，推动中藏医药与健康养老服务融合发展。发展壮大中藏医药产业。

4. 提高社会保障能力

优先稳就业保就业，完善公共就业服务体系，加快市（州）、县、乡三级公共就业创业服务平台建设，健全以培训示范基地为核心、以高校和职业学校为骨干、以各类培训机构为基础的就业创业培训体系。统筹实施"三支一扶"、西部计划、青南计划等基层服务项目，引导和鼓励高校毕业生投身黄河流域生态、环保、农林水利、文化等事业。加强农牧民技能培训，搭建劳务输出对接平台，引导农牧区劳动力转移就业。支持退役军人、返乡入乡务工人员从事生态环保、乡村旅游等领域创业就业，发挥生态保护修复、基础设施建设、污染治理等重大工程拉动当地就业作用。创新户籍、土地、社保等政策，引导沿黄劳动力来青就业创业安居。实施全民参保计划，建立统一、高效、兼容、安全的社会保障管理信息系统。健全企业职工基本养老保险基金省级统筹制度，为实现全国统筹奠定基础。推进城乡居民养老保险制度改革，完善被征地农民社会保障政策。完善以基本医疗保险为主体、以其他医疗保险为补充的医疗保障制度，完善政府和个人合理分担的筹资机制，实现跨省异地就医二级以上医院医保直接结算。健全工伤预防、补偿、康复"三位一体"保险制度。完善城乡低保制度和特困供养政策，逐步建立城乡统一的社会救助制度。建立健全失业保险制度，按照本地最低工资标准与失业保险金标准联动调整长效机制，适时适量提高失业保险金标准。健全完善布局合理、保障有力、满足各种群体多样需求的养老服务制度，完善居家社区与机构之间相协调、医养与康养之间相结合以及城乡统筹发展的养老服务制度体系。加强农牧区留守儿童、困境儿童的关爱保护和服务保障。建立退役军人现实表现与享受荣誉和优抚待遇挂钩机制。加强孤老残幼等特殊群体基本民生保障和权益维护，加快推进救助管理机构基础设施建设和设备升级改造，健全特殊群体救助保障制度。加快发展公益慈善事业。完善基层精神卫生福利机构设施建设，建立健全社会心理服务体系。加大对新市民群体和住房困难群体的住房保障力度，建立多主体供给、多渠道保障、租购并举的住房制度。稳步推进殡葬服务改革，推行节地生态安葬方式，增强基本殡葬服务供给。

（五）传承弘扬河湟文化

1. 挖掘保护黄河文化遗产

第一，加强遗产古迹系统保护。全面开展黄河流域文化资源普查活动，积极推动并实施黄河流域文化遗产的系统保护工程，推进全流域共建根脉相承、各具特色的黄河文化遗产走廊。加强柳湾遗址、喇家遗址、沈那遗址、孙家寨遗址、宗日遗址、西海郡古城、长城等重点文化遗址、遗存保护和修复，推进原子城、班玛红军沟、循化西路红军革命旧址等红色文化遗迹保护，加强同主题跨区域革命文物系统保护，开展篦笆楼、寺庙、塔窟、宫观古建筑群等文物保护和修复工程。实施黄河流域重大考古工程，加强文物保护认定。建立黄河流域传统村落、少数民族特色村镇、传统民居和历史文化名城名镇名村名录，制定整体性保护和修缮计划。加大白塔渡口等古渡口水文化遗产保护力度。加强文物保护认定，从严打击盗掘、盗窃、非法交易等文物犯罪。

第二，强化非物质文化遗产保护。深入挖掘融合农耕文化、游牧文化等多元文化为一体的河湟文化内涵，摸清非物质文化遗产、古代典籍等重要文化遗产底数。完善非物质文化遗产名录体系，加大对土族"纳顿"、撒拉尔"口弦"、"花儿"、藏戏、河湟皮影戏、藏刀锻造技艺、酥油花等戏曲、民俗、传统技艺等非物质文化遗产的保护力度。实施传统工艺振兴计划，加强与青海民族大学、青海师范大学、青海省社科院等高校和科研机构合作，建立非物质文化展示传承基地，开展青绣、石刻等国家级非物质文化遗产传承人研修研习培训。综合运用现代信息和传媒技术手段，加强河湟文化遗产数字化保护，对国家级非物质文化遗产代表性传承人掌握技艺与记忆开展抢救性记录与保存。筹建河湟文化研究院，深化与流域省份黄河文化研究机构的合作。

2. 深入传承以河湟文化为代表的黄河文化基因

第一，文化基因传承创新。深入推进中华文明探源工程，开展河湟文化传承创新工程，系统研究梳理河湟文化发展脉络，系统阐发河湟文化蕴含的精神内涵、道德规范和优秀传统，建立沟通历史与现实、拉近传统与现代的黄河文化体系。传承汉族、藏族、回族、土族、撒拉族、蒙古族等世居民族交融的民族文化，发展赛马、赛牦牛、民族式摔跤等民族体育文化，传承弘扬红色文化，彰显河湟文化的多样性多元化。加快国家级热贡文化、格萨尔文化（果洛）、藏族文化（玉树）生态保护实验区建设，积极推动省级包括土族文化（互助）、循化撒拉族文化等在内的文化生态保护实验区，推进长城、长征国家文化公园建设，积极争取并推动河湟文化与源头文化国家文化公园建设，推动黄河上游区域河湟文化生态保护实验区建设。适当改扩建和新建一批河湟文化博物馆，建设河湟文化产业园，综合展示黄河流域历史文化。

第二，丰富黄河文化时代内涵。坚持以社会主义精神文明为指引，持续办好河湟文化论坛，深入挖掘黄河文化，特别是河湟文化蕴含的时代价值，促进物质与精神、理念与实践、自然与人文、历史与现实相融合，进一步积淀民族精神，传承革命精神，弘扬时代精神，用以滋养初心、淬炼灵魂，固牢黄河文化的根和魂。全面贯彻新时代公民道德建设实施纲要，发挥好"两弹一星"理想信念教育学院、青海省长征精神传承教育基地、主题教育展馆等平台综合功能，深入开展中国梦宣传教育，筑牢各族群众的共同思想道德基础。整合河湟文化研究力量，夯实研究基础，建设跨学科、交叉型、多元化创新研究平台，形成一批高水平研究成果，丰富文化内涵。

第三，健全公共文化服务体系。大力推进文化惠民行动，加大市州县公共图书馆、文化馆建设力度，着力提升乡镇综合文化站、村（社区）文化综合服务中心服务能力，健全五级公共文化服务体系建设，推进基层公益电影固定放映厅建设，全面提升基层文化设施水平。加强图书馆、文化馆总分馆建设，建立河湟文化公共服务网，推进公共文化资源共建共享。加强基层公共文化队伍建设，健全文化志愿服务体系建设。积极推进并设立新时代文明实践中心。推动实施公共数字文化项目工程，通过县级融媒体建设以及公共数字文化云建设，实现标准统一、互联互通与共建共享的公共数字文化服务网络构建目标。加快发展智慧广电。加大公共体育设施建设力度。鼓励支持文艺创作，推出一批优秀文化艺术作品。

3. 讲好新时代青海"黄河故事"

第一，弘扬黄河文化精神。黄河文化是中华文化极其重要的组成部分，是中华文明的根和魂，弘扬黄河文化精神对黄河流域生态保护和高质量发展具有固本培元、激发斗志和铸魂提神的强大功能。黄河文化的精神核心是自强不息、厚德载物，基本价值导向是爱国主义，弘扬黄河文化精神是弘扬以爱国主义为核心的中华民族精神的基础工程。要在共性和个性的统一中大力弘扬黄河文化精神。要彰显慈母风范与长子情怀这一黄河上游精神文化鲜明特色，把传承创新母爱文化与孝道作为青海甘肃黄河文化的重点，依托兰州—西宁都市圈联手开展母爱文化长廊与长子担当精神文化圈建设。

第二，创新自然与文化遗产保护发展新模式。以国家"亚洲文化遗产保护行动"为契机，以青藏高原为依托，以塑造"青藏高原国家历史文化空间"为方向，全面整合全省各类自然资源—文化资源及物质与非物质遗产，首创世界上独一无二的"高原文明保护与发展示范区"，融高原游牧文明和农耕文明于一体，为全球和亚洲树立"大遗产"保护发展的典范。依托青藏高原国家历史文化空间大格局，发挥青海在设施联通、贸易畅通、民心相通中的关键性国际功能，建立"世界高原文明联盟"，发挥青海在国际社会的引领作用。将青海高原国家历史文化空间建设上升为国家战略，与西藏、甘肃、新疆及四川一道将青藏高原建设成为世界海拔最高、面积最大、生态最佳、资源丰富、文化多样的全球高原文化展示区，与伊朗高原、印度德干高原、土耳其安纳托利亚高原共同塑造亚洲高原文明重要节点。

第三，发展好源头河湟文化。青海作为黄河源头是中华文明的发祥地之一，是中华民族特色文化的重要保护地，是中华民族多元一体文化的缩影地，要把河湟文化保护好、传承好、弘扬好。应充分认识传承和发展河湟文化，讲好"黄河故事"的重要性，加强河湟文化的研究与阐释，深度挖掘河湟历史文化资源，研究、传承和弘扬河湟文化，让河湟文化生生不息、日益繁荣。建设黄河上游多民族和谐共生的高地，开放多元包容的窗口，农耕文化与游牧文化交融、中华民族起源与多民族文化综合体的展示平台，打造沿黄地区独具特色的河湟文化靓丽名片，努力建成黄河上游湟水流域生态文明示范区。

第四，全方位开展文化交流。加强与流域省区文化交流与合作，积极搭建高层次黄河文化对话交流平台，推动落实沿黄城市文化旅游协作发展框架协议，积极开展黄河源头九省区共祭、民间艺术比赛、农民文艺汇演、民间工艺品大赛等民族文化活动。加强黄河题材精品纪录片创作。强化黄河文化艺术创作交流，发起黄河九省区文化艺术创作联盟，联合创作编排以"黄河文化·中华文明"为题材的大型剧目、影视作品、书画摄影等文艺作品，共同传播好黄河文化。打造以河湟文化为代表的西宁市5A级博物馆群，建设河湟文化数字博物馆，积极融入黄河九省区博物馆联盟，系统展示黄河流域历史文化。积极参与"中国黄河"国家形象宣传推广行动，将河湟文化元素融入国家文化年、中国旅游年等活动中，打造具有青海特色的黄河文化对外传播符号。加强与"一带一路"沿线国家和地区广泛开展人文合作，积极向国际友好城市宣介河湟文化，支持国内外媒体宣传青海"黄河故事"，促进文化文明交流互鉴。共同筹备和发起黄河文化旅游对外宣传推广活动，推进"黄河文化云"建设，搭建黄河文化数字化国际传播平台。在世界文化旅游大会国际文化艺术节等活动中融入河湟文化元素，提高青海黄河故事影响力。积极参与孔子学院建设，开展国外媒体走进黄河、报道河湟等系列交流活动。推动流域九省区联合举办黄河论坛、体育赛事，建立论坛轮址举办机制，丰富黄河故事内涵。

（六）构建对内对外开放新格局

1. 促进各民族交往交流交融

第一，加强民族团结进步创建。健全党委主导、政府负责、各方参与、齐抓共管的民族团结进步创建体制机制，积极推进"民族团结进步创建进N"活动工作机制构建，努力打造黄河全流域民族团结进步创建的示范区。巩固并提升全国各民族团结进步示范市（州）创建成果，以县域为重点推进民族团结进步创建工作走深走实，实现民族团结进步示范县全覆盖。积极推动"民族团结进步+"，丰富活动载体，拓宽覆盖领域，促进民族团结创建与脱贫攻坚、文化旅游、生态保护、特色产业等各行业各领域工作深度融合。支持民族团结进步教育基地、主题教育馆建设，培育一批示范效应明显、带动力强的创建典范，不断调动和激发各族群众的创建积极性与主动性，构建并完善民族团结进步创建工作第三方评估机制，不断健全民族团结进步创建的奖励激励机制。

第二，筑牢中华民族共同体意识。加强马克思主义祖国观、民族观、文化观、历史观、宗教观宣传教育，筑牢各族群众"三个离不开""五个认同"的思想基础和共有精神家园。健全中华民族共同体意识教育常态化机制，广泛开展社会主义核心价值观、民族宗教政策理论、法律法规等宣传教育，持续开展群众性精神文明创建活动，把爱国主义精神贯穿各级各类学校教育全过程，创新宣传载体和方式，完善宣传教育成果巩固长效机制。推动形成各民族有机相融的社会结构和社区环境，推进双向交叉式民族团结进步走廊建设，加强少数民族流动人口管理服务，实施各民族融合小区示范工程，建设"社区石榴籽家园"等服务平台，完善面向各族群众的服务工作机制，创造各民族群众共居共学共事共乐的社会条件。积极搭建各民族沟通的桥梁，尊重和保护少数民族传统文化，广泛开展富有特色的群众性交流活动，不断促进各民族交往交流交融。

第三，加强宗教事务依法管理。全面贯彻落实党在宗教工作上的基本方针，坚持宗教中国化融入方向，着力推动宗教事务管理法治化水平提升，积极引导宗教发展与社会主义社会建设相适应。构建党委统一领导的宗教事务"一核多元共治"新格局，建立"主体在县、延伸到乡、落实到村、规范到点"的宗教事务治理立体化联动工作机制。健全寺院管理工作机制，创建和谐寺观教堂。加强宗教教职人员教育管理，健全长期轮训制度，持续强化思想教育引导。加强宗教领域突出问题标本兼治，坚持和完善藏传佛教寺院管理"三种模式"，着力打造"村寺并联治理"升级版，着力提升寺管干部能力。加强寺院基础设施建设和公共服务保障。

第四，推动民族地区加快发展。立足于经济社会发展的不平衡不充分问题，以实现发展格局优化为切入点，以推动要素与设施统筹共建为支撑，以健全的制度机制为保障，统筹规划、分类施策与精准发力，加快推进民族地区高质量发展。聚焦薄弱环节加大补短板力度，大力推动重大基础设施和公共服务设施项目工程建设，规划并实施更多的团结线、幸福路建设。积极争取国家涉藏支持政策，建立健全并完善支持各民族聚集区实现经济社会发展的体制机制与差异化扶持政策，因地制宜发展特色优势产业，扶持民族贸易和民族特需商品生产，不断增强吸纳就业的能力，提供更多就业机会，推动实现多渠道就业。完善实施青甘川交界地区平安与振兴工程长效机制，拓宽省际交界地区协作范围。

2. 加强流域区域交流合作

第一，加强流域省区经济合作。加强与流域主要城市产业分工与合作，促进与黄河中下游地区在生态经济、循环经济、数字经济、平台经济等领域合作发展，开展"园中园""共管园"等模式，推进共建一批省级产业合作示范区。推动建立流域内省市长联席会议制度。定期和不定期协商解决区域内的重大问题，引导流域省区在发展规划上有效协调，明确区域合作的重点领域，确定区域合作的主要任务，积极推进交通、能源、旅游、工业、农业、生态、科技、人才、投资等方面的合作。

第二，不断拓展对口援青深度和广度。建立健全对口援青合作共赢机制，以承接产业转移、建设跨市（州）园区等方式，支持引导支援方企业集团加强与青海在新材料、新能源、信息通信技术、生物医药、节能环保等有利于生态保护的产业上的对接，联合开展产业发展关键技术攻关，积极融入支援方产业链、创新链、价值链。加强涉藏州县教育对口帮扶，在扩大异地中学高级班与中职班办学规模的同时，要更加注重提升办学质量，继续推进并深化部属高水平大学"团队式"对口支援青海大学、青海师范大学、青海民族大学工作，加大对西宁大学学科建设支持力度。深化对口支援省市医疗人才"组团"支援工作，加强远程医疗会诊综合平台建设，实现优质医疗资源的实时共享。深化援受双方就业工作对接，通过异地培训、校企合作等促进就业创业。大力开展柔性引才引智，积极引进支援方"候鸟式"人才银发专家等各类高端人才和优秀团队。

第三，深化区域多层次交流合作。推动生态保护合作，联合四川、甘肃等毗邻地区协同推进水源涵养和生态保护修复，建设黄河流域生态保护和水源涵养中心区。联合甘肃共同开展祁连山生态保护修复和黄河上游冰川群保护。依托黄河、长江流域深化与成渝、关中平原城市群、宁夏沿黄城市群的合作对接，研究制订城市间合作计划，引导省内外企业强强合作。深化与新疆、西藏在生态环境保护建设、能源资源开发转化、文化旅游等领域的交流合作。加强与成渝地区双城经济圈在产业等方面的深度合作，建设国家级承接产业转移示范区，实现新能源、大数据等新型产业向西部转移。与长江流域开展生态保护合作，推进三江源等跨流域重点生态功能区协同保护和修复，加强生态管护政策、项目、机制联动，以生态保护为前提，积极承接产业跨流域转移。积极打造"澜沧江—湄公河源头风情文化旅游"线路，扩大与湄公河流域沿线国家旅游合作。

3. 协同共建"一带一路"

第一，融入对外贸易大通道建设。积极推动青海连通丝绸之路经济带的地理优势与枢纽功能发挥，积极参与共建"一带一路"，合作共建西部陆海新通道，主动融入中国中亚—西亚、中巴经济走廊、孟中印缅、中尼经济走廊建设，联通新疆至中亚、西亚的西向通道，联通西藏至尼泊尔、印度等南亚国家的南向通道，争取开通与迪拜、伊斯坦布尔等城市的国际航线，构建面向中亚、西亚、南亚的国际物流及贸易大通道。大力推动中欧班列的常态化运行，科学优化中欧班列与铁海联运班列的线路与货源组织，创新集货运行模式，结合国内市场需求挖掘整合回程货源，实现国际班列"五定"运营。

第二，推进国际人文交流合作。谋划建设绿色丝绸之路试点示范区，与沿线国家在清洁能源合作、节能环保标准、绿色统计、绿色发展机制、绿色金融等领域开展深入合作，建立若干国际合作示范基地。积极参与共建"一带一路"沿线国家生态环境保护大数据服务平台，推动国际生态保护合作基地建设，争取实现绿色丝路使者计划长期落地青海的目标。开展教育交流合作，扩大与沿线国家互派留学生规模，支持省内高校与省外知名高校联合办学，加大优质资源及人才引进力度。积极对接参与文明丝路建设，搭建国际文化交流平台，设立"一带一路"技术培训服务中心，积极推进与沿线国家民族文化交流有机融合。积极承办世界自然遗产地论坛。

第三，持续加强产能合作。加强对"一带一路"沿线国家优势产业、要素禀赋和市场需求的研究分析，围绕生态农牧、新能源、新材料、生物医药、高原医学、特色轻工等优势产业，支持相对优势产能、企业、工程项目等"走出去"，鼓励有实力的企业建设海外生产加工基地，培育一批外贸转型升级专业型示范基地，推动设立农业对外开放合作试验区，建立差异化产能合作互动格局。积极与中亚、西亚、中东及东欧国家开展能源、装备制造、金融等领域合作，加强与蒙古国、俄罗斯等国家在农牧业、矿产资源等领域的合作，促进与日本、韩国及我国港澳台地区在旅游、环保、文化、生物资源开发等方面开展合作。加强产业对接和市场开拓，建设境外经贸合作区。

四川：助力黄河上游水源涵养

许 彦　裴泽庆　孙继琼　王 伟　王晓青　封宇琴*

摘　要：　四川黄河流域是"中华水塔"的重要组成部分，地理位置重要、生态资源丰富、文化荟萃，经济社会发展不平衡不充分问题突出，生态环境脆弱，保护治理难度大，在黄河流域生态保护和高质量发展中地位重要、责任重大。近年来，四川在系统全面推进流域生态保护与修复，保护和传承黄河河源文化，推动流域内生态富民与民生福祉改善，建立健全流域保护与治理的制度体系等方面取得了显著成效，但由于自然、历史、经济和社会等多方面的原因，当前尚面临严峻的生态治理形势，在生态治理能力提升、生态富民产业培育、政策支撑等方面依然存在诸多亟待解决的问题。因此，四川黄河流域生态保护和高质量发展首要任务是保护生态安全，在生态保护、修复与治理优先的前提下，适度发展富民经济，提升生态环境的生态价值、经济价值、社会价值。

关键词：　生态安全　生态保护　高质量发展　四川黄河流域

* 许彦，博士，中共四川省委党校（四川行政学院）经济学教研部主任、教授，研究方向为宏观经济、产业经济、区域经济；裴泽庆，博士，二级教授，中共四川省委党校（四川行政学院）副校（院）长，研究方向为政党建设、基层民主与治理、公共决策；孙继琼，博士，中共四川省委党校（四川行政学院）经济学教研部副教授，研究方向为生态经济；王伟，博士，中共四川省委党校（四川行政学院）经济学教研部副教授，研究方向为生态价值、空间规划与治理；王晓青，中共阿坝州委党校历史高级讲师，研究方向为党史党建、文化；封宇琴，中共四川省委党校（四川行政学院）硕士研究生，研究方向为宏观经济、生态经济。

四川是黄河上游重要水源涵养地、补给地和国家重要湿地生态功能区。黄河干流在四川境内流经甘孜藏族自治州石渠县和阿坝藏族羌族自治州的阿坝县、若尔盖县、红原县、松潘县，全长 174 公里，流域面积 1.87 万平方公里，湿地蓄水量近 100 亿立方米。四川黄河流域是"中华水塔"的重要组成部分，在黄河流域生态保护和高质量发展中地位重要、责任重大。

一 黄河流域四川段的功能定位

四川黄河流域地处青藏高原生态屏障核心腹地，含若尔盖草原湿地和川滇森林及生物多样性两大国家重点生态功能区，地理位置重要，生态资源丰富，文化荟萃；经济社会发展不平衡不充分问题突出，生态环境脆弱，保护治理难度大。明确功能定位，坚持生态优先、绿色发展，坚决筑牢黄河上游生态屏障，确保一河清水向东流，意义重大，急迫性强。

（一）流域概况

生态环境脆弱、水资源丰富。四川黄河流域位于川、甘、青、藏四省（区）交界处，平均海拔 3500 米以上，区域气候高寒缺氧，含氧量仅为成都平原的 50% 左右。植物生长周期长，生态环境脆弱，退化沙化面积大，鼠害面积占可利用草原比重大，草原植被、湿地生态易遭破坏，修复和恢复难度大。四川黄河流域面积占四川省总面积的 3.8%，占整个黄河流域面积的 2.4%，流域涉及五县中，若尔盖县涉及流域面积最大，松潘县最小（见表 1），五县共划定生态保护红线面积 29973.21 平方公里。流经四川的黄河干流为川甘界河，分为两段：一段从阿坝县求吉玛乡到甘肃齐哈玛镇，长 25.27 公里；另一段从若尔盖县唐克牧场贾曲河口到麦溪乡黑河口，长 148.7 公里（见表 2）。流域面积 50 平方公里以上的河流有 123 条，1000 平方公里以上的支流有黑河、白河、贾曲 3 条。当地多年平均水资源量 43.92 亿立方米，出川断面多年平均径流量 141 亿立方米。

表1　四川黄河流域面积分布情况

单位：平方公里

市（州）	县（市、区）	流域面积	乡（镇、街道）	流域面积
甘孜藏族自治州	石渠县	1688.8	长沙贡马乡	1685.1
			呷衣乡	3.8
阿坝藏族羌族自治州	松潘县	78	草原乡	26.8
			川主寺镇	50.9
	阿坝县	3476.2	贾洛镇	1084.6
			麦昆乡	87.9
			龙藏乡	233.6
			求吉玛乡	536.1
			甲尔多乡	22.3
			四洼乡	108.2
			查理乡	186.5
			麦尔玛镇	559.9
			贾柯河牧场	656.8
	若尔盖县	6809.5	阿西茸乡	5.3
			包座乡	170.7
			白河牧场	460
			辖曼种羊场	383.9
			达扎寺镇	544
			唐克镇	1009.7
			红星镇	292.6
			辖曼镇	771.8
			班佑乡	1034.4
	红原县	6610	阿西乡	852.5
			麦溪乡	802.7
			嫩哇乡	469.2
			热尔乡	2.1
			巴西乡	10.5
			邛溪镇	896.1
			瓦切镇	991.6
			安曲镇	886.2
			色地镇	1197.7
			龙日乡	635.8
			江茸乡	513.3

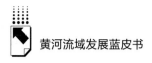

续表

市(州)	县(市、区)	流域面积	乡(镇、街道)	流域面积
阿坝藏族羌族自治州	红原县	6610	查尔玛乡	29
			阿木乡	891.6
			壤口乡	8.9
			麦洼乡	559.7
合计		1.87 万		1.87 万

资料来源:四川省河长制办公室。

表2 四川黄河流域干、支流分布情况

单位:公里

干流					
市(州)	长度	县(市、区)	长度	乡(镇、街道)	长度
阿坝藏族羌族自治州	173.97	阿坝县	25.27	求吉玛乡	25.27
		若尔盖县	148.7	白河牧场	53.59
				唐克镇	15.09
				辖曼种羊场	7.91
				辖曼镇	42.55
				麦溪乡	29.56

支流				
市(州)	县(市、区)	主要支流	长度	级别
甘孜藏族自治州	石渠县	热曲	91.01	1
		哈特	56.27	2
		查曲	60.42	2
阿坝藏族羌族自治州	松潘县	鄂隆	10.46	3
		美特托	7.67	2
		嘎让托合	25	3
	阿坝县	白河	28.23	1
		沙曲	45.75	1
		夏容曲	27.63	1
		贾曲	147.87	1
		达日曲	25.96	1
		沃木曲	28.75	1
		札柯	43.39	2
		香柔曲	102.98	2

续表

支流				
市(州)	县(市、区)	主要支流	长度	级别
阿坝藏族羌族自治州	若尔盖县	黑河	397.22	1
		白河	69.04	1
		玛尔莫曲	46.71	1
		达日曲	10.99	1
		沃木曲	23.13	1
		热曲	182.53	2
		德纳合曲	128.63	2
		哈曲	55.48	2
	红原县	白河	218.67	1
		黑河	183.68	1
		阿木曲	150.41	2
		热曲	60.17	2
		格曲	114.82	2
		哈曲	143.73	2

资料来源：四川省河长制办公室。

生态资源富集、多元文化璀璨。四川黄河流域拥有高原湿地、草原、沼泽湖泊、干旱荒漠和森林等多种独特的生态系统。现有草原面积 7345 万亩，森林面积 61.04 万公顷，湿地面积 81.14 万公顷，湿地保护率达 62.8%。该区域泥炭、褐煤、金矿等矿产资源储量大，生物多样性丰富，有国家一级保护动物 11 种，二级保护动物 41 种。流域内分布有若尔盖湿地国家级自然保护区、长沙贡玛国家级自然保护区、四川曼则塘湿地自然保护区等 13 个自然保护区（见表 3）。区域内拥有黄龙国家级风景名胜区、黄河九曲第一湾、若尔盖花湖生态旅游区、红原月亮湾等 19 个 A 级旅游景区（见表 4），拥有松潘县红军长征纪念碑碑园、毛尔盖会议旧址、红军烈士墓、若尔盖县巴西会议旧址等众多文化资源，安多和康巴藏族风情、草原游牧文化、长征红色文化交相辉映。

表3 四川黄河流域生态保护区概况

单位：公顷

市（州）	县	自然保护区	面积	级别	主要保护对象
阿坝藏族羌族自治州	阿坝县	四川曼则塘湿地自然保护区	165874	省级	金雕、黑颈鹤
		四川阿坝严波也则山自然保护区	116870	市州级	珍稀野生动植物
	若尔盖县	四川若尔盖湿地国家级自然保护区	166571	国家级	高寒沼泽湿地及黑颈鹤等野生动物
		四川铁布梅花鹿自然保护区	27408	省级	四川梅花鹿等国家珍稀野生动植物及其栖息地
		贡杠岭省级自然保护区	147844（总面积，涉及九寨沟县和若尔盖县）	省级	大熊猫、森林生态系统
		喀哈尔乔湿地自然保护区	222000	县级	高原湿地生态系统、黑颈鹤等珍稀野生动物
		四川包座县级自然保护区	143848	县级	湿地及野生动植物大熊猫、梅花鹿等
	红原县	红原日干乔湿地自然保护区	122400	市州级	以黑颈鹤、黑鹳等为主
	松潘县	黄龙自然保护区	550505	省级	生态系统
		四川白羊自然保护区	76710	省级	大熊猫、金丝猴等
		龙滴水自然保护区	25854.6	县级	大熊猫及其生境
甘孜藏族自治州	石渠县	四川长沙贡玛国家级自然保护区	669800	国家级	高寒湿地生态系统及雪豹等珍稀野生动物
		洛须白唇鹿自然保护区	155350	省级	白唇鹿、雪豹、黑颈鹤等国家一级保护动物

资料来源：《四川省自然保护区名录》（截至2018年10月），四川省生态环境厅官网，http：// sthjt. sc. gov. cn/sthjt/c104114/2018/10/31/30a0bccbd8bb46889d3c45ef79d76beb. shtml。

表4　四川黄河流域A级景区分布情况

市(州)	县(市、区)	A级景区	级别
甘孜藏族自治州	石渠县	石渠县邓玛湿地公园景区	4A
		石渠县真达神鹿谷旅游景区	4A
		石渠县色须部落文化园	4A
		巴格嘛呢	4A
		甘孜州石渠县松格嘛尼石经城旅游景区	4A
阿坝藏族羌族自治州	松潘县	黄龙国家级风景名胜区	5A
		松潘县川主寺旅游景区	4A
		松潘县奇峡沟冰雪欢乐景区	3A
		松潘县松州古城	3A
	阿坝县	神座景区	4A
	若尔盖县	黄河九曲第一湾	4A
		若尔盖县花湖生态旅游区	4A
		西部牧场	3A
		若尔盖热尔部落梅花鹿生态园景区	3A
		若尔盖河它温泉谷景区	3A
	红原县	红原县花海景区	4A
		红原县月亮湾景区	4A
		阿坝州红原县日干乔景区	4A
		安多部落民俗风情村	3A

资料来源：《四川省A级旅游景区名录》（更新时间：2020年2月2日），四川省文化和旅游厅官网，http://wlt. sc. gov. cn/scwlt/c100297/introduce. shtml。

人口稀少、经济发展滞后。区域五县均为涉藏县，藏羌回汉等多个民族在此聚居，其中藏族人口占比超过85%。2019年，五县常住人口共计38.5万人，占四川省常住人口的0.46%；地区生产总值为94亿元，占四川省的0.2%。地方产业以农牧业和旅游业为主，发展滞后，居民收入水平低。松潘县人均地区生产总值最高，但仅为四川的59.97%，而最低的石渠县仅为四川的17.78%（见表5），松潘县、若尔盖县、红原县，阿坝县、石渠县分别于2019年4月和2020年2月正式退出贫困县序列。

表5 2019年四川黄河流域经济发展状况

地区	常住人口（万人）	地区生产总值（亿元）	第一产业（亿元）	第二产业（亿元）	第三产业（亿元）	人均地区生产总值（元）	三次产业构成（%）
松潘县	7.3	25.25	5.08	2.61	17.56	33449	20.1：10.3：69.6
阿坝县	8.2	16.60	4.51	1.09	10.99	21423	27.2：6.6：66.2
若尔盖县	8	25.90	10.19	1.41	14.31	33425	39.3：5.4：55.3
红原县	4.9	15.36	5.16	0.95	9.25	31028	33.6：6.2：60.2
石渠县	10.1	11.09	4.96	1.20	39.00	9919	49.33：11.90：38.77
合计	38.5	94.21	29.91	7.2616	91.108	—	33.9：8.08：58.01
四川省	8375	46615.8	4807.2	17365.3	24443.3	55774	10.3：37.3：52.4

资料来源：《阿坝统计年鉴2020》《石渠县2019年度政府工作报告》《甘孜统计年鉴2019》《2019年四川省国民经济和社会发展统计公报》，其中由于2019年石渠县的三次产业状况及人均地区生产总值数据缺失，因而用的是2018年的数据作为替代。

（二）功能定位

基于黄河流域生态保护和高质量发展的要求及四川黄河流域的区位特征，根据相关文件和规划①，四川黄河流域功能定位为黄河上游重要水源涵养地、黄河上游重要水源补给地、国家重要湿地生态功能区。

功能定位一：黄河上游重要水源涵养地。四川黄河流域湿地资源丰富，河湖众多，水量充沛，是黄河上游的重要水源涵养地。区域内拥有湿地面积81.14万公顷，约占四川黄河流域总面积的43.39%，湿地保护率达62.8%，湿地蓄水量近100亿立方米。② 流域森林覆盖率达25.6%，草原综合植被覆盖度更达85%以上③，水源涵养量极为丰富。以四川若尔盖国家公园为例，该区域地处若尔盖湿地的核心区内，是若尔盖湿地的重要组成部

---

① 《全国生态功能区划（修编版）》（2015）、《黄河流域生态保护和高质量发展规划纲要》及其重点任务分工方案、《四川省生态保护红线方案》、《四川省主体功能区规划》、《川西北地区生态保护和高质量发展三年行动方案（2020~2022）》等。

② 齐天乐、曾勇：《推动四川黄河流域高质量发展之路》，《四川省情》2020年第4期。

③ 赵欣：《为"母亲河"守好水源地——四川气象部门服务黄河流域上游生态保护和高质量发展》，《中国气象报》2020年10月14日。

分。经计算，公园内现有湿地总面积 1297.70 公顷，约占公园总面积的 31.70%，主要包括河流湿地、湖泊湿地和泛洪湿地 3 种类型。其中河流湿地面积约为 990.21 公顷，约占公园湿地总面积的 76.30%；湖泊湿地总面积 15.90 公顷，约占公园湿地总面积的 1.23%；泛洪湿地面积约为 291.59 公顷，约占公园湿地总面积的 22.47%。[①] 一直以来，四川黄河流域水资源的丰缺度都是黄河流域生态价值的基础性支撑，更是事关整个黄河流域安危的关键所在，其水源涵养功能不言而喻。

功能定位二：黄河上游重要水源补给地。四川素有"千河之省"称号，补给了黄河上游 13% 的水量[②]，是黄河重要的水源补给地。四川黄河流域出川断面位于阿坝州若尔盖县麦溪乡，水质长期保持Ⅱ类，多年平均流量 460 立方米/秒。[③] 四川黄河流域多年平均水资源量 43.92 亿立方米，占出川断面水资源量（141 亿立方米）的 31.1%，其中枯期占比为 34.8%，汛期占比为 30.9%，四川省产水量占黄河流域径流量（535 亿立方米）的 8.9%，黄河干流枯水期 40% 的水量、丰水期 26% 的水量来自四川。[④] 若尔盖湿地在保障黄河水资源平衡方面的作用尤其巨大。黄河流经若尔盖湿地后，径流量增加 29%，枯水季节径流量增加 45%，每年为黄河的补水量达 75 亿立方米左右，占黄河兰州断面天然年径流量 323 亿立方米的 23.2%，[⑤] 若尔盖湿地被誉为世界上最大最奇特的"固体高原水库"。

功能定位三：国家重要湿地生态功能区。四川黄河流域具有独特的多功能湿地生态系统，在净化水源、保持水土等方面发挥着巨大的作用，是国家重要湿地生态功能区。四川黄河流域分布着两大湿地（见表6）：若尔盖湿

① 四川省林业科学研究院：《四川若尔盖黄河九曲国家湿地公园总体规划》，2011 年 10 月。
② 《我和四川有个约会：多彩湿地撼人心魄》，西部网（陕西新闻网），http：// news. cnwest. com/szyw/a/2019/12/30/18321262. html。
③ 谭小平：《推进黄河流域水土流失治理 打造生态维护水源涵养区——四川黄河流域水土保持工作概述》，《中国水土保持》2020 年第 9 期。
④ 《"一河（湖）一策"确保黄河四川段水量水质达标》，《四川日报》2020 年 1 月 5 日。
⑤ 泽尔登：《若尔盖县黄河流域生态保护和高质量发展调研报告》，《阿坝研究》2020 年第 2 期。

地和长沙贡玛湿地。根据四川省河长制办公室数据，若尔盖湿地是我国最大的高原沼泽湿地，其四川部分的湿地面积达5522.62平方公里，泥炭厚度深者平均可达4~5米，最深可达20米，泥炭资源储量约70亿立方米，是我国生物多样性关键地区之一，也是世界高山带物种最丰富的地区之一，2008年被列入"国际重要湿地"。该区域内有鱼类15种，两栖类3种，爬行类4种，鸟类141种，兽类38种，常见维管束植物362种。其中有国家一级保护动物（如黑颈鹤、金雕等）8种，国家二级保护动物（如大天鹅等）25种，① 国家二级保护植物1种（山莨菪）②。长沙贡玛湿地分布于石渠县，湿地总面积2759.72平方公里，区域内草本沼泽发达，高原湖泊数量众多，与青海三江源国家公园的腹心地带相连，2017年被列入"国际重要湿地"。区域内有兽类44种，鸟类155种，两栖类3种，鱼类6种，常见维管束植物441种，包括16种国家一级重点保护野生动物和32种国家二级保护野生动物。③

表6 四川黄河流域两大湿地概况

单位：平方公里

湿地名称	面积	生物多样性状况
若尔盖湿地	5522.62	区域内有鱼类15种，两栖类3种，爬行类4种，鸟类141种，兽类38种，常见维管束植物362种
长沙贡玛湿地	2759.72	区域内有兽类44种，鸟类155种，两栖类3种，鱼类6种，常见维管束植物441种

资料来源：四川省河长制办公室。

二 黄河流域四川段的做法成效

四川黄河流域重在保护、要在治理。四川始终坚持生态优先、绿色发

---

① 四川若尔盖湿地国家级自然保护区管理局：《湿地现状汇报》，2019年12月23日。
② 四川省林业科学研究院：《四川若尔盖黄河九曲国家湿地公园总体规划》，2011年10月。
③ 《我省国际重要湿地增至两个 四川长沙贡玛国家级自然保护区成为国际重要湿地》，川观新闻，https://cbgc.scol.com.cn/news/114277。

展，系统全面推进流域生态保护，加强生态综合治理与修复，保护和传承黄河河源文化，推动流域内生态富民与民生福祉改善，积极建立健全流域保护与治理的制度体系，成效显著。

（一）抓好生态保护，厚植绿色生态本底

加强生态保护顶层设计。深入实施主体功能区战略，将阿坝县、若尔盖县、红原县纳入若尔盖草原湿地生态功能区，石渠县、松潘县纳入川滇森林及生物多样性生态功能区，取消地区生产总值等经济指标考核，着力强化生态功能。制定《四川省生态保护红线方案》，划定四川黄河流域生态保护红线 2.67 万平方公里，占四川全省生态保护红线面积的 18%。将四川黄河流域所涉及的阿坝州、甘孜州全域划定为四川川西生态示范区，先后制定出台了《川西北生态示范区建设实施意见》《川西北地区国家生态文明先行示范区建设实施方案》等重要工作文件，先后研究编制《川西北地区生态保护和高质量发展三年行动方案》《四川黄河流域生态保护和高质量发展规划及实施方案》《川西北生态示范区"十四五"发展规划》《四川黄河流域"十四五"生态环境保护规划》等，"1 + N + X"规划政策体系正加快形成。

深入实施重点生态保护工程。深入实施退耕还林（草）、退牧还草工程。根据四川省林草局数据，2013～2018 年，实施新一轮退耕还林 0.17 万亩，巩固退耕还林成果 10.3 万亩，因地制宜采取禁牧、休牧、轮牧等形式分区分类实施退牧还草工程，落实草原禁牧和草畜平衡奖励等政策。党的十八大以来，四川在黄河流域投资超过 21 亿元，实施草畜平衡 3184 万亩，退牧还草 4565 万亩，禁牧休牧 2735 万亩，探索建立专业合作社 4000 多个，牧区牲畜超载率由 2012 年的 24.2% 降至 2019 年的 9.0%。① 统筹推进湿地保护修复、草原改良等系列生态修复工程。采取封沙育草、植树造林、修筑

---

① 《绿满川西北 黄河清水东流》，国家林业和草原局政府网，http：//www.forestry.gov.cn/main/586/20200901/093116632486935.html。

储水水坝、修筑护岸堤等措施，对长沙贡玛、若尔盖等重要湿地开展保护修复，修复退化湿地27万亩，改良草地超过4000万亩，四川黄河流域草原综合植被覆盖度达到85%以上，比10年前提高了2个百分点。① 大力实施水源涵养和水质提升工程。流域水资源保护进一步加强，2019年阿坝州实现用水控制总量2.24亿立方米，万元工业增加值用水量比2017年降低3.2%，② 通过补齐环保设施短板，全州城镇污水综合处理率54.5%③。水环境质量进一步改善，流域内水环境质量达到或优于Ⅱ类，优良率100%，④城乡集中式饮用水水源地水质全部达标，水功能区水质监测网络、污染监测能力持续提升。

系统全面推进生态治理。突出抓好山水林田湖草沙综合治理、系统治理、源头治理。针对流域内"三化两害"⑤问题持续实施综合治理，通过退化草地种草、防护林建设、宜林荒山和受损边坡植被恢复、沙化土地治理、湿地修复等措施，治理效果显著。2019年以来，仅阿坝州黄河流域防治鼠虫害190万亩，治理沙化草原9.4万亩，恢复湿地0.5万亩。⑥ 稳步推进草原沙化治理，2013～2019年，启动实施的川西藏区生态保护与建设工程，针对沙化土地开展综合治理，采取设施围栏和沙障、栽植灌木、播种牧草等综合治理技术措施，累计治理流域沙化土地65万亩，治理区林草植被覆盖度明显增加，沙化蔓延的速度减缓至5%以下。⑦ 有效提升湿地保护，实施湿地修复综合治理工程，采取退牧还湿、生态补水、治沙还湿、高原内流区湖泊

---

① 《绿满川西北 黄河清水东流》，国家林业和草原局政府网，http：//www. forestry. gov. cn/main/586/20200901/093116632486935. html。

② 《2019年阿坝州环境质量报告书》，阿坝州生态环境局官网，http：//stj. abazhou. gov. cn/abzsthjj/c101927/202006/89cc2605fb72439bba050f09813133c9. shtml。

③ 杨继雄：《完善生态保护措施支撑黄河流域阿坝段高质量发展》，《阿坝研究》2020年第2期。

④ 《绿满川西北 黄河清水东流》，国家林业和草原局政府网，http：//www. forestry. gov. cn/main/586/20200901/093116632486935. html。

⑤ "三化两害"，三化是指草地沙化、盐渍化和湿地退化，两害是指鼠害和虫害。

⑥ 刘坪：《黄河流域阿坝段生态保护和高质量发展的思考》，《阿坝研究》2020年第2期。

⑦ 《绿满川西北 黄河清水东流》，国家林业和草原局政府网，http：//www. forestry. gov. cn/main/586/20200901/093116632486935. html。

水位控制等生态工程，恢复提升湿地水源补给能力，加强以若尔盖湿地生态系统为重点的生态保护与修复，保护高原泥炭沼泽湿地生态系统原真性和完整性，湿地保护率达到62.8%。水土流失综合防治和水源地水土保持工程成效显著，全面落实水土流失防治主体责任，加强水土保持执法监督、行政审批和补偿费征收力度，对涉及土石方开挖、填筑、转运、堆存的生产建设项目规定编制水土保持方案，水土流失面积和土壤侵蚀强度呈逐年下降趋势，通过采取水保造林、水保种草、封禁治理、坡改梯等措施，水土流失面积和土壤侵蚀强度均呈下降趋势，以阿坝州为例，2019年以来，共治理水土流失面积49249.5亩。① 加强鼠虫害防控，采用物理、化学、生物等综合配套措施，年均灭治高原鼹鼠40万亩次，高原鼠兔70万亩次，草原虫害80万亩次。认真贯彻落实河（湖）长制，编制实施黄河干流省级"一河（湖）一策"管理保护方案，设立省州县乡村五级河（湖）长500余名，四川黄河流域干流黑河、白河总体水质优，两个断面均为Ⅱ类水质，黄河干流及支流水质达标率均为100%。②

（二）强化保护传承，大力弘扬黄河河源文化

强化对河源文化的系统性保护。编制《四川黄河国家文化公园、文化保护传承弘扬专项规划》，着重聚焦文化挖掘、公共服务、文物及保护、文旅融合、红色文化、生态旅游等重点领域，提出以四川巴颜喀拉山为代表的河源文化与中下游区域文化共同构建黄河文化多元一体化格局。阿坝州颁布《藏羌彝文化产业走廊四川行动计划（2018～2020年)》，发起推动国家藏羌文化走廊规划建设，构建文化区、文化走廊保护机构，四川羌族文化生态保护区成功入选首批国家级保护区。编制《黄河流域（四川）非物质文化遗产保护传承弘扬工作方案》，积极推动丝绸之路南亚廊道申报世界文化遗产，加大对国家级重点和省级文物单位的保护力度。③ 推进国保、省保集中

---

① 刘坪：《黄河流域阿坝段生态保护和高质量发展的思考》，《阿坝研究》2020年第2期。
② 《2019年四川省生态环境公报》。
③ 石卿、刘树婷：《阿坝州黄河流域文化保护传承与文旅融合高质量发展的思考》，《阿坝研究》2020年第2期。

成片传统村落整体保护利用，打造出松潘县川主寺镇林坡村等一批传统村落，加强历史文化名城、名镇、名村和街区中的文物保护单位抢救保护，完成了松潘古城墙、羌族碉群等文物保护单位的保护维修工程。

加大对河源历史文化保护性开发。加快长征国家文化公园四川段规划建设，推动四川长征干部学院阿坝雪山草地分院等红色教育基地、教学点建设，推进松潘县毛尔盖会议旧址、松潘县长征纪念碑园、若尔盖县巴西会议旧址和红原县日干乔红军过草地遗迹等革命文物保护利用工程。实施历史文物和非物质文化遗产保护性开发"五大工程"。一是非物质文化遗产传承基地建设工程，推进非物质文化遗产的合理利用和创新发展，建立松潘县象藏唐卡艺术体验基地、阿坝县藏族金属制品加工工艺生产性保护示范基地等非物质文化遗产传习、体验基地，开发了唐卡、藏茶、民族工艺品等一批文博创意产品。二是实施乡村记忆工程，建设了一批民俗生态博物馆、乡村博物馆，评选了一批传统民居、传统街区、古村落、传统名村以及民俗文化和民俗工艺传承人。三是实施历史文化展示工程，充分挖掘区域文化精髓，利用传统民俗节日，开展节庆活动、民俗活动，牦牛文化节（雅克音乐节）、松潘花灯节、阿坝扎崇节等特色文化活动，并加强历史文化网上展播平台。四是实施优秀文艺作品工程，加强黄河历史文化、红色文化、民族文化题材的文艺创作，推出了著名作家、茅盾文学奖和鲁迅文学奖获得者阿来的《尘埃落定》《瞻对》，具有草原特色的《牦牛革命》《若诗若画若尔盖》等优秀文艺作品。五是实施文旅融合工程，"文化＋旅游"开发模式，在保护传承文化的基础上创新利用，推动文化保护成果创造性转化，形成了松潘古城文化旅游、茶马古道文化旅游、红军长征纪念总碑园等一批文化旅游景点。据统计，2019年以来，该区域共接待游客435万人次，实现旅游收入33.73亿元，切实惠及民生。[①]

（三）聚焦富民增收，持续保障改善民生

全力推动全域旅游产业发展。在充分考虑资源环境承载能力的前提下，

154

推动"文化＋旅游"全域旅游融合发展，将生态文化旅游产业培育成为支柱产业，挖掘高原生态文化、藏羌民族文化、长征文化，有序开发草原、湿地等特色生态旅游资源，若尔盖湿地、红原大草原、大熊猫家园等旅游文化品牌深入人心。积极推进川西北地区国家全域旅游区建设，旅游基础设施水平显著提升，"乡乡通油路、村村通硬化路"目标提前实现，农村电力实现全覆盖，农村饮水安全进一步巩固，川西北文旅经济带加速形成，创新推进文旅、农旅、牧旅、休旅，截至2019年，四川黄河流域第三产业增加值为52.11亿元，是1979年的306.53倍，当前，共有A级景区14个，非物质文化传习基地7个，生产性保护示范基地8个。① "十三五"以来共接待游客3615.39万人次，实现旅游收入328.65亿元，截至2019年，四川黄河流域已经完成牧区1/3牧民的转产转业。② 大力实施"3112"四川草原工作构想，以川西北的北、中、南三个生态区为草原保护建设重点，研究推动流域横向草原生态补偿机制，突出治理沙化草地和鼠荒地（黑土滩），集中打造草原生态旅游、特色草牧业两大产业带。

转型发展特色农牧业。以规模化发展、绿色化生成和品牌化打造为方向，推动传统农牧业向现代农牧业转型，出台特色农牧业发展奖补政策，加快新型牲畜暖棚、人工种草、抗灾保畜打储草基地、饲料青贮等基础设施建设，全力推进特色农牧产业发展。截至2019年，农林牧业增加值达24.95亿元，是1979年的48.92倍，创建国家绿色食品原料标准化基地1.41万亩，建成生态农产品基地18.38万亩，适度规模化养殖小区（场）43个。③加快农牧业种植养殖方式转变，积极探索现代农业种养模式，阿坝州自主探索出了"4218"牦牛标准化养殖模式，破解牦牛产业发展"瓶颈"问题，养殖户可以很好地把握投资规模和出栏时间，有效解决了牦牛集中出栏、肉质

---

① 杨克宁：《黄河流域阿坝段现代生态产业体系建设的路径研究》，《阿坝研究》2020年第2期。

② 《绿满川西北 黄河清水东流》，国家林业和草原局政府网，http://www.forestry.gov.cn/main/586/20200901/093116632486935.html。

③ 杨克宁：《黄河流域阿坝段现代生态产业体系建设的路径研究》，《阿坝研究》2020年第2期。

新鲜度、草畜矛盾和草原因严重超载导致的退化、沙化问题，农牧种养资源能得到很好利用，为牦牛产业发展探索出了新路。阿坝州建成国家级现代农业示范区1个，国家级原种场1个，省级重点培育园区3个，命名"净土阿坝"品牌产品29个，通过认证的"三品一标"农产品数量达28个，若尔盖县建成道地中药材、油菜、饲草、青稞4个万亩基地，有机蔬菜、枣李、马铃薯3个千亩基地，金丝黄菊、草莓、西蓝花3个新型基地，加快唐克国家现代畜牧业示范园区申创进度，红原县畜牧业发展多次被国家、省、州表彰。①

加快提升清洁可再生能源开发利用水平。全面禁止小水电开发，在适宜地区推进太阳能光伏发电基地建设，推动高原风电试点示范建设工程，促进资源开发与生态保护有机结合，按照国家部署统筹推进水、风、光一体化可再生能源综合开发。贯彻落实国家节能减排政策，提高清洁能源开发利用水平，积极推进清洁能源基地建设，创新清洁能源开发利用模式，风、光、水能互补的清洁能源开发利用结构持续优化。建成红原花海、若先，若尔盖卓坤，阿坝麦尔玛等光伏电站10座，装机32万千瓦，占全省光伏运行装机的19.4%。②

集聚发展"飞地"特色经济。促进产业集聚发展，加强高原现代农业园区建设，重点建设高原蔬菜、青稞、中藏药材等特色种植园区和牦牛、藏系绵羊等特色养殖园区。大力发展"飞地"经济，严格执行生态保护区产业准入制度，引导相关产业向"飞地"园区集聚，扎实推进"成都—阿坝"工业园区扩区强园，"德阳—阿坝"锂产业、"绵阳—阿坝"生态经济园区建设，建设若尔盖—南湖园区、红原—三台—温州园区、松潘—黄岩区等"飞地"园区，投资"飞地"项目1个（若尔盖—秀州园区），县级中小微企业园4个，培育规模以上工业企业23户，其中，清洁能源企业7户，绿色加工企业16户，实现出口企业4户，实现经济效益和生态效益双赢（见表7）。

---

① 杨克宁：《黄河流域阿坝段现代生态产业体系建设的路径研究》，《阿坝研究》2020年第2期。
② 《阿坝州有序推进清洁能源开发》，四川省人民政府网，http：//www.sc.gov.cn/10462/10464/10465/10595/2019/3/15/89acd0d2b2134fe38bc5128b29f322a8.shtml。

表7　2018年四川黄河流域重要"飞地"产业园区主要经济指标

指标	合计	成阿园区	甘眉园区	德阿园区	成甘园区
落户企业（户）	258	127	114	10	7
园区就业人数（人）	13569	6473	4721	2312	63
实现产值（亿元）	268.5	80.76	160	27.7	
招商引资协议投资（亿元）	383	34.5	151.46	106	91

资料来源：《2018年四川藏区飞地产业园区实现又好又快发展》，四川省人民政府网，http：//www.sc.gov.cn/10462/10464/10797/2019/2/11/37c88c3c0f774e4ab1734db1a8d983ee.shtml。

（四）加强制度建设，提升生态治理能力

构建完善生态保护修复制度体系。建立国土综合整治和生态修复长效机制，按照《四川省生态保护红线方案》《关于落实生态保护红线、环境质量底线、资源利用上线制定生态环境准入清单实施生态环境分区管控的通知》《四川省自然资源厅关于推进市级国土空间生态修复规划编制工作的通知》等要求，着力修复提升生态国土功能，建立健全生态恢复制度，构建政府主导、部门合作、社会协同、公众参与的国土综合整治工作机制。健全区域生态建设保障制度，通过完善生态建设法律体系，加强协同执法和生态绩效考核制度，落实问责、监督、考核机制，建立暗查、暗访机制，强化依法长效管理工作体系。完善环境保护管理制度，从污染物排放、资源开发方式、对生态环境的影响程度、单位产值能耗、土地产出效益等方面确定定量化的准入标准，出台《四川省农村生活污水处理设施水污染物排放标准》。建立水土保持监测长效机制，不断强化环境监测工作，扎实推进蓝天、碧水、净土"三大保卫战"，环境空气质量优良率达95%以上，地表水均满足Ⅱ类标准要求，水质达标率和集中式饮用水水源地总体水质达标率均为100%。[①] 建立自然资源资产产权和资源有偿使用制度，健全完善自然资源资产用途管制制度，建立土地、水、矿产、森林、草原等自然资源有偿使用制度，建立资

[①]　《2019年阿坝州生态环境状况公报》，阿坝州生态环境局官网，http：//stj.abazhou.gov.cn/abzsthjj/c101927/202006/4013067917314e67b9ccd213bbd3ab2bb.shtml。

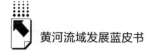

源环境承载能力监测预警试点。

建立健全区域协同生态补偿机制。建立补偿标准体系，结合阿坝州、甘孜州不同地区的经济发展水平，持续加强不同地理空间的补偿等级划分和幅度选择，科学确定了生态补偿指标体系、实施原则与计算方法，并尝试开展政策优惠、生态补偿等形式的生态保护补偿策略。完善重点生态区域补偿机制，充分考虑限制和生态保护红线内的生态状况、资源禀赋和产业基础，完善测算方法，有针对地制定补偿标准。落实生态补偿政策，积极向上争取建立稳定的财政投入机制，加大重点生态功能区转移支付力度。主动加强省际合作，加入黄河流域生态保护和高质量发展协作区联席会议，与沿黄河 8 省（区）在生态环保、基础设施、开放合作等方面达成共识，建立受益地区与保护地区、流域上下游横向生态补偿制度，建立生态补偿基金，开展生态综合保护补偿试点。

持续完善河长（湖长）制。根据《四川省全面落实河长制工作方案》《关于全面落实湖长制的实施意见》等工作安排，持续深入推进河长制湖长制，统筹抓好河湖左右岸、上下游、干支流联防联控联治，扎实开展河湖管理保护和治理重点，以实绩实效推动黄河流域生态保护和高质量发展。当前，黄河四川段的河长由四川省政府副省长和四川政协副主席共同担任，负责黄河干流及若尔盖国际重要湿地、长沙贡玛国际重要湿地的管理保护，同时，省林草局作为省级联络员单位，负责具体政策的执行和落实。四川设立省州县乡村五级河（湖）长，并在黄河及黑河、白河沿岸乡镇建立聘请生态联络员制度。阿坝州全州 469 条河流设立州县乡三级河长 907 名，67 个湖泊及电站水库设立州县乡三级湖长 94 名，累计巡河（湖）2.8 万人次，①石渠县落实河长分工，完成县乡村三级河长名录的编制，确定 21 名县级河长、46 名乡（镇）级河长和 186 名村级河长，并已编制完成 147 条河流的"一河一策"管理保护方案。②

---

① 《阿坝州推进黄河流域生态环境治理工作》，阿坝州人民政府网，http：//www.abazhou.gov.cn/abazhou/c101955/202008/5236677c970e40b3ad0593c2c509b271.shtml。

② 《石渠县强力推进黄河流域生态保护工作》，甘孜州人民政府网，http：//www.gzz.gov.cn/gzzrmzf/c100045/201910/0c79d7d2c2b0401885b231abecc6db59.shtml。

三　黄河流域四川段的生态安全评价

四川黄河流域地处黄河流域上游高原地区重要生态功能区，有独特的地理和生态特征，显著区别于黄河中下游地区生态保护和经济社会发展基础条件。上游生态安全所面临的因素不能等同于中下游生态安全所面临的因素，从"生态—经济—社会"的系统论视角，四川黄河流域生态安全状况直接关系黄河上游地区乃至整个黄河流域的生态安全和可持续发展，因此，四川黄河流域首要任务是保护生态安全，在生态保护、修复与治理优先的前提下，适度发展富民经济，提升生态的生态价值、经济价值、社会价值。因此，有必要对该区域的生态安全状况进行评价，校准影响生态安全的靶向，为下一步采取措施找到有效路径。

（一）流域生态安全的评价对象及影响因素

评价流域生态安全，既要关注自然因素自身对生态系统的影响，也要关注人类的经济社会活动对生态系统的影响。本文对流域生态安全的评价对象以"生态系统—经济系统—社会系统"复杂系统的可持续发展为核心，兼具区域空间特征、整体性、系统性。

影响流域生态安全的主要因素可以综合概括为三类：自然因素、经济因素和社会因素。

第一，自然因素。流域生态安全的自然影响因素主要包括水资源的丰度和品质、水环境状况、动植物种群规模、自然退化、所处的区域条件及地理地质特性等。对于黄河上游而言，主要是以草原、湿地、森林及水生态系统为主的自然生态系统，其中，水资源开发利用、水环境脆弱程度、动物种群规模超载、水土流失、湿地和水域存续规模、土壤沙化、鼠虫害状况等均是影响生态安全的重要自然因素。

第二，经济因素。流域生态安全的经济因素主要包括资源开发强度、经济发展状况、居民收入及消费结构等。对于黄河上游而言，主要是人类的经

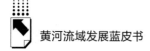

济系统对生态系统的压力，其中，人类经济发展水平对水土等资源的压力、经济结构和消费结构特征、产业产值等状况均是影响生态安全的重要经济因素。

第三，社会因素。流域生态安全的社会因素主要包括人口规模和集中程度、人口素质、生活条件、社会制度、风俗习惯等。对于黄河上游而言，主要是人类的社会系统对生态系统的压力，其中，人口规模、城镇化率、生活方式、居住环境、风俗习惯、社会生态保护制度等状况是影响生态安全的重要社会因素。

（二）流域生态安全指标体系的构建

本文采用由联合国经济合作开发署（OECD）建立的压力—状态—响应（PSR）模型框架，结合四川黄河流域高原地区特殊气候地理和生态状况，依照政策相关性、分析正确性、可量度性、数据资料可得性与适宜性原则，在借鉴已有对生态安全研究的基础上，选用综合指数评价法对2019年四川黄河流域生态安全状况进行评估和评价。

四川黄河流域属于生态涵养型区域，在选择生态安全指标时着重考虑生态涵养、保护和修复等指标，同时兼顾经济发展指标，在PSR概念框架的指导下，从压力、状态、响应三个方面，并根据四川黄河流域生态安全的特征和数据可获得性，从生态环境、经济社会等几个方面中确定了24项生态安全的指标，构筑目标层、准则层、要素层和指标层多层次评价指标体系。其中压力指数分解为资源压力、环境压力、社会压力，并对其进一步分解为8项指标；状态指数分解为资源状态、环境状态、经济状态，并对其进一步分解为7项指标；响应指数分解为经济响应和社会响应，并对其进一步分解为9项指标。同时，为获得较为客观的评价结果，本文采用主成分分析法和德尔菲法（Delphi）结合方式确定指标权重，为每项指标赋权。生态安全指数由各个指标通过一定的模型计算而得出，具体指标如表8所示。

表 8　生态安全评价指标体系

目标层	准则层	要素层	指标层		权重层
生态安全综合指数	生态压力指数 E	资源压力 E1	草原牲畜超载率(%)	X1	0.0005
		环境压力 E2	草原毒害植物率(%)	X2	0.0738
			草原鼠害和虫害占可利用草地面积比重(%)	X3	0.0645
			湿地萎缩面积比重(%)	X4	0.1653
			土壤沙化面积比重(%)	X5	0.1143
		社会压力 E3	城镇化水平(%)	X6	0.0152
			人口密度(人/公顷)	X7	0.0002
			人均用水量(立方米)	X8	0.0386
	生态状态指数 F	资源状态 F1	农业用地占流域面积比重(%)	X9	0.0214
			林地面积比重(%)	X10	0.036
			草地面积比重(%)	X11	0.015
		环境状态 F2	森林覆盖率(%)	X12	0.0355
			人均水资源量(立方米)	X13	0.0008
			水土流失面积比例(%)	X14	0.0482
		经济状态 F3	人均农林牧渔业产值(元)	X15	0.0394
	生态响应指数 G	经济响应 G1	人均地区生产总值(元)	X16	0.1101
			第三产业比重(%)	X17	0.0084
			农村居民人均纯收入(元)	X18	0.0908
		社会响应 G2	生活污水处理率(%)	X19	0.0059
			林地管护面积占流域总面积比重(%)	X20	0.0584
			湿地保护率(%)	X21	0.0209
			草原综合植被覆盖率(%)	X22	0.019
			生态红线面积占流域总面积率(%)	X23	0.0165
			城镇生活垃圾处理率(%)	X24	0.0013

（三）生态安全评价模型

第一，生态安全模型构建。根据已有对生态安全评价的研究成果和目前国际公认值、联合国环境规划署的相关标准、全国平均值、四川省平均值、阿坝州平均值和部分国家行业标准（《中华人民共和国草原鼠害安全防治技术规范》《国家生态环境状况评价技术规范》《中华人民共和国国家重要湿地确定指标》《国家生态旅游示范区建设与运营规范》《中华人民共和国用水指标评价导则》），同时参考和借鉴北京、内蒙古、黑龙江等地在生态环境修复、保护和治理时采用的标准（《北京绿色生态示范区规划设计评价标准》《内蒙古天然草地退化标准》《黑龙江湿地监测技术规程》）动态确定阈值。①

第二，评价指标的权重确定。赋权法是由所有样本的实际数据所求得到，同时在参考相关研究成果，并咨询有关专家的基础上，设置了四川黄河流域生态安全等级标准（见表9），计算得到的指标值分别对应某一个等级的生态安全程度，指标值越高则生态环境安全等级越高，生态安全响应越有效；指标越低，则说明生态环境正呈现恶化趋势，生态安全响应可能存在无效状态。

表9　生态安全分级评价标准

生态安全指数取值范围	等级	评语	生态安全特征描述
<0.45	Ⅰ	恶劣	生态环境恶劣,不适合人类生存和发展
0.45～0.55	Ⅱ	差	生态环境较差,勉强满足人类生存发展需求
0.55～0.65	Ⅲ	中	生态环境一般,基本满足人类生存发展需求
0.65～0.75	Ⅳ	良	生态环境较好,较适合人类生存发展
>0.75	Ⅴ	优	生态环境优越,适合人类生存发展

第三，样本研究与资料数据来源。由于之前未曾开展对四川黄河流域的专项统计工作，数据资料缺乏成为制约评价研究的重要障碍，因此，对指标数据采集和处理成为研究关键。鉴于四川黄河流域主要在阿坝州境内，因此，四川黄河流域数据采集主要来源于阿坝州四县的数据，部分数据主要来源于《四川统计年鉴2019》《阿坝研究》《阿坝统计年鉴2020》《2019年阿坝州环境质量报告》以及在省生态环境厅、省发改委、省林草局、省农业

① 关于无量纲化处理和熵权法赋值的方法，参考本书《黄河流域生态保护和高质量发展综合指数评价》第二小节内容。

农村厅、四川省生态环境科学研究院等获得的调研数据，四川省数据主要来源于《2020 四川统计年鉴》《2019 年四川省生态环境状况公报》及网络调研数据，具体如表 10 所示。

表 10　四川黄河流域指标数据

指标层		四川黄河流域	四川省
草原牲畜超载率(%)	X1	11.30 *	9.23
草原毒害植物面积比率(%)	X2	18.50 *	20.63
草原鼠害和虫害占可利用草地面积(%)	X3	27.00 **	13
湿地萎缩面积比重(%)	X4	43.00 *	60
土壤沙化面积比重(%)	X5	7.57 **	1.08
城镇化水平(%)	X6	30.80 **	54
人口密度(人/公顷)	X7	0.17 ***	172
人均用水量(立方米)	X8	355.40 ****	303
农业用地占流域面积比重(%)	X9	1.02 *	13.85
林地面积比重(%)	X10	12.16 *	45.56
草地面积比重(%)	X11	73.99 *	25.12
森林覆盖率(%)	X12	26.58 *	39.6
人均水资源量(立方米)	X13	10935.06 **	2945.85
水土流失面积比例(%)	X14	14.78 ***	25
人均农林牧渔业产值(元)	X15	11358.49 ***	5739.94
人均地区生产总值(元)	X16	19700.00 **	55774
第三产业比重(%)	X17	62.69 *	51.4
农村居民人均纯收入(元)	X18	14326.00 *	14670
生活污水处理率(%)	X19	54.50 *	95.4
林地管护面积占流域总面积比重(%)	X20	45.22 *	68.3
湿地保护率(%)	X21	62.80 **	56
草原综合植被覆盖率(%)	X22	85.15 *	85.6
生态红线面积占流域总面积率(%)	X23	55.30 **	30.45
城镇生活垃圾处理率(%)	X24	92.00 *	58.5

资料来源：* 来源于《阿坝研究》，** 来源于省生态环境厅调研资料数据，*** 来源于省林草局调研数据，**** 来源于《阿坝 2019 年生态环境状况公报》；四川省资料来源于《2020 四川统计年鉴》《2019 年四川省生态环境状况公报》及调研数据。

第四，生态安全综合指数计算。本研究运用生态安全综合指数法将四川黄河流域生态安全各类因素和各种要素的作用进行叠加，从而对流域的生态安全进行测度，可以得到生态安全指数。

（四）计算结论及评价

根据上述指标体系及模型构建过程，通过与四川省对应指数的比较，计算得到四川黄河流域生态安全综合指数为1.8，并在此基础上分别计算出了压力指数、状态指数、响应指数的结果（见表11）。

表11　2019年四川黄河流域生态安全评价结果

综合指数	压力指数	资源压力	0.000112	1.05	1.8
		环境压力	0.830168		
		社会压力	0.225301		
	状态指数	资源状态	0.396575	0.49	
		环境状态	0.052874		
		经济状态	0.038567		
	响应指数	经济响应	0.205637	0.26	
		社会响应	0.051076		

综合安全评价。四川黄河流域综合生态安全指数为1.8，对照生态安全分级评价标准看，总体而言四川黄河流域整体生态安全状况处于优等级，生态环境非常优越，适合人类生存发展。这也表明了四川黄河流域较好的生态本底条件及生态保护治理的成效。

压力安全评价。四川黄河流域的压力指数为1.05，高于状态指数、响应指数，对照生态安全分级标准看，生态环境压力很大。其中，环境压力指数最大，即整体生态受到草原毒害草植物、鼠虫害、湿地退化、土壤沙化等因素导致的生态退化压力最大；其次是人类活动导致的社会压力。

状态安全评价。四川黄河流域的状态指数为0.49，对照生态安全分级标准而言处于生态安全较差等级，资源、环境和经济状态均处于较差状态，需要加快对生态环境的改善和经济发展能力的提升。

响应安全评价。四川黄河流域的响应指数为0.26，对照生态安全分级标准而言处于生态安全恶劣等级，经济响应较社会响应指数更高，意味着经济响应正在向好发展，社会的响应相对较慢，这与当前对生态改善的动力不足有很大关系，未来要进一步加强社会整体在人力、物力、财力等方面的投入，包括社会生态环境治理能力、治理方式、治理模式等一系列提升和改进。

四　黄河流域四川段的主要问题

总体来讲，四川黄河流域生态保护和高质量发展成效显著，但由于自然、历史、经济和社会等多方面的原因，当前尚面临以下亟待解决的问题。

（一）生态治理形势依然严峻

"两化三害"问题依然突出。目前，该区域草原退化、沙化、鼠虫害、黑土滩和毒杂草仍较为严重。阿坝黄河首曲水源涵养地草原退化面积达2650万亩，其中，严重退化的草场达720万亩，占可利用草原的73.3%；有毒有害草在天然草原生物量的占比从2005年的7%~8%增至2019年的10%~11%；鼠虫害危害面积达1635万亩，占可利用草地面积的27%。[1]

水土流失尚未得到有效遏制。2019年水土流失动态监测数据显示，四川黄河流域水土流失面积4198平方公里[2]，以风力和水力侵蚀为主，占四川黄河流域面积的22.4%，季节性和永久性裸地面积不断扩大。根据若尔盖县统计，该县近5年地表蒸发量高于降雨量420.12毫米，高达62.62%，草原缺水面达40%，草原生态的急剧恶化，不利于牧区经济的可持续发展，危及国家生态安全。

湿地水源涵养功能有待提升。随着全球气候变暖、降雨量减少等自然原因和过度放牧、开沟排水等人为因素的影响，四川黄河流域天然湿地面积由新中国成立初期的约2205万亩萎缩到目前的860万亩，减幅达60%。以若

---

① 《关于我州黄河首曲水源涵养地沙化治理的提案》，阿坝州政协官网，http：//www.abzzx.gov.cn/content－d158b60aaca54645993dd91422390d56－2c93ea8364fedd220165231e3b600802.html。

② 《四川省黄河流域水土流失得到有效遏制》，水土保持生态环境建设网，http：//www.swcc.org.cn/zhzl/zhzl/2020－10－21/70591.html。

尔盖湿地为例，20世纪70年代，境内有湖泊300多个，截至目前已干涸了200多个，湿地萎缩造成该区域湿地生态功能和水源涵养功能大幅减弱。①

草原"超载过牧"现象较为严重。四川黄河流域区曾是我国优质牧草草原，是全国五大牧业基地之一，但随着牧区人口数量的逐年增长，在草地面积不变甚至减少的情况下，迫于生计和发展的需要，倒逼牧民多养牲畜，导致该区域草原超载过牧较为严重。

（二）生态治理能力亟待提升

资金投入有待加大。四川黄河流域区域环保设施历史欠账较多，社会资本参与意愿不强，资金投入严重不足。资金投入不足导致该区域城镇生活污废处理能力不足，尚未实现城镇污水处理、垃圾处理、医疗与建筑废弃物等处理设施全覆盖，生活垃圾向河道倾倒现象偶有发生。鼠虫害防治上，因经费不足，防治面积小，造成"年年防治，年年成灾"的被动局面，防治成果难巩固。此外，由于资金不足，生态保护项目建成后无管护资金，围栏禁牧区偷牧，甚至偷盗、破坏围栏的现象时有发生。

人才支撑严重不足。四川黄河流域区域自然地理条件恶劣，气候寒冷，工作生活条件差、待遇低，人才"引不进""留不住"问题十分突出，现有人才队伍与该区域生态保护和高质量发展需求不相适应。一方面，人才队伍数量匮乏，特别是农、林、水、牧、环保等专业技术人才严重缺乏；另一方面，现有人才队伍学历水平普遍不高，且平均年龄偏大，缺乏中青年学术带头人，青黄不接的问题比较突出。

项目管护力度不足。目前，四川黄河流域区域参与工程招标建设的多为外地企业，高原生态项目建设经验不足，存在层层转包现象，导致项目后期技术服务质量跟不上，管护水平大打折扣。此外，国家对防沙治沙工程投入为重度5800元/亩、中度2652元/亩、轻度323元/亩，虽然在项目建设期，

---

① 《关于我州黄河首曲水源涵养地沙化治理的提案》，阿坝州政协官网，http：//www. abzzx. gov. cn/content－d158b60aaca54645993dd91422390d56－2c93ea8364fedd220165231e3b600802. html。

植被盖度明显提高，但是重度和中度管护期均为 5 年，轻度仅为 3 年，达不到 10～15 年的最佳时间，① 治理后的沙化土地无法维持牛羊对植被啃食与草皮践踏，导致生态质量相对脆弱、极易反复。

（三）生态富民产业有待培育

农牧民对传统畜牧业依赖高。当前，区域农牧民主要通过发展畜牧业获取收入，农牧民增收对牲畜饲养量依赖较大，草原超载率依然居高不下，仍未摆脱"人口增长—牲畜扩增—草原退化—效益低下—农牧民增收难"的困境。粗放、落后的传统畜牧业生产经营方式导致草畜矛盾突出，造成天然草原和湿地的严重退化。受退耕还林补助政策期限等因素限制，退耕还林后续产业尚未培植和壮大起来，巩固退耕还林成果、解决退耕农户长远生计的任务十分艰巨。

龙头企业带动不足。受自然环境、区位条件、资本市场、人口规模等影响，培育特色高端农牧产品、高端精品旅游等对市场依赖度较高的产业十分困难。目前，四川黄河流域五县均不属于区域中心城市，无"龙头引领"的城市效应，生态产业增长极难以构建。同时，五县产业存在"同质化"现象，规上企业仅涉及清洁能源、绿色加工、旅游服务 3 种行业，龙头带动力和辐射面不够。

产业转型起色不大。一方面，产业延伸弱，第一产业鲜销、直销率高，从产地到餐桌的链条延伸不够。第二产业农牧产品精深加工不足，能源产品外输不够，综合利用程度低。第三产业发育不均衡，难以通过协作配套带动产业升级。另一方面，产业转型升级成效不明显，工业产品档次低。信息咨询、技术服务、文化创意等产业有待发展。畜牧业有机化、集约化、标准化养殖比重不大，畜产品附加值不高，产业链条不长，转型动力不足，有机绿色产品宣传不够。产业发展的科技化程度不高，劳动生产率低。

---

① 泽尔登：《若尔盖县黄河流域生态保护和高质量发展调研报告》，《阿坝研究》2020 年第 2 期。

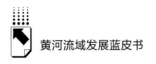

（四）政策支撑有待健全

生态补偿机制不健全。一方面，未形成系统、全面的补偿机制，相关利益补偿不到位，影响农牧民参与湿地保护的积极性和主动性；另一方面，草原生态补偿政策机制及措施有待进一步健全，目前的补偿方式以财政转移支付为主，社会资本参与积极性不高，市场化、多元化补偿不足。

生态补偿标准偏低。林草行业生态补偿标准偏低。目前，四川黄河流域牧草地禁牧补偿标准每亩仅 7.5 元，草畜平衡补助标准每亩仅 2.5 元，不仅与三江源每亩 21 元的禁牧补偿标准相比差距较大，而且与区域内天然草原平均每亩 50 ~ 60 元的产值相距甚远。此外，鼠虫害防治仍沿用 20 世纪 90 年代标准，与实际需求相比差距较大，难以达到防治效果。①

政策协同有待加强。目前，四川黄河流域生态保护和高质量发展的政策设计较多地偏重于生态保护，对产业发展特别是高质量产业发展的政策设计有待进一步加强。区域内各部门政策制定的协同性有待进一步提升，由于不同部门管理思路和政策出台的侧重点差别较大，出台政策之前缺乏有效的沟通，政策的合力尚未有效形成。此外，黄河流域上中下游之间的政策沟通和协同也有待进一步加强。

五　推动黄河流域四川段发展的对策建议

着眼四川黄河流域生态保护和高质量发展实际，坚持以问题为导向，践行"绿水青山就是金山银山"理念，按照流域功能定位，着力增强黄河上游水源涵养功能，着力改善流域生态环境，着力构建水安全保障体系，着力保护和传承黄河流源文化，着力推动绿色可持续发展，为黄河流域长治久安作出四川贡献。

---

① 《关于我州黄河首曲水源涵养地沙化治理的提案》，阿坝州政协官网，http：// www. abzzx. gov. cn/content - d158b60aaca54645993dd91422390d56 - 2c93ea8364fedd220165231 e3b600802. html。

（一）实施重大工程，加大治理力度

实施湿地修复综合治理工程。推进四川沿黄区域重要湿地资源本底调查，实施湿地修复综合治理工程，探索建立高寒湿地生态保护试验区。采取退牧（耕）还湿、生态补水、治沙还湿、高原湖泊水位控制等生态工程，恢复湿地功能，提升湿地质量，实现黄河上游水涵养量与泥沙流入量"一增一减"。根据四川黄河流域湿地实际，力争实施退牧还湿、季节性禁牧还湿300万亩，开展填堵排水沟100公里，修复退化湿地30万亩，推进湿地生态水位提升。

实施草原退化沙化治理工程。严格落实"草畜平衡"管理，对草原开展资源环境承载能力综合评价，推动以草定畜、定牧，稳步实施减畜试点和全域减畜计划。继续实施退牧还草工程，对严重退化草场实施禁牧，对中度、轻度退化草场实施休牧，对植被较好的草原实施轮牧。坚持科学种草，推进退化草地、黑土滩草地、鼠荒地草地免耕补播，开展草种改良，加强人工饲草基地建设。控制散养放牧规模，推广集中饲养模式，加大对圈养的扶持力度，减轻草地利用强度。根据草原退化沙化实际，着力建设草原围栏100万米，改良退化草原150万亩，人工种草30万亩，治理黑土滩12万亩。

实施生物多样性保护工程。加强现有自然保护地基础设施和基本能力建设，建设统一的监测体系，建设智慧自然保护地。加强黑颈鹤、雪豹、白唇鹿、藏野驴等珍稀动物保护，强化黄河上游特有鱼类、珍稀鱼类就地与迁地保护，启动保护黑颈鹤、黄河禁渔十年行动。加强极度濒危野生动物和极小种群野生植物拯救，开展濒危鱼类增殖放流，建设人工种群保育基地、种质资源基因库和生态系统活态博览园。开展外来入侵物种现状调查监测及对生物多样性和生态环境的影响研究。

实施污水和垃圾治理工程。一方面，加大城镇污水设施建设投入力度，提升城镇污水处理能力，提升城镇污水处理率；对于分散的农村地区根据当地的实际情况选择沼气池、地埋式无动力净化处理装置、氧化塘等方式确保农村污水得到合理处置。另一方面，积极推进垃圾收运和处理设施建设，推

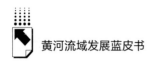

广先进处理工艺，提升垃圾处理设施运行效率和科学化管理水平，加大生活垃圾分类收集转运配套设施和餐厨垃圾废弃物处理设施建设。

（二）完善支撑体系，提升治理能力

加大资金投入。一是加大黄流域基础设施建设力度，落实 500 千伏输变电及配套 220 千伏输变电工程和现有 110 千伏线路改造工程，启动 1000 千伏特高压电网建设项目，切实改变四川黄河流域基础设施滞后问题。二是在投融资上取消或降低地方配套，解决因配套资金不到位，重大基础设施建设推进困难等问题。三是加大重点生态工程后续运营费用投入力度。制定重点生态工程运行费用补助政策，加大后期管护力度，切实提升治理质量。

完善人才支撑。一是拓宽人员进入通道。适当降低人员招聘准入门槛，实施特殊优惠政策，引进四川黄河流域生态保护和高质量发展急需的管理和技术人才。二是加大培训力度，根据四川黄河流域相关人员的培训需求，因地制宜、因需制宜，因人而异设置培训菜单，促进素质能力提升。三是加大政策支持力度。将人才队伍建设纳入四川黄河流域生态保护和高质量发展规划统筹推进，落实人才引进政策待遇，建立督查机制，确保政策措施落实到位。

提升技术水平。一是聚焦黄河流域生态保护和高质量发展的重点领域、关键技术和瓶颈问题，依托高等院校、科研机构，组织优势科研力量进行技术攻关和技术指导，深入实施生态保护与修复科技创新行动。二是深入实施鼠虫害防治科技创新攻关，加强荒漠化、石漠化、水土流失综合治理技术研发及推广，着力解决环境治理技术、设备、材料等关键问题。三是提高饲草产业科技含量，推广适合四川黄河流域的种植优良饲草品种，根据区域自然、地理条件，培育适合黄河流域特点的牧草新品种，为草产业和质量效益型畜牧业发展提供可靠的技术支撑和保证。

（三）培育生态产业，提升发展动能

促进特色农牧业绿色发展。重点发展牦牛、西藏羊、藏猪、牧草等特色

畜牧业，大力发展有机蔬菜、道地中药材、食用菌、马铃薯、青稞等特色优势农业，努力建设成为青藏高原高端有机农业和现代草原畜牧业示范基地。以"建基地、搞加工、创品牌、重融合、强监管、优服务"为抓手，做大基地、做强企业、做响品牌，全力打造特色主导产业集群，积极构建现代农牧业发展新格局。

促进生态旅游产业适度发展。大力培育"旅游＋"新业态、新产品，提高旅游品质。大力发展参与式、体验式旅游产品，走集"种植养殖、观赏、体验"于一体的农牧旅融合之路。突出重点线路、重点区域，培育一批设施完备、功能多样的采摘体验园区、休闲观光园区、农牧人家等。实施"园区变景区、田园变公园、家园变花园、农房变客房、产品变商品"五项行动，逐沟、逐线、逐点完善旅游要素，夯实旅游转型升级、加速发展的物质基础。以"大草原""大长征""大雪山"等"红色历史"为核心，大力培育"研学＋旅游""红色文化＋自驾旅游""红色文化＋运动休闲"等业态和产品。

促进清洁能源产业有序发展。依托水电、风能、太阳能等资源优势，加快推进电力外送通道建设，构建清洁、高效、安全的现代能源体系。加快建设高原生物天然气工程建设，在给转产转业牧民提供生活能源的同时，将发酵沉淀物转化成生物有机肥料返还草地，改良草地质量。因地制宜科学开发太阳能、风能等，科学规划光伏项目场区、风电项目厂区及装机容量，在若尔盖、红原等县实施集中式光伏开发，发展"光伏＋"产业。

（四）保护传承黄河河源文化，提升公共文化服务水平

保护与挖掘文化遗产。积极开展《四川省黄河文化保护传承弘扬专项规划》，紧密结合"十四五"规划编制，将文化与生态旅游、公共文化服务、文物保护、红色文化资源开发、城镇化建设、交通基础设施等有机结合，科学谋划黄河文化挖掘与保护传承。充分保护与发掘黄河上游文化遗产资源，加大对文物古迹、非物质文化遗产、文字古籍等重要文化资源的普查力度，完善文物保护修复、安全防护、执法监督等综合保护体系。加快建设

黄河国家文化公园，建设河曲马黄河草原文化生态保护区，推动黄河源考古遗址博物馆、河曲马博物馆等博物馆建设，提升文物保护与展示利用水平。加强非物质文化遗产保护，实施黄河流域非物质文化遗产项目生产性保护示范基地建设，促进优秀传统文化创造性转化。

传承弘扬长征精神。推进长征国家文化公园建设，抓好四川长征干部学院阿坝雪山草地分院等红色文化教育基地、教学点建设，打造全国知名的爱国主义、党性教育基地。实施红色文化保护利用工程，推进红军过草地纪念馆、长征丰碑革命烈士纪念园、雪山草地长征文化博物馆等建设，建设长征文化精品旅游区。挖掘长征文化时代价值，打造长征文化旅游品牌，推动黄河上游川甘青接合部共建长征文化走廊。

提升公共文化服务水平。实施乡镇公共文化服务提质增效工程，推进数字博物馆、图书馆、文化馆建设。创新开展文化惠民活动，办好雅克音乐节、雅敦节、赛马节等文化活动和民俗活动，开发民间音乐、舞蹈、戏曲等非物质文化遗产资源，广泛吸纳民间艺人，加大非物质文化遗产展演、送文化下乡力度，不断提升传统民间表演艺术水平。加快媒体深度融合发展，建设智慧广电，推进融媒体中心提升改造。加强专业人才队伍建设，加大对文化人才的储备。

（五）完善政策体系，健全体制机制

健全规划政策体系。制定和出台"四川黄河流域生态保护和高质量发展规划纲要"，统筹推进生态保护和高质量发展。围绕"四川黄河流域生态保护和高质量发展规划纲要"，组织编制相关专项规划，研究出台配套政策和综合改革措施，形成"1＋N＋X"规划和政策体系。同时，研究制定流域水资源利用、湿地保护等法律法规制度，制定地方性法规、地方政府规章，完善黄河流域生态保护和高质量防治的法治保障体系。建立重大工程、重大项目推进机制，聚焦重点领域，创新融资方式，做好用地、环评等前期工作，做到储备一批、开工一批、建设一批、竣工一批，发挥重大项目关键作用。

完善生态补偿机制。一是在全面调查的基础上，立足四川黄河流域生态保护和高质量发展实际，参照三江源生态补偿政策，提高草原禁牧、草畜平衡生态补偿标准，提高草原减畜奖补、草原生态管理员生活补助标准。二是探索建立湿地生态补偿机制。对湿地进行生态补偿，扩大湿地补偿范围，提高湿地补偿标准。三是创新黄河流域重点生态功能区的财政转移支付制度，加大政策支持力度，保障重点生态功能区的发展权益。此外，探索建立市场化、多元化生态补偿，通过发展黄河流域文旅产业等方式，引入社会资金，提高补偿机制实施成效，充分发挥多主体能动性和不同补偿方式的灵活性。

健全监管考核体系。根据四川黄河流域生态保护和高质量发展要求，严明"管理"责任，按照"谁主管、谁负责"的原则，全面落实属地责任。把"督查考核"作为衡量"生态产业发展"和"环境保护"工作成效的"重要手段"和"基本标尺"，积极探索建立科学高效、规范的考核评价体系。着力改进方式，将"日常监管"和"年度考核"有机结合起来，加大"经济社会发展""生态保护"等工作的"考核权重"，健全"目标考核"与"履职评定""奖励惩处"挂钩的配套制度，强化考核结果运用。

（六）深化区域合作，加强协同联动

加强四川黄河流域区域联动。建立5县跨行政区域联动联责治水体系，推进环境保护联防联治。完善区域联防联控机制，探索建立流域建设项目会商机制，建立共同防范、互通信息、联合监测、协同处置的指挥体系，实现指挥"一盘棋"。加强生态环境修复，信息、技术、人才等资源共享，宣传、舆情应对等方面的交流协作。

加强黄河上游川甘青区域协作。加强与甘肃、青海毗邻地区合作，健全跨界联合执法、巡防、信息共享等领域合作机制，完善川甘青接合部联动联勤机制。深化文化旅游、农牧业合作，建设川甘青黄河河源文化旅游联盟。加强生态保护政策、项目、机制联动，强化跨流域重点生态功能区协同保护和修复。

健全黄河全流域联动及补偿机制。一是建立由黄河流域九省区主要领导

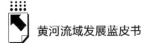

参加的协调联席会议机制，定期召开协调会，研究解决黄河流域生态保护和高质量发展的重大问题。加强上中下游之间的制度联动、主体联动和机制联动，解决好协同防治、系统性调控问题，处理好跨行政区和跨部门的发展战略联动、规划衔接、政策协同、利益补偿等方面问题。二是按照"谁受益，谁补偿"原则，健全流域上下游横向生态补偿，突破行政区管理边界，形成上下游地区间共建共享的补偿机制，加大对黄河上游水源涵养地的补偿力度。三是开展生态综合补偿试点，依法依规统筹整合生态补偿资金，探索建立生态保护补偿机制和生态产品价值实现机制。以水质、水量为补偿依据探索开展流域横向生态补偿，探索开展碳排放权、水权、排污权、用能权等初始分配和跨省交易。四是积极探索建立"中央财政＋沿黄中下游省区"的黄河流域生态补偿基金，对水质改善突出、良好生态产品贡献大的上游地区加大资金支持力度，促进上游地区进行生态治理、修复和保护。

协同推进若尔盖国家公园建设。若尔盖国家公园涉及四川、甘肃、青海等省，在推进若尔盖国家公园创建过程中，要加强协同配合，加强交流沟通，形成若尔盖国家公园建设的合力。一是要加强顶层设计。将若尔盖湿地纳入《"十四五"国家重大战略区域重要湿地保护和修复方案》，统筹规划，全面推进区域生态保护和高质量发展。二是建立健全管理机构。当前，可由国家相关部门加强指导，四川省先行开展若尔盖国家公园创建。三是加大财政支持力度，提高现行生态补偿标准，尤其加大对科技的投入，实现退化湿地的有效治理。此外，建设若尔盖国家湿地公园，还要注意人与自然的和谐相处。

B.7
甘肃：打造黄河流域生态保护
和高质量发展示范区

张建君　张瑞宇　翟晓岩*

摘　要： 黄河流域甘肃段生态地位关键、政治地位重要、经济地位独特、文化地位特殊，是黄河流域生态保护和高质量发展的核心区域和重中之重。甘肃是黄河流域生态保护和高质量发展的"首倡之地"。本报告通过分析黄河流域甘肃段的功能定位和现状挑战，提出了把甘肃打造成为黄河流域生态保护和高质量发展示范区的九条建议，分别是把生态保护作为支撑黄河流域甘肃段高质量发展的中心任务，把打好治水攻坚战作为黄河流域甘肃段生态保护的第一要义，把加快实施南水北调西线工程作为搞好黄河流域生态保护和高质量发展的战略支撑，把打好防沙治沙阵地战作为破解黄河流域甘肃段高质量发展的最大难题，把智慧黄河建设作为支撑黄河流域甘肃段高质量发展的关键举措，把黄河流域甘肃段高质量发展作为推进全省经济社会发展的重要抓手，把十大生态产业作为支撑黄河流域甘肃段高质量发展的最大动力，把黄河文化建设作为壮大黄河流域高质量发展的新动能，把黄河流域建设为以"生态建设—文化创新—高质量发展"为核心的21世

---

* 张建君，经济学博士，中共甘肃省委党校（甘肃行政学院）甘肃发展研究院院长、教授，研究方向为社会主义经济理论、区域经济发展战略；张瑞宇，中共甘肃省委党校（甘肃行政学院）甘肃发展研究院社会调查研究中心主任、讲师，研究方向为甘肃省情及区域经济发展战略；翟晓岩，中共甘肃省委党校（甘肃行政学院）甘肃发展研究院副教授，研究方向为甘肃省情及区域经济发展战略。

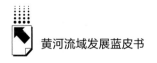
纪"中华民族伟大复兴示范区"。

关键词： 生态保护　黄河文化　高质量发展　甘肃

　　甘肃省是黄河上游省份，黄河在甘肃省两进两出，干流长度达915.5公里，占黄河总长度的近1/6，既是黄河流域重要的水源涵养区和补给区，也是黄河流域生态保护和高质量发展的核心和龙头。黄河流域甘肃段生态地位关键、政治地位重要、经济地位独特、文化地位特殊，是黄河流域生态保护和高质量发展的核心区域和重中之重，是开启黄河流域生态保护和高质量发展之路的一把金钥匙，在黄河流域生态保护和高质量发展战略推进中发挥着承前启后、继往开来的重要作用。《尚书·禹贡》有云，大禹就是"导河积石，至于龙门"，才迎来了"维禹之功，九州攸同"的治水业绩，推动中华文明走向了全新的历史发展阶段。积石就是甘肃省临夏州的积石山县，是大禹治水的源头，是黄河文明的基石，是中华民族政治经济文化生态融合发展的锁钥之地。

　　黄河是青藏高原的女儿，是中华民族的母亲河。黄河发源于巴颜喀拉山的三处泉源，经过星宿海的哺育，汲取了鄂陵湖、扎陵湖的充沛水力，离开了黄河源头区，沿着阿尼玛卿山从青海省久治县流入了甘肃省玛曲县，也就从青藏高原峡谷区进入了青藏高原草原区，在甘南草原进行了充分的水量补给后，又沿着阿尼玛卿山流回了青海省，给了"战神大王"——阿尼玛卿山一个最深情的拥抱，留下了"天下黄河贵德清"的高贵形象，为中华民族"黄河清、圣人出"留下了充分遐想和想象的空间。在形成了第一个几字形的大湾后，冲出壮观的积石峡，再次回到甘肃省临夏州，形成了著名的"黄河三峡"——刘家峡、盐锅峡、八盘峡，诞生了共和国历史上最早的百万千瓦级水利枢纽——刘家峡水电站，孕育了黄河上游最重要的重化工业城市——兰州市，把水利二字展现得淋漓尽致，留给后人无尽的生态保护和高质量发展的经验与启迪。

兰州作为甘肃省省会，是黄河干流穿过的唯一城市，习近平总书记2019年8月视察兰州留下了"黄河之滨也很美"的赞誉。从这里开始，黄河告别青藏高原，沿着黄土高原开辟出了一条桀骜不驯的前进道路，再次给干涸的黄土高原一个温柔的"几"字形拥抱，开始了孕育中华民族人文精神与生活家园的伟大历程，孕育于青藏高原草原区的洮河和发源于祁连山区的大通河（湟水河）成为一左一右助力黄河的两大支流，发源于甘肃的渭河则成为礼送黄河进入陕西省的最大支流，洮河与渭河只隔着一条分水岭，如果引洮河入渭河，则黄河几字形大湾区将实现黄河水系环抱的现象；如果南水北调西线工程能够顺利实施，黄土高原和河西走廊乃至内蒙古、新疆将彻底变成中华民族的米粮仓，黄河流域上游的生态地理面貌将全面重塑。当然，这些现在已经不只是科学构想，习近平总书记有关稳步推进南水北调西线工程的伟大指示和我国西部水资源梯度式开发进程，正在把这些科学构想变成水资源全国一盘棋有序调度配置的未来现实。

需要注意的是，黄河干流在甘肃省境内事实上形成了不连续的上、下两个河段，上段从青海省久治县门堂乡入甘肃省玛曲县木西合乡境内，在流淌了433公里后从甘肃玛曲县欧拉秀玛乡出境；下段以甘、青交界处的积石峡为起点流入甘肃临夏州境内，在流淌了482.5公里后从甘肃、宁夏交界处的南河滩出境；黄河干流在甘肃省境内总长为915.5公里；黄河流域甘肃段总面积14.59万平方公里，地跨9个市州（甘南、临夏、兰州、白银、武威、定西、平凉、天水、庆阳）、52个县区（玛曲、碌曲等），占全流域面积的19.4%，占甘肃省面积的32%。黄河就像一条彩色的飘带缠绕在甘肃这柄玉如意上，大大增添和激发了如意甘肃的地理光彩。

一 黄河流域甘肃段的功能定位

（一）黄河流域甘肃段是黄河流域重要的水源涵养区和补给区

甘南州玛曲县是黄河进入甘肃省的第一站，玛曲是藏语，藏语中玛曲就是黄河的意思，意为"源自玛卿神山的河"。黄河流经甘南州玛曲县长达433公里，形成了著名的"天下黄河第一湾"，整个甘南草原每年补充黄河径流量达108.1亿立方米，占黄河源区总径流量的58.7%，成为"中华水塔"最重要的构成部分。其中，甘南州沼泽湿地面积达500万亩，是名副其实的"地球之肾"。甘南州是黄河重要水源补给生态功能区，除了玛曲县，卓尼、临潭两县林区分布集中，是黄河支流——洮河的重要水源涵养地，黄河和洮河对青藏高原草原区形成了一个紧密的环抱态势，本区产水模数远高于黄河流域平均水平，以占黄河流域4%的面积补给了黄河源区年径流量的36%，黄河总径流量的11%，独立孕育于甘肃、在藏语中被称为"舟曲"的洮河，在为黄河水源补充方面居功至伟。

临夏州全域属于黄河流域。其中，黄河干流在境内横贯四县（积石山县、永靖县、临夏县、东乡县），流程长达124公里。在甘南州、临夏州两州境内，黄河重要的支流有洮河、大夏河、湟水、刘集河、吹麻滩河、银川河等30多条一级支流。其中，洮河水资源总量39亿立方米，大夏河水资源总量超过8亿立方米。黄河发源于青海巴颜喀拉山，经过甘肃黄河上游区的水量补给，才形成具有重要生态价值和经济价值的大河，可以说黄河流域甘肃段的生态价值独一无二。因此，习近平总书记在2019年视察甘肃时说，"黄河60%以上的水来自兰州以上的河段"。因此，黄河有"发源于青海，成河于甘肃"之说。

（二）黄河流域甘肃段是黄河上游重要的水土保持区

黄河水少沙多、水沙关系不协调，是黄河复杂难治的症结所在。黄土高原由于其特殊的地质条件水土流失严重，成为黄河泥沙的主要来源，20世纪黄河的年均输沙量达16亿吨，中国共产党领导人民治黄不久即形成了"上拦下排、两岸分滞"的治黄方针，黄河的治理从下游扩展到了整个流域，逐步加大了黄河上游水土流失的治理，到21世纪黄河的年均输沙量减少到了3亿吨，但黄土高原依然是黄河泥沙的主要来源。当黄河第二次从青海流入甘肃时，黄河主干道所处地形地貌逐步从青藏高原过渡到黄土高原，大量泥沙开始注入黄河，从青藏高原流出的清澈的黄河水也因此在甘肃临夏段变得浑浊，黄土高原不断流失的水土给冲出积石峡的黄河逐渐染上了黄色的盛装，成就了黄河的颜色标志，也成就了黄河之谜。故也有"黄河发源于青海，成河于甘肃甘南，成黄于甘肃临夏"之说。

黄河流域甘肃段境内沟壑纵横，水土流失十分严重。据统计，甘肃省内黄河流域近年每年流入黄河的泥沙量达5.18亿吨，约占整个黄河年均输沙量的近1/3。仅临夏州境内1公里以上的沟壑就有1.08万条，森林覆盖率仅为11.67%，水力侵蚀十分严重，每年有超过3000万吨的泥沙进入黄河。从黄河泥沙来源甘肃段所占比重来看，根治黄河必须要治理好黄河流域甘肃段的水土流失问题。20世纪以来，通过修筑梯田、小流域综合治理等多种方式加大了对黄河流域甘肃段的水土流失治理，甘肃省出境年输沙量也从20世纪60年代的2.6亿吨减少到近十年的0.4亿吨，从这些黄河水文数据来看，黄河流域甘肃段水土保持工作取得了一些成效。习近平总书记指出，"黄河问题的表象在黄河，根子在流域"，从黄河流域甘肃段水土流失的重点区域来看，加大陇中黄土高原水土流失治理是黄河流域甘肃段水土保持工作的重中之重。

（三）黄河流域甘肃段是黄河流域生态产品供给区

甘肃黄河首曲湿地自然保护区和祁连山国家级自然保护区是西部重要的生态安全屏障、黄河流域重要的水源地，也是我国生物多样性保护优先区域、国家重点生态功能区。

甘肃黄河首曲湿地自然保护区位于甘肃省甘南藏族自治州玛曲县境内，是国家级自然保护区，是专家公认的"世界上保存最完好的湿地"，是青藏高原湿地面积较大、特征明显、最原始、最具代表性的高寒沼泽湿地，有"高原水塔"之称。保护区以黄河首曲高原湿地生态系统为保护对象，属于内陆湿地和水域生态系统类型自然保护区，总面积203401公顷（3750平方公里），其中核心区79004公顷，缓冲区53063公顷，实验区71334公顷。首曲湿地以占黄河流域4%的面积，补给了黄河总径流的11%、黄河源区总径流的 58.7% 。保护区内海拔 3300～3700 米处植被为以线叶蒿草为建群种形成的蒿草草甸，海拔 3700～3900 米处植被为以矮生蒿草为建群种的矮生蒿草草甸。区内高等动物共有 110 余种，其中兽类 42 种，属国家级重点保护动物的有 12 种，包括雪豹、猞猁、水獭、豺等；鸟类 70 种，属国家级重点保护动物的有 17 种，包括黑颈鹤、灰鹤、天鹅、雪鸡、蓝马鸡、胡兀鹫、白尾海雕等。保护区内有两栖动物 3 种，鱼类十余种。

甘肃祁连山国家级自然保护区是 1988 年经国务院批准成立的森林和野生动物类型自然保护区，总面积 198.72 万公顷，功能区划分为核心区 50.41 万公顷，缓冲区 38.74 万公顷，实验区 109.57 万公顷，设有外围保护地带 66.6 万公顷。现有林地 87.4 万公顷，在林地中，有林地 16.86 万公顷，疏林地 1.41 万公顷，灌木林地 57.49 万公顷，未成林造林地 0.43 万公顷，无立木林地 0.28 万公顷，宜林地 3.99 万公顷，森林覆盖率 28.8% 。祁连山生态系统在维护我国西部生态安全方面有着举足轻重和不可替代的地位，是西北地区重要的生态安全屏障。因其丰富的生物多样性、独特而典型的自然生态系统和生物区系，成为我国生物多样性保护的优先区域，也是西北地区重要的生物种质资源库和野生动物迁徙的重要廊道；祁连山孕育的大通河、湟水河等都是黄河重要的水源补给，湟水河和来自甘南草原的洮河成为黄河在上游最为重要的支流。因其在国家生态安全中的重要地位，2017 年祁连山国家公园在国家公园体制试点进程中设立，这是甘肃省唯一以本省为主体的国家公园体制试点，借此建立保护管理新体制，探索保护发展新模式，构建生态保护新机制。

二 黄河流域甘肃段的现状挑战

（一）黄河流域甘肃段生态保护和高质量发展现状

第一，黄河流域甘肃段生态保护和高质量发展的基础条件较差，黄河流域甘肃段生态基础薄弱，水土流失、土地荒漠化问题突出。

黄河流域在甘肃主要包括甘南高原和陇中陇东黄土高原两大部分。甘南高原是甘肃省最大的重要天然林区和牧区，湿地资源、生物多样性资源丰富，境内水源丰富，河流纵横。昔日，黄河、洮河、大夏河、白龙江碧水东流，流量大而稳定，河水清澈可鉴，两岸森林遮天蔽日，青山叠翠，鸟语花香，草原上水草丰美，牛肥马壮（欧拉羊、河曲马闻名于世），清泉随处可见，大沟小岔溪水长流，有沟就有水，好多地方野生动物成群结队，繁衍生息，相伴而行。当前，由于全球气候变化、人类活动对自然环境的影响力越来越大等因素存在，该区域植被覆盖度急剧下降，水土流失、土地荒漠化问题严重，水资源日益短缺、生物多样性降低等生态问题突出。

甘肃的黄土高原以陇山为界可分为陇东高原和陇中高原两部分。陇中黄土高原位于黄土高原的最西端，西起乌鞘岭，东至甘宁省界，北抵腾格里沙漠，南达临夏，山体多黄土裸露，植被覆盖率较低，水土流失严重。相比陇中，陇东以地形相对完整、有着面积广大的塬、墚而著称，也是水土流失的重点区域。从行政区划来看，陇东陇中黄土高原的区域范围包括兰州、定西、白银、平凉、庆阳、天水、临夏7个市（州）辖区中的16个县（区），总土地面积4.55万平方公里。该地区土质疏松，沟壑纵横，坡陡沟深，地形支离破碎，植被稀疏，水土流失严重。气候和土壤非常干燥，自然植被稀疏，环境十分脆弱。无雨则十分干燥，有雨又形成洪水，水土流失非常严重，侵蚀模数5252吨/平方公里，是黄土高原水土流失最严重的地区。有关资料显示，黄河流域甘肃段水土流失面积达到10.71万平方公里，占到甘肃段总面积的75%，平均每年流入黄河的泥沙多达4.92亿吨，占黄河流域年均输沙量的30.8%。

从经济社会发展角度来看，黄河流域甘肃段地跨甘肃9个市州，分布有兰州、天水等省内重要城市。流域内人口约1835万，占全省的70%以上，是全省政治、经济、历史、文化发展的核心区，也是重要的生态涵养区，更是全国脱贫攻坚的主战场之一。国家重点支持的"三区三州"该区域有两个，全省35个深度贫困县全部位于这一区域。

第二，甘肃省全面贯彻习近平总书记有关黄河领域生态保护和高质量发

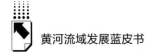

展的讲话精神，积极探索推出了一系列有关黄河流域甘肃段生态保护和高质量发展的规划和政策。

甘肃省牢固树立"重在保护、要在治理""共同抓好大保护，协同推进大治理"理念，坚持生态优良、生产低碳、生活宜居绿色导向，紧盯"生态保护"和"高质量发展"两大任务，主动作为、先谋先行，制定了黄河流域甘肃段生态保护和高质量发展"一总四分"规划。

规划深入贯彻党中央、国务院推进黄河流域生态保护和高质量发展战略部署，全面落实习近平总书记关于推进黄河流域生态保护和高质量发展系列重要讲话及指示批示精神，特别是对甘肃重要讲话和指示精神，对标国家规划纲要，涵盖包括黄河干支流流经甘肃省的相关县级行政区，在国家规划纲要中承担重点任务的祁连山国家公园、祁连山国家级自然保护区等相关区域和部分县区。

规划提出了黄河流域甘肃段生态保护和高质量发展的远景目标：到2030年全省黄河流域治理水平明显提高，干支流现代化减灾防灾体系基本建成，生态环境质量和供水安全保障水平明显改善，生态保护大见成效，水源涵养和水土保持能力显著提升，流域人水关系进一步改善；高质量发展呈现良好态势，生态产业体系建设实现新突破，十大生态产业蓬勃发展，打造若干千亿级产业和百亿级园区，兰西城市群成为高质量发展的动力源，乡村振兴取得实质性进展，基本公共服务水平明显提升，人民生活水平明显改善，黄河文化传承与开放交流影响力进一步扩大，人民群众获得感、幸福感、安全感显著增强。

规划以建设甘南黄河上游重要水源涵养区，增强祁连山水源涵养能力，加强黄河重要支流水源涵养区建设，提高荒漠化防治能力，有效降低自然生态系统承载压力为抓手，着力建设甘南黄河上游重要水源涵养区；以加大林草植被建设力度，加强水土保持综合治理为载体，着力加强陇中陇东黄土高原水土保持；以切实推进流域综合治理，着力提升干支流防洪能力，提升黄河防洪能力建设为发力点，全力保障黄河长治久安；以强化水资源刚性约束，加强重点领域节水为支撑点，全面提升水安全保障水平；以强化农业面源污染综合治理，推进工业污染协同治理，统筹推进城乡生活污染治理为重点，持续推进环境综合治理；以切实提升科技创新支撑能力，做强做优现代丝路寒旱农业，加快建设全国现代综合能源基地，促进十大生态产业提质增效，大力培育战略性新兴产业为动力源，建设特色优势产业体系。

第三，近年来在黄河流域甘肃段生态保护和高质量发展上取得明显成绩，正在与沿河省市共同形成"致力大保护、形成高质量发展"的幸福河建设目标。

一是水源涵养能力进一步提升。由于历史、气候等因素，黄河上游水源涵养区域生态环境比较脆弱。自甘肃省第十三次党代会以来，甘肃全省把生态环境保护作为一项政治任务，擦亮生态底色、守护山河生命，加强黄河上游重点生态功能区保护与修复，甘南州天然草原综合植被盖度达96.87%，森林覆盖率达24.38%，黄河流域多年平均自产水资源量达到127.8亿立方米。甘肃历年水利发展统计公报数据显示，2014～2018年五年间黄河流经玛曲段，在致密优良的草甸草原和高山灌丛强大的水源涵养功能作用下，水量补给大幅增加，平均入境流量51.09亿立方米，出境流量133.42亿立方米，径流量比十年前平均增加18.6%，入境水量提高了9.68%，出境水量提高了31%。

二是水土保持有了新提高。自20世纪60年代以来，历届省委省政府带领沿黄群众，不断探索实践小流域治理和生态修复办法，走出了一条富有甘肃特色的水土保持路子。党的十八大以来，全省累计新修梯田529万亩，治理水土流失面积1.23万平方公里，沿黄流域水土保持和生态质量有了新提高。但相对于已经完成的治理任务，剩下的水土流失面积治理难度更大、任务更艰巨。2016年，根据《中华人民共和国水土保持法》和《甘肃省水土保持条例》有关规定，甘肃在国家级水土流失重点防治区划定成果的基础上，划定了甘肃省水土流失重点预防区和重点治理区，涵盖黄河流域甘肃段水土流失重点区域陇中陇东黄土高原全域，水土保持工作以一种制度化的形式有序推进。

三是水环境污染得到了有效遏制。甘肃是国家老工业基地，工业企业大多分布在沿黄流域，对土地资源和水资源造成了不同程度的破坏，但当地对污染的治理能力不足，加之大多数分支流径流量小，河流自净功能不足，导致水环境污染不能得到有效遏制，对黄河水体安全带来严重威胁。近年来，甘肃制定出台污染防治攻坚方案，细化实施30个专项行动方案，采取有力措施推进蓝天、碧水、净土三大保卫战。在水污染防治攻坚战中，强化涉水排污企业监管，完成重点河道重金属污染治理和历史遗留含镉污染治理；积极推进污水收集管网和中水回用设施建设；严格落实河湖长制，开展"四抓四促"环境整治和河道"清四乱"整治，重拳整治垃圾乱倒、污水乱排，疏浚河道，黄河干流水质连续5年（截至2020年）稳定达到Ⅱ类。

（二）黄河流域甘肃段生态保护和高质量发展存在的难题

黄河流域甘肃段生态保护和高质量发展存在三大难题。

一是水资源短缺是黄河流域甘肃段生态保护和高质量发展的最大约束条件。首先，水资源短缺且时空分布不均。甘肃省黄河流域人均水资源量706立方米，不足全省和全国平均水平的2/3和1/3，仅为国际公认的基本生存条件（人均水资源占有量1000立方米）的70%，水资源十分匮乏，承载能力有限，属资源型缺水地区。水资源在时空分布上也很不均衡，从年内径流分配来看，干支流汛期一般集中在6～9月，汛期水量约占全年水量的60%～70%，且来水集中、泥沙大，支流祖厉河、泾河和渭河流域的多年平均输沙模数普遍在4000～8000吨/平方公里。近年来，受气候和人类活动的影响，流域水资源呈不断减少趋势。其次，水资源开发利用程度和用水效率低。甘肃省黄河流域大部分地区属黄土沟壑梁峁区，气候干旱，植被覆盖率低，水土流失严重，建库条件差，半数以上水库由于来水减少或泥沙淤积问题，供水能力明显下降，加之支流泥沙大、水质差，水低地高，水资源开发利用难度大，多数地区只能依靠小型引提水工程供给，供水量小且保证程度差。农业灌溉是黄河流域用水大户，目前，节灌程度还相对较低，在城市，节水工艺、节水器具等还没有完全普及推广，总体水利用率还相对较低，具有一定的节水潜力可挖。综合分析，当前受自身水资源条件和指标约束，甘肃省黄河流域水资源开发利用程度还相对较低，行业用水效率还有待进一步提高。

二是经济社会发展水平较低导致黄河流域甘肃段生态保护和高质量发展的动力机制不健全。比如，甘南藏族自治州和临夏回族自治州属于"三区三州"片区少数民族贫困地区，自然条件十分严酷，基础设施建设滞后，社会事业发展落后，农牧区公共服务基础差，科技基础薄弱，人才短缺，推动经济社会发展的内在动力不足，造成群众对自然生态的依赖性较高。玛曲县2018年全县完成财政收入1.15亿元，财政支出却高达21.3亿元，财政自给率仅为5.4%。全县人均地区生产总值为27803元，约为全国平均值的1/2。除传统的农牧业和少量的水电、矿产开发外，其他产业量体极小、效益较差，严重制约着地方经济社会的发展。

三是生态产品价值转换为经济价值的数量不足、渠道不畅是黄河流域甘肃段生态保护和高质量发展的制度环境约束。"生态产品"是党的十八大报告提出的新概念，也是生态文明建设的一个核心理念。党的十九大明确要求，"要提供更多优质生态产品以满足人民日益增长的优美生态环境需要"。但"绿水青山就是金山银山"意识还有待进一步提高，社会各界对生态产品认识和理解尚处于初级阶段；以政府为主导的生态产品价值实现力度仍不够，且财政资金的使用效率有待提高；以市场为主导的生态产品价值实现的投资回报周期往往过长，回报率也不高，内生动力不足；生态产品价值实现的产权管理、有偿使用、价值评估、绿色认证等基础性制度和政策工具还有待完善；相关理论研究、政策支持、人才和资金投入、基础数据等支撑保障体系仍较为薄弱。

甘南州是黄河上游重要的生态屏障，拥有天然草原面积4150万亩，草场7个大类29个型，其草原生态状况的好坏直接关系甘肃省乃至国家整体的生态安全。但甘南草原退化、沙化、盐渍化问题严重，仅沙化型退化草地就有71.7万亩（2019年初），通过生态补偿等措施推进退牧还草工程建设意义重大。调研结果显示，目前甘南州退牧还草的补偿标准为22.3元/亩，而在甘南州草原上供养一个羊位则需要4~6亩草地。这样，以2年的牧民养羊周期来计算，养一只羊销售收入已接近 2000 元；按 6 亩草地 2 年的退牧还草收入计，补偿款仅有 267.6 元。可以看出，退牧还草补偿收入远远低于养羊销售收入。因此，过低的退牧还草补偿标准会让牧民实现主动退牧困难很大，也会增加退牧还林工程建设的阻力。

临夏州水土流失面积达 6892 平方公里，占总面积的 84.4%，每年有超过 3000 万吨的泥沙注入黄河，直接危及刘家峡、盐锅峡、八盘峡等水利水电设施，也对中下游地区群众生产生活形成威胁。该州治坡工程（各类梯田、台地、水平沟、鱼鳞坑等）、治沟工程（淤地坝、拦沙坝、谷坊、沟头防护等）和小型水利工程（水池、水窖、排水系统和灌溉系统等）等水土保持项目均属于国家补助性项目，但是补助标准低，每平方公里最高补助仅有 35 万元。这么低的补助标准难以打造以小流域为单元的"山水林田湖草"一体化水土保持项目，导致整修梯田、植树造林面积偏小而封禁措施面积偏大的情况，不仅延缓生态恢复周期，而且还影响部分群众生产生活。

（三）黄河流域甘肃段生态保护和高质量发展的根本挑战：生态环境保护与经济发展的矛盾

在理论上，当把生态环境保护内生于经济增长模型中时，生态环境保护会成为促进经济增长的要素，生态环境不仅提供了经济增长的物质基础和地理空间，而且生态环境可以从两个方面推动经济增长：一是把生态环境保护通过市场机制的方式转换为一种制度经济增长要素推动经济增长，二是通过生态环境约束机制的构建倒逼经济增长转型从而推动经济增长。但在实践中无论是市场机制的转换还是倒逼机制的形成往往更加复杂，为单纯追求经济增长而破坏生态环境的事例倒是不少。以甘南州玛曲县为例，地方财政收入的大宗来自黄金产业，2018 年黄金产业总产值为 3.97 亿元，而当年玛曲县的大口径财政收入才 1.99 亿元。2019 年，中央第五生态环境保护督察组在督察时发现，甘肃玛曲黄金实业股份有限公司等金矿企业，为减少生产成本，不按规划开采、弃渣乱堆乱放、废水乱排污染环境等问题较为严重，矿山整治修复工作进展迟缓，环境风险隐患突出。再比如，临夏州的折达公路祁家大桥位于刘家峡库区，该桥核载重量为 55 吨，但是现在桥面通过的有超过 188 吨的加挂车辆，甚至运送危险化学品的超载车辆也时常从桥面通过。一旦发生泄漏，10 分钟内有害物质就会流到兰州水源地的取水口。这种潜在危险如果不能及时排除，一旦发生泄漏，后果不堪设想。

三 推动黄河流域甘肃段发展的对策建议

黄河是中华民族的母亲河，黄河流域是中华文明的主要发祥地，黄河流域甘肃段是黄河流域重要的水源涵养区和补给区。党的十八大以来，习近平总书记专门就祁连山生态环境问题多次做出重要批示指示，明确要求加强对祁连山生态环境的保护工作。2019 年 8 月，习近平总书记在视察甘肃省期间亲临黄河岸边，专门就黄河流域生态保护和高质量发展提出明确要求，甘肃也成为黄河流域生态保护和高质量发展的"首倡之地"。

（一）把生态保护作为支撑黄河流域甘肃段高质量发展的中心任务

治理黄河，重在保护，要在治理，要把生态保护放到第一位。黄河流经甘肃长达 915.5 公里，是黄河流域重要的水源涵养区和补给区，黄河 60% 的水来自兰州以上的河段。甘肃省要抓好黄河上游流域水土保持和污染防治工作，突出甘南黄河上游水源涵养区和陇东黄土高原区水土治理两大重点，坚决防止生态恶化，为黄河生态治理保护作出应有贡献。为此，甘肃省积极构建"三屏四区"生态功能区〔三屏：以祁连山生态保护和综合治理为主体的河西内陆河流域，以甘南水源补给生态功能区为主体的黄河上游和以"两江一水"流域水土保持和生物多样性生态功能区为主体的长江上游生态屏障；四区：石羊河下游（民勤）防沙治沙保护区、敦煌生态环境和文化遗产保护区、陇东黄土高原丘陵沟壑水土保持生态功能区、肃北北部荒漠生态保护区〕。庆阳市、张掖市、平凉市、敦煌市和两当县国家级生态文明建设示范区工作正在有序推进，由国家生态市（县）向国家生态文明建设示范市（县）的过渡衔接和提档升级正在逐步实现。为此，一要在黄河上游段建立生态保护补偿点，并和黄河下游地区一同建立相应的补偿机制，确定生态保护红线空间范围，建立省、市、县生态保护红线清单；还要积极争取国家支持，对于黄河上游生态区要加大保护力度。二要建立绿色税收制度，摒弃以前高消耗高污染的资源利用方式，建设绿色税收体系，加大对绿色产业的政策支持力度，把黄河流域生态保护作为中心任务。三要持续加大对黄河流域上游生态补偿的力度，设立旨在推动黄河上游生态保护的黄河绿色发展基金，在"十四五"时期每年以不少于 500 亿元生态保护修复资金投入黄河生态保护与修复的工程中，切实改变黄河流域上游所面对的生态欠账与生态挑战。

（二）把打好治水攻坚战作为黄河流域甘肃段生态保护的第一要义

打好治水攻坚战就要以水安全为核心内容，上下游、干支流、左右岸统筹谋划，集中力量增水源、净水质、防水灾，确保黄河不断流、水质不超标、大堤不决口，赢得黄河流域甘肃段高质量发展的最大安全。

一是"增水源"。黄河从 1972 年开始出现断流，到 1998 年的 26 年中，下游共有 21 年发生断流。进入 90 年代，从 1991 年到 1998 年连年断流。其中 1997 年断流 9 次，计 226 天，断流河段约 700 公里，而且首次出现汛期断流。黄河断流造成河道断面萎缩、主槽淤积加剧、降低了行洪能力、破坏生态多样性多种危害。随着党和国家对黄河的治理日趋成熟，1999 年 8 月 12 日后，黄河断流成为历史，但黄河断流风险依然存在。黄河 60% 以上的水来自兰州以上的河段，作为黄河上游省份，保障黄河不断流甘肃责任重大。甘肃要以增水源为核心，以祁连山、甘南两个黄河上游水源涵养区和黄河干支流区域为重点，坚持以水定城、以水定地、以水定人、以水定产，把水资源作为最大的刚性约束，把节水放在优先位置，大力实施节水行动，加快完善水资源配置格局，着力保障河道生态基流，开展好"清四乱"专项行动。二是"净水质"。进一步加强黄河生态综合治理机制建设，建立黄河流域市际、县际协调联席会议制度，推动黄河流域省际协调联席会议制度，推进上下游联动、左右岸共治、区域内同步，同频共振、综合治理。三是"防水灾"。构建水灾预警体系和突发水灾应急预案，在信息社会，尤其要注重运用"技防"构建防水灾保障体系。

（三）把加快实施南水北调西线工程作为搞好黄河流域生态保护和高质量发展的战略支撑

"增水源"是净水质、防水灾的前提，围绕"增水源"社会各界提出了不少的方案，现在比较有影响力的是甘肃省社科院首倡"藏水入甘"方案[①]。2017 年 9 月，甘肃省社科院着眼于甘肃长远发展，首倡"藏水入甘"，并启动南水北调西线工程比选前期研究项目。之后，甘肃省社科院与中铁西北科学研究院、省广播电视总台联合组成考察队，分两个阶段，先后赴四川、云南、西藏、青海、新疆等省区，对南水北调西线主要参考方案进行实地线路比选考察，宣传和推动西线调水。

建议国家加快实施南水北调西线工程，绕青藏高原边缘到达甘肃境内，经白龙江、渭河、洮河进入黄河刘家峡水库，推动红旗河等西部开发水利工程从设想变成现实。甘肃省土地面积东西狭长，绵延 1600 多公里，地形复杂多样，主要由河西走廊、甘南高原、陇东陇中黄土高原、陇南山地等组成。甘肃是中国荒漠化面积较大、分布较广、危害最严重的省份之一，荒漠化土地面积占甘肃省国土面积的 45.8%。河西走廊土地平整，河西内陆河流域的石羊河终端青土湖、黑河终端东居延海、疏勒河终端西湖的生态问题，都是流域生态危机的缩影，其主要是由流域资源型缺水引起的，需要加强流域综合治理。20 世纪 90 年代以来，因草地生态环境的不断恶化，甘南州境内补给黄河干流的水量减少了 15% 左右，直接造成了黄河水流减少和下游的断流。2003～2016 年，甘肃省水资源开发利用率均大于 40%，内陆

---

① 王福生：《南水北调西线工程的新思路与新方案——西线调水应从怒江、帕龙江或雅鲁藏布江选点的调研》，《开发研究》2020 年第 1 期。

河流域的水资源开发利用率超过100%。南水北调西线工程的实施无疑将为河西走廊注入"血液"，甘肃未利用土地总面积2.99亿亩，占土地总面积的43.84%。南水北调西线工程的实施将使甘肃大面积的未开垦荒地，特别是河西走廊平坦辽阔的戈壁荒漠变成良田，至少增加1.5亿亩耕地，并使2.16亿亩劣化牧草地变成优质草场。

目前，黄河最为突出的问题是水资源总量严重不足，要从战略高度认真考虑开源和节流多措并举，有效增加黄河流域的水资源量，破解制约黄河流域生态保护和高质量发展的瓶颈挑战，让21世纪的黄河更加充满生机与活力。

（四）把打好防沙治沙阵地战作为破解黄河流域甘肃段高质量发展的最大难题

黄河水患最大的难题是黄河水流泥沙量太大，黄河的泥沙主要来自支流河道，这些支流窄河道携带的泥沙在到主河道河流变宽时，河水流速度会降低，这样泥沙容易淤积在主河道底部从而抬高河床，当堤坝工事不够时容易造成洪水决堤。因此，治理黄河水患的关键在于通过堤防建设、调水调沙等工事清理河道底部淤积泥沙。但这种治理方式治标而不治本，通过减少黄河流域水土流失从而降低黄河水流泥沙量才是治本之策。

按照治理黄河职责架构体系，地方政府要从堤防设施建设、流域水土保持等方面做好防沙治沙工作。甘肃要以小流域水土流失治理为中心，坚持综合治理、系统治理、源头治理原则，统筹山水林田湖草系统规划，真正彻底扭转水土流失严重情况。鉴于推进山水林田湖草生态保护修复工程与严守耕地红线矛盾的实际情况，创新机制体制，盘活现有资源，开展黄河流域甘肃段小流域水土流失治理示范区建设工作。同时，尽快开展黄河流域甘肃段各个监测段的泥沙流量监测、监督、监控工作。

（五）把智慧黄河建设作为支撑黄河流域甘肃段高质量发展的关键举措

甘肃地处黄河上游、西北内陆，水旱灾害频发，长期的治水实践为甘肃积淀了深厚的黄河文化底蕴，同时形成了齐全的水利要素和治水基础。新时期"水资源短缺、水生态损害、水环境污染、水灾害频发"四大水问题在黄河上游甘肃段的不同程度出现，对甘肃完善治水体系、提升治水能力提出了全新的挑战。"互联网＋"时代主动对标高质量发展，破解管理粗放、效益不高、服务不均等问题瓶颈，成为实施水利创新驱动发展战略的第一要务。鉴于此，建议基于互联网、大数据、云计算等推动水利转型升级，探索数字化、系统化、多元化数字治水新路径，高质量保障黄河流域水安全，为提升黄河流域生态环境管理治理体系和治理能力现代化水平，做好实施方案的顶层设计。智慧黄河建设就是以现代信息技术为支撑，通过大数据技术构建数字黄河图谱、仿真模拟技术预测黄河动态等手段，实现黄河水沙情势感知、资源配置模拟、工程运行掌控、调度指挥协同。在甘肃，必须要以十大生态产业之信息产业推动智慧黄河建设。按照地方政府治理黄河权限，实现黄河水资源总量实时监测、短期准确预测、长期动态模拟，黄河水质变化实时监测并能够准确找出水质变化原因（精准到点），黄河汛情实时监测预警。同时要以智慧黄河建设为基础构建适合甘肃的生态补偿机制。组织专家团队进行清产核资，摸清黄河流域甘肃段生态产品的总量和价值，并编制相关的名录，做好建立生态补偿制度的基础性工作。以健全自然资源产权制度、落实资源有偿使用制度为抓手，构建以黄河干流为主、支流为辅的黄河流域生态补偿长效制度。生态补偿制度要以政府补偿为主，以市场补偿为辅，政府补偿与市场补偿相结合。总之，要能使各个利益相关方从事生态文明建设不吃亏。积极探索和创新生态补偿和生产产品价值实现的方法和途径。生态补偿可以采取资金补偿、技术补偿、项目开发补偿、劳动力转移补偿等多种方式加以实现。整合科技、气象、水利、农业、林草、生态环保、自然资源、文化旅游等省直机关单位及高校、科研院所等研究机构，联合论证建立集政策信息、科研创新、招才引智、招商引资、技术需求、数据共享、文化传播等功能于一体的综合服务平台，主动对接黄河流域立项及在研的国家重点研发计划等项目，探索空中云水资源开发、高寒内陆地区水循环全过程高效利用与生态保护等新技术、新手段，以期为甘肃黄河流域生态保护探索一条科技引领、创新发展的新路子，提升黄河流域生态环境管理治理体系和治理能力科学化水平。

（六）把黄河流域甘肃段高质量发展作为推进全省经济社会发展的重要抓手

从经济学的视角来看，一个地区要快速发展，首先要突出枢纽城市率先发展，打造若干经济增长极，时机成熟时，链接增长极，形成增长带，快速发展，中国的快速发展也是如此。甘肃省应聚力打造如下经济增长极，即兰州、白银、定西、临夏向兰州、西宁城市群开放的经济增长极，庆阳、平凉、天水向关中—天水经济区开放的经济增长极，陇南、甘南向川云贵藏开放的经济增长极，河西地区向西开放的经济增长极。由于地理、历史、人文等多方面原因，甘肃省这些经济增长极的发展已经初具气候，但也存在不少问题，如兰白都市经济圈不温不火的问题，兰州、白银两市都在黄河主干道沿线，可以黄河流域甘肃段高质量发展推动兰白都市经济圈发展。因此，甘肃省要以黄河流域甘肃段高质量发展为契机，破除机制体制障碍，推动甘肃若干经济增长极发展。

同时，抓住黄河流域生态保护和高质量发展的机遇，抓紧推进甘临两州境内国家公园申报建设工作。在甘肃，甘南黄河首曲自然保护区已于2012年晋升为国家级自然保护区，且甘肃境内的玛曲县黄河干流区、碌曲县洮河源区、夏河县大夏河源区、太子山区、冶力关等地是黄河上游最重要的水源地。甘肃省应该充分利用甘南州天然性和原始性保持较好的优势，开展甘肃景观资源的珍稀性和独特性研究，抓紧推进甘肃境内国家公园申报建设工作。当前，可以并行推进两项工作。一是推进甘南临夏境内若干景区并入三江源国家公园，玛曲县境内的黄河干流、碌曲县洮河源区的尕海湿地和则岔、大夏河源区可以考虑并入三江源国家公园。此外，西藏正在委托中国科学院地理科学与资源研究所推进青藏高原国家公园群规划工作，甘肃省可以考虑把甘南黄河首曲自然保护区并入青藏高原国家公园群。二是谋划推进省域内国家公园建设工作，把玛曲县境内的黄河干流、碌曲县洮河源区的尕海湿地和则岔、大夏河源区以及冶力关、太子山、祁连山有机串联、深挖潜藏的自然景观价值，打造国家公园。

（七）把十大生态产业作为支撑黄河流域甘肃段高质量发展的最大动力

习近平总书记指出，"甘肃谋划实施了'十大生态产业'作为转方式、调结构的主要抓手，这个方向是对的，要一年一年抓下去"。十大生态产业的灵魂和实质是习近平生态文明思想在甘肃的具体实践和精准落实，甘肃省也把发展十大生态产业作为当前和今后一个时期高质量发展的主攻方向和奋斗目标。十大生态产业以绿色发展崛起为导向，契合黄河流域甘肃段高质量发展生态优良、生产低碳、生活宜居绿色导向。在甘肃，可以把发展十大生态产业作为全省经济社会发展的基石，以此为基，定向发力，推动黄河流域甘肃段高质量发展。要以十大生态产业之通道物流和文化旅游产业为支撑，通过交通路网建设、旅游利益联动共享机制等措施，强化兰州区域中心城市作用，着力推动兰州—天水经济带、兰州—陇南经济带、黄河流域甘肃段城市群（九个市州）建设，链接甘肃若干经济增长极，形成黄河上游最大的经济增长带，推进甘肃省经济社会快速发展。

当前，最为要紧的是，在黄河流域甘肃段内，筹措一批十大生态产业资金，汇集一批十大生态产业项目，以推动黄河流域甘肃段生态产业的发展来推动黄河流域甘肃段高质量发展。清洁生产、节能环保、清洁能源等生态类产业要优先发展，信息产业（如智慧黄河建设）可以推动黄河流域甘肃段高质量发展实现弯道超车，循环农业、中医中药、文化旅游、通道物流等"过日子"产业要加快发展。建议尽快组织力量开展十大生态产业和黄河流域甘肃段高质量发展、甘肃融入"一带一路"建设融合发展研究。

（八）把黄河文化建设作为壮大黄河流域高质量发展的新动能

习近平总书记指出，"黄河文化是中华文明的重要组成部分，是中华民族的根和魂"，要讲好"黄河故事"。黄河文化灿烂而厚重，甘肃是国家确定的华夏文明传承创新示范区，甘肃要承担起黄河文化传承与创新的龙头工作。在甘肃境内的黄河流域，诞生了灿烂辉煌的大地湾、马家窑等彩陶文化和黄河农耕文明，在黄河流域文明中甘肃段举足轻重。现在，我国经济由高速增长阶段转向高质量发展阶段，建设文化黄河要和推动高质量发展融合起来，把文化黄河建设作为壮大黄河流域高质量发展新动能的重要举措。一要着力打造黄河文化高地，建设华夏之光文化长廊。挖深黄河领域甘肃段黄河文化内涵，延伸黄河文化触角，做出一批黄河文化成果；成立黄河流域高质量发展研究中心，定期召开黄河流域高质量发展理论座谈会，荟萃黄河高质量发展人才；携手黄河流域省区积极开展黄河"双申遗"（文化遗产与自然遗产）工作，以黄河文化为主线，贯穿起昆仑文化、游牧文化、陇右文化、丝路文化、红色文化、中原文化、晋商文化、齐鲁文化等诸多文化名城和历史遗址，形成华夏之光文化长廊。二要着力打响黄河沿线旅游品牌，打造黄河全域旅游走廊。形成黄河绿色生态走廊、黄河文化走廊、黄河交通走廊、黄河旅游走廊整合基础上的黄河全域旅游走廊，整合黄河旅游资源，整体打造黄河旅游品牌，树立黄河全域旅游新理念，唱响从高原走向平原、从高山奔向大海、从远古走向现代的"黄河星图"梦幻旅游线路。三要配套建设黄河文化旅游大通道，建设贯穿黄河上中下游、左右岸的沿黄高速铁路、高速公路路网，形成打通黄河上游生态带、能源基地、城市群、文化区的交通大动脉。

（九）把黄河流域建设为以"生态建设—文化创新—高质量发展"为核心的21世纪"中华民族伟大复兴示范区"

黄河是中华民族的母亲河，孕育了伟大的中华文明。伴随我国开启社会主义现代化建设的伟大征程，实现黄河流域生态保护和高质量发展，让黄河成为造福人民的幸福河，是中华民族伟大复兴的强大愿景。一要坚定不移地抓好黄河流域的生态环境保护。全面推动生态优先、绿色发展，让生态美、高质量、幸福河成为21世纪黄河发展的普遍场景，特别是面对"碳达峰、碳中和"的发展之路，黄河流域要在生态环保与低碳发展方面走出一条新的现代化发展道路，为全世界提供样板和示范。二要坚定不移地推动全流域协同高质量发展之路。认真抓好黄河上游、中游、下游不同省域协同高质量发展，是建设幸福黄河的应有之义。甘肃、青海等上游省份是全国自然生态类型最为复杂和脆弱的地区之一，要在抓好黄河流域生态建设和环境保护中奋勇向前；在绿色崛起、高质量发展方面更要积极作为，黄河流域的生态保护和高质量发展是全流域的生态保护和高质量发展，不是一截一段一省区的事情，要全流域协同配合、共同发力。中下游的河南、山东等省份要抓好河道治理与经济带开发，上中下游要共同做好生态保护协同、文化旅游带与经济带的整体文章，形成上下游省域发展和全流域协同高质量发展的得力举措。要形成上中下游优势互补、协作互动格局，推动水资源的高效配置和市场要素的充分流动，促进区域经济协同高质量发展。三要打造 21 世纪黄河流域以生态建设—文化创新—经济联动为核心，凸显"绿水青山就是金山银山"理念，以城市群、都市圈、高质量发展示范区为载体的新型经济区。实现以黄土高原为中心的西部经济文化区、以关中和中州平原为中心的中部经济文化区和以华北平原和山东平原为中心的东部经济文化区的全面连接与有效互动，最终把黄河流域建设为以"生态建设—文化创新—高质量发展"为核心的 21 世纪"中华民族伟大复兴示范区"。

实现中华民族最古老经济文化轴心地带的伟大复兴，借助 21 世纪的科技创新和经济实力，在打造生态黄河、平安黄河、延续黄河、文化黄河的过程中，让幸福黄河成为黄河发展的主旋律和新形象，让中华民族的母亲河"黄河"真正变成造福人民的"幸福河"。

B.8
宁夏：建设黄河流域生态保护
和高质量发展先行区

杨丽艳　王雪虹*

摘　要： 建设黄河流域生态保护和高质量发展先行区是习近平总书记
赋予宁夏的时代重任。宁夏以先行区建设统领美丽新宁夏、
引领全区现代化建设，坚定不移贯彻新发展理念，生态环境
质量持续改善，高质量发展稳步前行，但依然面临生态环境
保护与经济发展不协调的矛盾、产业结构不尽合理、经济发
展动力后劲不足等问题。对此，本文提出要聚焦"五个区"
的战略定位，充分发挥"一河三山""一带三区"生态生产
生活总体布局的空间效应，瞄准率先突破的重要领域，为全
流域实现生态保护和高质量发展作出宁夏贡献。

关键词： 生态保护　高质量发展　新发展理念　宁夏

　　宁夏地处黄河上游，全境属于黄河流域，依黄河而生，因黄河而兴。
2020年6月，习近平总书记在宁夏视察时指出："宁夏要有大局观念和责任
担当，更加珍惜黄河，精心呵护黄河，努力建设黄河流域生态保护和高质量

---

* 杨丽艳，中共宁夏区委党校（宁夏行政学院）经济学教研部教授，研究方向为区域经济、资
源与环境经济；王雪虹，中共宁夏区委党校（宁夏行政学院）经济学教研部副教授，研究方
向为产业经济、乡村振兴。

发展先行区，守好改善生态环境生命线。"① 这是习近平总书记赋予宁夏新的时代重任，为宁夏更好融入重大国家战略指明了方向，为继续建设美丽新宁夏带来了重大机遇。

一　黄河流域宁夏段的功能定位

宁夏的地理位置独特，西、北、东三面分别被腾格里沙漠、乌兰布和沙漠及毛乌素沙漠包围，东连陕西，南接甘肃，北与内蒙古自治区接壤，是连接华北与西北的重要枢纽。宁夏地势地形复杂，南高北低，地形南北狭长，南部以流水侵蚀的黄土地貌为主，中北部以干旱剥蚀、风蚀地貌为主，自南而北有六盘山地、黄土丘陵、中部山地丘陵盆地、灵盐台地、宁夏平原、贺兰山地等地貌类型，② 在国土空间中山地占 20.92%，丘陵占 34.08%，台地占 17.93%，盆地和平原占 25.73%，沙漠占 1.34%，特殊的地貌特征决定了宁夏在黄河流域的主体功能定位。

（一）宁夏是黄河流域重点生态功能区的重要组成部分

重点生态功能区是关系全国或较大范围区域的生态安全，生态系统脆弱，需要在国土空间开发中限制或禁止进行大规模高强度工业化、城镇化开发，以保持并提高生态产品供给能力的区域。③ 宁夏的重点生态功能区包括限制开发的生态功能区和禁止开发区两类，其中限制开发的生态功能区包括红寺堡开发区、盐池县、同心县、西吉县、隆德县、彭阳县、泾源县、海原县一区七县，面积 38072.02 平方公里，占全区国土面积的 57.3%；禁止开发区包括自然保护区、风景名胜区、国家森林公园、地质公园、湿地公园（及湿地保护与恢复示范区）五类，面积 6194.77 平方公里，占全区国土面

① 马晓芳、姜璐：《担当时代新使命　努力建设先行区》，《宁夏日报》2021 年 6 月 12 日。
② 宁夏回族自治区人民政府：《关于印发宁夏回族自治区主体功能区规划的通知》，2014 年 6 月 18 日。
③ 《全国主体功能区规划》，2010 年 12 月。

积的 9.3% （见表 1）。宁夏的重点生态功能区是国家"两屏三带"生态安全格局中黄土高原—川滇生态屏障和北方防沙带的重要组成部分，在保障国家生态安全大格局中发挥着不可替代的作用。

（二）宁夏在黄河流域重点农产品主产区中占有一席之地

重点农产品主产区是具备较好的农业生产条件，以提供农产品为主体功能，以提供生态产品、服务产品和工业品为辅助功能，需要在国土空间开发中限制进行大规模高强度工业化、城镇化开发，以保持并提高农产品生产能力的区域。[1] 宁夏的重点农产品主产区包括永宁县、贺兰县、平罗县、中宁县、青铜峡市、利通区等区域，面积 11857.92 平方公里，占全区国土面积的 17.9% （见表 1）。宁夏的重点农产品主产区是国家七大主要农产品主产区中河套灌区农产品主产区的重要组成部分，主要的功能是提供优质小麦，也使宁夏成为西北地区重要的商品粮基地，在保障国家粮食安全中发挥着重要作用。

（三）宁夏沿黄城市群是黄河流域重点开发区之一

重点开发区是支撑全国和地区经济增长的重要增长极，是落实区域重大战略、促进区域协调发展的重要支撑点，是全国或区域重要的人口和经济密集区。[2] 宁夏沿黄城市群是国家确定的 18 个重点开发区之一和 19 个主要城市群之一，其面积为 9785.57 平方公里，占全区国土面积的 14.7% （见表 1）。宁夏沿黄城市群涉及宁夏五个地级市中的四个，集中了全区 64% 的人口、80% 的城镇和 82% 的城镇人口；集中了全区 99% 的煤炭资源，风能、太阳能资源丰富；引黄灌溉便利，拥有大面积的自流灌区，占全区灌溉面积的 43.2%，是宁夏经济社会发展的核心区[3]。

---

[1] 《全国主体功能区规划》，2010 年 12 月。
[2] 《全国主体功能区规划》，2010 年 12 月。
[3] 宁夏回族自治区第十二次党代会报告辅导读本编写组《中国共产党宁夏回族自治区第十二次代表大会报告辅导读本》，2017 年。

表 1　宁夏主体功能区基本情况

功能区分类	级别	地区	乡镇个数	面积（平方公里）	占比（%）
重点开发区	国家级	兴庆区	5	815.80	14.7
		金凤区	4	251.38	
		西夏区	3	226.55	
		灵武市	3	1670.75	
		大武口区	1	999.60	
		惠农区	4	861.59	
		利通区	4	164.59	
		沙坡头区	4	1557.86	
		重点开发的城镇	13	3237.45	
	小计		44	9785.57	
重点农产品主产区	国家级	永宁县	4	478.89	17.9
		贺兰县	6	624.15	
		灵武市	3	478.33	
		平罗县	10	1140.97	
		利通区	7	1094.16	
		青铜峡市	5	1175.34	
		沙坡头区	5	2725.76	
		中宁县	7	1682.25	
		农产品主产乡镇	7	460.54	
		农垦	14	1997.53	
	小计		68	11857.92	
限制开发的生态功能区	国家级	红寺堡开发区	3	1761.57	57.3
		盐池县	11	7148.23	
		同心县	11	5368.75	
		西吉县	19	3875.17	
		隆德县	16	1244.27	
		泾源县	7	879.83	
		彭阳县	12	3171.87	
		海原县	19	6088.77	
	自治区级	生态区位重要的乡镇	16	8533.56	
	小计		115	38072.02	
禁止开发区	国家级和自治区级		54	6194.77	9.3

　　资料来源：宁夏回族自治区人民政府《关于印发宁夏回族自治区主体功能区规划的通知》，2014 年 6 月 18 日。

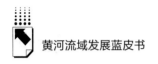
二　黄河流域宁夏段的总体进展

宁夏依黄河而生、因黄河而兴，黄河主干流经宁夏中卫、吴忠、银川和石嘴山四个地级市，全长 397 公里，同时，全区还有清水河、茹河、泾河、渝河、葫芦河等黄河支流。全区近 90% 的水资源来自黄河，直接受益于黄河水的土地面积近 5 万平方公里。可以说，黄河是宁夏的生命线、保障线、经济高质量发展的支撑线，没有黄河，就没有"天下黄河富宁夏"的美誉。因此，早在 2016 年 7 月，习近平总书记视察宁夏时就指出："宁夏是黄河流出青海的第二个省区，一定要加强黄河保护。"① 2020 年 6 月，习近平总书记再次视察宁夏时进一步强调指出："宁夏要有大局观念和责任担当，更加珍惜黄河，精心呵护黄河，努力建设黄河流域生态保护和高质量发展先行区，守好改善生态环境生命线。"② 为此，宁夏回族自治区党委、政府深入贯彻落实习近平总书记来宁视察重要讲话精神，于 2020 年 7 月出台了《关于建设黄河流域生态保护和高质量发展先行区的实施意见》，从重大意义、总体要求、重点任务和保障措施四个方面对宁夏建设黄河流域生态保护和高质量发展先行区做出了全面安排部署。2020 年 12 月，自治区党委十二届十二次全体会议通过的《关于制定国民经济和社会发展第十四个五年规划和2035 年远景目标的建议》中进一步指出，要以黄河流域生态保护和高质发展先行区建设统领美丽新宁夏建设、引领全区现代化建设。正是在这一系列顶层设计的部署下，宁夏建设黄河流域生态保护和高质量发展先行区的步伐正在稳步推进中。

（一）生态保护力度不断加大，生态环境质量持续改善

近年来，宁夏始终坚持把生态文明建设作为基础性工作来抓紧抓实，深

---

① 《习近平总书记视察宁夏重要讲话精神摘录》，《宁夏林业》2020 年 8 月 15 日。
② 《习近平总书记视察宁夏重要讲话精神摘录》，《宁夏林业》2020 年 8 月 15 日。

入实施重点生态保护工程，大力整治环境领域突出问题，系统抓好黄河母亲河宁夏段的综合治理，全区自然生态环境和城乡人居环境正在持续改善。

1. 绿色生态屏障建设取得明显成效

2016 年 7 月，习近平总书记视察宁夏时指出："宁夏是西北地区重要的生态安全屏障，要大力加强绿色屏障建设。"① 为此，2017 年 6 月，中共宁夏回族自治区委员会第十二次党代会提出了大力实施生态立区战略。从打造黄河生态经济带、实施山水林田湖草沙一体化生态保护修复工程，到打好环境污染防治攻坚战、推进生态文明体制机制改革、加强生态环境保护管控督查等方面做出了总体部署。为了使生态立区战略落地生根，2017 年 11 月，宁夏回族自治区党委、政府出台了《关于推进生态立区战略的实施意见》，将生态立区战略细化为六个方面"28 条"。2019 年 12 月自治区党委十二届八次全会明确提出，守好改善生态环境的生命线，走出一条高质量发展的新路子，坚决承担起西北乃至全国生态安全的重要使命。随着这一系列举措的落地，全区森林覆盖率由 2012 年的 11.9% 提高到 2020 年的 15.8%，草原综合植被盖度增加到 56.2%，形成了以引黄灌区为重点的黄河绿洲，沙尘天气经过林区时风速下降了 27%~40%，蒸发量也下降了 14%，形成了防风固沙的绿色长城。

2. 黄河"母亲河"得到有效保护

近年来，宁夏系统开展了黄河"母亲河"的保护行动，坚持上下游统筹、干支流共治、左右岸齐抓，突出保护水资源、防止水污染、改善水环境、修复水生态，加强河湖空间用途管制，划定河湖水域岸线管理范围和功能区划，明确河湖地理坐标，落实规划岸线分区分级管理。全面推行了五级河（湖）长制，落实各级河（湖）长的主体责任，让每个河湖都有"负责人"。实施入黄排水沟及重点流域环境污染综合治理工程，大力改造现有工业园区、城镇污水处理设施及配套管网，探索引入招投标与政府购买服务的方式，引导社会资金投入污染治理和生态修复项目，实现生态效益和经济效

---

① 《习近平总书记视察宁夏重要讲话精神摘录》，《宁夏林业》2020 年第 4 期。

益融合发展。目前，宁夏全区 36 个生活污水处理厂全部达到一级 A 排放标准，23 个工业园区实现了污水集中处理，13 条入黄排水沟水质基本达到地表水Ⅳ类水质。黄河干流水质从 2017 年以来连续四年保持在Ⅱ类优，水质明显得到改善。与此同时，在黄河流域九省区中，宁夏率先实现了入黄水全部达到地表水Ⅳ类以上水质，率先实现了污水处理厂末端全部配套人工湿地，率先实现了入黄排水沟末端全部建成人工湿地。

3. 水土流失治理成效显著

多年来，宁夏通过植树造林、封山禁牧、小流域综合治理，水土涵养能力不断提升，全区水土流失从 20 世纪 90 年代最高的年均 1 亿吨左右减少到近 10 年的年均 2000 万吨左右。① 宁夏固原市山大沟深，干旱少雨，生态脆弱、条件恶劣，是宁夏水土流失最为严重的地区，在历史上以"苦瘠甲天下"而闻名。多年来，固原人民逐步认识到，改变生活必须先要改变生态。特别是党的十八大以来，固原市坚持生态优先，绿色发展，探索形成了"山上治本、身边增绿、产业富民、林业增效"的植树种树模式，形成了"山顶封山育林、山坡荒山造林、山脚退耕还林、山村生态移民"的小流域综合治理模式，形成了"工程引水、水库蓄水、地窖存水、智能节水、生态养水"的治水兴水模式，走出了一条黄土高原水土流失综合治理的新模式，推动固原大地实现了由"黄"到"绿"的历史性转变。截至 2019 年底，固原市森林面积达到 448.8 万亩，森林覆盖率达到 28.4%，草原植被盖度达到 89.8%，分别高于全区平均水平 13.2 个和 33.6 个百分点。②

4. 生态文明制度体系不断完善

党的十八大以来，宁夏不断深化生态文明建设领域改革，探索建立了一系列生态文明制度机制，部分制度机制走在了全国前列。在加强源头严控方面，宁夏在全国首批划定生态环保红线并公布实施，保护红线占到国土面积的 24.76%。扎实推进勘界定标工作，出台了《宁夏回族自治区生态保护红

---

① 徐庆林：《守好改善生态环境生命线奋力构筑祖国西部生态安全屏障——学习贯彻自治区十二届八次、九次全会精神》，《宁夏林业》2020 年第 2 期。
② 马汉成：《固原市政府工作报告》，《固原日报》2021 年 1 月 27 日。

线管理条例》，建立完善资源总量管控和全面节约制度、资源有偿使用和生态补偿制度，实行严格的耕地保护制度、重点生态功能区产业准入负面清单制度。在加强过程严管方面，先后出台了《宁夏回族自治区大气污染防治条例》《宁夏回族自治区水污染防治条例》等地方性法规，自治区级以下环保机构监测监察执法实现垂直管理，开展区内环保督察巡视，推进跨区域联合执法、交叉执法，清理整顿固定污染源排污许可。在加强后果严惩方面，自2015年起，宁夏实施了生态环境损害责任终身追究制，对不作为、乱作为导致环境损害事故的干部予以调整。加快推进排放权交易，开展碳配额测算、交易培训等前期工作，银川市、吴忠市被确定为国家第三批低碳城市试点。

（二）坚定不移贯彻新发展理念，高质量发展稳步前行

经济发展和环境保护密不可分，二者是辩证统一的关系，经济发展是环境保护的物质基础，良好的生态环境又为经济发展打下了坚实的基础。习近平总书记在强调宁夏生态环境重要性的同时，也十分重视宁夏的经济发展。2016年7月，习近平总书记视察宁夏时指出："要下大气力解决制约经济发展的深层次问题，从根本上提高经济发展质量、效益、竞争力。"①2020年6月，习近平总书记再次视察宁夏时强调要坚持不懈推动高质量发展。近年来，宁夏对标对表党中央的决策部署，坚持不懈推动高质量发展，发展的协调性和可持续性进一步增强。

1.产业结构加快转型升级

近年来，宁夏的三次产业结构呈现持续优化的态势。三次产业增加值构成由2012年的8.0∶49.7∶42.3调整为2019年的7.5∶42.3∶50.2，呈现第一、第二产业比重下降，第三产业比重持续上升的态势，尤其是第三产业的比重与2012年相比提高了7.9个百分点，2017~2019年全区第三产业对经济增长的平均贡献率超过50%，全区第三产业发展提速、比重提高、水平提升，成为带动全区经济转型发展的动力和新引擎。从三次产业内部结构来

---

① 《习近平总书记视察宁夏重要讲话精神摘录》，《宁夏林业》2020年第4期。

看，也呈现持续优化的态势，农业内部结构实现了由单一的以粮为主向农林牧渔业全面发展的转变，以奶牛、肉牛、滩羊为重点的优势特色产业快速发展，带动牧业总产值在农林牧渔业中的比重持续上升，由 2015 年的 27.9% 上升到 2018 年的 30.6%。工业结构实现门类由简到全向优势特色产业不断发展壮大的转变，逐步形成以能源化工、新材料、绿色食品加工等为主的地方特色优势产业体系。服务业结构实现由传统服务业为主向传统服务业与新兴服务业共同发展转变，全域旅游、现代金融、电子商务、现代物流、会展博览等新兴服务业发展提速，其中 2016～2018 年，宁夏网买零售额分别为 150.2 亿元、236.7 亿元、322.0 亿元，年均增长 40.0%；同期网卖零售额分别为 16.6 亿元、45.2 亿元、85.4 亿元，年均增长 65.8%。

2. 绿色转型发展扎实推进

积极推广绿色生产方式，组织开展绿色制造示范活动，推动构建绿色制造体系，近年来，累计培育 8 个国家和自治区级绿色园区、52 家绿色工厂，对淘汰类和限制类企业实施差别电价，淘汰落后产能 1292 万吨。倡导绿色生活方式，推进"文明餐桌"行动，推广新能源汽车应用，新能源公交车占比提升至 30%，垃圾运送和分类处理模式得到推广，中卫市"以克论净、深度保洁"模式全面推行。推进重点领域节能，节能改造既有建筑 806 万平方米，新建建筑节能标准执行率达 100%，城市建成区 20 蒸吨/每小时以下供热燃煤锅炉基本清零。大力发展循环经济，确定了宁东能源化工基地等一批国家级循环经济试点单位、国家循环化改造示范试点园区，石嘴山市等 3 家单位被列入国家大宗工业固废综合利用基地。发展种养结合循环农业，规模养殖场畜禽粪污综合利用率达到 90% 以上。

3. 区域发展的协调性不断增强

在促进区域协调发展上，宁夏充分发挥空间规划的引领作用，坚持重点推进，优先发展，区域发展的协同性、联动性、整体性不断增强。2017 年以来，宁夏全区聚焦打赢脱贫攻坚，以实现"两不愁三保障"为目标，全区 9 个贫困县如期摘帽，1100 个贫困村全部出列，62.4 万农村贫困人口全部脱贫，西海固地区彻底告别"苦瘠甲天下"的历史。优先发展黄河生态经济带，区域增长极的作用进一步凸显，2019 年黄河生态经济区实现生产总值 3089.31 亿元，占全区生产总值的 82.4%，对全区经济增长的贡献率为 81.1%，拉动全区经济增长 5.3 个百分点。[①]

4. 民生福祉不断提升

党的十八大以来，宁夏把改善民生福祉放在更加突出的位置，地方财政用于教育、医疗、社保、文化、一般公共服务等民生领域的财政支出持续增加，由 2012 年的 318.03 亿元增加到 2018 年的 566.65 亿元。居民收入增长与经济增长同步，城乡居民收入比 2010 年翻了一番。随着居民收入的稳步增加，居民消费层次明显升级，城镇居民人均生活消费支出从 2012 年的 14067 元提高到 2019 年的 24261 元，农村居民人均生活消费支出从 2012 年的 5633 元提高到 2019 年的 11465 元。恩格尔系数持续下降，教育、医疗保健、交通通信、娱乐、教育文化等方面的消费增长迅速。区域综合医改试点成效明显，银川市、石嘴山市和吴忠市国家城市医联体综合医改建设启动，基本医疗保险、大病保险、医疗救助制度实现全覆盖，五级医疗卫生服务体系不断完善。在西部地区率先实现县域义务教育基本均衡发展。

三 黄河流域宁夏段的难题挑战

宁夏建设黄河流域生态保护和高质量发展先行区，既面临着重大国家战略带来的机遇，也面临着生态环境保护治理任务依然艰巨、生态保护和经济发展矛盾依然突出、产业结构不合理、经济发展后劲不足等难题挑战。

（一）生态环境保护治理任务依然艰巨

由于宁夏特殊的地理位置、气候特征、地形地貌、土壤条件及经济结构，加之长期受到农业生产、能源矿产资源开发利用和其他人为活动的影

---

① 宁夏回族自治区统计局、国家统计局宁夏调查总队：《宁夏回族自治区 2019 年国民经济和社会发展统计公报》，2020 年 4 月。

响，宁夏的生态环境问题既有全区的共性问题，也有依据不同主体功能区的个性化问题。

1. 全区共性的生态环境问题

全区共性的生态环境问题突出表现在水资源和水环境保护方面，具体表现在以下三个方面。

一是水资源总量不足，用水结构不尽合理。宁夏降水稀少，多年平均降雨量为 300 毫米以下，不足黄河流域平均值的 2/3 和全国平均值的一半，多年平均年径流深是全国均值的 1/15，属严重的资源型缺水地区，且分布极不均匀，由南向北递减。据自治区相关部门测算，目前宁夏的缺水量是 4.3 亿立方米，预计到 2025 年缺水 4.71 亿立方米，到 2035 年缺水量将达到 12.84 亿立方米。同时，宁夏的用水结构还不尽合理，农业灌溉用水占总用水量的 93.1%，而全国平均为 68%；工业用水量仅占 4.5%，远低于全国和黄河流域平均水平。农业内部用水结构也不合理，引黄灌区高耗水作物所占比例偏大，亩均灌溉用水量 974 立方米，是全国平均的 2 倍。

二是水土流失依然严重。宁夏是全国水土流失比较严重的省区之一，目前水土流失面积 1.61 万平方公里，占全区面积的 24.2%。土地荒漠化和草原退化等是造成宁夏水土流失的主要原因，许多河流是"一碗水半碗沙"，同心县境内的清水河支流折死沟 1964 年 1 立方米河水中含沙 1.58 吨，"一碗水全是沙"。近 35 年来宁夏境内水土流失泥沙年平均输送量 3058 万吨，这些泥沙，一部分淤积在区内各库坝、沟渠、湖泊、湿地、农田等，一部分直接进入黄河干流，沉积在河道河滩，或输向黄河下游。

三是水源涵养退化。习近平总书记曾明确指出，水稀缺的一个重要原因是涵养水源的生态空间大面积减少，盛水的"盆"越来越小，降水存不下、留不住。从宁夏来看，主要原因就是湿地萎缩和草原退化。宁夏原本是湿地资源丰富的地区，新中国成立以来围湖造田、退湿建城，湿地面积不断压减萎缩，从 1949 年的 510 多万亩下降到 2018 年的 310.8 万亩。银川市历史上有"七十二连湖"之称，20 世纪 50 年代有湖泊数百个，湿地面积超过 80 万亩，这些湖泊绝大多数是因黄河自然摆动和农田退水形成的。与此同时，草原面积也大幅减少，在 20 世纪 80 年代宁夏的草原面积还有 4500 万亩，名列全国十大牧区，但到目前为止草原减少了 1368 万亩，草原类型也由 20 世纪 80 年代的 11 大类 353 型，减少到 2018 年的 6 大类 145 型，9 成以上的天然草原依然存在不同程度的退化。

2. 不同主体功能区的突出生态环境问题

一是城市化地区的突出生态环境问题是能源矿产资源开发带来的生态环境问题。宁夏的城市化地区主要是宁夏沿黄城市群，宁夏沿黄城市群处于宁夏煤炭等能源矿产资源富集的地区，长期以来，大规模超强度的粗放型资源开发利用模式，一定程度上破坏和影响了地貌景观，影响了土地的合理使用，加剧了局部地区的土地沙化，也造成了一定程度的水土流失。尤其是一些露天开采行为使植被遭到一定程度的破坏，造成多处崩塌地质灾害隐患，对周边农田、村庄、道路设施和居民的生命财产安全构成威胁。

二是重点农产品主产区的突出生态环境问题是土壤环境问题。由于宁夏重点农产品主产区同时也是主要的城市化地区所在的宁夏沿黄城市群，该区域也是宁夏的重要能源矿产资源地区，一方面是土壤重金属背景值较高；另一方面，长期以来，该区域是重点农产品主产区，由于化肥农药的过度使用，不仅造成了一定程度的土壤污染、水体污染、大气污染，而且加速了土壤板结、地力下降、有益生物减少。

三是重点生态功能区的突出生态环境问题是水土流失和水源涵养功能不足。宁夏的重点生态功能区主要集中在中南部地区，由于该区域先天生态环境极为脆弱，水土流失和水源涵养不足的问题依然突出。中部干旱带长期形成的富钾富硒土地具有固土固沙的作用，但近年来不合理的开发，破坏了沙地表面稳定的硬壳层，增加了水分的蒸发，加速了沙化；南部山区还有很多25 度以上的坡耕地，耕种粮食靠天吃饭，遇到大旱连种子都收不回来，还引发了水土流失，降低了水源涵养功能。

（二）生态保护与经济发展的矛盾依然突出

多年来，宁夏依靠资源开发、能源利用、项目投资拉动经济增长，在一定程度上存在重投入轻产出、重速度轻效益、重总量轻质量，产业结构倚重倚能倚煤，导致资源利用效率低、效益差，大量的资源被浪费，加重了资源环境的负担。在土地资源方面，全区 23 个工业园区亩均投资强度 205 万元，仅为全国的 35.8%；土地亩均产出强度 99.8 万元，仅为全国的 11.4%；亩均税收 5.1 万元，仅为全国的 11.7%。在能源利用方面，全区 50.6% 的煤炭直接用于燃烧发电，12.9% 的煤炭用于炼焦加工，只有 30.6% 的煤炭用于精细化工。2018 年全区每度电的产出 3.48 元，是全国平均水平的 26.4%；每吨煤的产出 5189 元，是全国平均水平的 26.7%。在水资源方面，农业灌溉水占比高，远高于全国平均水平，全区大部分地区大水漫灌；工业高耗水项目多，全区万元 GDP 耗水量 178.6 立方米，在黄河流域九省区中排倒数第 1 位。

（三）产业结构不尽合理

与全国和黄河流域其他省区相比，宁夏的经济发展主要还是依靠第二产业（见图 1），而第二产业突出表现为"倚重倚能"的特征，即重工业偏重，轻工业偏轻，目前，宁夏的轻工业占比为 19%，远低于全国的平均水平。煤炭、电力、原材料等高耗能产业占全区工业的 75% 以上。制造业贡献度较低，制造业总产值占全部工业的 60%，低于全国平均水平 26 个百分点。[1] 宁夏的初级产品、原材料产品的比重大，高新技术产业占比不高，产业链条短，产业配套有待形成，缺少在全国具有较大影响力的品牌，工业总体经济效益低于全国平均水平。现代服务业发展不足，突出表现为现代物流网络布局不合理，缺少有较强影响力的专业化、标准化的物流中心和物流园区；金融服务体系不健全，服务水平与效率较低；以研发设计、咨询服务、环境监测、认证评估为主的生产性服务业发展滞后；尤其是与绿色发展相关的生态环境修复、环境风险评估与损害评价、排污权交易、绿色认证等新兴环保服务业基本上处于空白。

---

[1] 张廉、段庆林、王林伶主编《黄河流域生态保护和高质量发展报告（2020）》，社会科学文献出版社，2020，第 154 页。

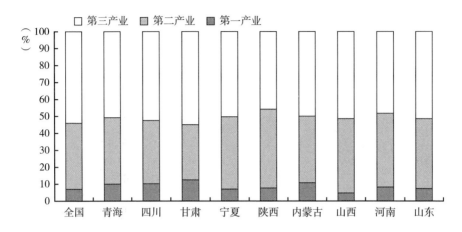

图1　2019年全国和黄河流域九省区三次产业构成

资料来源：根据国家和黄河流域九省区《2019年国民经济和社会发展统计公报》整理。

（四）经济发展动力后劲不足

经济发展动力后劲不足突出表现在宁夏的地区生产总值占全国GDP的比重呈现下降的态势，1999年宁夏GDP占全国的比重为0.29%，2005年上升到0.42%，上升了0.13个百分点，而从2015年开始下降，到2019年下降到0.38%，下降了0.04个百分点。[①]究其原因，还是经济发展方式粗放，创新领域模仿较多，原创性的成果较少，基础研究薄弱，高层次人才稀缺。尤其是在科技创新能力上还比较薄弱，科学技术水平不高，综合科技进步指数在全国31个省区市中排名第21~27位。[②]

（五）开放不足是制约宁夏发展的突出短板

虽然改革开放以来，宁夏的对外开放有了长足的发展，但从目前来看，

---

① 杨丽艳：《基于空间治理的黄河流域高质量发展研究——以宁夏为例》，《北方经济》2020年第12期。

② 张廉、段庆林、王林伶主编《黄河流域生态保护和高质量发展报告（2020）》，社会科学文献出版社，2020，第154页。

出口的产品仍以原材料、初加工产品为主，产品质量和附加值不高等问题尚未得到根本解决，竞争优势不强。尤其是 2018 年以来由于受中美贸易摩擦和宏观经济下行压力的综合影响，宁夏进出口总额增速呈现持续下降的态势，由 2017 年的 50.55 亿美元下降到 2019 年的 34.88 亿美元（见图 2）。

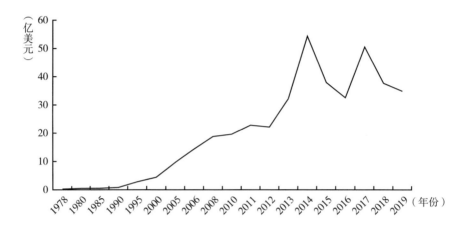

图 2　1978～2019 年宁夏进出口贸易总额

资料来源：宁夏回族自治区统计局、国家统计局宁夏调查总队《宁夏统计年鉴 2019》《宁夏回族自治区 2019 年国民经济和社会发展统计公报》，2020 年 4 月。

四　推动黄河流域宁夏段发展的对策建议

推动黄河流域宁夏段的发展，要以建设黄河流域生态保护和高质量发展先行区为重点，始终把中央的决策部署与宁夏的实际紧密地结合起来，着眼于黄河流域经济社会发展全局，以生态保护为基础，以水旱灾害治理为重点，以高质量发展为落脚点，统筹推进宁夏先行区建设。

（一）聚焦"五个区"的战略定位，建设好黄河流域生态保护和高质量发展先行区

建设黄河流域生态保护和高质量发展先行区，重点要围绕建设河段堤防

安全标准区、生态保护修复示范区、环境污染防治率先区、经济转型发展创新区、黄河文化传承彰显区的战略定位，汇聚推动先行区建设的巨大力量，为宁夏未来发展赢得机遇，抢占先机。

1. 建设好黄河流域河段堤防安全标准区

河段堤防安全是保障黄河安澜的基础性工作，要按照一般河段 50 年一遇、城市河段 100 年一遇、银川河段 200 年一遇的防洪标准，推进黄河宁夏段堤防工程达标的要求，[①] 建设黄河流域河段堤防安全标准区。

一是提高两岸堤防建设安全标准，消除堤防安全隐患。坚持堤路结合、功能融合，有效提升堤防防洪防凌能力，实现防洪保障线与生态景观旅游线的有机统一。加快建设黄河右岸银川至石嘴山段标准化堤路，补齐堤防空白，形成堤防闭环，消除堤防安全隐患。

二是加强河道护岸控导整治，确保黄河健康安澜。坚持疏导结合，加强黄河薄弱堤岸和隐患河段治理，提升主槽排洪输沙功能，有效控制游荡性河段河势。加强风险隐患排查，建立常态化排查机制，全面掌握风险，及时消除隐患。加快险工险段治理，推进丁坝、人字垛及护岸工程建设，综合整治隐患河湾，有效控导主流、稳定河势、护滩保堤。实施河道疏浚工程，创新泥沙综合处理技术，探索泥沙资源化利用新模式。

三是持续推进滩区综合治理，建设美丽流域。加快恢复河岸滩地湿地，连通内外水系，加强滩区湿地生态保护修复，打造河道水生态带、滩涂湿地生态带。深入推进滩区综合整治，加强滩区水源和优质土地保护修复，建立"四乱"常态化治理机制。

四是提高城市防洪标准，确保流域城市安全。以黄河主干流经的中卫、吴忠、银川、石嘴山四个城市区域为重点，统筹城市建设与河湖湿地建设，加快完善防洪工程体系，确保城市安全。加大降水积蓄工程建设力度，充分利用自然洼地、生态湿地、水保工程等，综合采取"导、蓄、滞、渗、净、

---

① 《中共宁夏回族自治区委员会关于制定国民经济和社会发展第十四个五年规划和二〇三五年远景目标的建议》，《宁夏日报》2020 年 12 月 14 日。

用、排"等措施，收集、贮存、处理、使用降水。建设城市排涝工程，持续推进海绵城市建设，构建自净自渗、蓄泄得当、排用结合的城市良性水循环系统。

2. 建设好黄河流域生态保护修复示范区

黄河流域生态保护修复是一项复杂的系统工程，它包括山水林田湖草沙等多种生态要素，涵盖生物多样性保护、流域水环境保护治理、矿山生态环境治理恢复、土地整治等多个领域，涉及自然资源、水利、林业与草原、农业农村、生态环境等多个部门职能。宁夏建设黄河流域生态保护修复示范区，要坚持以自然恢复为主，以人工修复为辅，突出规划引领，分区分类施策，增强生态系统的安全性、稳定性，给自然生态留下休养生息的时间和空间。

一是优化生态空间布局。坚持人口资源环境相均衡的原则，划准划优划实生态保护红线、永久基本农田、城镇开发边界"三条控制线"，用规划管活动、保自然、促修复。加快建立规划体系，完善自治区、市、县（区）三级国土空间规划体系，落实自治区生态保护红线管理条例，开展定期评价和保护成效考核，严惩重处突破红线的开发建设行为。加快建立自然保护地体系，开展自然保护地摸底调查和资源评估，整合优化和勘界定标。完善自然公园公共服务基础设施，健全管理体制和发展机制。

二是提升水源涵养能力。持续推进大规模植树造林，着眼于涵水、蓄水、保水功能，因地制宜封山育林、人工造林，集中连片营造农田防护林、防风固沙林、水源涵养林、水土保持林、生态经济林，在黄河支流水源涵养区开展退化草原植被修复，在黄河支流两岸水土保持区开展荒漠化草原治理，持续增强草原水源涵养功能。严格保护地下水资源，开展水源地保护专项行动，强化地下水超采区的治理。

三是提升水土保持能力。在南部山区大力开展小流域综合治理，实施中小河流和病险水库除险加固工程，建设以梯田和淤地坝为主的拦水减泥体系，推进黄土塬区固沟保塬、坡面退耕还林还草，支持固原市大力发展林草产业。在中部干旱带实施草灌结合水土保持生态工程，推行用地养地结合、合理轮作倒茬耕作方式。在引黄灌区建设高标准农田防护林网，新建、改造、提升黄河护岸林，实施退化土地治理工程，有效治理盐碱耕地。

3. 建设好黄河流域环境污染防治率先区

环境污染防治是积极回应人民群众所想、所盼、所急的重大社会问题。建设黄河流域环境污染防治率先区就是要继续打好蓝天、碧水、净土保卫战，建立健全污染防治长效机制。

一是稳定大气治理成果。以空气质量明显改善为刚性要求，全地域全时段全过程推进"四尘同治"，完善联控联治联防机制，有效应对重污染天气。控治煤尘，实行煤炭消费总量控制，实施清洁能源替代工程，全面推进煤炭清洁高效利用。加快推进火电、钢铁、焦化、冶金、水泥等重点行业排放提标改造，推进秸秆资源化利用。完善绿色交通基础设施，提升城市建成区道路机械化清扫率。

二是全面治理水体污染。按照减量排放、截污纳管、排放达标的目标要求，统筹推进饮用水源、黑臭水体、工业废水、城乡污水系统治理，持续改善水环境。推动重点行业强制性清洁生产，从严落实工业排污许可制度，清理整顿黄河岸线内列入负面清单的产业和项目。加强饮用水源保护，实施化工企业集聚区地下水污染防控专项行动，协同防治土壤、地下水与地表水污染，确保饮用水源安全。

三是有效防控土壤污染。健全土壤监测网络体系和法规标准体系，建立污染地块清单和优先管控名录，突出重点区域、行业和污染物，强化风险管控。严控工矿污染，强化企业用地环境风险管控，推进建设用地准入管理，深化"清废行动"，提升工业园区一般固废集中处置能力。治理农业污染，推进农用地分类管理，持续推进农村人居环境整治和农业面源污染治理。推广使用可降解农膜，建立完善农用残膜回收利用机制。推进城市生活垃圾分类处置和资源化利用，完善垃圾焚烧、无害化处理设施，整治非正规垃圾填埋场。

4. 建设好黄河流域经济转型发展创新区

经济转型发展是实现黄河流域高质量发展的应有之义。建设经济转型发展创新区就是要坚定不移地贯彻落实新发展理念，把资源节约和生态保护融入高质量发展全过程、各领域，在节约、综合、高效利用资源上持续发力，在推进供给侧结构性改革上展现欠发达地区新作为。

一是加快产业结构优化升级。大力实施结构改造，围绕调优种养业结构，以龙头企业为依托，以产业园区为支撑，以特色发展为目标，建设黄河流域现代农业高质量发展示范区。围绕调新制造业结构，严控资源消耗大、环境污染重、投入产出低的行业企业发展，建立"散乱污"企业整治长效机制，加快淘汰低端落后产能，妥善处置"僵尸企业"，实现制造业结构再造。

二是加快新旧动能转换。加快推进科技创新，深化科技体制改革，突出企业主体地位，充分运用市场机制，完善以需求为导向的项目形成机制。支持企业柔性引才引智，鼓励企业建立新型研发机构，大力培育高新技术企业，积极引进先进适用技术成果和关键核心设备，探索区外聚才创新、区内转化应用有效路径，有效聚合区内外创新资源开展协同攻关，助力产业转型。加快推进模式创新，以"5G＋""互联网＋""机器人＋""标准化＋"融合应用为重点，运用大数据、人工智能等新技术对生产、流通、分配、消费环节进行改造赋能，积极推进服务模式、商业模式、制造模式创新。加快推进业态创新，积极跟进消费升级需求，大力推动金融、物流、科技服务、信息服务等生产性服务业向专业化、高价值延伸，支持推动全域旅游、现代商贸、家政服务、养老托幼文化产业等生活性服务业向多样化、高品质升级，大力发展旅游经济、假日经济、夜间经济、网络经济，促进现代服务业做大做优。

三是加快开放发展步伐。坚持对内开放和对外开放相结合，积极融入国内大循环，主动参与国际国内双循环，加快构建内外结合、东西联动、多向并进的开放新格局。从经济角度出发办好中阿博览会，加快银川综合保税区与河东国际机场融合发展，培育建设临空产业集聚区。加强区域合作，拓展与陕西、甘肃、内蒙古等毗邻省区的合作，加强与黄河"几"字弯城市及黄河流域各省区的互动协作，加强与京津冀、长三角、粤港澳大湾区的交流合作，增强区域发展的协同性和联动性，营造对外开放发展新优势。

5. 建设好黄河文化传承彰显区

把黄河文化遗产作为重要资源，保护好、传承好、弘扬好宁夏的黄河文化、红色文化、农耕文化、水利文化等，深度挖掘黄河文化的时代价值，讲好黄河故事，展示宁夏形象。

一是深度挖掘黄河文化价值。加强对黄河宁夏段历史文化遗产的研究和利用，用社会主义核心价值观阐释黄河文化的精神内涵，系统梳理黄河宁夏段文化发展脉络历史遗产遗存、文化特征特色，深入挖掘黄河文化蕴含的时代价值，形成一批高质量的研究成果。

二是保护好黄河文化遗产。开展黄河流域文化资源普查，全面摸清文物古迹、非物质文化遗产、灌溉工程遗产、农业文化遗产古代典籍等重要文化遗产底数，建立黄河文化遗产资源库。加大对贺兰山岩画、长城、水洞沟遗址、开城遗址等文化遗产的整体性保护和修复力度，推动西夏陵申报世界文化遗产，推进姚河塬古遗址发掘和保护工作，加强引黄古灌区、古村镇等文化遗产保护，对濒危遗产遗迹遗存实施抢救性保护，健全非物质文化遗产保护制度，推动戏曲、民俗、传统技艺等非物质文化遗产产业化。

三是发展好黄河文化旅游。以建设国家全域旅游示范区为载体，把全区的景区景点作为一个整体规划建设，统筹全区旅游资源，做好黄河景观、黄河生态、黄河文化融合重组、挖掘转化、放大增值的文章，打造在全国有影响力、在世界有知名度的宁夏黄河文化旅游带。推进文旅多元融合发展，把文化旅游与生态建设、美丽乡村、特色产业、健康养生等结合起来，综合利用山水林田湖草沙生态要素，有效衔接红色文化资源，有机融入酿酒葡萄、枸杞等特色产业，精准对接市场需求，大力推进文化旅游产品创新、业态创新、模式创新，打造多样化、多层次的生态观光游、红色主题游、休闲康养游、乡村酒庄游、科普研学游，使"塞上江南·神奇宁夏"的品牌多点散射、多方聚客。

（二）充分发挥"一河三山""一带三区"总体布局的空间效应，加快形成区域协调发展新格局

国土空间作为高质量发展的空间载体，与经济社会的高质量发展相辅相成。宁夏根据自身区情特点，创新性地提出了以"一河三山"生态坐标构

建"一带三区"的生态生产生活总体布局（一河三山：黄河和贺兰山、六盘山、罗山；一带三区：黄河生态经济带和北部绿洲生态区、中部防沙治沙区、南部水源涵养区）。通过发挥"一河三山""一带三区"总体布局的空间效应，形成主体功能明显、互促联动、相得益彰、良性循环的区域协调发展新格局。

1. 精心呵护黄河母亲河

宁夏作为黄河上游的重要一段，既要保障黄河宁夏段的安全，又要主动维护黄河下游流域的安全，需要把黄河流域作为一个有机的复合系统，强化全域化、系统化、综合化保护和治理。

一是树立"一盘棋"思想。树立"一盘棋"的思想，就是把宁夏自身发展放到黄河流域协同发展的大局中，从生态系统的整体性和黄河流域的系统性着眼，把黄河流域作为一个有机的复合系统统筹考虑，统筹山水林田湖草沙生态要素，抓好黄河沿线生态修复，实施湿地治理、河流生态系统修复工程，推进生态调水和生态补水。以水质保护为重点，突出保护水资源、防止水污染、改善水环境，修复水生态、治理水灾害、强化水监管，认真贯彻把水资源作为最大刚性约束的要求，坚持节水为重，坚决抑制不合理的用水需求，还水于河，以节约用水扩大发展空间。全面推进完善河湖长制，加快完善河湖长制组织体系，强化河湖长履职，确保每条河湖有人管、管得住、管得好。

二是坚持共同抓好大保护、协同推进大治理。对于宁夏而言，就是要担负起筑牢黄河上游生态屏障的政治责任，明确生态保护的红线底线，守好改善生态环境生命线。坚持以源头污染治理为关键，以入黄排水沟、生产生活废水污水治理为重点，以两岸堤防泄洪疏浚工程、河道和滩区综合提升治理工程建设为基本，确保黄河长治久安。建立黄河流域宁夏段区域统筹机制，优化黄河流域宁夏段人口空间结构，统筹黄河流域宁夏人口与经济社会发展、资源、环境之间的关系，形成主体功能明显、优势互补的区域经济布局。加强黄河堤防建设和河道整治，保证防洪安全，充分发挥黄河河道的综合效益，推动黄河流域生态保护和高质量发展迈出更大步伐。

2. 筑牢"三山"生态屏障

筑牢贺兰山、六盘山、罗山生态安全屏障是一项系统工程，既要坚持统一行动，又要分类施策，以提升"三山"生态系统的质量和稳定性为主攻方向，突出整体性保护、系统性修复、综合性治理，精准施策，统筹协调。

一是立足全局观念做好整体性保护。坚持把贺兰山、六盘山和罗山作为黄河上游宁夏段的一个整体生态系统，突出山地自然生态系统、生物多样性及其栖息地、水源涵养林和典型自然景观等重点保护对象，采取更加严格的措施，实施一体化保护，维护生态系统平衡。坚决拆除保护区内各类生产生活设施设备、永久封闭矿井、违法违章建筑等。持续巩固封山禁牧、封山育林成果，深入实施贺兰山、六盘山和罗山天然林保护工程。开展动植物状况及变化趋势的监测调查，建设"三山"动植物大数据库，加大重点和稀有动植物资源的保护力度。

二是立足系统原则强化综合性修复治理。按照山水林田湖草生命共同体理念，坚持山上山下修复并重，标本兼治，综合治理，通过修山、增绿、固沙、扩湿、整地等多种措施，不断强化自然生态本底。科学制定"三山"生态保护修复与治理方案，因地制宜实施封山育林、退牧还林，加强水源涵养林、防护林建设和退化林修复；加强防风固沙体系建设，加强水土流失预防，加强珍贵稀有动植物资源及其栖息地保护，逐步恢复"三山"自然生态面貌。坚持自然恢复为主，生物措施与人工措施相结合，实施封山禁牧、退耕还林等工程，稳步推进自然保护区生态系统修复。

三是立足法治思维严格制度保障。严格执行法律规范，落实宁夏关于"三山"生态环境整治工作方案，履行好保护区管理职责，更好地保护监管好贺兰山、六盘山、罗山生态环境安全。强化跨部门、跨地区生态环境联合执法，严查严惩违法犯罪行为，保持高压整治态势，让违法违规者付出代价。健全以绿色为导向的发展考核评价机制，严格执行领导干部自然环境离任审计、环境保护问责和终身追究等制度。

3. 打造黄河流域生态保护和高质量发展先行区的核心带

黄河生态经济带无论从战略地位、产业基础、生态功能、政策供给上，都具有明显的发展优势，是宁夏经济社会发展的重要引擎，具备打造黄河流域生态保护和高质量发展先行区核心带的基础条件，需要持续用力，久久为功。

一是守好生态优先底线和绿色发展底色。以呵护好黄河母亲河和保护好贺兰山父亲山为重点，从全局角度寻求新的治理之道，大幅度增加生活中的绿色空间、生态屏障。以提高全要素生产率为重点，构筑以银川都市圈为核心，以沿黄城市带为支撑，以沿黄河、沿交通干线为主要产业带，以园区为载体的产业差异化发展格局，建立健全全覆盖、全区域、全类型的国土空间用途管制机制，给人类活动划出不可逾越的"高压线"。

二是推进水资源利用由粗放向节约集约转变。摒弃以往水资源利用上的大水漫灌的粗放式用水模式，转向精准滴灌的量水而行的用水模式。坚持节水优先，把节水作为水资源开发利用的前提，推进农业节水增效，完善节水灌溉设施，普及推广高效节水灌溉技术，适度实施农作物轮作休耕。实施工业节水减排，大力推进工业水改造，积极推行水循环梯级利用，推动高耗水行业节水增效，形成"低投入、低消耗、低排放、高效率"的节约型增长模式。加强城镇节水降损，以海绵城市试点建设为重点，全面推进节水型城市建设。

三是实施创新驱动发展战略加快转型发展步伐。强化企业创新主体地位，鼓励企业成为技术创新、产品创新、商业模式创新、组织管理创新的主体，持续优化创新环境，聚焦特色农业、绿色食品、清洁能源、文化旅游等重点特色产业，推进传统优势产业的智能化、清洁化改造。充分挖掘区域内的自然地理及人文资源，大力发展以旅游业为引领的第三产业，打造黄河生态经济带文化旅游走廊。准确把握宁夏黄河生态经济带的农业特色及优势，依据全区农业整体布局，调整优化该区域农业生产力布局和产业结构调整，创建一批国家级现代农业示范区和有机产品认证基地，打响宁夏优质绿色农产品品牌。

四是构建跨区域协作长效机制。打破"梯度发展"的"惯性思维"模式，勇于成为制度供给的"改革先行者"。加强自治区级层面的统筹，加快建立沿黄四市"多规合一"、市场联动的区域市场一体化发展新机制，促进要素在区域间充分自由流动，形成区域竞争新优势。通过统筹谋划产业发展、基础设施建设、生态保护和服务保障，建立生态补偿、横向转移支付等跨区域发展机制。全面提升跨区域交通、通信、电网、管道等基础设施水平，增强沿黄各地区之间的连接性和通达性，为开展区域合作提供坚实的物质基础，进一步拓展区域合作空间。

4. 统筹推进"三区"建设

形成区域协调发展新格局，要从"三区"的自然禀赋差异出发，尊重自然规律和经济规律，坚持生态优先、绿色发展，使北部绿色发展区承载更多的产业和人口，增强创新发展动力；中部封育保护区和南部水源涵养区得到有效保护，创造更多生态产品，统筹推进"三区"发展。

一是建设北部绿色发展区。发挥黄河自流灌溉和贺兰山生态屏障的自然优势，加快传统资源型产业绿色化改造，建设沿黄特色农业长廊，推动资源要素向高端、智能、绿色领域转移。积极发展新兴产业，扶持新技术、新产业、新业态、新模式"四新"经济加快发展，促进互联网、智能制造和产业发展深度融合。大力发展现代物流、金融、研发设计等现代服务业，构建北部绿色发展区旅游协同发展联盟。

二是建设中部防沙治沙区。坚持生态环境建设与资源开发、区域经济发展相结合，以干旱风沙区和罗山自然保护区为重点区域，加强自然保护区生态修复，深入实施退耕还林、退牧还草、围栏补播和防沙治沙等工程，科学固沙防沙治沙，以围栏封育为主，适度造林，因地制宜建设乔灌草相结合的防护林体系，改善生态系统。合理安排经济布局，优化产业结构，加快产业结构优化升级和经济结构调整，因地制宜发展林果业和沙产业。

三是建设南部水源涵养区。突出生态保护和水源涵养的要求，强化黄河支流水岸同治，由以往河流治理侧重于单一的防洪和供水，转向流域空间上水岸同治，开展流域河道堤岸整治、清淤疏浚、截污治污、水景营造等综合治理，依据流域地方特点，开展相关流域黑臭水体整治、农业面源污染整治、固体废物排查等综合整治。坚持生态保护与乡村振兴有机结合，依托良好的生态环境，以绿色生态循环农业试验区建设作为突破口，按照"规划先行、因地制宜、分类施策、种养结合、生态循环、重点建设"的要求，以发展肉牛、马铃薯、冷凉蔬菜、生态旅游等优势特色产业为重点，培育一批大型绿色生态循环农业企业，实现养殖业、种植业、林果业和农产品加工业的组团经营，形成一批技术优良、设施齐全、机制完善、绿色环保的绿色生态循环农业示范区。

（三）瞄准率先突破的领域，最大限度发挥黄河流域生态保护和高质量发展先行区建设的引领作用

建设黄河流域生态保护和高质量发展先行区是一项复杂的系统工程，必须树立系统思维，既要注重系统性、整体性和协同性，又要坚持从国家战略、站位流域全局、担当宁夏责任的结合上，选准率先突破的领域，最大限度发挥黄河流域生态保护和高质量发展先行区建设的引领作用。

1. 在建立水资源节约集约利用机制上率先突破

水资源是制约宁夏发展的最大瓶颈问题，节约集约利用水资源，宁夏有基础、有空间、有条件，可以围绕这些方面实现率先突破。

一是完善"三生"（生态、生活和生产）用水权调配制度。在农业方面，坚持以水定地、适水种植，统筹粮食安全和农业生态效应，压减水稻等高耗水作物规模，保障酿酒葡萄、枸杞、奶牛等特色优势产业，推动农业用水占比逐步优化，将节约出来的农业用水用于效益更高、需求更强的领域；工业方面，坚持以水定产、量水生产，严控高耗水、高耗能产业发展规模，降低用水强度，优先保障新材料、电子信息、清洁能源等优势特色产业用水。生态方面，坚持人水相宜、绿色安全，合理划分生态用水指标，最大限度留足人工绿洲生态用水量，全力做好重点天然湖泊合理生态补水，加大治理河道无序取水，保障河流基本生态水量。

二是切实落实节水主体责任制。以农业和工业为重点，完善总量控制、逐级分配、定额管理的水权分配模式，建立精准合理、公平均衡、归属清晰的水权确权机制。建立节水主体享有节余水权收益的机制，农业用水户因节水改造或种植结构长期调整形成的用水权"富余量"可进行中长期交易。

三是着力形成多途径节水投入机制。完善水权市场化交易体系建设，通

过确权明责、入市交易，形成资源有价、使用有偿、节约有效的价值导向。创新节水改造及用水权收储交易投融资方式，建立"合同节水＋水权交易"等新模式，鼓励引导社会资本参与节水改造工程建设及运行养护。鼓励非常规水利用，建立非常规水价格补贴制度，逐步实现非常规水水价低于或持平常规水源水价。

2. 在加快构建环境污染系统治理机制上率先突破

污染防治是黄河流域生态保护和高质量发展的难点所在。近年来，宁夏深入谋划污染防治和信息化监管等制度建设，加快推进"三线一单"管控、排污权交易、污染联防联控等相关机制，但也存在一些需要重点突破的领域。

一是推行用能权有偿使用制度改革。科学设计用能权有偿使用制度，以兼顾公平和效益为基本原则，平衡现有产能和新增产能的利益，推动能源要素高效配置。推行以配额内的用能权免费为主，超限额用能有偿使用。用能权有偿使用的收入专款专用，主要用于本地区节能减排的投入以及相关工作的制度改革。

二是加快推行排污权有偿使用和交易制度改革。通过制定长期的不断缩减的污染物排放总量控制目标，推行排污单位在完成减排任务的前提下，通过污染治理、结构调整及加强管理等手段获得的富余排污指标，或因破产、关停、被取缔以及迁出本行政区域，其有偿取得的排污指标，可以通过排污权交易市场出让，逐步将污染物排放总量限制在环境容量之内。

3. 在加快探索生态保护修复模式上率先突破

宁夏虽小，但生态地位重要，保护责任重大。生态保护修复是一项长期过程、复杂工程、艰巨任务。在生态保护修复模式上可重点围绕以下方面实现率先突破。

一是完善土地要素的空间配置机制。坚持节约用地，严守永久基本农田，严管城镇开发边界，严格落实耕地占补平衡，鼓励工矿区土地复垦复用，严控新增建设用地规模，大力推行紧凑用地，在轻工业等行业大力推广多层厂房，进一步减小办公楼、园区道路用地占比，稳步提高工业园区的用地效率。

二是深化林地、草原承包经营制度改革。完善新一轮林地、草原生态保护补助奖励政策，建立林地、草原生态损害赔偿和责任追究制度，着力构建产权清晰、多元参与、激励约束并重的草原保护管理制度体系。

三是探索新型生态保护修复管理和运行新模式。可探索在自治区一级的生态环境部门设立联席会议办公室，负责具体的统筹工作的生态保护修复工程工作联席机制；成立以具体项目团队为支撑的项目管理专家团队，提供具体项目管理咨询与顾问服务。探索新型生态保护修复资金投入机制，优化县（市、区）生态保护修复的事权及支出责任，建立财政投入保障机制，完善生态环境保护成效与资金分配挂钩机制。同时，运用市场机制，鼓励生态保护修复项目采取 PPP 模式建设等多种方式，运用直接投资、运营补贴等办法，推动形成多元生态环保投入机制。

4. 在建立促进特色优势现代产业体系的制度机制上率先突破

现代产业体系是现代化经济体系的重点，是实现高质量发展和现代化建设的关键，也是塑造宁夏产业新优势的重要举措。因此，从制度机制上促进宁夏特色优势现代产业体系的发展尤为重要。

一是探索建立与构建优势特色现代产业体系相适应的土地制度。针对不同特色优势产业用地需求，探索建立更为明确的参考用途范围，以便对特色优势产业的用地进行分类管理。根据区域特色产业用地发展的特点，选择适当区位和难易程度相对较小的土地进行收储，探索建立与优势特色产业发展相适应的土地储备和供应制度。

二是完善与特色优势现代产业体系相适应的"引才""育才""用才"制度机制。引导优秀人才向特色优势产业、重点行业和企业集聚。实施专业人才培养计划，加大对专业型、技能型人才，尤其是高层次企业经营管理人才的培养力度。组建特色优势产业专家指导组，开展技术咨询服务。支持高校与企业合作，通过定向培养、项目合作等多种形式，加强行业人才培养。

三是实施节能技改财政奖励等激励政策，加快淘汰低端落后产能，推动发展循环低碳经济，以绿色制造典型示范为重点，促进特色优势产业高端化、绿色化、智能化、融合化发展。

B.9

内蒙古：走好以生态优先和绿色发展
为导向的高质量发展新路

张学刚　张祝祥　代丹丹*

摘　要：　本报告分析了黄河流域内蒙古段的发展概况和未来发展面临的环境，从流域协同发展的角度提出了黄河流域内蒙古段推动生态优先、绿色发展的相关对策建议。生态廊道方面，提出统筹生态修复和环境治理，严守生态红线，建设内蒙古沿黄绿色生态廊道；基础设施体系方面，提出建设衔接高效、安全便捷、绿色低碳的现代综合基础设施体系；现代产业走廊方面，提出走集中集聚集约发展的新路子，打造集聚度高、竞争力强、绿色低碳的现代产业走廊；创新能力方面，提出深化科技管理体制改革，提升科技创新能力、层次和水平；开放合作方面，提出服务和融入国家"一带一路"建设，打造我国向北开放重要桥头堡；协同发展体制机制方面，提出完善区域统筹发展的制度基础，推进区域统一市场建设，创新利益协调机制。

关键词：　生态优先　绿色发展　高质量发展　内蒙古

---

* 张学刚，经济学博士，中共内蒙古区委党校（内蒙古行政学院）经济学教研部主任、教授，研究方向为区域经济学、中国特色社会主义政治经济学；张祝祥，中共内蒙古区委党校（内蒙古行政学院）经济学教研部教授，研究方向为产业经济学；代丹丹，中共内蒙古区委党校（内蒙古行政学院）经济学教研部讲师，研究方向为金融学、区域经济学。

内蒙古沿黄地区是我国沿黄地区的重要组成部分[①]，全长800多公里，地处"黄河之腰"，是黄河干线流经最长的地区之一，也是内蒙古经济社会发展的核心区。对于内蒙古沿黄地区而言，实施《黄河流域生态保护和高质量发展规划纲要》，必须牢固树立绿水青山就是金山银山的发展理念，突出生态优先、绿色发展鲜明导向，系统谋划、分工协作，共同抓好大保护，协同推进高质量发展，让黄河成为造福人民的幸福河。

一 黄河流域内蒙古段的总体概况

内蒙古沿黄地区在我国沿黄地区中战略地位十分重要，处理好发展和保护的关系，走出一条生态优先、绿色发展为导向的高质量发展新路具有十分重要的意义。

（一）问题的提出

黄河流域横贯我国东中西三大地带，是全球重要的内河经济带之一，在我国发展大局中具有举足轻重的地位。从世界经济发展史看，内河经济带对一个国家或地区的发展具有十分重要的战略意义，其中统筹发展、协同发展是基本共识，也是成功案例中的重要经验。黄河流域的区域合作由来已久[②]，改革开放以来共召开28次联席会议，在生态建设、产业发展、基础设施建设等方面形成了初步的合作机制。近年来，国家为了统筹沿黄地区生态保护和高质量发展，相继实施了《青海三江源自然保护区生态保护和建设总体规划》《呼包银榆经济区发展规划》《晋陕豫黄河金三角区域合作规划》《呼包鄂榆城市群发展规划》《环渤海地区合作发展纲要》等规划，对

[①] 内蒙古沿黄地区主要由呼和浩特市、包头市、鄂尔多斯市、乌兰察布市、巴彦淖尔市、乌海市和阿拉善盟7个盟市共同组成。

[②] 1988年，由山东省牵头的黄河经济协作区第一次会议在青岛召开成立。目前，黄河经济协作区成员由山东、河南、山西、陕西、内蒙古、宁夏、甘肃、青海、新疆、新疆生产建设兵团和黄河水利委员会等9省区11方组成，土地面积和人口分别约占全国的1/2和1/4。

我国沿黄地区经济社会发展产生了深远影响。

内蒙古自治区党委和政府一直十分关注内蒙古沿黄地区的统筹发展和协同发展。① 经过多年努力，该区域经济实力不断增强，改革开放不断深化，社会事业不断进步，生态环境不断改善，推动高质量发展取得积极进展。2018年3月5日，习近平总书记于全国"两会"期间在内蒙古代表团的重要讲话中强调，黄河流经内蒙古800多公里，沿黄地区资源条件、基础设施、产业基础较好，要统筹谋划发展。习近平总书记的重要指示要求，为内蒙古沿黄地区优化资源要素配置、重构生产力空间布局，走好生态保护和高质量发展的新路子提供了根本遵循。新时代新阶段，内蒙古统筹沿黄地区发展，走好以生态优先、绿色发展为导向的高质量发展新路，是全面贯彻习近平总书记对内蒙古重要指示要求的重大战略举措，是全面实施国家《黄河流域生态保护和高质量发展规划纲要》的客观要求，是抓住用好我国实施重大区域战略的重要体现，是推动全区生态保护和高质量发展的有效途径，对于全面开启现代化内蒙古建设新征程具有重大而深远的意义。

（二）总体概况

内蒙古沿黄地区是以黄河历史冲积平原和冲积扇为基础，并向周边地区延伸扩展而形成的经济区域，主要由呼和浩特市、包头市、鄂尔多斯市、乌兰察布市、巴彦淖尔市、乌海市和阿拉善盟等7个盟市组成，行政区域土地面积52.3万平方公里，占全区总国土面积的44.21%。② 从生态地位重要性看，按照《全国生态功能区划（修编版）》③，内蒙古沿黄地区在全国生态

---

① 2010年以来，内蒙古自治区人民政府先后制定并实施《内蒙古以呼包鄂为核心沿黄河沿交通干线经济带重点产业发展规划》《内蒙古自治区以呼包鄂为核心沿黄河沿交通干线经济带重点产业发展详细规划》《内蒙古自治区以呼包鄂为核心沿黄河沿交通干线经济带重点产业发展若干政策规定》《呼包鄂城市群发展规划》《乌海及周边地区城镇规划》《呼包鄂协同发展规划纲要（2016~2020年）》。

② 根据《内蒙古统计年鉴2019》相关数据整理。

③ 环境保护部、中国科学院：《全国生态功能区划（修编版）》，2015年11月。

保护中"极重要"、"较重要"和"中等重要"地区面积占比很大,主要包括生物多样性保护极重要地区、生物多样性保护较重要地区、防风固沙极重要地区和防风固沙较重要地区。按照《全国主体功能区规划》,除河套—土默川平原区外,内蒙古沿黄地区绝大部分属于中度脆弱、重度脆弱和极脆弱地区,其中沙地防治区、沙漠防治区面积很大,同时人均可利用水资源量较少,是黄河上中游荒漠化和沙化土地最为集中的区域之一。从发展条件看,内蒙古沿黄地区处在全国城市化"两横三纵"战略格局包昆纵轴的北部地区,煤炭、油气、有色金属等能源矿产资源富集,风光资源充足,草原、沙漠、湿地、河流和长城、古城、遗迹等自然人文资源丰富,城市间资源互补、协作紧密,合作潜力很大;张呼高铁全线贯通,京藏、京新、荣乌、青银等高速公路和京兰、太中银等铁路横贯东西,包茂高速和包西铁路纵穿南北,建有呼和浩特市、鄂尔多斯市2个国际机场以及包头市、乌海市、乌兰察布市、阿拉善盟4个支线机场,现代交通枢纽正在加快形成;拥有呼和浩特市、包头市两个大城市和鄂尔多斯市、乌海市两座中等城市,一批小城市和小城镇正在加快发育;历史上农耕文明与游牧文明深度交融,人缘相亲、交流密切、认同感较强,近年来毗邻区域合作不断深化,城市间协同发展条件较好。从发展现状看,2019年内蒙古沿黄地区常住人口占全区常住总人口的50.1%,经济总量占全区经济总量的67.6%,一般公共预算收入占全区一般公共预算收入的50.3%,全体居民人均收入是全区平均水平的1.2倍,人均地区生产总值是全区平均水平的1.3倍(见表1)。

表1　2019年内蒙古沿黄地区经济社会发展概况

年末总人口 (万人)	经济总量 (亿元)	一般公共预算收入 (亿元)	全体居民人均 收入(元)	人均地区生产 总值(元)
1272.21	11640.65	1036.73	36635	91499.4

资料来源:根据内蒙古自治区统计局官方网站相关数据整理。

二 黄河流域内蒙古段的发展环境

区域发展是外部环境和内部条件综合作用的结果。近年来，内蒙古沿黄地区发展取得重大成就，未来发展基础更加坚实，但外部环境和内部条件都有新变化。

（一）发展成就

1. 生态环境质量持续改善

突出生态环境问题逐步得到解决，污染防治攻坚战取得阶段性成果。2019 年，空气质量达标率达 86%，黄河干流（12 个断面）水质总体评价为优，"两海"① 综合治理取得明显成效，土壤环境质量总体良好。② 近年来，大力实施国家重点生态修复工程，荒漠化土地面积和沙化土地面积都实现了"双减少"，库布齐沙漠多年来的治理成就获得了联合国环境奖，库布齐国家沙漠公园也被联合国确定为"库布齐国际沙漠论坛"永久会址。同时，这一区域也建成了一批绿色矿山、绿色园区和绿色工厂。

2. 产业结构持续优化

目前，内蒙古 75% 的发电量、绝大部分的煤化工、装备制造、农畜产品加工③、大数据等优势特色产业集中分布在这个地区，成为自治区产业发展的"排头兵"和"压舱石"。比如，建材工业已经形成以呼和浩特市、鄂尔多斯市、包头市为主体的产业布局，现代煤化工形成以鄂尔多斯市为中心，辐射包头市、乌海市的产业布局，农畜产品加工业形成以鄂尔多斯市羊绒、呼和浩特市"乳都"、乌兰察布市"薯都"、巴彦淖尔市绿色食品为主的极具地理标志特征的产业集群。

---

① "两海"是指乌梁素海和岱海，分别位于巴彦淖尔市和乌兰察布市。
② 内蒙古自治区生态环境厅：《2019 年内蒙古自治区生态环境状况公报》，2020 年 5 月。
③ 胡春华：《更好地促进西部七盟市统筹协调发展》，《实践》（思想理论版）2017 年第 7 期。

3. 改革开放持续深化

近年来，"放管服"改革不断深化，国资国企改革、电力体制和输配电价改革、牧区现代化和足球改革试点等一批重大改革任务取得明显成效。主动融入国家"一带一路"倡议，服务"中蒙俄经济走廊"建设，2019 年进出口总额达到 736.88 亿元，占全区进出口总额的 67.1%。① 目前，位于鄂尔多斯市的综合保税区开始封关运营，乌兰察布市"三乌"国际公路通道已经开通，七苏木保税物流中心（B 型）实现封关运营，国家物流枢纽建设取得重要成果。

4. 民生福祉持续改善

脱贫攻坚战取得历史性成就，截至 2020 年底贫困人口实现全部脱贫，贫困旗（县）、贫困嘎查（村）全部摘帽。全体居民人均可支配收入持续提高，2019 年农牧民人均可支配收入达 18758.1 元，城镇居民人均可支配收入达 43323 元。城乡社会保障体系基本建成并实现全覆盖，公共服务体系不断完善。义务教育实现基本均衡，重大疫情防控体系加快完善，城乡居民实现大病保险全覆盖。全面推进城市精细化管理，城市宜居水平进一步提高，农村牧区人居环境持续改善。

5. 基础设施保障能力持续提升

综合交通运输体系基本形成，接入全国高铁网，呼和浩特至张家口高速铁路顺利建成，建成呼包鄂"一小时"经济圈。域内旗县（区）全部通高等级公路，京新高速临河至哈密高速公路通车运营，呼和浩特新机场开工建设，包头机场完成改扩建。黄河内蒙古段二期防洪等重大水利工程建设顺利推进。呼和浩特地铁 1、2 号线一期工程建成运营。

（二）存在的问题

同时也要看到，内蒙古沿黄地区发展还存在不少突出短板和弱项，转方式、调结构、换动力、提质量紧迫艰巨，全面推进现代化建设任重道远。

---

① 根据内蒙古自治区统计局官方网站相关数据整理。

1. 发展和保护的矛盾仍然十分突出

内蒙古沿黄地区地处蒙西地区，除河套—土默川平原区外，绝大部分属于中度脆弱、重度脆弱和极脆弱地区，其中沙地防治区、沙漠防治区面积很大，人均可利用水资源量较少，是黄河上中游荒漠化和沙化土地最为集中的区域，生态环境总体脆弱，环境承载力和环境容量有限。同时，支柱产业主要集中在煤化工、精细化工、金属冶炼、电力等高载能、高排放、高污染行业，大气、水和土壤的污染防治问题十分突出，协调产业发展与生态治理、环境保护的压力十分巨大。

2. 产业同质化、低端化发展问题十分突出

区域内各类园区大多定位不清、规模不大、实力不强、产业雷同，主导产业不突出，协同产业不配套，上下游环节不匹配，企业关联度也不高，多数园区没有创新孵化、研发设计、市场营销、现代金融等新型服务业态。比如，近年来7个盟市中大多数盟市都把煤化工列为重点发展的产业项目，而且与周边榆林、银川等城市的产业结构高度相似，都将煤炭延伸产业作为地区产业发展重点，同质化竞争的情况较为严重。同时，7个盟市传统资源密集型产业比重过高而高新技术产业发展明显不足，总体上处于产业链和价值链前端环节，产业发展的富民效应和社会效应也较弱。

3. 发展动力活力亟须增强

消费潜力没有充分挖掘，项目建设多元化投入机制尚未形成。人口增速下降和外流现象并存，老龄化和劳动力供给不足矛盾突出。企业创新动力不足，高端人才短缺现象严重，高新技术企业数量偏少。改革红利有待全面释放，法治政府、诚信政府建设和营商环境优化还存在一些短板弱项。良好的区位、资源、生态优势尚未全面转化为发展优势，开放平台建设亟须进一步加强。

4. 基础设施和公共服务短板仍然突出

区域内各类开发区和工业园区普遍存在基础设施体系不健全和营商环境难以满足园区和企业发展需要的问题。比如，一些园区物流园、金融平台、专业化交易市场、电源保障、新型基础设施等设施不完善，对项目引进形成

很大制约。同时，由于7个盟市近年来财政收支压力和政府化债压力都比较大，客观上造成多年来公共服务投入严重不足，人民对美好生活的需要还没有得到有效满足。

5. 统筹协调发展的能力亟须提升

区域内事务协调不畅，不同地区分属不同行政区划管理，盟市间没有专门机构或人员负责协调发展工作，自治区层面缺乏健全和有效的议事机构和协调机制，在推动沿黄地区各项工作、协调解决问题上存在难度大、进度慢、周期长、效率低和各行其是的矛盾及问题。

（三）机遇挑战

世界百年未有之大变局正在加速演进，我国已转向高质量发展阶段，自治区正在奋力开创发展新局面，内蒙古沿黄地区发展面临的机遇和挑战并存，继续发展具有多方面优势和条件，到了实现更好发展的重要关口，也到了可以大有作为，为全区乃至我国沿黄地区发展作出更大贡献的重要时期。

1. 发展机遇

和平与发展仍然是时代的主题，人类命运共同体理念深入人心，我国经济社会发展持续向好，可以为内蒙古沿黄地区发展提供坚实有力的支撑。随着国家推进新一轮西部大开发，推动黄河流域生态保护和高质量发展，加快呼包鄂榆国家级城市群建设等重大国家战略的深入实施，内蒙古沿黄地区拥有多重叠加的发展机遇。新发展格局加快构建，国家黄河流域和自治区新发展战略思路和举措的确立，为内蒙古沿黄地区推动区位、生态、资源、产业等比较优势转化为发展优势创造了巨大空间。特别是习近平总书记近年来对内蒙古系列重要讲话重要指示批示精神，为内蒙古沿黄地区明确发展方向提供了根本遵循和行动指南。

2. 面临的挑战

全球产业链供应链受疫情影响面临重大冲击，世界经济可能进入低迷期，对内蒙古沿黄地区谋求发展外向型经济，提升经济外向度带来不利影响。发达地区经济增速有所回落，正逐步向能源原材料为主的上游地区传导压力，同时地区间围绕融入国内大循环的竞争也将日趋激烈，对内蒙古沿黄地区转方式、优结构、换动力提出更高要求。内蒙古沿黄地区工业发展仍以高耗能产业为主，生态环境建设历史欠账较多，随着国家节能减排、节水控水要求更为严格，经济社会发展面临生态文明建设与资源环境约束趋紧的双重压力。

综合研判，当前和今后一个时期，内蒙古沿黄地区发展仍处于并将长期处于多重战略的叠加期、转型升级的攻坚期、风险挑战的凸显期，机遇总体上大于挑战，要深刻认识我国社会主要矛盾变化带来的新要求，从实际出发创造性开展工作，走好高质量发展之路，奋力开创发展新局面。

三 黄河流域内蒙古段的构想布局

当前及未来时期，内蒙古沿黄地区要牢记嘱托、感恩奋进，努力实现发展理念、发展思路、发展战略、发展路径、发展方式的全方位变革，努力探索出一条符合战略定位、体现区域特色，以生态优先、绿色发展为导向的高质量发展新路子。[①]

（一）总体思路

坚持以习近平新时代中国特色社会主义思想为指导，全面贯彻习近平总书记关于黄河流域的重要讲话精神，全面落实党的十九届五中全会精神特别是习近平总书记对内蒙古重要指示要求，按照《黄河流域生态保护和高质量发展规划纲要》工作部署，立足新发展阶段，贯彻新发展理念，服务融入新发展格局，统筹推进"五位一体"总体布局，协调推进"四个全面"战略布局，坚持党的全面领导，坚持系统观念，坚持稳中求进工作总基调，以推动高质量发展为主题，以深化供给侧结构性改革为主线，以改革创新为

---

① 《建设人与自然和谐共生的现代化》，中国经济网，http：//paper.ce.cn/jjrb/html/2017 - 10/22/content_ 347047. htm。

根本动力，以满足人民群众日益增长的美好生活需要为基本出发点和根本落脚点，统筹发展和安全①，突出生态优先、绿色发展鲜明导向，加快建设现代化经济体系，在全面推进黄河流域生态保护和高质量发展中奋力书写内蒙古自治区沿黄地区发展新篇章。

（二）基本要求

1. 生态优先、绿色发展

以深化生态文明制度建设为契机，实施最严格的生态环境保护制度，注重生态安全屏障共商、共建、共享，共抓大保护，不搞大开发，全力打造内蒙古沿黄绿色生态廊道。坚持生态先行、绿色惠民，坚持一切经济社会活动都把生态环境保护和建设摆在前面，在保护生态条件下推进发展，统筹好发展和保护的辩证统一关系，坚定不移走资源节约、生态良好、人民富裕的发展之路。

2. 发挥优势、协同发展

依托交通区位、自然资源、产业基础、人文历史等优势，深化区内协作，加强与其他地区合作，强化区域间产业分工，促进产业有序承接和生产要素合理流动，推动产业转型升级，形成优势互补、互利共赢的发展格局。

3. 改革引领、创新发展

当好内蒙古全面深化改革的先行者，深化"放管服"改革，以优化营商环境为核心全面深化改革，协同推进重点领域和关键环节改革不断取得新突破，推动实现市场在资源配置中的决定性作用，更好发挥政府作用。坚持创新作为发展第一动力，协同推进"大众创业、万众创新"，不断提升转方式、调结构、促改革的内生动力和活力，推动内外双向开放，努力为全区发展起引领、带动和示范作用。

4. 系统谋划、整体联动

立足当下、着眼长远，做好顶层设计，发挥规划引导作用，既整体推

---

① 《中国共产党内蒙古自治区第十届委员会第十三次全体会议公报》，内蒙古日报网，http://szb.northnews.cn/nmgrb/html/2020－12/29/content_26600_136534.htm。

进，又重点突破，既做加减法，又做乘除法，统筹推进各地区各领域改革和发展。统筹好、引导好、发挥好沿黄地区各地积极性，形成统分结合、整体联动的工作机制。

（三）战略定位

1. 世界生态文明建设示范区

充分发挥好、利用好区域内沙漠治理和开发利用的示范引领作用，探索推进跨区域污染防治联动、生态补偿制度，加快"两型社会"建设，形成在世界范围内可复制、可借鉴的经验与做法，实现人与自然和谐相处，打造成为世界生态文明建设的示范区。

2. 国际文化旅游体验区

统筹天娇圣地、大漠风光、自然山水、历史遗存和文化多元等各类特色优势资源，按照全域覆盖、各具特色、优化布局、系统整合、开放合作的要求，加快"快旅慢游型"综合交通网络建设，优化完善公共服务设施，加快构建具有文化感染力和世界影响力的文化旅游产品体系，推动文化旅游发展实现由区域型向国际型、观光型向休闲度假养生型、过境型向目的地型"三大转变"，把文化旅游业培育成为引领转型发展的先锋产业，打造成为世界蒙元文化共享区、全域旅游示范区和避暑休闲养生体验区。

3. 我国现代能源经济核心区

全面落实国家能源安全发展"四个革命、一个合作"战略思想，主动扛起发展现代能源经济和保障国家能源安全的重大历史使命，紧跟世界能源技术革命、消费革命、供给革命、体制革命和国际合作新趋势，运用新技术、新业态、新模式全面改造提升传统能源经济，着力改变传统能源经济粗放发展方式；紧盯世界标准和国际前沿不断提高技术水平，促进能源经济向高端化、智能化、绿色化和服务化方向加快转型①，推动能源经济大发展大

---

① 《内蒙古自治区党委关于贯彻落实习近平总书记参加十三届全国人大一次会议内蒙古代表团审议时的重要讲话精神的意见》，内蒙古日报网，http：//szb.northnews.cn/nmgrb/html/2018－04/29/content_6536_33659.htm。

变革大调整，加快构建创新引领、系统智能、融合发展、清洁低碳、安全高效的现代能源经济新体系，不断提升能源经济的国际话语权和世界影响力，打造成为我国现代能源经济发展的核心区。

4. 我国北上南下、东西双向开放的战略支点

充分发挥蒙晋陕宁四省区"交会处"的区位优势，全面深化与周边地区分工协作；以"陆上丝路""空中丝路""数字丝路"建设为重点，畅通向西、向北开放，向东合作的快速多向连接新通道，建立和完善对外开放与区域合作新体制新机制，构建开放型经济新体系，建设深度融入国家"一带一路"建设的枢纽节点城市、重要服务平台、人文交流纽带和国际产能合作基地，加快形成"八面来风"的开放发展新格局，打造成为我国北上南下、东西双向开放的战略支点。

5. 西北地区数字经济发展引领区

发挥内蒙古作为国家大数据综合试验区的政策优势和发展基础，充分借鉴先进地区发展经验，大力实施数字经济发展战略，按照创新驱动、应用引领、开放共享、统筹协调、安全规范的总体要求，把数字经济作为绿色发展、转型发展的新动力，作为保障和改善民生的新途径，作为推动创新创业的新手段，紧紧围绕数字产业化和产业数字化，加快数字技术产品的研发和场景应用，构建资源型、技术型、融合型、服务型数字经济新体系，打造成为我国西北地区数字经济发展的引领区。

6. 建设现代化内蒙古的先行区

勇担重任、强化担当，一心一意谋发展，凝心聚力求突破，奋力在建设现代化经济体系上走在全区前列，在创新引领发展上走在全区前列，在全面深化改革上走在全区前列，在更高水平对外开放上走在全区前列，在文化强区建设上走在全区前列，在满足人民群众美好生活需要上走在全区前列，在提升品质和整体形象上走在全区前列，在绿色发展上走在全区前列，打造成为建设现代化内蒙古的先行区。

（四）空间布局

立足区域资源环境综合承载能力和开发潜力，发挥各地比较优势，按照

主体功能定位逐步形成生态功能区、农畜产品主产区、城市化地区三大空间格局，最大限度保护生态环境，不断厚植绿色发展优势。

1. 空间布局导向

一是明确主体功能定位。重点生态功能区的主体功能定位是保护生态环境、提供生态产品，加大生态保护修复政策措施和工程任务落实力度，促进人口逐步有序向城镇转移并定居、落户。农畜产品主产区的主体功能定位是加强生态环境保护建设，推进绿色兴农兴牧，提供优质绿色农畜产品，优化农牧业布局，推动农牧业向优质高效转型，保障国家粮食安全，严禁无条件、大规模、高强度地开展工业化和城镇化，禁止开发基本农田，严禁占用基本草原。城市化地区的主体功能定位是以保护基本农田和生态空间为前提，高效集聚经济和人口，高质量集中特色优势产业，形成新的增长极增长带。

二是强化国土空间用途管制。把国土空间规划作为其他各类规划编制的基本空间依据，构建地区间主体功能定位明确、发展优势互补、资源节约、环境友好的空间开发保护新格局。城镇化地区要建立并实施"详细规划＋规划许可"的管控制度，在城镇化边界外建立并实施"详细规划＋规划许可"和"约束指标＋分区准入"的管控制度。对阴山、贺兰山、沿黄湖泊和湿地、重要水源涵养地等实行特殊的保护制度。落实国家和自治区农畜产品主产区主体功能定位，着力在加强生态环境保护建设、提供优质绿色农畜产品上谋篇布局，推动农牧业向绿色优质高效转型，禁止开发基本农田。

2. 空间发展格局

一"核"。深入实施国家《呼包鄂榆城市群发展规划》，编制并实施内蒙古《呼包鄂乌城市群发展规划》，建立组织保障体系，健全政策体系，细化配套措施，构建系统完备、高效便捷、智能绿色的现代综合基础设施网络体系，强化域内和域外产业分工协作，推进域内基本公共服务一体化发展，强化生态保护和环境污染防治联动，把呼包鄂乌城市群打造成为内蒙古沿黄地区发展的核心区。

一"轴"。以黄河岸线和沿线地区为依托，统筹山水林田湖草沙综合治理，坚持以水定城、以水定人、以水定产，协同推进新型工业化、新型城镇化、信息化、农牧业现代化和绿色化发展，打造内蒙古沿黄绿色发展轴带，成为内蒙古新的发展带动极。

一"中心"。突出生态环境保护优先，优化资源和要素配置，提升自主创新能力，推进产业转型升级，加强区域合作联动，创新跨界协调机制，实现区域高效、协调、可持续发展，把乌海及周边地区建设成为内蒙古沿黄地区西部的区域带动极。

3. 重点发展方向

一是促进呼包鄂乌一体化发展。立足重点开发区域功能定位，在保护生态环境前提下，围绕现有产业基础和产业集群优势推动高质量发展，提升产业层次和发展能级，以呼和浩特市为龙头发展现代服务型经济，以包头市、鄂尔多斯市为重点建设能源和战略资源基地，以呼和浩特市、乌兰察布市为支点打造物流枢纽和口岸腹地，依托创建国家自主创新示范区，增强协同创新发展能力，加快构建现代产业新体系，形成强劲活跃的增长带动极。

二是推进乌海及周边地区转型发展。突出大气污染综合治理、节能减排、绿色矿山建设、荒漠化和沙化治理等重点工作，严格生态极度脆弱区限制开发政策，补齐生态环境这个突出短板。加快乌海城市转型和经济转型，打造内蒙古西部新的增长极。推进河套灌区绿色化、高端化、现代化改造，实施农牧业供给能力和质量提升工程，深入挖掘农村牧区自然资源多种价值功能，积极发展乡村特色产业，培育接续替代产业，推进产业结构加快转型升级。

三是拓展网络开发新空间。以点轴开发理论和网络开发理论为指导，加大沿黄、沿线和沿边开发开放力度，依托重要交通干线，以城镇群和中心城市为节点，积极培育壮大横贯东西、沟通南北的开放合作网络，全力拓展以陆海统筹、内外联动、东西双向开放为主要特征的网络开发新空间。[1]

---

① 张学刚：《内蒙古推动区域协调发展难点及对策研究》，《北方经济》2019年第1期。

四 推动黄河流域内蒙古段发展的对策建议

坚持重在保护、要在治理，提升黄河流域内蒙古段生态保护和环境协同治理的能力和水平，以水而定、量水而行，加快绿色转型，促进高质量发展。

（一）协同打造沿黄绿色生态廊道

保护母亲河、修复黄河生态，统筹黄河流域生态修复和环境治理，严守资源环境生态红线，建设内蒙古沿黄绿色生态廊道。

1. 建设绿色生态廊道

第一，保护和改善水环境，处理好干流与支流、河流与湖泊的关系，切实提高黄河水安全、水资源、水环境的保障水平。第二，加强生物多样性保护，加强沿黄森林的保护和生态修复，强化工业污染治理，加快城镇污水和垃圾无害化处置，严格控制农牧业面源污染。第三，推进大气重污染企业关停搬迁，提高清洁能源开发利用水平，推进能源结构加快调整，推广使用清洁能源，制定实施燃煤电厂清洁排放技术改造行动计划，大力发展循环经济，创建国家循环经济先行示范区。此外，要切实做好黄河河道乱占乱建等问题的综合整治工作。

2. 建立生态环境保护联动体制机制

第一，实施负面清单制度。按照国家和内蒙古国土空间规划部署，严格环境容量和生态约束机制，制定并实施产业准入负面清单制度，强化日常监测和管理，依法依规做好相关产业退出工作。第二，健全环境污染联防联控体制机制。建立跨部门、跨地区突发公共环境事件的应急响应和处理机制。建立由联合执法、信息共享、预警应急、妥善处置等内容在内的区域联动机制，加快建立和完善包括生态修复、环境保护、绿色发展等内容的指标体系、政策体系、评价体系和考核体系。第三，创新生态补偿机制。以草原生态奖补、水权置换、排污权交易等为重点，推进生态补偿示范区建设，形成纵向到底、横向到边的生态补偿体系。第四，建立生态文明建设示范区。围绕荒漠化、沙化治理，深化生态文明体制改革，建立健全生态文明制度体系，形成可复制可推广的经验与做法，加快形成人与自然和谐共生的发展模式。

3. 推进水资源节约集约利用

第一，开展流域水资源承载力综合评估，实施水资源"双控"制度，限制高耗水行业发展，对水资源超载区取水许可实行限审限批。第二，对黄河干流和主要支流取水口全面实行动态监管，坚决抑制不合理的用水需求。第三，严格地下水超采区治理，加强乌梁素海、岱海等重点湖泊、湿地的生态补水工作，维持湖面面积在合理区间。第四，以河套、南岸、麻地壕、民族团结、磴口扬水等大中型灌区为重点，加快推进灌溉体系现代化改造，打造高效节水灌溉示范区。第五，开展重点企业节水和再生水回用改造，推进高耗水产业节水增效。第六，实行城镇工业等非农用水超定额累进加价制度，科学制定用水定额并建立动态调整机制，带动全社会爱水、护水、惜水、节水。

4. 保障黄河长久安澜

第一，加强黄河干支流堤防和防沙控沙工程建设，提高防洪能力。第二，改善滩区生态环境，实施河道和滩区综合治理工程及监测预警能力建设工程，有序推进滩区移民迁建。第三，完善十大孔兑等支流防沙治沙拦沙冲沙防治体系，加快推进海勃湾水利枢纽库区综合治理。第四，科学实施乌兰布和、小白河、杭锦淖尔、蒲圪卜、黄河阿拉善应急分凌（洪）等蓄滞洪区建设工程，构建以海勃湾、三盛公水利枢纽为调度核心的凌汛分洪体系。第五，持续开展黄河"清四乱"行动。第六，加强黄河水文、水质、气象、地灾、雨情、凌情、旱情等状况动态监测、科学分析和信息预报，建设黄河流域水利工程联合调度平台，强化安全运行监管。

（二）联合构建现代综合基础设施体系

加强公路网建设，统筹能源输送通道建设，大力加强信息基础设施建设，建成衔接高效、安全便捷、绿色低碳的现代综合基础设施体系。

1. 构建内外交通运输网

第一，提升内部联通水平。优化干线铁路、城际铁路和专支线铁路网络，完善公路运输网络。第二，畅通对外陆路交通通道。有序推进京包（头）、包（头）银（川）、包（头）西（安）等铁路建设，改造提升包茂高速、荣乌高速、青银高速以及国省干道，畅通通往二连浩特、满都拉等边境口岸和秦皇岛、曹妃甸、黄骅港等沿海港口的公铁、铁海联运通道，促进与京津冀、关中平原、宁夏沿黄、山西中部等城市群紧密联结。第三，打造综合航空运输体系。培育呼和浩特的区域航空枢纽功能，增强对周边的辐射能力。提升包头、鄂尔多斯等其他机场发展水平，加密呼和浩特、鄂尔多斯与蒙俄两国主要城市的直达航班。加快呼和浩特新机场建设，推动鄂尔多斯机场改扩建，推进通用机场建设。第四，建设综合交通枢纽节点。优化内部交通组织，补齐城镇公共交通运输短板，实现"零距离"和"无缝"对接。构建区域交通枢纽体系，重点提升呼和浩特市和包头市两个国家级综合交通枢纽城市的整体功能和服务水平，推进鄂尔多斯市加快建设国家级区域性综合交通枢纽城市，推动乌兰察布市入选国家级区域性综合交通枢纽城市。

2. 建设能源通道

第一，完善电力外送通道布局。加快特高压电力外送通道建设，提高内蒙古西部电网和全国电网的互联水平，加强蒙西电网东与西、南与北的汇聚输送能力，在风电、光电等新能源集聚区建设一批汇集站和送出通道，提高新能源本地消纳能力和外送能力，推进各电力输出地区之间实现互联互通。第二，完善油气管网体系。围绕天然气开发、现代煤化工项目等建设，深度融入国家西气东输工程，重点加强油气产品长运输管网建设。优化域内管网建设，有序推进区域内气化进程，构建一体化的天然气管网体系。

3. 构建信息共享网络体系

第一，加快信息基础设施建设。推进大容量、多路由、安全、高效、便捷的光缆网络建设，形成城际间高速互联、光纤覆盖和农村牧区宽带延伸覆盖。推进"三网"融合和物联网应用，加快5G技术推广和应用水平，加强数据资源保护，提高网络和信息的安全保障水平。第二，协同推进智慧城镇建设。实施智慧城镇建设工程，不断拓宽新一代信息技术在城镇建设管理中的应用场景，打破数据鸿沟，整合数据资源，搭建统一的政务云、物流云、环境监测云和电子商务云，提升综合信息服务水平。

（三）打造集聚度高、竞争力强、绿色低碳的现代产业走廊

走集中集聚集约发展的新路子，优化沿黄地区城镇化布局和生产力空间布局，严格产业准入，积极引导产业和人口向园区、中心城镇集聚，打造集聚度高、竞争力强、绿色低碳的现代产业走廊。[①]

1. 强化产业分工协作

第一，构建产业协作平台。优化整合现有国家级、自治区级、盟市级工业园区，建立产业分工协作平台和载体，合作共建产业园区和合作发展示范园区，形成错位发展、协同联动的新格局。第二，打造区域分工协作产业链条。探索在能源化工、新材料、循环经济等领域打造区域分工协作全产业链。第三，构建军民产业融合发展新平台。发挥区域内军民融合产业基础雄厚和传统优势，重点促进军民信息互通、资源共享、成果转化，加快构建军民融合"军转民""民参军"的服务平台。重点发展军民两用新材料和新技术，着力研发军民两用新装备和新产品。

2. 协同打造优势特色产业集群

第一，打造绿色、高端能源化工产业集群。统筹区域产业分工与协作，合理配置各类资源，建设现代化煤基能源化工产业集群。推进煤炭资源清洁高效利用，统筹考虑能耗、水耗和碳排放，提升核心装备和关键技术研发能力，建设国际一流的国家现代煤化工示范基地。适度发展风电、光伏发电、

---

① 《内蒙古自治区党委关于贯彻落实习近平总书记参加十三届全国人大一次会议内蒙古代表团审议时的重要讲话精神的意见》，内蒙古日报网，http://szb.northnews.cn/nmgrb/html/2018-04/29/content_6536_33659.htm。

生物质能发电、抽水蓄能发电等绿色能源，推动能源生产结构和消费结构加快转型升级。第二，打造金属加工和装备制造产业集群。推动冶金工业加快转型升级，重点打造有色金属生产加工产业链；建设现代装备制造基地，大力发展工程机械、矿山机械、煤炭机械、化工装备、新能源设备等特色装备制造业，积极发展载重汽车、乘用车、新能源汽车、智能机械、轨道交通装备，支持发展相关配套产业。第三，打造战略性新兴产业集群。深入实施数字经济发展战略，建成国家重要的大数据中心、备份中心和开发应用中心，推动产业数字化改造升级和数字产业化应用。第四，打造绿色农畜产品生产和精深加工产业集群。发挥独特的农牧业资源优势，建设绿色农畜产品全产业链，提升产品市场竞争力；培育壮大各类新型农牧业生产经营主体，推动龙头企业加快转型，积极推进农村土地"三权"分置改革，释放农村牧区产业发展内生动力和活力；以建设田园综合体为重点，大力发展观光休闲农牧业、创意农牧业等新型业态，适度发展现代沙漠农业，大力发展旱作农业；开展农畜产品检测互认，建设农畜产品绿色通道，培育著名、驰名商标和特色农牧业品牌；积极发展有机农牧业、生态农牧业、沙产业等生态经济。

3. 共同发展现代服务业

第一，发展文化旅游业。打造以黄河文明、草原文化、大漠风情等为主题的旅游业集聚区，积极开发体验、民俗、康养、观光、休闲等新兴服务业态。第二，发展商贸流通业。加快物流节点城市和物流园区布局建设，推进物流基础设施互联互通，打造辐射西北、连接蒙俄的现代物流平台和区域性商贸中心。第三，发展现代金融业。健全现代金融体系，重点发展金融租赁和融资租赁，按照风险可控、商业可持续的原则发展特色装备和设备融资租赁业务。强化金融风险监测和金融安全防护，深入开展政府化债工作，加大不良资产处置力度。第四，发展信息服务业。大力发展大数据、云计算、物联网、工业互联网、人工智能等新兴产业。加强现代工业信息服务平台建设，重点发展能源互联网、智能交通、食品安全等"云应用平台"，积极培育新业态、新模式。

（四）合力提升创新发展能力

按照改革创新、市场导向、产权保护、开放合作、补齐短板、人才为先的基本要求，深化科技管理体制改革，切实提升科技创新能力、层次和水平，支撑和引领供给侧结构性改革，以超常规力度汇聚高质量发展的新动能。第一，加强创新资源整合。实施重大科技专项，培育重大战略产品，发展具有核心竞争力的创新型企业，培育创新主体。第二，提升科技创新基础能力。建设呼包鄂国家自主创新示范区，积极引进国家级重点实验室、科研院所分支机构、工程技术创新中心，完善官产学研用协同创新机制，提升高校和科研院所、医疗卫生机构创新能力。[1] 第三，提升区域创新体系整体效能。系统推进全面创新改革试验，完善科技经济相结合的体制机制，完善企业技术创新体系，推动国家级高新技术产业园区建设，强化各类创新园区建设。第四，构建"大众创业、万众创新"生态系统。强化创新创业政策支持，推进各类孵化载体建设，加强创新创业科技金融平台和服务体系建设，提高全社会公民科学素质，培育创新创业文化。[2] 第五，推进科技开放合作。积极培育国际科技创新平台，加强与发达国家和地区开展科技创新合作，推动跨区域科技协作，促进创新资源流动和优化配置。第六，完善科技人才培养、引进、流动、激励等政策。优化创新人才培养，促进创新人才引进，健全创新人才发展机制，释放人才创新活力，建设高水平创新创业人才队伍。[3] 第七，加强知识产权保护。推动知识产权密集型产业发展，完善归属和利益分享机制，推动专利运用与产业化。发挥知识产权司法保护主导作用，加强知识产权刑事执法，加强重点领域行政执法，完善知识产权维权援助机制，加强知识产权执法信息公开。

---

[1] 安静赜、张学刚、郭启光：《新时代鄂尔多斯推动经济高质量发展面临的机遇、挑战及对策建议》，《北方经济》2019 年第 2 期。

[2] 安静赜、张学刚、郭启光：《新时代鄂尔多斯推动经济高质量发展面临的机遇、挑战及对策建议》，《北方经济》2019 年第 2 期。

[3] 安静赜、张学刚、郭启光：《新时代鄂尔多斯推动经济高质量发展面临的机遇、挑战及对策建议》，《北方经济》2019 年第 2 期。

（五）构建开放合作新格局

深度服务和融入国家"一带一路"建设，不断提升对外对内开放水平，努力建设我国向北开放重要桥头堡。

1. 推进区域对外开放

第一，融入国家"一带一路"建设。充分发挥包（头）兰（州）—临（河）哈（密）、包（头）茂（名）、包（头）满（洲里）、集（宁）二（连浩特）等交通干线和二连浩特、甘其毛都、满都拉等口岸的作用，做大做优做强骨干外经贸企业，积极培育中小开放型企业。第二，搭建对外开放合作平台。建设电子商务平台，发展跨境电子商务业务，积极推进综合保税区建设，建立跨境经济合作区、进口资源落地加工区、旅游合作试验区、配套物流园区等，大力发展公铁海联运，在符合条件的口岸加快建设海关特殊监管区，推进国家级经济技术开发区大力发展外向型经济，提升开放合作水平。第三，构建外向型经济体系。积极拓展物流和供应链功能，推动出口加工产业基地化、链条化发展，重点打造国家重要能源和战略性资源进出口通道；引导企业联合开展与蒙俄经贸合作，进一步加强与发达国家和地区开展交流合作。第四，强化国内区域合作。积极承接京津冀产业转移，加强与东部沿海地区合作，在资金、技术、项目、市场等方面加强合作对接，共同探索合作新模式。

2. 深化内部交流合作

第一，推进交通物流协同管理。促进交通运输联动共享，探索物流管理体制改革，打破现有的物流业务条块分割和地区封锁，推进综合交通运输信息资源互通共享。第二，加强人才交流合作。完善人才评价激励机制和服务体系，优化各类人才的创新创业条件和生活环境；加快培养各类高层次人才，重点引进和培养产业急需的高等技术人才、高级管理人才和高级技术工人等；搭建产学研用合作平台，开展多层次多渠道交流，吸引国内外知名专家学者、企业家和社会人士合作创新创业；联合引进优质教育资源，完善职业教育和培训体系。第三，推动文化交流合作。突出草原文化等地方特色文化，共同加强文化遗产保护传承，协同打造历史文化名城、文化街区和民族风情小镇，培育建设文化创意产业园区，加快构建现代公共文化服务体系。

（六）创新协同发展体制机制

1. 完善区域统筹发展的制度基础

自治区成立内蒙古沿黄地区"区域治理委员会"，统筹建立和深化区域合作机制，有效解决区域合作中的突出难题。第一，探索建立高层协调机制，加强组织领导和统筹协调，完善区域合作工作机构，健全合作运转制度，推进落实合作发展有关事项。第二，完善域内合作监督检查机制。由"区域治理委员会"统筹区域协调发展各项工作落实情况的督促检查，重点对区域规划和政策实施效果进行跟踪分析和评估，强化重点项目建设、重大事项落实的监督和检查。第三，完善社会参与机制。鼓励社会传媒和公众有序参与区域规划和区域政策的实施和监督。此外，支持建立区域性的商会、行业协会等社会团体或社会组织，引导其在合作发展中发挥积极作用。

2. 推进区域统一市场建设

更好发挥市场在配置资源中的决定性作用，消除地方保护和市场壁垒，打破行业垄断，创造市场主体公平竞争的环境，加快形成区域统一大市场。第一，深化土地、劳动力、资本等资源要素市场化改革和完善农畜产品价格形成机制。实行统一的市场准入制度和市场监管，推进商事制度便利化，努力建设市场化、法治化营商环境。第二，深化行政管理体制改革，清理和废除妨碍统一市场和公平竞争的各种规定和做法，矫正要素配置扭曲，促进各类要素有序自由流动，提高资源配置效率。第三，建设区域信用体系。依托全国统一的信用信息共享交换平台，促进信用信息互通、互认和互用，完善失信惩戒机制。第四，建立相对统一的市场执法标准。实现市场监管信息共认、共享，市场监管措施联动，依法打击地方保护、行业垄断和不正当竞争行为。第五，推进区域内通关协作，推进口岸管理相关部门信息互换、监管互认、执法互助。

3. 创新利益协调机制

创新多元合作模式，重点支持基础设施互联互通、合作园区共建、重大公共服务平台共享、生态环境共建共保等项目建设。推广 PPP 等政府和社会资本多种合作模式，推动资源整合、投资共筹、项目共建，探索建立跨地区重大基础设施、公共服务和生态环境建设项目成本分担机制。创新园区和项目共建的产值、财税、利润等分享模式，引导各类主体参与建设。

B.10
山西：筑牢拱卫京津冀和黄河
生态安全的重要屏障

赵春雨　聂　娜　燕斌斌*

摘　要：　黄河流域生态保护和高质量发展作为习近平总书记亲自谋划、布局、推动的一项重大国家战略，不仅是事关中华民族伟大复兴的国之重事，同时也是山西省践行绿色发展理念，贯彻习近平总书记视察山西重要讲话和指示精神，实现资源型经济高质量转型发展的重大战略性机遇。山西省是国家生态安全格局黄土高原—川滇生态修复带的重要组成部分，是拱卫京津冀和黄河生态安全的重要屏障，其地理方位与战略地位都十分重要。因此在黄河流域生态保护和高质量发展战略中，山西应正确找准自身定位，厘清发展思路，明晰山西省高质量发展的基本现状、难点与问题，统筹规划、协同推进生态保护和高质量发展，力争为实现山西资源型经济高质量转型发展率先蹚出一条新路。

关键词：　生态保护　转型发展　高质量发展　山西

---

* 赵春雨，经济学博士，中共山西省委党校（山西行政学院）经济学教研部副主任（主持工作）、副教授，研究方向为宏观经济、区域经济、"一带一路"建设；聂娜，经济学博士，中共山西省委党校（山西行政学院）经济学教研部副教授，研究方向为产业经济、数字经济与贸易；燕斌斌，中共山西省委党校（山西行政学院）报刊社编辑，研究方向为生态文明建设、社会治理。

山西省是一个生态环境十分脆弱的省份。习近平总书记指出："先天条件不足，是山西生态环境建设的难点。同时，由于发展方式粗放，留下了生态破坏、环境污染的累累伤痕，使山西生态建设任务更加艰巨。"近年来，山西省深入贯彻习近平生态文明思想，牢固树立"绿水青山就是金山银山"的发展理念，始终坚持生态优先、绿色发展，全方位、全域化、全过程推进山水林田湖草沙综合治理、系统治理、源头治理，坚决打赢污染防治攻坚战，全力打造黄河流域生态保护和高质量发展的山西标杆。

一 黄河流域山西段的功能定位

2019年9月18日，习近平总书记在黄河流域生态保护和高质量发展座谈会上指出，黄河流域是我国重要的经济地带，黄淮海平原、汾渭平原、河套灌区是农产品主产区，粮食和肉类产量占全国1/3左右。黄河流域又被称为"能源流域"，煤炭、石油、天然气和有色金属资源丰富，煤炭储量占全国一半以上，是我国重要的能源、化工、原材料和基础工业基地。2020年5月，习近平总书记再次视察山西并发表重要讲话指出，要把加强流域生态环境保护与推进能源革命、推行绿色生产生活方式、推动经济转型发展统筹起来，希望山西在转型发展上率先蹚出一条新路。黄河流域生态保护和高质量发展作为习近平总书记亲自谋划、布局、推动的一项重大国家战略，不仅是事关中华民族伟大复兴的国之重事，同时也是山西省践行绿色发展理念，贯彻习近平总书记视察山西重要讲话和指示精神，实现资源型经济高质量转型发展的重大战略性机遇。

山西是黄河"几"字弯的中游节点，黄河山西段流经4市19县，全长965公里，占黄河流域干流河道总长度的17.6%，占中游河道总长的80%。山西省所辖黄河流域涵盖11市86县，流域面积9.7万平方公里，占黄河流域总面积的12.2%，占黄河中游流域总面积的28%，占全省总面积的62.2%。山西省是国家生态安全格局黄土高原—川滇生态修复带的重要组成部分，汾河作为山西母亲河，是黄河流域第二大支流，干流全长 694 公里，集水面积 3.94 万平方公里，占全省总面积的 1/4 以上，是省内第一大河。太行山区是黄河一级支流沁河的发源地，发挥着"华北水塔"的重要作用。山西省处于京津冀上风上水区域，是"京津冀生态协同圈"的重要组成部分，是拱卫京津冀和黄河生态安全的重要屏障，其地理方位与战略地位都十分重要。因此，在黄河流域生态保护和高质量发展战略中，山西应正确找准自身定位，厘清发展思路，以京津冀一体化重要成员、国家资源型经济转型综改试验区、新兴产业未来产业制造基地、内陆地区对外开放新高地、国际知名文化旅游目的地、特色优势有机旱作农业科研和功能食品生产基地、华北地区重要绿色生态屏障、拱卫首都安全"护城河"为目标，统筹规划、协同推进生态保护和高质量发展，力争为实现山西资源型经济高质量转型发展率先蹚出一条新路。

二 黄河流域山西段的发展环境

（一）山西省经济社会高质量发展现状

第一，经济增长稳定性不断增强。山西曾经一度是高污染、高耗能、低效率这种粗放式经济发展模式的典型代表。受到资源禀赋的影响，煤炭、化工、钢铁等能源型产业占据了山西产业结构的大部分位置，在国际国内经济错综复杂的影响下，山西省经济增速曾遭遇了断崖式下跌，2014年山西省 GDP 增速为 4.6%，与 2013 年的 8.9% 相比，出现了拦腰式下滑，并在 2015 年达到增长最低点 3.1%，深刻反映了传统的"一煤独大"产业发展格局难以为继。近年来在山西省委省政府的努力下，山西经济增速已经实现了从断崖式下滑到走出困境再到转型发展呈现强劲态势的转折。在省委的坚强领导下，山西始终将贯彻新发展理念作为高质量发展的重要基调，全省经济稳中有进的格局不断巩固，持续向好的态势也逐步显现，高质量转型发展迈出坚实步伐。以 2019 年为例，当年全省 GDP 总值约为 17026.68 亿元，较上年同比增长 6.2%。其中，第一产业增加值 824.72 亿元，增长 2.1%；第二产业增加值 7453.09 亿元，增长 5.7%；第三产业增加值 8748.87 亿元，增长 7.0%。全省 GDP 增速快于全国 0.1 个百分点，2017 年以来连续 12 个季度均保持在 6% 以上的合理区间，并且连续三年超过全国，山西经济已整体实现了由疲转兴的跨越式发展，为产业深度转型升级筑牢了根基。

第二，经济结构进一步优化。从农业产业结构来看，当前山西省农业供给侧结构性改革稳中有进，粮食种植结构稳中调优。作为黄河流域地区的粮食主产功能区，山西突出差异化发展，在减少玉米等经济作物种植面积的同时，大力推广水果、蔬菜、油料、药材等高产量、高收益农产品的种植，精心培育蔬菜、药材等农产品产业集群，2019 年山西省进一步缩减玉米种植面积，与上年同期相比，产量下降 42.6 万吨，同年，山西省水果产量增幅较高，与 2018 年相比，增长率为 14.94%。

在工业产业结构调整方面，山西省近年来持续推动非煤产业的发展，非煤产业日渐成为山西经济增长的主要动力来源。三次产业投资结构由 1949 年的 0.1∶84.1∶15.8 变为 1978 年的 0.8∶61.4∶37.8，再到 2019 年的 6.5∶45.9∶47.6，产业结构持续优化。2019 年，山西省全年第三产业（服务业）增加值增长 7%，第三产业对 GDP 增长的贡献率达到了近 60%，对经济增长起到了良好的支撑作用。同时，在战略性新兴产业投资基金、民营企业转型基金等相关投资带动下，一批新兴产业项目加速推进，山西省战略性新兴产业规模不断扩大，其中，新能源汽车的投资同比增长 2 倍以上，计算机通信与其他电子设备制造业的投资增长 76.1%，显著高于固定资产投资的平均水平。此外，部分工业新产品产量也实现了高速增长。

第三，创新驱动迈出坚实步伐。习近平总书记在山西视察时强调，山西应在转型发展的道路上有紧迫感，要有长远的谋划布局，尽快蹚出转型发展的新路子。创新驱动不仅是山西转型发展的重要利器，同时也是实现山西高质量发展的必然选择。为此，山西将创新驱动作为核心发展战略，并进行了系统部署，创新驱动山西转型升级的作用日渐凸显。其具体表现，一是原始创新能力不断增强。原始创新能力能够充分反映区域经济发展的底层能力和发展潜力。在 2018 年全省 755 项登记在册的应用科技成果中，原始创新成果高达 625 项，占技术成果总量的 82.78%。二是创新性市场主体活跃度不断增加。高新技术企业作为山西转变经济发展方式的排头兵，是推动产业升级、提高产业竞争力的生力军，在技术创新、成果转化等方面有着显著优势，辐射带动作用强劲。在科技创新驱动下，山西高新技术企业数量大幅提升。2019 年，山西全年新增认定高新技术企业 1224 家，存量突破 2500 家。三是科技研发投入持续攀升。在创新驱动战略引领下，山西省出台了一系列鼓励、引导、支持高新技术企业落地与发展的相关税收、奖励政策，研究与试验发展（R&D）财政支出也大幅增加，2019 年山西省全省共投入 R&D 经费 191.2 亿元，比 2018 年增加 15.4 亿元，增长 8.8%，同时，企业在研发投入方面成为山西研发投入支出的主要力量，2019 年山西企业 R&D 经费支出 156.7 亿元，比 2018 年增长了 7.9%，其中，高技术制造业与装备制造业 R&D 经费投入强度较高，全省创新创业活力明显增强。

第四，生态环境保护改善向好。2017 年 6 月，习近平总书记对山西进行考察时，提出让汾河"水量丰起来、水质好起来、风光美起来"的要求。2020 年 5 月，习近平总书记再次前往山西视察，强调"要切实保护好、治理好汾河，再现古晋阳汾河晚渡的美景，让一泓清水入黄河"。肩负维护京津冀西部生态屏障、拱卫黄河流域生态安澜的双重使命，党的十八大以来，山西将"两山"（太行山、吕梁山）"七河"（汾河、桑干河、滹沱河、漳河、沁河、涑水河、大清河）的生态修复与治理作为全省的标志性工程加速推进。在各级部门的合力推动下，"两山七河"生态面貌显著改善，森林资源快速增长，水体污染严重逐步消除，地下水位逐步回升等。在"两山"生态修复方面，2020 年上半年，全省营造林完成 315 万亩，"'两山'累计完成营造林"863.46 万亩；2019 年全省森林覆盖率达 23.28%，同时，大力实施退耕还林工程，2018 年、2019 年累计完成 243.1 万亩，在增加人民群众补助性收益的同时，带动了产业结构调整，成为帮助贫困群众增收最有效、最直接的惠民工程。在河流治理方面，山西境内七河水质得到了根本性好转，2019 年山西省地表水环境质量报告显示，当年全省地表水监测断面化学需氧量平均浓度为 18.1mg/L，与 2018 年同期相比下降 2.2%；总磷平均浓度为 0.140mg/L，与 2018 年同期相比下降 47.2%；氨氮平均浓度为 0.81mg/L，与 2018 年同期相比下降 34.7%。同时，汾河流域的 13 个国考断面全部退出劣 Ⅴ 类水质序列。

第五，民生福祉持续增进。在新发展理念的指引下，山西省坚持民生为本，全力推进社会各项民生事业进步，民生福祉水平持续增进，人民群众获得感不断增强。在就业方面，山西大力推进全民技能提升工程，通过该项提升工程，不仅创造了职业技能培训的"山西模式"，而且连续多年完成了百万人职业技能培训，打造了"人人持证、技能社会"的良好氛围，为山西省就业稳定工作提供了有力保障。

在社会保障方面，山西在全国率先建立起城乡居民基本养老保险待遇确定和基础养老金正常调整"两个机制"，全民参保计划基本实现法定人群全覆盖，财政民生支出多年占比达到 80% 以上，惠及全省 2110 万城乡居民。

在教育方面，山西持续推进建设、认定 616 所普惠性幼儿园，建设改造 500 余所乡镇寄宿制学校，6000 多所中小学，实现了优质教育资源共享和一体化发展。

在医疗卫生方面，2016 年以来，省委省政府以县域为核心抓手，从解决基层医疗资源匮乏，群众看病难、看病贵等关键问题入手，高位推动以组建县级医疗集团为突破口、以整合县级医疗卫生资源为核心的县域医疗卫生一体化改革，走出了县域综合医改的"山西方案"。当前，县域医疗卫生一体化改革全国领先，并取得了重大阶段性成效。在县域医疗一体化改革指引下，山西省卫生资源配置状况持续改善，截至 2019 年底，全省医疗卫生人员总量达 34.1 万人，每千人口床位数 5.83 张，每千人执业（助理）医师、注册护士分别达 2.84 人和 2.92 人，每万人全科医生、公共卫生人员分别达 1.75 人和 5.88 人，为全面建成小康社会提供了有力保障。

（二）山西省经济社会高质量发展存在的难题

在取得成绩的同时，山西经济社会高质量发展依然面临不少难题和挑战，主要表现为，规模依然偏低，经济总量落后于全国平均水平；新兴产业发展不足，支撑转型的大项目、好项目不多；新动能不够强劲，创新发展的基础依然十分薄弱；开放型水平不高，市场化程度不够充分；生态环境保护形势依然严峻，可持续发展支撑性不足；民生领域仍存在诸多短板，政府治理效能有待进一步提升。

第一，经济总量规模依然偏低，经济总量落后于全国平均水平。受到产业政策的影响，2000年以来，山西省煤炭产业得到高速增长，受惠于此，山西省经济增长迅猛，经济增长速度年均保持在10%以上，并且远超全国平均水平，2008年金融危机爆发，山西省经济呈现短暂下滑，后又迅速反弹，然而好景不长，在国际国内双重复杂形势影响下，2014年山西省GDP增长率开始逐步回落，2015年GDP增速呈现断崖式下跌态势，增速仅有3.1%。此后，山西省GDP增速开始低于全国平均水平，并居于全国末位，在山西省委省政府的努力下，2017年山西经济增速保持在全国经济发展的合理区间，然而与其他省份相比，山西省经济规模依然较小，发展缓慢。以人均GDP为例，山西省2018年人均GDP为45724元，仅为江苏省人均GDP的1/3。究其原因，主要在于山西"一煤独大"的结构依然存在，尽管非煤产业比重持续增长，但是煤炭产业依旧是经济增长量的主力。近年来受到国内外经济形势的影响，尤其是金融危机以来资源价格持续走低，山西煤炭价格接连遭受重创，煤炭企业连续12个月呈现亏损状态，与此同时，山西非煤产业发展规模与增速尚未跟上，无法弥补因价格波动带来的经济增速下滑。因此，在转型发展的道路上，平衡煤炭产业与非煤产业矛盾将是山西提高经济规模的关键。

第二，传统支柱产业大而不强，新兴产业培育不足。煤炭行业作为山西的传统支柱产业，其主要产品的产量在全国份额并不高。2018年，山西省焦炭产量为9256.16万吨，全国焦炭产量为44834.2万吨，山西省焦炭产量在全国焦炭产量中占比为20.6%。而2000年，山西省焦炭产量为4967万吨，全国焦炭产量为12184.02万吨，山西焦炭占比41%。尽管受产业结构调整和供给侧结构性改革的影响大，但是可以看到，山西省煤炭产业的存量较高，却增长缓慢。同时，从产品的构成来看，山西当前的煤炭工业制成品多数为初等加工产品，高端产品稀少，产品体系整体缺乏竞争力。对于山西传统产业部门而言，除了产品缺乏竞争力之外，整个产业的产品供给链条还存在产能过剩、产业链条过短、产业深度发展水平有限等问题，这些限制使得山西绝大多数传统产业依然处于生产价值链和产品供应链的中低端环节，形成低端锁定效应，所能创造的产值也十分有限。

另外，山西省战略新兴产业培育不足。以高新技术企业为例，相关数据显示，与同处于黄河流域的河南省、山东省相比，2016年山西省高新技术企业仅为170余家，而河南省的高新技术企业为1123家，山东省高新技术企业为1978家，山西省的高新技术企业培育严重滞后。在主营业务收入方面，2016年山西省高新技术企业主营业务收入为997亿元，河南省为7402亿元，山东省为12263亿元，山西省高新技术企业的主营业务收入仅为河南省的13%，山东省的8%。尽管山西省高新技术产业产值处于良性发展区间，但是基础薄弱，产业集群效应尚未显现。由此可见，当前山西省传统产业难以为继，新兴产业量小力弱这种强烈反差构成了山西省产业发展的结构性矛盾。

第三，创新发展的基础薄弱，尚未形成聚集效应。从研发投入方面来看，近些年山西省研究与试验发展经费一直保持较快增长，2019年全省共投入R&D经费191.2亿元，增长8.8%，但是从全国平均水平来看，山西省研发支出经费投入依然相对落后。以黄河流域相关省区为例，2019年，山东省研发投入经费占GDP比重约为2.1%，在全国排名第8，而山西省研发投入占比仅为1.1%，在全国排名仅为第22，表现中等。创新主体及创新平台总量少，创新群体严重不足，直接影响了R&D经费投入水平。从规模以上工业企业R&D人员全时当量来看，山西近年来规模以上工业企业R&D人员全时当量增长平稳，但是与头部省份相比，仍然具有较大差距。山东省地处黄河下游，经济水平相对发达，科技研发人才资源丰富，形成了每年超过 40 万人的研发成员队伍，而山西的科研人员总量约在 3 万人左右，形成较大落差。

在科技产出方面，专利申请一般被认为可以反映一个地区的科研实力水平。2019 年，全国万人专利申请平均水平约为 17.67 件，山西仅为 4.5 件，排名仅在内蒙古、新疆与西藏之前。从人均技术成交额来看，近年来山西大力整治营商环境，技术交易市场体系也在不断完善，带动了山西省技术交易额的成交规模不断扩大，技术成果转化良好。但是，从全国人均技术成交额发展水平来看，山西省技术成交额依然偏低。2019 年，全国人均技术成交额为 1599.8 元，山西省人均技术成交额仅为 294 元，仅为全国成交额水平的 1/5 左右，与山东、甘肃两省也有较大差距。研发水平也能在一定程度上反映地区的要素聚集能力的高低，生产技术水平的提升能够带来产品的规模效应，引致经济增长从而吸引更多的高级生产要素持续流入，形成正向效应。而目前山西在人才等方面的聚集能力还不够，同时，存在本地人才外流的现象，导致山西省整体研发水平与发达地区形成较大落差。

第四，生态环境保护形势依然严峻。当前，山西省生态环境保护工程取得了很多积极进展，但是在一些关键领域依然存在不容忽视的问题。一是结构性污染问题突出。在全面贯彻新发展理念的过程中，山西省部分区域依然尚未认识到资源型依赖路径的低端锁定困境，依然严重依赖传统煤化工产业。部分煤化工产业的发展依然在加快速度。2018 年中央对山西进行了环保督察，在环保督察中明确指出，山西省部分城市存在放任煤焦化工业扩张的现象。2018 年山西省在建焦化项目 8 个，其中涉及新增产能 1070 万吨；拟建项目 10 个，涉及产能指标 1336 万吨。部分煤化工产业项目甚至作为当地的重点项目进行培育扶持。二是能源消费数量不降反增。相关统计数据显示，2017 年山西省全年煤炭消费总量为 3.22 亿吨，同比增长 2200 万吨，其中重工业煤炭消费量增长 2254 万吨。同年山西全年的煤炭消费仍然在一次能源消费总量中占比 84%，超出全国平均水平 24 个百分点，同时可再生能源的利用率低下，使用比例低于全国平均水平 9 个百分点。尽管煤炭消费比重偏高、环境保护压力较大、技术及人才支撑不足是目前山西省生态环境保护所面临的公认难题，但是其背后涉及的发展理念、机制体制等则是更深层次的原因。

三　黄河流域山西段的难题挑战

当前，山西省所辖的黄河流域水土流失治理和河流治理成效显著，污染防治攻坚战取得重大成果，重大生态保护和修复工程深入推进，生态文明治理体系和治理能力不断提高，沿黄地区正在成为重要的生态屏障。

（一）山西省所辖的黄河流域生态保护现状

第一，水土流失综合防治成效明显，流域蓄水保土能力显著增强。习近平总书记强调："中游要突出抓好水土保持和污染治理。"山西省所辖黄河流域生态脆弱，水土流失严重，是黄河流域泥沙流失来源最多的地区。近年来，山西省把水土保持放在生态保护的重要位置，针对黄土高原地形破碎、植被稀疏、土质疏松、降雨集中等特点，大力实施小流域治理、病险淤地坝除险加固、黄土高原源面保护、坡耕地水土流失综合治理、京津风沙源治理水土保持、水土保持工程建设以奖代补试点等国家水土保持重点工程，以吕梁山生态脆弱区、环京津冀生态屏障区、重要水源地植被恢复区和交通沿线荒山绿化区为重点，大规模开展国土绿化行动，大力实施退耕还林工程，大力发展经济林产业，精准提升森林质量，强化林草资源管护，已初步建成以沿黄地区经济林及平原地区农田防护林、吕梁山中南部水土保持林、汾河上游水源涵养林、北部风沙区防风固沙林为骨架的区域防护林体系。据统计，山西省水土保持重点工程建设投资年均 6 亿多元。经过多年治理，特别是党的十八大以来的大规模治理，山西省水土流失面积已由新中国成立初期的 10.8 万平方公里减少到 2019 年的 5.96 万平方公里，所辖黄河流域水土流失面积由新中国成立初期的 6.76 万平方公里减少到 2019 年的 3.66 万平方公里，向黄河的年输沙量由 20 世纪末的 1.2 亿吨减少到目前的 1700 万吨,实现了水土保持生态建设的新成效,山西省所辖黄河流域的蓄水保土能力明显增强(见表1、表2、表3)。

表1　2018年、2019年山西省水土流失面积

年份	水土流失面积(平方公里)	占国土总面积比例(%)	各强度等级占水土流失面积及比例					
			轻度		中度		强烈及以上	
			面积(平方公里)	比例(%)	面积(平方公里)	比例(%)	面积(平方公里)	比例(%)
2019	59610	38.04	39628	66.48	11966	20.07	8020	13.45
2018	60596	38.67	39000	64.36	12518	20.66	9078	14.98

资料来源:水利部《中国水土保持公报》。

表2　2018年、2019年山西省水土流失综合治理情况

单位:平方公里

年份	合计	梯田	坝地	水保林	经济林	种草	封禁治理	其他措施
2019	3627.5	233.4	0.8	1778.1	400.7	42.9	918.7	252.9
2018	3562.5	233.4	9.5	1675.2	363.7	76.1	845	359.6

资料来源:水利部《中国水土保持公报》。

表3　黄河龙门水温控制站实测水沙特征值对比

年份	年径流量(亿立方米)	年输沙量(亿吨)	年平均含沙量(千克/立方米)	年平均中数粒径(毫米)	输沙模数[吨/(年·平方公里)]
近10年平均	229.6	1.31	26.2(1950~2015年)	0.026(1956~2015年)	1360(1950~2015年)
2019	380	1.25	3.29	0.021	251
2018	341.2	3.24	9.54	0.023	651
2017	146.7	1.07	7.29	0.019	215
2016	139.6	1.19	8.52	0.017	239

资料来源:水利部《中国水土保持公报》。

注:径流量指的是一定时段内通过河流某一断面的水量(立方米),输沙量指的是一定时段内通过河流某一断面的泥沙质量(吨),输沙模数指的是单位时间单位流域面积产生的输沙量[吨/(年·平方公里)],含沙量指的是单位面积水沙混合物中的泥沙质量(千克/立方米),中数粒径指的是泥沙颗粒组成中的代表性粒径(毫米)。

第二，实施以汾河为重点的河流治理，稳定实现"一泓清水入黄河"。水资源是黄河流域生态环境保护的核心要素。山西是水资源严重短缺地区，水生态修复和保护极端重要。作为山西的母亲河，汾河是山西第一大河、黄河第二大支流。为了实现"让山西的母亲河水量丰起来、水质好起来、风光美起来"，山西持续实施以汾河为重点的"七河"流域生态保护和修复。一是坚持以水定城、以水定产，统筹抓好铁腕治水、生态调水、改革活水、高效节水、强力保水，建立了汾河流域水资源统一调度机制，分河段、分时段统筹调度生产、生活、生态用水，促进生活污水资源化、工业用水循环化、农灌用水高效化，实现让汾河等黄河支流"水量丰起来"。二是坚持控污、增湿、清淤、绿岸、调水"五策并举"，统筹黄河流域山西段干支流、左右岸、上下游污染治理，强化源头治污，实施综合治污，开展了黄河干支流和入黄支流清河行动、河道采砂专项整治行动、黄河流域及其他入河排污口整治行动、河湖"清四乱"专项行动，实现让汾河等黄河支流"水质好起来"。三是划定汾河等河流生态功能保护线，建设缓冲隔离防护林带和水源涵养林带，通过河流自然形态修复、水生态空间管控、种植结构调整、绿色产业导入，构建"一源、两路、三线、四区、多节点"的河流生态景观空间布局，建设水利长廊、生态长廊、文旅长廊，实现让汾河等黄河支流"风光美起来"。2020年，黄河山西段干流水质为优，主要支流中的沁河水质为优，汾河流域地表水国考断面水质全部退出劣Ⅴ类，山西省所辖黄河的支流稳定实现"一泓清水入黄河"（见表4）。

表4　2018～2020年汾河流域水质状况变化

单位：%

年份	Ⅰ～Ⅲ类断面比例		劣Ⅴ类断面比例	
	1～4月	全年	1～4月	全年
2018	30.8	30.8	61.5	61.5
2019	30.8	38.5	61.5	53.8
2020	38.5	—	7.7	0

资料来源：《山西：治理初见成效 汾河流域水质明显好转》，人民网，2020年5月28日。

第三，环境污染综合治理明显向好，美丽山西全方位呈现。山西省坚持精准治污、科学治污、依法治污，全力推进蓝天、碧水、净土保卫战，污染防治取得关键进展，生态环境状况持续改善。一是打好蓝天保卫战。完成煤电发电机组超低排放改造，推进钢铁行业超低排放改造，实施重点行业企业无组织排放改造、工业炉窑和重点挥发性有机物综合治理；全面开展"散乱污"企业治理，加大城市建成区及周边污染企业搬迁改造和关闭退出力度；稳步推进城乡清洁取暖，开展民用生物质和洁净煤清洁取暖试点，城市建成区内煤炭禁烧；加快煤炭等大宗货物"公转铁"，加强柴油货车污染治理，加大建筑施工扬尘治理力度。全省大气环境质量得到明显改善，2020年全省 $PM_{2.5}$ 平均浓度降到44微克/立方米，低于京津冀及周边地区平均水平，全省优良天数比率达到71.9%。从重污染应对情况看，全省各市累计出现重污染86天，同比减少37天，重污染天数减少，峰值有效降低。二是打好碧水保卫战。以省政府令的形式印发《关于坚决打赢汾河流域治理攻坚战的决定》，全面压实各级河长的主体责任，明确阶段性目标任务；坚持"查、测、溯、治"并举，通过全面摸排和严格管控，倒逼和规范排污主体的治污行为，形成排污主体—排放口—水质断面"三位一体"的监管体系；建设完成地表水跨界面水质自动监测站全覆盖，提高监测管理效能；全面推进城镇污水管网建设和污水处理设施提标改造，农村生活污水综合处理试点，提高污水处理能力；建立湿地分级体系，建设国家湿地公园，推进湿地保护和修复、退耕还湿、湿地生态效益补偿工程，发挥湿地蓄水净化能力；2020年全省设区的市建成区的黑臭水体全部消除，58个地表水国考断面全部退出劣V类。三是打好净土保卫战。2016年以来，山西省逐年开展土壤污染防治年度行动，以改善土壤环境质量为核心，以保障农产品质量和人居环境安全为出发点，开展重点行业企业用地调查、耕地土壤环境质量类别划分、严格管控和安全利用受污染耕地、土壤污染治理与修复技术应用试点等，全省土壤污染防治取得阶段性进展，农用地土壤大部分达标，为发展生态有机农业奠定了良好基础；针对采煤沉陷区面积大、生态破坏严重的问题，山西省依据矿山地质环境所处的地理条件、灾害环境类型，遵循自然恢复和人工修复相结合的原则，宜农则农、宜林则林、宜塘则塘、宜游则游、宜建则建，实施沿黄 4 市 6.9 万户 20.1 万人搬迁安置，矿区生态逐步得到保护和修复。

第四，重大生态修复工程有序推进，生态系统的稳定性不断提高。生态是山水林田湖草各种要素相互依存而实现循环的自然链条。近年来，山西省坚持依法治理、综合治理、系统治理、科学治理、自然修复，大力实施以"两山七河一流域"为重点的生态系统保护和修复工程，"两山"即太行山、吕梁山，"七河"即汾河、桑干河、滹沱河、漳河、沁河、涑水河、大清河，"一流域"即黄河流域，通过山水林田湖的系统和综合治理，实现由"治表"到"治本"、变"输血"为"造血"，从根本上解决流域生态资源透支的问题。"两山"生态系统保护和修复重大工程，坚持"突出重点、合理布局、有机衔接、规模发展"原则，实施了大规模国土绿化、退耕还林还草、森林质量精准提升、生态公益林保护、自然保护区和湿地建设、干果经济林提质增效、经济林扩容增量、森林旅游和康养、草食畜牧业可持续发展、林业生态建设扶贫等十大工程，"两山"的水源涵养功能得到完善，生态承载能力不断提升。近年来，全省平均每年新增营造林面积 400 万亩以上，2016 年至 2020 年 5 月，山西省所辖黄河流域累计完成造林 2158 万亩，黄河流经市县的林草覆盖率接近 60%。实施以汾河为重点的"七河"流域生态保护与修复，以"河长制"为抓手，结合河流自然环境、水资源条件等要素，实行"一河一策"，全力抓好治水、调水、改水、节水、保水"五策丰水"，统筹推进饮用水源、黑臭水体、工业废水、城镇污水、农村排水"五水同治"，聚焦解决河流径流减少、水污染严重、地下水水位下降、岩溶大泉断流问题。汾河谷地地下水位连续十年回升，全省河流水环境状况明显好转，水生态功能得到提高。

第五，生态文明制度体系不断完善，治理能力不断提高。一是健全黄河流域生态环境治理领导体系。成立由省委书记和省长任双组长的山西省黄河流域生态保护和高质量发展工作领导小组，在全省范围内全面实施"河长制""湖长制""林长制"，建立健全自然资源与生态保护考核和生态环境损害责任追究制度，开展领导干部自然资源资产离任审计。二是健全生态环境保护制度体系。把生态环境保护作为立法的优先考虑范畴，建立和完善生态文明建设的法规制度，先后制定修订了《山西省环境保护条例》《山西省汾河流域生态修复与保护条例》《山西省大气污染防治条例》《山西省水污染防治条例》《山西省土壤污染防治条例》《永久性生态公益林保护条例》《山西省经济林发展条例》《山西省突发环境事件应急预案》等。三是完善生态环境监管体制。建立全省范围内"三线一单"空间生态环境分区管控体系，建立超标排污单位公示制度，实行生态环境保护督察制度，建立联席会议、联合打击等协作机制，全省 11 个地级市完成环保设施和城市污水垃圾处理设施向公众开放。四是建立自然资源资产产权制度。明确自然资源资产产权主体，推进自然资源统一确权登记，健全自然资源资产产权体系，初步构建自然资源资产的权、责、利关系；完成省市县国土空间规划编制，落实生态补偿和生态环境损害赔偿制度，开展自然资源统一调查监测评价，强化自然资源整体保护，促进自然资源资产集约开发利用。五是创新生态系统保护修复机制。推行造林绿化置换经营开发机制，建立森林旅游康养资源置换造林机制，推进购买式造林机制，创新义务植树尽责机制，实行集体林地限期绿化机制，建立造林增汇抵消碳排放机制，探索集体公益林委托管理经营机制，推进国有森林资源资产化有偿使用机制，推行生态补偿机制，建立林业建设成效年度评价机制。六是坚持铁的担当抓环保。以铁的担当尽责，各级领导干部坚决扛起主体责任和监督责任，铁肩担当，一抓到底，确保成效；以铁的手腕治污，采取强有力措施，全覆盖、零容忍、严执法；以铁的心肠问责，加大监督力度，严肃查处违法行为，严格追责问责；以铁的办法治本，统筹抓好源头治理、过程治理、重点治理、专项治理和系统治理，标本兼治，注重实效。

（二）山西省所辖的黄河流域生态保护存在的难题

山西省所辖的黄河流域生态环境脆弱，水土流失依然比较严重，汾河等黄河支流污染突出。这些问题的存在与山西生态保护历史欠账巨大有关，也反映出生态保护中还存在一些亟待解决的难题。

第一，流域生态治理体制有待完善。生态系统是山水林田湖草各个要素紧密联系的有机整体，流域生态系统具有整体性和跨界性，各种生态环境问题是相互影响、相互作用、相互制约的。当前，流域生态治理体制不够完善，主要表现为两个方面。一方面，就流域生态治理机构而言，流域生态治理部门如生态环境、自然资源、水利、林业和草原、农业农村等，统筹协调机制还不够健全。以水资源管理为例，涉水管理部门有水利、生态环境等，涵盖了水量、水质、治污、供水等，客观上存在九龙治水、分头管理的现象。另一方面，就流域生态问题的范围看，流域内的生态问题往往跨越多个省、市、县，如果各个行政区域的管理部门不能在政策取向和治理举措上统筹协调，就难以发挥出治理工作的合力，实现治理成效的最大化。还以水资源管理为例，汾河流经6个地市34个县（市），水环境问题与沿河区域的生产生活行为密不可分，河流治理也需要各地市协同联动。因此，要进一步强化系统治理思维，统筹兼顾，整体施策，健全流域生态治理体制，实现部门和地区之间的协同和联动。

第二，流域生态治理共同体尚未形成。黄河流域的诸多生态问题是多年的粗放式发展形成的，与企业、公民等行为息息相关。当前，流域生态治理主要是在党政主导下进行的，企业等市场主体、社会组织、公民个体等参与范围和深度都有待加强，市场机制、社会力量的作用发挥得还不够，尤其是在生态保护和修复中，社会资本的投入量和比例都比较低。随着生态保护和修复的深入推进，传统的依靠党政行政管理、单一投入的治理方式，已经难以适应大规模、多样化、复杂化、高标准的生态治理需要，亟待企业、社会组织和公民等多元治理主体的广泛参与，构建人人有责、人人尽责、人人享有的流域治理共同体。

第三，注重人工干预、忽视自然恢复。生态工程建设是生态保护和修复的重要抓手。当前，生态治理手段以技术性、工程性措施为主，存在过于倚重重大生态修复和保护工程的倾向，忽视对于生态系统规律的把握和运用，较少采用自行恢复、自然循环、休养生息的方式，容易出现违背生态规律和客观条件的伪修复和乱修复等问题，比如一些生态保护和修复工程忽视了水资源的刚性约束作用，人工修复的效果打了折扣。因此，要在生态工程建设中强化尊重自然、顺应自然、保护自然的意识，从生态系统自然演替规律和内在机理出发，采取适应省情、基于自然的修复方案，更加注重自然保护区、生态涵养区建设，杜绝过度利用和干预。

第四，生态治理科技水平还有待提高。生态科技是精准治污、科学治污、依法治污的重要支撑，能够大大提高生态治理效率。近年来，山西省生态环境保护取得的重大成果是以生态科技的广泛应用为基础的，现代科技在生态保护与修复、绿色生产与消费、环保执法与督察方面发挥了重要作用。但科技服务平台和服务体系建设不健全，生态治理中信息化、智能化技术等新技术推广和使用、科技成果的转化等方面依然有待加强，生态修复和保护产业仍处于培育阶段。因此，创新环境科技体制改革、完善环境科技创新体系、提高生态治理的科技水平成为当务之急。

（三）山西省在协同推进黄河流域生态保护和高质量发展中需要解决的问题

第一，保护生态环境与追求短期经济增长目标之间的矛盾。山西对于生态环境保护的问题认识较早。从"十二五"期间提出"绿化山西、气化山西、净化山西、健康山西"行动，到2017年印发《贯彻落实国务院支持山西省进一步深化改革促进资源型经济转型发展意见行动计划》《山西打造全国能源革命排头兵行动方案》等文件的陆续出台，彰显了山西在转型升级与环境保护方面的决心。但是，与这样的决心相比，在追求经济发展的压力之下，山西省的生态环境保护效果却并不尽如人意。在经济发展新常态下，生态环境保护是高质量发展的根本保障，但是即便生态环境保护的重要性被划定了很多红线，部分地区与城市依然置若罔闻，对于高污染、高耗能的煤焦产业采取默许态度，甚至还会为其保驾护航。在2018年中央环保督察对山西的检查通报中曾显示，山西省相关部门在2009年核定全省的焦化产业产能为18794万吨，但是截至2018年9月底，山西产能仅实现了14768万吨，剩余产能指标被作为了新产业扩建的置换指标。在焦化产能的利用率不足60%的情况下，部分地区为了追求经济增长，加速进行焦化产能的扩张，导致"GDP暂时上去了，但生态环境却下来了"。而在大气污染防治、温室气体排放双重控制的大背景下，山西煤炭产业现有的发展空间极其有限，使得地方经济长期承受着双重转型压力。一方面，不转型无法跟上时代发展的大趋势；另一方面，转型的效益短期未能实现，还要承受经济下行的压力。因此，如何发挥好煤炭的优势，做好煤炭清洁高效利用，提高煤炭产业的综合利用率，平衡经济发展与生态环境保护这篇大文章，应该是山西转型发展需要认真研究的一项课题。

第二，生态保护与资源产业路径依赖的结构性矛盾。山西地处黄河流域中游部位，拥有丰富的煤炭资源。中国经济的高速增长对资源的大量需求在一定程度上助推了山西省煤炭产业的快速发展。2000～2008年是山西煤炭产业发展的黄金时期，煤炭行业的快速发展推动了山西GDP增长水平一度远超中国GDP的平均水平。可以说山西煤炭行业的兴衰与整个山西省的经济增长具有密切的正相关性。煤炭行业的兴盛带动了生产要素向行业的聚集，对其他产业的发展形成了挤出效应。大量资源的过分聚集逐步构成了山西"一煤独大"的格局。山西省住建厅的一份调研报告显示，山西在煤炭产业发展的黄金时期造成了大约60%的民间资本大量外流，使得民营企业的发展举步维艰，民营企业份额在经济总量中的比重也持续走低。2012年初，中国经济在国际国内错综复杂的形势下，迎来了经济增长的换挡期，其后的"三期叠加"要求中国经济实现高质量发展。与此同时，山西省的煤炭需求应声跌落，山西经济增长的神话就此收场。山西"一煤独大"的结构性问题遭遇了经济增速失速与市场剧变的阵痛，就此山西产业转型发展拉开了帷幕。然而在转型过程中，部分地区与企业深刻感受到了新产业难以培育、旧产业无法割舍的"鱼与熊掌不可兼得"的痛苦，甚至在部分地市还出现了产业转型升级迫在眉睫，而煤焦化工产业却越调越多的怪圈。不难看出，无论是对于地方政府还是企业而言，煤焦产业的路径依赖，主要表现在理念、技术、要素三个方面，在理念层面，无论是领导层还是执行层对于既有的粗放式发展模式认知僵化，对于集约式发展的方式与路径无法在短期内产生认同，在一定程度上加深了经济转型与资源产业路径依赖的矛盾。此外，在技术方面，煤焦产业经过几十年的沉淀与发展，拥有成熟的技术与市场，也形成了一定的产能规模并产生了相应的规模效应。因此在短期经济利益与 GDP 考核的压力下，传统产业的发展完全可以满足经济增长的需求，因此对技术创新没有足够的意愿，从而阻碍了技术创新和生产效率的提高。在要素方面，新进产业的发展需要在要素端有足够的支撑性与流动性，而多年煤焦产业的发展对人力、资源、资金的吸纳产生了虹吸效应，使得新产业的升级活力不足。

第三，经济发展与脆弱生态之间的矛盾依然存在。当前，山西省正处于实现高质量转型发展的关键时期，以"六新"为代表的新兴产业在经济结构中的比重不断提升，但作为我国重要的能源化工基地，山西省黄河流域长期以来形成了以煤、焦、冶、电等能源原材料生产为主的经济格局，资源型经济所占比重依然比较高，结构性污染矛盾十分突出。尤其是汾河平原等区域产业集中、人口密度高，主要污染物排放强度高，生态环境压力大，资源环境承载日益趋紧。再加上山西省经济发展水平相对落后、发展质量较低，经济发展需要与脆弱生态保护之间的矛盾就凸显出来。对此，必须通过转变经济发展方式和生态环境保护同步推进来破解。此外，在推进生态文明建设中，还应该处理好速度和质量之间的关系，提高生态环保工作的实际效果。以国土绿化为例，近年来，山西省深入推进国土绿化行动，截至 2019 年底，全省森林总面积达到 5450.93 万亩，森林覆盖率为 23.28%，达到新中国成立以来的最高水平。尽管如此，山西缺林少绿的面貌并未得到根本改观，尚有宜林荒山 2400 多万亩，森林结构还不合理、质量还不够高，新造林的管护难度比较大。国土绿化工作还需持续发力、久久为功，既要保量，更要提质。

第四，水资源短缺和用水效率低之间矛盾突出，绿水青山与金山银山转化路径还不够清晰。黄河流域水资源总量不到长江的 7%，人均占有量仅为全国平均水平的 27%。2019 年，山西省水资源总量为 97.3 亿立方米，全年用水量为 76 亿立方米，水资源开发利用率高达 78%，远超一般流域 40% 的生态警戒线（见表5）。多年的大规模煤炭开采，给地下水资源造成严重破坏。据测算，每采一吨煤会破坏 2.48 吨地下水，过度开采加剧了地下水位的下降。同时，山西省所辖黄河流域高污染、高耗水企业多，万元国内生产总值用水量、万元工业增加值用水量都比较高，农田灌溉水有效利用系数比较低，反映出用水结构和用水方式不合理，水资源利用的集约化水平还不够高，这使得山西省所辖黄河流域水资源短缺的状况雪上加霜，水资源供需矛盾日趋加剧（见表6）。因此，应该在水源供给和消费两端共同发力，改善水资源紧缺状况。绿水青山就是金山银山，二者之间的转化需要有效的路径。如果绿水青山不能有效转化为金山银山，就难以调动群众的积极性，拓展生态建设的广度和深度。当前，重大生态工程建设在山西省生态保护和修复当中占比高，政府投资、国有企业投资在投资总额中占比高，生态环保与经济发展的结合还不够紧密。尤其是尚未构建起生态产品的价值实现机制，需要在生产、定价、流通、消费、保护等各个环节做进一步探索，进一步激发和调动社会资本参与生态保护和修复的积极性。

表5　2016～2019年山西省水资源量

年份	降水量（毫米）	地表水资源量（亿立方米）	地下水资源量（亿立方米）	地下水与地表水资源不重复量（亿立方米）	水资源总量（亿立方米）	用水量（亿立方米）
2019	458.1	58.5	82.5	38.8	97.3	76
2018	522.9	81.3	100.3	40.6	121.9	74.3
2017	579.5	87.8	104.1	42.4	130.2	74.9
2016	615.4	88.9	104.9	45.3	134.1	75.5

资料来源：水利部《中国水资源公报》。

表6　2019年山西、北京、天津、河北四省市主要用水指标对比

省级行政区	人均综合用水量（立方米）	万元国内生产总值用水量（立方米）	耕地实际灌溉亩均用水量（立方米）	农田灌溉水有效利用系数	人均生活用水量（升/天）			万元工业增加值用水量（立方米）
					城镇生活	城镇居民	农村居民	
山西	204	44.6	189	0.546	129	97	63	20.5
北京	194	11.8	164	0.747	249	139	126	7.8
天津	182	20.2	202	0.714	149	92	46	12.5
河北	241	51.9	170	0.674	167	121	61	16.3

资料来源：水利部《中国水资源公报》。

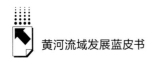

四　推动黄河流域山西段发展的对策建议

资源型经济转型与优化升级是山西实现高质量发展的关键所在。当前，研发与创新已成为推动山西经济高质量增长的重要共识；服务业比重持续提升，在人民日常生活中的重要性日渐凸显；产业数字化成为产业升级的重要力量；生态环境保护是实现绿水青山的重要途径，民生保障与获得感的持续攀升，提升了山西人民的整体幸福感。但是，山西省高质量发展依然存在传统产业不强、新兴产业不壮，市场主体培育不充分不平衡，科技、人才等要素吸引力不强、支撑性不高，生态可持续发展短板依然存在，民生事业与社会治理存在新挑战新要求等问题。要抓住黄河流域生态保护和高质量发展的重大发展契机，正确把握转变经济发展方式与资源产业路径依赖的结构性矛盾、生态环境保护与经济发展之间的协同性矛盾，实现山西高质量发展。

（一）坚持政府主导与市场驱动相结合，共同推进黄河流域生态保护和高质量发展

在黄河流域新发展格局中，山西省既要推进黄河流域生态保护，还要实现资源型经济高质量转型发展，应尽快形成统筹规划、协同推进发展新格局。党政主导下的生态治理模式，有效改善了黄河流域的生态环境状况，但同时由于治理主体单一、投资比较大等，也影响了生态治理效率的提高。为此，在强化组织领导、压实党政主体责任的同时，还要进一步推进生态治理的市场化运作，建立健全自然资源资产产权制度、生态产品价值实现机制，以及政府主导、企业和社会参与、市场化运作、可持续的生态保护补偿机制，按照"谁投资、谁经营、谁受益"的原则，引导和鼓励国企、民企、外企、集体、个人和社会组织，通过承包、合作、租赁等形式参与生态保护和修复，充分发挥市场化主体的专业化优势，逐步培育一批专门从事生态保护和修复的企业主体，壮大山西的生态环保产业，构建政府、企业和公众等利益相关者共同参与的流域生态治理共同体。首先，各级政府和民众要让生

态文明建设与环境保护入脑入心，在新发展理念指引下，着力打造以绿色产业为主导、以绿色企业为主体、以绿色生活为主流的发展格局。其次，积极推进生态环境保护立法工作，坚持以最严格的制度和法治来构建生态保护的屏障，积极落实、整改中央环保督察及"回头看"、黄河流域生态环境所曝光和披露的生态环境问题。最后，通过政府主导、企业共担、群众共治的公共管理模式来进行生态环境保护的共治共管，形成全社会共同参与生态环境保护和治理的良好格局，积极探索生产产品价值实现机制，以商业化逻辑创构生态投资和价值转化新范式。

（二）坚持"六新"突破，助推产业绿色转型升级

如何实现黄河流域生态保护和高质量发展成为沿黄流域省区关注的焦点，为贯彻新发展理念，落实高质量发展，推动生态环境保护和绿色发展、低碳发展的任务更加重要而紧迫。因此持续践行"绿水青山就是金山银山"的生态保护理念，通过创新体制机制着力破解瓶颈制约，有效推动新发展理念贯穿各个产业领域，以实现经济发展与生态保护共赢。山西产业绿色转型升级应坚持"六新"突破，来提升山西省产业基础能力和产业链的现代化、先进化、数字化水平。一是要集中打造一批优势产品。山西省作为早期的全国工业基地，拥有较为完备的工业体系优势，同时山西地处大山大河之间，有着鲜明特色的地理特征，孕育出极有特色的农产品。因此，山西应把握工业体系和特色农产品这两大优势，大力发展碳纤维、轨道交通装备、药材、杂粮等优势产品，全力推进优势产品产业链的提升和优化。二是要聚焦"六新"，大力推进传统产业的智能化、绿色化、高端化改造，驱动传统产业价值链向两端延伸。三是要全面推进创新工程建设，支持壮大14个战略性新兴产业集群的集约式发展，为高新技术产业提供智力支持，提高产品的竞争力。四是要加快推进全民数字化建设。要统筹推进5G、云计算、大数据、工业物联网等新兴数字基础设施建设，使新基建成为服务传统产业转型升级、新兴企业高端化的有力抓手，塑造产业新竞争优势，提升产业链的现代化水平。

（三）以科技创新为支撑，实现重点突破和整体推进相结合

"十三五"时期，山西省蓝天、碧水、净土保卫战成效显著，生态环境质量得到明显改善。与此同时，生态环保压力依然处于高位，结构性污染问题比较突出，污染物排放总量依然比较高。因此，"十四五"时期必须抓住大气、水体、土壤污染治理领域的核心问题，以科技创新为支撑实现重点突破。加大大气污染重点排放物的精准、科学、协同治理力度，统筹水资源保护、水资源利用、水污染防治，强化固体废弃物、医疗废物、农业面源污染、废弃矿山综合治理，巩固和深化污染防治攻坚战成果。同时，整体推进山水林田湖草综合治理、系统治理、源头治理，有序推进"两山七河一流域"生态保护河修复，提高资源的集约化利用水平，加快形成绿色发展和生活方式，走出具有山西特色的绿色创新之路。实现科技创新支撑高质量发展，应强化基础研究和应用基础研究，提升各地区关键领域核心技术水平。在当前区域经济与科技互融互促的背景下，应持之以恒地加强优势学科的基础研究、应用基础研究工作，通过提高投入总量、优化投入结构等方式着力解决重大原创性成果缺乏、突破"卡脖子"技术、激励机制和创新环境有待优化等问题，努力实现更多"从0到1"的突破。一是积极构建基础研究投入的多元化渠道。在政府的有效引导和支持下，企业应加大对于基础研究的投入，做好创新会有失败的包容性准备，通过政商产学研等合作方式加大对冷门项目、基础项目以及关键核心技术的长期性投入，加强科研创新的基础和后劲，推动原始创新成果的实现和突破。二是要聚焦科研人才和团队的培育。山西应围绕打造能源革命先行示范区和能源产业转型升级这一关键核心，通过整合各级政府部门的人才政策、人才待遇和人才关怀，来培育一支能源产业革新的生力军，在大力吸引外来人才的同时，也要做好本土人才的扶持与培育，完善本土科技人才与国际高端人才的交流磋商机制，为人才的培育和发展创造良好的成长环境。三是要加大对创新平台、创新中心等研发机构和团队建设的支持。大胆创新研发机构的差异化管理模式、创新激励措施和合作产出方式等，提升山西的基础科学研究水平，进而带动整个创新体系的系统性提升。

（四）坚持自然恢复和人工修复相结合，推进源头治理、系统治理、综合治理

习近平总书记指出："在整个发展过程中，我们要坚持节约优先、保护优先、自然恢复为主的方针。"各项生态保护修复工程是推进流域生态修复和治理的重要抓手。在实施好重大生态保护和修复工程的同时，要更加重视自然生态的自行修复，就是要坚持尊重自然、顺应自然原则，把区域、流域作为有机整体，统筹考虑各种生态问题的相互关联和因果关系，以生态本底和自然禀赋为基础，按照生态系统的演进规律和内在机理进行保护和修复，严格实施国土空间管控和主体功能区规划，减少生态脆弱区、水源涵养区等重点生态区域的人类活动，逐步恢复退化生态系统的功能，增强生态环境资源再生能力。通过源头治理、系统治理、综合治理，使得山西省所辖黄河流域的生态环境得到显著改善，水资源总量和质量、森林覆盖率、空气指数等明显提高。应该看到，由于山西省生态保护历史欠账比较大，生态系统的质量和稳定性还有待继续提升。因此，必须增强生态保护的战略定力，树牢红线意识和底线思维，将生态资源的提质增量和成果保护紧密结合起来，提高生态治理的精细化水平，推进各类生态资源的整合优化。

（五）坚持生态保护、产业发展与惠及民生相结合

良好的生态环境本身蕴含着无穷的经济价值，能够创造源源不断的综合效益。山西省作为一个生态十分脆弱的省份，推进生态文明建设的前提是保护和修复生态环境，打造出"绿水青山"。但同时，如果不能有效地将"绿水青山"转化为"金山银山"，生态文明建设就不可持续。因此，要深化自然资源产权制度改革，建立健全生态效益补偿制度，推动形成绿色生产生活方式；鼓励支持生态保护和修复产业化发展，提高生态产业化水平；重点发展有机旱作农业，大力推广现代农业科技，打好"特""优"农业牌，提高农业综合效益和竞争力；大力发展生态文化旅游，充分挖掘山西优美生态、悠久历史所蕴含的旅游资源，推动生态建设、产业发展与乡村振兴有效结合；坚持走

生态化、高端化、集约化、现代化发展路子，打造现代产业新优势。总之，要进一步找准绿水青山和金山银山之间的转化路径，将生态优势、资源优势转化为产业优势、经济优势、发展优势，实现高水平保护、高质量发展和高品质生活的有机融合，使群众得到实实在在的获得感和幸福感。

陕西：铸造黄河流域生态保护
之芯和高质量发展之核

张品茹　张倩　张爱玲　李娟　张维青　任璐*

摘　要：　黄河流域陕西段是陕西省经济社会发展的战略重心，其生态
环境状况在黄河流域乃至全国生态安全战略格局中占据重要
地位。在努力推动黄河流域生态保护和高质量发展的进程
中，陕西主动担当，积极作为，以绿色作为发展底色，以改
革打破创新桎梏，进一步发挥制度优势，激发创新动能，将
陕西铸造成为黄河流域生态保护之芯和高质量发展之核。本
报告既立足流域全局，又贴合陕西实际，将陕西定位为生态
环境保护示范区、区域高质量发展先行区、内陆改革开放高
地和黄河文化保护弘扬传承核心区，并从这四个方面系统梳
理了陕西发展现状和面临的问题挑战，建议陕西紧抓机遇、
迎接挑战，按照"一带三屏三区"布局，构建黄河流域生态
保护修复新格局，加强陕北黄河粗泥沙来源区水土流失的治
理，协同构建陕西黄河流域产业体系和创新体系，深度融入
共建"一带一路"，推动文旅融合创新发展。

* 张品茹，博士，中共陕西省委党校（陕西行政学院）管理学教研部副主任、副教授，研究方
向为创新创业教育、区域创新发展；张倩，中共陕西省委党校（陕西行政学院）讲师，研究
方向为生态文明与生态经济；张爱玲，中共陕西省委党校（陕西行政学院）管理学教研部讲
师，研究方向为产业经济和区域经济；李娟，中共陕西省委党校（陕西行政学院）管理学教
研部副教授，研究方向为会计信息化、财务管理、产业经济；张维青，中共陕西省委党校
（陕西行政学院）讲师，研究方向为区域经济学；任璐，中共陕西省委党校（陕西行政学院）
管理学教研部讲师，研究方向为生态文明、公司治理。

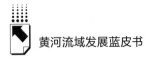

关键词：　生态保护　黄河文化　高质量发展　陕西

　　陕西是中国大地原点所在，国家地理版图中心，南北纵跨黄河、长江两大水系，是众多重要区域板块和城市群的衔接转换中枢，具有"平衡南北，协同东西"的重要作用；黄河流域陕西段地处黄河中游的中心，陕西64.6%的面积属于黄河流域，占黄河流域总面积的17.78%，黄河干流在陕西境内总长719.10公里，占黄河干流总长的13.16%。陕西黄河流域是陕西省经济社会发展的核心区域，其生态环境状况又对黄河流域整体生态保护具有重大影响。陕北黄土高原是黄土高原腹芯，是黄河粗泥沙主要来源区，是解决黄河水沙关系不协调的关键所在；南部秦岭山脉是我国的中央水塔、南北气候分界线和重要生态安全屏障，在黄河流域乃至全国的生态安全战略格局中占据重要地位。2020年习近平总书记来陕考察时指出，陕西生态环境保护，不仅关系自身发展质量和可持续发展，而且关系全国生态环境大局,① 因此从空间位置和战略地位来看，黄河流域陕西段是黄河流域生态保护之芯。

一　黄河流域陕西段的功能定位

　　陕西黄河流域涉及榆林、延安、铜川、宝鸡、杨凌、咸阳、西安、渭南和商洛9市（区），2019年区域常住人口2915万，生产总值22226.31亿元，占全省总人口的75.43%，占全省生产总值的86.2%，是陕西人口经济社会发展的主要承载区。明确黄河流域陕西段的功能定位，既要紧密贴合陕西当前所处的发展阶段、紧迫任务和发展战略，又要树立"一盘棋"思想，从全国、全流域整体出发，坚持统筹谋划、系统推进，共同抓好大保护，协同推进大治理。

---

① 《扎实做好"六稳"工作　落实"六保"任务　奋力谱写陕西新时代追赶超越新篇章》，《陕西日报》2020年4月24日。

（一）生态环境保护示范区

第一，黄土高原水土保持关键区。陕西黄土高原丘陵沟壑区是黄河粗泥沙的主要来源区，是黄河流域水土保持的关键区域。水沙关系调节是保障黄河长治久安的"牛鼻子"。作为世界上含沙量最高的河流，水土流失带来了黄河中下游"悬河"、洪水威胁等一系列问题。黄河流域陕西段是黄河中游多沙河流汇聚地和下游粗泥沙集中来源区。黄河中下游河道淤积的粗泥沙有90%来自陕西，减少入黄泥沙的关键在陕西，水土流失治理的重点在陕西。因此，黄河流域陕西段是调节黄河水沙关系、保障中下游岁岁安澜的关键区域。

第二，秦岭水源涵养区。秦岭山脉是我国重要的生态安全屏障。2020年4月习近平总书记来陕考察时强调，秦岭和合南北、泽被天下，是我国的中央水塔，是中华民族的祖脉和中华文化的重要象征。[①] 同时，秦岭又是我国南北气候分界线和生物多样性基因宝库，更是黄河、长江两大流域的重要水源地。陕西境内的秦岭南坡是汉江、丹江、嘉陵江的源头区，也是南水北调中线工程的重要水源地，秦岭北坡是黄河最大支流渭河的主要水源补给地。秦岭为我国黄河、长江、淮河三大流域提供了水源保障，是重要的水源涵养区。从现状来看，秦岭山脉生态环境遭到破坏最严重的地区是在陕西[②]，秦岭生态保护的关键在陕西。

第三，重点河湖水污染防治区。黄河流域劣Ⅴ类水主要分布在内蒙古—陕西交界处和汾渭平原。内蒙古—陕西交界处凭借资源禀赋成为国家能源化工基地，能源化工产业发展带来的工业污染问题突出。汾渭平原是我国的粮食生产基地，也是关中城市群发展的重点区域，区域内农业面源污染和城乡生活污染问题突出。习近平总书记提出"治理黄河，重在保护，要在治

---

① 《扎实做好"六稳"工作　落实"六保"任务　奋力谱写陕西新时代追赶超越新篇章》，《陕西日报》2020年4月24日。
② 王社教：《秦岭生态保护的历史意义与责任担当》，《光明日报》2020年4月27日。

理"①，但长久以来，陕西省在生态环境治理方面投入较少②，历史欠账多，使陕西段成为黄河流域水污染防治重点区域。

（二）区域高质量发展先行区

第一，西部创新发展引擎。陕西科技创新的基础和综合实力雄厚。2020年4月，习近平总书记在陕考察工作时强调，"陕西是科教大省，是我国重要的国防科技工业基地，科教资源富集，创新综合实力雄厚。要以西安全面创新改革试验区为牵引，以推动创新资源开放共享为突破，在创新驱动发展方面迈出更大步伐"。陕西的科技创新资源要素集聚优势明显，科技创新服务体系和政策环境不断优化，科技创新对经济社会发展的驱动作用显著增强。随着陕西创新发展的动能不断溢出，陕西将成为引领西部创新发展的引擎。

第二，资源集约高效利用引领区。资源的粗放式利用阻碍了经济发展的新旧动能转换，形成了经济发展的环境阻力，收缩了生产可能性边界，是经济高质量发展的大敌。陕西省受困于水资源匮乏的不利条件，在水资源节约集约利用方面，不断优化水资源配置，大力开发节水技术和节水产业，提升用水效率，成为全国水资源节约集约高效利用示范区。运用已有经验，陕西将以技术创新为引领，以体制机制改革为突破口，综合利用法律、经济、行政手段，促使水、土地、能源、矿产等自然资源优化配置、高效利用，以资源集约高效利用助推经济高质量、可持续发展。

第三，共享协调发展先行区。坚持以人民为中心的理念，让发展成果惠及人民群众。继续做好就业、教育、医疗卫生和社会保障等民生工作，补齐民生短板和弱项，健全公共服务体系，促进公共服务均等化，使陕西成为黄河流域共享发展的样板。黄河流域陕西段还分布着革命老区、生态脆弱区等特殊类型地区，发展基础薄弱，发展相对滞后。城乡之间、区域之间发展不

---

① 习近平：《在黄河流域生态保护和高质量发展座谈会上的讲话》，《求是》2019年第20期。
② 贺茜：《黄河流域绿色发展综合评价报告》，载张廉等主编《黄河流域生态保护和高质量发展报告（2020）》，社会科学文献出版社，2020，第231～243页。

平衡的问题较为突出，成为制约陕西高质量发展的短板。陕西将在坚持"生态优先、绿色发展"的前提下，推进脱贫攻坚与乡村振兴、农业农村现代化有效衔接，提升特殊类型地区的发展能力，在协调发展中挖掘陕西的发展潜力。

（三）内陆改革开放高地

第一，"一带一路"重要节点。自"一带一路"倡议提出以来，陕西着力发挥区位优势，积极发展"三个经济"，努力构建陆空内外联动、东西双向互济的对外开放新格局。[①] 中欧班列"长安号"开行数量逐年创出新高，核心指标与质量评价指标均居全国首位，同时利用"长安号"的物流通道优势，发展面向"一带一路"的现代产业集群，与"一带一路"沿线国家在产业、教育、旅游、金融方面的合作不断深化。陕西将继续深度融入共建"一带一路"大格局，推动新时代对外开放实现新突破，使陕西成为黄河流域对外开放的门户。

第二，西北开发开放主引擎。黄河流域地跨我国东中西三部，地处中游的陕西是西部大开发的桥头堡。《中共中央国务院关于新时代推进西部大开发形成新格局的指导意见》提出，"以共建'一带一路'为引领，加大西部开放力度""支持重庆、四川、陕西发挥综合优势，打造内陆开放高地和开发开放枢纽""鼓励重庆、成都、西安等加快建设国际门户枢纽城市""促进成渝、关中平原城市群协同发展，打造引领西部地区开放开发的核心引擎"。在"一路一带"建设带动下，西部大开发向纵深推进，陕西抢抓机遇、追赶超越的步伐不断加快，正在崛起成为西北开发开放的主引擎。

第三，黄河流域内外联通枢纽。按照黄河流域"大保护、大治理"的要求，未来黄河流域区域间开放协作的程度将逐步深化。从地理位置看，陕西省地处我国几何中心，地跨黄河与长江两大流域，是连接河套平原、华北

---

① 程靖峰：《新时代西部大开发，陕西迎来新机遇——打造内陆开放高地和开发开放枢纽》，《陕西日报》2020 年 5 月 27 日。

平原、成都平原的重要生态通道。从黄河流域来看，黄河流域陕西段既沟通黄河左右岸，又联结南北上下游，位于中游的中心，是黄河之芯。同时已建成的"米"字形高铁网、高速公路网，正在建设的国际枢纽机场和互联网骨干直联点凸显了陕西作为全国综合交通物流枢纽的地位。陕西将大力发挥黄河流域内外联通枢纽的作用，协同推进流域内外区域间开放合作，提升对内开放能力和水平。

（四）黄河文化保护弘扬传承核心区

第一，历史文化保护核心区。黄河文明主要发源于黄河中下游地区，尤其是以西安至洛阳为主轴。[1] 中游的陕西是中华民族文明的发祥地之一，文明史源远流长，文化遗产浩如烟海，是黄河流域历史文化保护核心区。陕西的历史文化资源类型丰富，时代序列完整，涵盖了从史前至近现代各时期，文化延续性强；陕北、关中、陕南各区域文化特色显著，主题鲜明。其中，物质文化遗产多为古遗址、古墓葬，地下文物数量巨大；非物质文化遗产种类数量多、文化内涵丰厚。陕西开展历史文化遗产系统保护对于保护传承黄河文化具有重大基础性作用。

第二，红色文化彰显区。红色文化是黄河文化的重要组成部分，陕西红色文化资源的主体是在土地革命战争和抗日战争时期形成的红色文化资源，特别是在陕西延安形成的延安精神是红色文化的重要内容。通过系统保护挖掘革命遗址、旧址等革命文物，建设纪念场馆，打造红色文化艺术，发展红色旅游，将延安整体打造成为红色文化保护传承高地，让黄河流域陕西段成为集学习红色文化、传承革命精神、开展爱国主义教育、弘扬时代精神的红色文化彰显区。

第三，黄河文化旅游带亮点区。陕西黄河流域自然遗产和文化遗产丰富，人文积淀和自然奇景壮美。陕西沿黄河串起50余处名胜古迹，分布有

---

① 段庆林：《打赢新时代黄河生态保卫战》，载张廉等主编《黄河流域生态保护和高质量发展报告（2020）》，社会科学文献出版社，2020，第38～39页。

华夏根脉文化、关中民俗文化、红色文化、生态文化、都城文化等，种类丰富，数量繁多，各具特色。依托古都、古城、古迹等丰富的人文资源，深入挖掘黄河文化内涵，突出陕西特色，促进文化旅游融合发展。建设"一带三片区"，即沿黄公路旅游带、"锦绣湿地""黄土风情""壮美峡谷"沿黄旅游片区，将黄河流域陕西段打造成世界级文化旅游目的地，成为黄河文化旅游带上一张亮眼的名片。

二　黄河流域陕西段的发展现状

黄河流域是我国重要的生态屏障，也是重要的经济地带。陕西省为加强黄河治理保护和推动黄河流域高质量发展做了大量工作，制定发展规划，落实工作部署，坚持走生态优先绿色发展之路，进行生态产业化、产业生态化实践创新，大规模绿化、治沙，推动环境污染治理，实施山水林田湖草生命共同体生态保护修复系统工程，取得了显著的成效。

（一）生态环境治理取得成效

第一，水土保持能力有所增强。陕西地处黄土高原腹地，其水土流失面积占国土面积比例非常大，侵蚀强度高，水土流失十分严重。截至2018年，陕西省黄河流域土壤侵蚀总面积4.95万平方公里，占该区土地总面积的36.58%；陕北黄土高原丘陵沟壑区水土流失面积6.18万平方公里，占全省水土流失面积的52%，已成为入黄泥沙主要来源区。多年来，陕西省一直把水土保持工作作为黄河保护和治理的重中之重。深入实施退耕还林还草、保护天然林和建设三北防护林等工程。近十年来，陕西省用于水利建设投资金额持续增加。2019年完成水利投资328.5亿元，上升到全国第10位，2020年计划完成水利投资360亿元，较上年增长8.5%以上（见图1）。截至目前，陕西水土保持工作取得显著成效，年均入黄泥沙量大幅锐减，由8.3亿吨减少到2.68亿吨，森林覆盖率已达到36.8%，860万亩流动沙地得到治理，毛乌素沙地即将消失，黄土高原腹芯地带自然保护地群基本形成。① 陕西省气象局卫星资料分析显示，以陕北为核心的黄土高原已成为全国连片增绿幅度最大的地区。

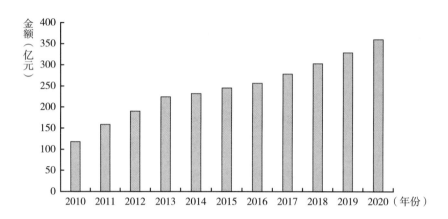

图 1　2010～2020 年陕西省水利建设投资情况

资料来源：《陕西统计年鉴》（2010～2020 年）。

　　第二，水源涵养能力逐步提高。秦岭是我国中央水塔，目前秦岭水资源量约 222 亿立方米，占黄河水量的 1/3。陕西水资源总量的一半来源于秦岭，是陕西省名副其实的水源涵养区。另外，秦岭也是重要的生态屏障和野生动植物的天然宝库，被誉为中国的"生物基因库"，具有巨大的生态价值、经济价值。为了做好秦岭生态环境保护和修复工作，陕西省相继出台若干文件②，"严标准"守护秦岭，使秦岭生态环境保护体系日益完善。按照以自然恢复为主、以人工修复为辅的原则，秦岭范围内的各级人民政府采取封育保护、退耕禁牧、还林还草和植树造林、水土保持等措施，对秦岭北麓主要河流、湖泊、水库及饮用水源地上游、取水口及淤塞区域周边实施水源

---

① 《陕西：年均入黄泥沙量由 8.3 亿吨减少到 2.68 亿吨》，央广网，http://news.cnr.cn/native/city/20200618/t20200618_525133492.shtml。

② 《西安市秦岭生态环境保护条例》（2020 年）、《秦岭生态环境保护行动方案》（2019 年）、《陕西省秦岭生态环境保护总体规划》（2018 年）、《陕西省秦岭生态环境保护条例》（2017年）等。

涵养林建设，加大水源地及荒山荒坡造林绿化工作力度，秦岭植被覆盖总体好转，水源涵养能力逐步提高。

第三，环境污染治理有序推进。大气环境质量方面，蓝天保卫战实施三年来，全省城市空气质量持续改善，优良天数不断增加，重污染天数逐年减少。2019 年，全省国考 10 市空气综合指数 3.37，$PM_{2.5}$ 平均浓度 46 微克/立方米，较 2017 年分别下降 10.1% 和 6.1%。2020 年 1～10 月，$PM_{2.5}$ 浓度 37 微克/立方米，同比下降 11.9%；优良天数 253.2 天，同比增加 19.5 天；重污染天数 5.1 天，同比减少 7 天。水环境质量方面，2019 年陕西省黄河流域 32 个国考断面中 I～III 类水质比例为 65.6%，无劣 V 类断面，提前达到"十三五"终期考核要求。2020 年 1～10 月，黄河流域国考断面 I～III 类比例为 84.4%，同比提高 21.9 个百分点。总量减排方面，2019 年，陕西省化学需氧量、氨氮、二氧化硫、氮氧化物排放量分别较 2015 年下降 9.6%、10.5%、19.4%、14.3%，单位 GDP 二氧化碳排放量较 2015 年下降 21%，氨氮、二氧化硫和单位 GDP 二氧化碳排放量下降率提前达到"十三五"目标任务。[1]

（二）高质量发展稳步推进

第一，创新驱动力量明显增强。陕西经济增长是资本、创新进步、劳动力三种因素共同作用的结果，根据《陕西统计年鉴》（1978～2020）的统计数据，先利用基本数据计算技术系数、产出变化率、创新进步变化率、资本变化率和劳动力变化率，根据增长速度方程，分离出各生产要素对经济增长中的贡献，再根据成长特征划分为 3 个时期 6 个子阶段，三种因素在陕西经济增长中的年平均贡献率分别是 70.03%、22.43% 和 7.53%（见表 1）。陕西经济保持近 40 年的增长，资本投入量是推动经济增长的主要动量，创新进步次之，劳动力最低。其中，创新进步贡献则经历了先升后降曲折逐步增

---

[1] 《陕西省政府新闻办举行〈坚决打好污染防治攻坚战 推动生态环境质量持续好转有关情况〉新闻发布会》，生态环境部网站，http://www.mee.gov.cn/ywdt/dfnews/202011/t20201126_810079.shtml。

长的态势，尤其是经历了20世纪90年代的高速增长阶段，在2010年以后则进入了快速上升阶段（见图2）。

表1 陕西经济发展动能时期阶段

单位：%

时期	时段	GDP 增长率	资本贡献率	劳动力贡献率	创新进步贡献率
劳动资本驱动时期	1978～1988	10.85	57.5	14.61	27.89
	1989～1991	4.61	113.01	21.17	−34.18
资源资本驱动阶段	1992～1997	10.16	48.97	5.48	45.55
	1998～2001	10.52	66.3	2.64	31.06
	2002～2009	12.63	75.92	5.1	18.98
资本与创新驱动阶段	2010～2019	11.5	64.5	3.2	32.3
	平均	10.05	70.03	7.53	22.43

资料来源：《陕西统计年鉴》（1978～2020）。

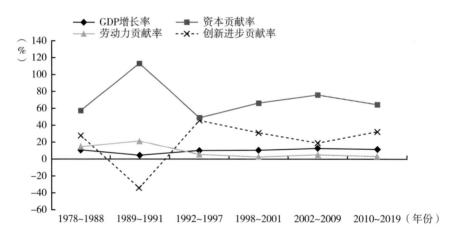

图2 陕西GDP增长率与资本、劳动力、创新进步贡献率变化情况

资料来源：《陕西统计年鉴》（1978～2020）。

陕西产业驱动力的发展大致经历了"资源优势—投资驱动—要素创新"几个阶段。在经济新常态背景下，创新驱动产业发展的势头更为强劲。凭借"深厚巨大的（科教）创新潜力、独具优势的军工科研"优势，陕西的汽车、航空航天与高端装备制造、新一代信息技术、新材料和现代医药等六大新的支柱产业正在快速崛起并迅猛发展，初步树立起"造飞机、产汽车、制芯片、做手机、出好药、强新材"的陕西工业新形象。①

第二，特色现代产业优势凸显。农业是建立在资源禀赋基础之上的传统产业。陕西在稳定粮食产能的基础上，加速农业产业结构调整升级，优化现代农业产业体系，推动全省农业转型发展。近年来，陕西省围绕"3＋X"特色产业布局，推进优势特色产业发展。水果生产稳居全国首位，苹果和猕猴桃产量分别占到世界的 1/7 和 1/3。奶山羊坚持全产业链开发，加快扩群增栏，有世界上最大的奶山羊群体，羊乳制品占国内市场份额的 85%，产销量稳居全国第一。坚持标准化、机械化、智能化导向，提升设施农业效益，做大食用菌产业板块，设施农业规模居西北首位。茶叶、魔芋、中药材、核桃、红枣、杂粮等 50 多个区域特色产业优势不断增强，成为当地农民增收致富的重要收入来源。能源化工产业是陕西省工业的重要支撑。近几年能源转型升级加速，绿色集约化水平不断提升，化工精深进度不断推进，煤制烯烃（芳烃）、基础有机化学品、精细化工和化工新材料产品不断丰富。陕西坚持优煤、稳油、扩气，打造煤炭深度转化、新能源等增长点，能源化工产业逐步呈现绿色化、多元化、高端化、高质化的发展趋势。高新技术产业和制造业布局方面，陕西省加快培育新的支柱产业，强化科技支撑，延长产业链条，完善功能配套，不断巩固新增长点的发展优势，工业高技术和转型升级产业较快增长，工业向中高端、技术型转化的步伐加快。以六大新支柱产业为代表的先进制造业实现产值占全省工业总产值的比重连年提升，现已超 40%。2019 年陕西省黄河流域已实施重点产业创新链 32 个、关键技术创新点 289 个。通过持续增强"双创"力度，各类孵化载体已突破1450 家，新增高新技术企业创纪录达 1000 家②，加快培育发展新动能也已见成效。

---

① 张爱玲、曹林：《培育发展虚拟现实产业，打造追赶超越新动能》，《新西部》2017 第17 期。

② 刘国中：《陕西省政府工作报告》，2020 年 1 月 15 日。

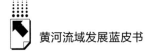
第三，城乡一体化发展深入推进。"十三五"期间，在"做大西安、做美城市、做强县城、做大集镇、做好社区，促进城乡一体化发展"战略指导下，按照"城乡政策一致、规划建设一体、公共服务均等、收入水平相当"的要求，陕西省加快推进以人为核心的新型城镇化建设，大中小城市协调发展，城乡一体化水平迈上新台阶。一是加快关中城市群建设。通过推进西咸、西铜、西渭一体化，提升宝鸡、渭南、榆林等城市的发展水平；加快建设沿黄城镇带，抓好重点县城、示范镇和文化旅游名镇建设；不断发展壮大县域经济，统筹推进新型城镇化建设，推进农业转移人口市民化。二是全面加强城乡基础设施建设。随着"米"字形高铁网、关中城际铁路网和大西安地铁网建设，基本实现市市通高铁、县县通高速、多数重点镇通二级以上公路；陕西省加快推进5G、物联网、人工智能、工业互联网等新型基建投资，2020年实现全省所有地级市覆盖5G网络，基站累计达到1万个；推进城市更新、老旧街区改造，2021年全省重点推进2877个城镇老旧小区改造，提高社区宜居水平。三是推动新产业新业态发展壮大。打造现代农业产业园，助推农产品全产业链开发；促进农村电子商务发展，加速农产品电子商务进农村综合示范县建设；发展休闲农业和乡村旅游，打造一批全国休闲农业和乡村旅游示范县（区），实施乡村旅游扶贫工程。

（三）对外开放迈上新台阶

第一，对外开放水平稳步提升。随着中国对外开放不断向更深层次的宽度和广度拓展，陕西省对外开放水平也逐年稳中有进。对外贸易方面，2014～2019年，进出口贸易总额从1680.72亿元提高至3515.52亿元；对外投资方面，2014～2018年，对外非金融类直接投资总额从4.54亿美元提高到了6.47亿美元，2019年略有回落；实际利用外资方面，2014～2019年，从41.76亿美元提高到77.29亿美元；对外投资活动日益活跃，利用外资规模持续扩大（见表2）。

表 2 2014～2019 年陕西省对外开放相关指标数据

年份	进出口贸易总额 （亿元）	对外非金融类直接投资 （亿美元）	实际利用外资 （亿美元）
2014	1680.72	4.54	41.76
2015	1895.25	6.66	46.21
2016	1976.30	7.04	50.12
2017	2719.65	6.63	58.94
2018	3512.82	6.47	68.48
2019	3515.52	4.84	77.29

资料来源：《陕西省统计年鉴》、《中国统计年鉴》、陕西省商务厅网站。

在规模扩大的同时，陕西省外贸竞争也彰显出新优势。渭南、咸阳、宝鸡、韩城先后有 5 个园区获批国家级外贸转型升级示范基地；西安进口商品展示交易分拨中心、跨境电子商务国际合作中心、加工贸易转移承接中心建设成效显著；西安国际港务区和西咸新区已设立 18 个进口商品展示场馆，西安国际港务区"陕西加工贸易产业转移承接中心"已有来自东南沿海地区 27 家企业入驻；西安获批国家服务外包示范城市，西安高新区获批全国文化出口基地；西咸新区服务贸易创新发展试点成效明显，人力资源服务产业园、特色文化产业合作新模式等创新经验在全国复制推广。与"一带一路"沿线国家贸易交流不断增多。2019 年，陕西省对"一带一路"沿线 13 个国家（地区）非金融类直接投资额 1.89 亿美元，同比增长 133.3%，占同期全省非金融类直接投资总额的 39.1%；对"一带一路"沿线 13 个国家（地区）累计投资额 13.45 亿美元，占比 24.1%。[1] 2020 年中欧班列"长安号"开行 3720 列，是 2019 年的 1.7 倍，创历史新高。运送货物总重达281.1 万吨，是 2019 年的 1.6 倍，开行量、重箱率、货运量等指标稳居全国第一。[2] 全方位开放格局逐步形成。

---

① 陕西省商务厅国际合作处：《陕西省对外投资合作业务简况（2019 年 1～12 月）》。
② 《2020 年中欧班列长安号开行量达到 3720 列》，人民网陕西频道，http：//sn.people.com.cn/n2/2021/0119/c226647－34536421.html。

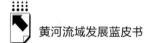

第二，流域内合作机制初步建立。近年来，陕西省与沿黄各省区合力破除行政干预，合作领域不断深化，成果日益增多。2019年山西忻州、陕西榆林、内蒙古鄂尔多斯三市就抓好大保护、推进大治理，共同推进沿黄流域协同发展，促进区域高质量发展等事项达成共识，共同签署合作框架协议。①陕甘宁蒙晋经济洽谈会、煤博会、黄河金三角区经济合作活动已经成为陕西省加强与黄河流域及周边省区交流合作的重要平台。豫陕合作先行示范区建设有序推进，已入驻企业70余家，其中规模以上29家，从业人员达到了4.3万人。②2020年9月18日，黄河流域九省区和新疆生产建设兵团、水利部黄河水利委员会齐聚西安，召开黄河流域生态保护和高质量发展协作区第31次联席会议，就"协同推进大保护大治理，建设造福人民的幸福河"合作主题达成共识。流域内文化旅游合作也逐步展开。2017年9月26日，首届中国黄河旅游大会暨沿黄城市旅游产业联盟成立仪式在陕西韩城举行，标志着黄河旅游产业迈开了城市联合、产业协作、全线携手新征程。2020年，黄河文化旅游发展合作交流大会上，沿黄九省区19个城市和旅游部门相关负责人、国内100多家旅行社代表共同发出了《黄河文化旅游发展合作倡议》，③将携手深入挖掘黄河文化资源，共同做好生态保护，逐步开展流域旅游合作。

第三，基础设施建设规模持续扩大。截至2019年，陕西省铁路营业总里程6224公里，其中高速铁路856公里，路网密度从2010年的0.019公里/平方公里上升到2019年的0.03公里/平方公里，增长近60%；公路总里程180070公里，其中高速公路4187公里，路网密度从2010年的0.717公里/平方公里上升到2019年的0.876公里/平方公里，全流域81个县（市、区）已连通77个〔仅余子长、黄龙、麟游、太白4个县（市）未通高速〕；

---

① 《忻州榆林鄂尔多斯签订〈晋陕蒙（忻榆鄂）黄河区域协同发展框架协议〉》，榆林市人民政府网站，http：//www.yl.gov.cn/xwzx/ylywe/59154.htm。
② 《豫陕合作，开花结果》，《经济日报》2020年8月19日。
③ 《沿黄九省区部分城市联合发出黄河文化旅游发展合作倡议》，中国文明网，http：//www.wenming.cn/wmzh_pd/jj_wmzh/202009/t20200904_5779005.shtml。

民航航线 370 条，其中国际航班 88 条，通航城市 235 个，其中国际城市 71 个。除水路外，陕西省铁路、公路、民航运营里程不断增长，路网密度持续扩大（见表3）。

表3 2010～2019 年陕西交通基础设施情况

年份	铁路营运里程（公里）	铁路路网密度（公里/平方公里）	公路总里程（公里）	公路路网密度（公里/平方公里）	民航航线（条）	通航城市（个）
2010	4445	0.019	147461	0.717	358	120
2011	4449	0.019	156986	0.739	373	165
2012	4464	0.02	161411	0.785	564	150
2013	4803	0.022	165249	0.804	632	88
2014	4924	0.022	167145	0.813	698	177
2015	4676	0.022	170069	0.827	869	168
2016	4748	0.023	172471	0.839	313	171
2017	5108	0.025	174395	0.848	337	198
2018	5140	0.025	177128	0.862	345	211
2019	6224	0.03	180070	0.876	370	235

资料来源：《陕西省统计年鉴》《中国交通统计年鉴》。

同时，根据陕西省交通运输厅的统计，2019 年陕西省完成交通固定资产投资 774.8 亿元，同比增长 11.3%。高速公路项目进展顺利，完成投资 430.1 亿元，同比增长 33.6%。陕西省铁路复线里程比重从 2010 年的 54.60% 稳步上升到 2019 年的 77%，高于 2019 年全国铁路复线里程的 59.3%，电气化率从 2010 年的 73.18% 上升到 2019 年的 82.84%，高于 2019 年全国铁路电气化率的 66.88%，设施建设质量稳步提高（见图3）。

（四）黄河文化保护弘扬水平显著提高

第一，历史文化遗产发掘保护成果初步彰显。陕西省通过考古发掘和保护，进一步丰富了蓝田猿人、大荔智人、半坡遗址、轩辕黄帝陵、炎帝陵等远古历史遗存，完善了周、秦、汉、唐等 14 个朝代上千年建都史的脉络，5 万多处文物遗址、700 多万件馆藏文物受到严格保护，使中华文明史从华夏

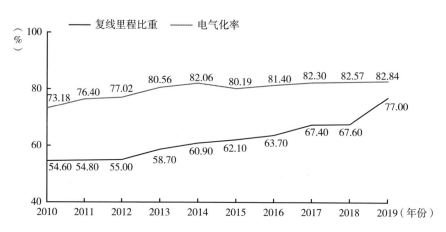

图3　2010～2019年陕西省高速公路复线里程比重、铁路电气化率

资料来源：《陕西统计年鉴》《中国交通统计年鉴》《中国统计年鉴》。

文明的发展、中外文明的交流到近代革命的发展序列进一步完整：黄帝陵作为中华民族始祖轩辕黄帝的陵寝，是全体华夏子孙的情感纽带；石峁遗址作为目前所见中国规模最大的龙山时期至夏代早期阶段城址，是探究中华文明起源和多源文化发展的重要支撑；丰镐遗址、秦始皇陵、阿房宫遗址、汉长安城遗址、隋唐长安城遗址等则是中国封建社会顶峰时期的精华遗存；西市遗址、大雁塔、张骞墓等见证了陕西与中亚、南亚、欧洲等地区交流的史实，是中外文明交流互鉴中的代表性遗存；延安革命旧址群、瓦窑堡革命旧址、延安宝塔等革命文物、革命纪念地是革命圣地的标志和象征。陕西历史文化遗产发掘保护工作持续发力，相对完整的中华文明史发展序列初步彰显。

　　第二，完备的红色文化资源体系基本形成。陕西省红色文化资源丰富，形式多样，从形成时期来看涵盖了中国革命的各个时期，从地理分布来看遍布陕北、关中、陕南各地，且数量多、影响大，已经形成了比较完备的红色文化资源体系。一是陕北红色文化资源，主要分布于延安、榆林等地。陕北地区的红色文化资源开发较早，成就显著，有王家坪革命纪念馆、清凉山革命旧址、枣园革命旧址、凤凰山革命旧址、杨家岭中共七大旧址、瓦窑堡会议旧址、洛川会议旧址等，以延安、梁家河等地为代表的红色文旅热点项目影响力不断提升。二是关中红色文化资源，主要位于西安市及其周边市县，较为著名的有八路军西安办事处纪念馆、西安烈士陵园、西安事变纪念馆、马栏革命旧址、照金纪念馆、照金薛家寨红军医院、被服厂、修械所旧址、葛牌镇苏维埃政府纪念馆、红二十五军沣峪口会议遗址、渭华起义纪念馆、习仲勋故居。三是陕南地区红色文化资源，主要有商南县前坡岭战斗遗址、庾家河鄂豫皖常委会议旧址、丹凤烈士陵园等。除上述有形的物质资源外，无形的红色精神资源①也很丰富，主要有延安精神、南泥湾精神、照金精神等；红色人物代表人物有习仲勋、刘志丹、谢子长、李子洲等。红色文学艺术作品主要有歌曲《山丹丹开花红艳艳》《南泥湾》《东方红》等。

第三，文化和旅游融合加速推进。黄河流域陕西段流经区域自然风光旖旎，黄河文化多姿多彩，是我国旅游资源富集区域之一，截至 2019 年黄河流域陕西段代表性文化旅游资源如表 4 所示。

表 4　黄河流域陕西段代表性文化旅游资源

项目	代表性资源
世界文化遗产	秦始皇帝陵及兵马俑坑、"丝绸之路：长安—天山廊道路网"（包括汉长安城未央宫遗址、唐长安城大明宫遗址、大雁塔、小雁塔、兴教寺塔、彬县大佛寺石窟、张骞墓 7 处遗产点）以及长城（陕西段）等 3 项共 9 处世界文化遗产
联合国教科文组织的"人类非物质文化遗产代表作名录"	西安鼓乐、中国剪纸、中国皮影 3 项
国家级非物质文化遗产	"秦腔""安塞腰鼓"等 60 项
名城/名镇/名村	高家堡镇、杨家沟村、尧头镇、陈炉镇、凤凰镇等 7 个历史村镇，榆林、延安、韩城、西安、咸阳等 7 个历史文化名城
古建筑群/古墓群	七星庙、白云山庙、姜氏庄园、党家村古建筑群、大雁塔等 34 个古建筑，司马迁墓和祠、唐代帝陵、霍去病陵等 15 个古墓葬
古遗址	石峁遗址、石摞摞山遗址等 49 个古遗址
沿黄区域 A 级文化和旅游景区	308 个（其中华山、城墙、华清池、秦始皇兵马俑、法门寺、太白山、延安革命纪念地和黄帝陵等 5A 景区 9 个，壶口瀑布、红碱淖、少华山等 4A 景区 76 个）

资料来源：根据陕西省文化和旅游厅官网资料整理。

---

① 乔春梅、韩立梅：《陕西红色文化资源刍议》，《理论观察》2020 年第 8 期。

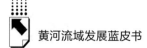

近十年来,陕西省文化产业投资不断增加,文化事业繁荣发展。人均文化事业费从 2010 年的 23.97 元增长到 2018 年的 56.71 元,文化产业投资额从 2010 年的 40.04 亿元增长到 2019 年的 2110.81 亿元,增长近 52 倍(见图 4)。

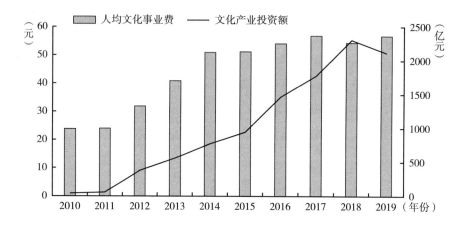

图 4　2010～2019 年陕西省人均文化事业费、文化产业投资额

资料来源:《中国文化文物统计年鉴》《陕西统计年鉴》。

陕西旅游业也发展迅速,表现为旅游接待总人数持续增加,旅游总收入大幅提升,国际旅游外汇收入、国际旅游总人数不断攀升,为陕西省黄河流域文化弘扬以及文旅融合奠定了扎实的基础(见表 5)。

表 5　2010～2019 年陕西省旅游业发展概况

年份	旅游总收入 (亿元)	旅游总人数 (万人)	国际旅游外汇收入 (万美元)	国际旅游总人数 (万人)
2010	984.00	14566	101596.00	212
2011	1324.00	18406	129505.00	270
2012	1713.00	23276	159747.00	335
2013	2135.00	28514	167620.00	352
2014	2521.00	33219	141630.00	266
2015	3006.00	38567	200022.00	293
2016	3813.00	44913	233855.00	338
2017	4814.00	52284	270400.00	384
2018	5995.00	63025	312642.00	437
2019	7212.00	70714	336765.00	466

资料来源:《陕西省统计年鉴》。

从文旅融合来看，陕西省文物业门票销售总额和文物业参观人数、博物馆参观人数逐年攀升。特别是自2017年开始，文物业门票销售总额增长率明显高于文物业参观人数增长率，陕西省着力实施旅游示范工程，打造了一批有国际影响力的文化旅游"拳头"项目和产品，培育一批文旅融合"金名片"，助推了文旅融合发展（见图5）。①

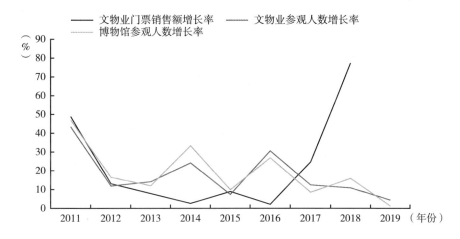

图5 2011~2019年陕西省文物业门票销售额增长率、文物业
参观人数增长率、博物馆参观人数增长率对比

资料来源：《中国文物文化统计年鉴》。

第四，沿黄旅游支撑带动作用逐步显现。陕西省人民政府在2017年通过了《陕西省沿黄生态城镇带规划（2015~2030年）》，围绕生态文明和文化传承与发展两大重点任务，以建设"黄河中游生态文明示范区""文化旅游特色发展区""新型城镇化特色实验区""秦晋区域合作示范区"为主要目标，综合生态文明、文化旅游、新型特色城镇化和区域合作，推动实现陕西沿黄地区振兴。沿黄观光公路于2017年8月正式通车，全长828.5公里，北起榆林市府谷县墙头乡，南至渭南市华山莲花座，经过榆林市、延安市、韩城市、渭南市等4市12区县72个乡镇1220个村，沿线红色旅游资源和自然生态资

———————————

① 《陕西全力推动新时代文化强省和全域旅游示范省建设》，《陕西日报》2020年12月8日。

源丰富，旅游景区及文物古迹众多，著名的延安市壶口瀑布，渭南市的洽川湿地、司马迁祠、华山、党家村，韩城市的韩城古城等 50 余处旅游景区，被 2018 年中国黄河旅游大会评为"中国黄河 50 景"。沿黄公路连接 9 条高速公路、13 条国省干线公路以及 80 条县乡公路，对陕北和关中东部地区的路网结构起到了完善优化作用，为陕西省公路网增添了一条新的交通主动脉，加之不断完善的沿线服务区、自驾驿站及旅游厕所、主题民宿及黄河文化生态博物馆群等文旅设施建设，为陕西省黄河文化保护传承弘扬提供了重要支撑。

三 黄河流域陕西段的问题挑战

作为国家重大发展战略，陕西省黄河流域生态保护和高质量发展在取得成效的同时，也面临着生态保护任务依然艰巨、高质量发展水平亟待提高、对外开放竞争力不强、黄河文化弘扬传承仍需深入等诸多问题与巨大挑战。

（一）生态保护任务依然艰巨

第一，水土流失问题仍很严重。水土流失治理模式亟须经营维护。历经长期水土流失治理，黄土高原现有水土保持工程是多个批次水土保持建设累积留存，存在经营维护不足的现象，导致水土保持功能发挥不充分。例如，粗放经营的低功能林面积较大，年久失修的梯田、淤地坝不同程度地缺乏维修和管护。统筹考虑治理区综合情况，有效经营和维护现有的水土保持工程，布局和实施一批重大生态保护修复工程，是今后黄土高原水土流失治理工作的重点。水土流失治理理念亟待更新。党的十九大以来，我国生态文明建设步入新征程。陕西省也需要紧跟时代步伐，除旧布新，用最新生态文明建设理念指导黄土高原水土流失治理工作。遵照山水林田湖草是生命共同体的理念，统筹推进陕西黄河流域山水林田湖草整体保护、系统修复、综合治理，优化生产、生活、生态布局，以水土流失治理为抓手建设美丽陕西。水土保持治理目标不够系统综合。由于陕西黄土高原水土流失治理的目标过于单一，仍然以减缓水土流失和增加耕地面积为主，因此与新时代对水土保持的要求不匹配，也与社会需求存在一定的脱节现象。新时代背景下，黄土高原需求已转为提升生态环境质量，改善人居环境，增加经济收入，促进城乡社会经济繁荣。因此，水土流失治理目标需要统筹山水林田湖草系统治理，更多考量区域社会经济发展，实现生态建设与社会经济发展高度融合，赋予新时代黄土高原水土保持更加系统的综合治理目标。

第二，资源粗放利用效率低下。黄河流域水资源利用较为粗放。黄河流域用水结构中，农业用水是主要用水户。2013~2019年，陕西农业用水占52.86%，工业用水占15.36%，生态环境用水仅占3.46%（见图6）。由于输水、灌溉方式落后以及农田水利基础设施配套不全等问题，农业用水效率较低，水资源浪费严重。粗放经营的农业生产方式使黄河水资源的有效利用率不及40%。工业用水是黄河流域第二大耗水门类。陕西是中国重要的能源、化工、原材料和基础工业基地，分布着较多的煤炭和石油开采、煤化工及金属冶炼等产业，流域高耗水产业结构特点显著。目前榆林地区剩余地表水和地下水可开采量不足10亿立方米，严重制约陕北煤化工业发展。另外，陕西省黄河水资源管理混乱，水量分配不合理等问题也比较严重。

黄河流域土地利用强度高。受地形地貌和水资源等生态本底的约束，陕西局部地区不具备承载不合理且规模性扩张的开发建设活动，土地资源利用强度超过生态环境承载能力，威胁着流域的生态环境安全。另外，土地利用效率低，掣肘黄河流域的高质量发展。黄河流域的建设用地弹性系数达3.58，陕西建设用地弹性系数高达6.72，排名流域第二，远高于全国0.77的平均水平，建设用地扩张速度远快于城镇人口增长速度。同时，黄河流域单位GDP增长消耗新增建设用地量为14.47公顷/亿元，约为全国平均水平的1.60倍，地均GDP和建设用地固定资产投资强度则低于全国平均水平，呈现建设用地扩张速度快而土地利用效率低的特征，低效的土地利用掣肘着黄河流域高质量发展。①

---

① 武占云：《生态文明视角下黄河流域土地利用效率提升路径》，《中国发展观察》2020年11月8日。

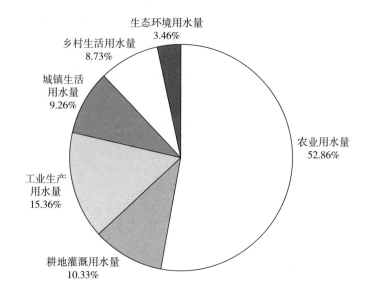

图6 2013～2019年陕西省年均用水总量占比

资料来源:《陕西省统计年鉴》。

第三,地区环境污染形势严峻。城市面源污染。随着陕西省城市化快速推进,新城区面积迅速扩展,公园绿地让步于市政道路、广场及停车场,城市地表硬化率急剧增加,不透水比例增大。雨天特别是暴雨天气产生的径流冲刷地面污染物(灰尘、粪便、城区垃圾、工业垃圾、重金属等)排除不畅,污染负荷高,径流雨污混接的现象普遍存在,尽管城区新建排水系统根据规范要求大多采用分流制,但由于老旧城区的市容卫生质量差、合流制溢流规划改造工程进展缓慢,效果具有较大的局限性。长久以来,偏倾向于依靠"雨污分流"来解决污染,重终端治理轻源头控制,重人工措施轻自然措施,重工程措施而忽视管理手段的操作和理念,需要反思和总结。农村面源污染。黄河流域陕西省内农业生产以传统的耕种方式为主,化肥农药的过量使用导致耕地的农用化学品累积量增加,成为农村土壤污染和水质污染的主要因素。统计数据表明,种植生产过程中施用的农化品成为陕西省农村面源最主要的污染来源。此外,农村生产过程中产生的农膜、秸秆、农药瓶等农业废弃物也成为农村面源污染的来源之一。近年来随着农业产业化规模的增加，农村规模化畜禽养殖的规模日益增大。曾经作为有机肥料的畜禽粪便由于未能及时还田随意堆置，其中的重金属、药物残留等有害物质成为农村面源的特征污染物质。另外，农村经济发展相对落后，由于生活设施不健全、不规范导致的生活污水、垃圾处理不彻底、不完善，厕所粪便处置不规范，农村生活源也逐渐成为农村面源污染的来源之一。

第四，黄河安全隐患尚未消除。黄河小北干流、三门峡库区移民围堤和南山支流及洛河等现有的围堤工程标准偏低，存在未达标断面和未设防河段，治理工程规模不足，尚未形成安全有效的区域防洪体系。部分水库带病运行，病险淤地坝数量众多，极易发生漫溢溃决和连锁垮坝险情。陕西省黄河流域现有水库564座，大多修建于20世纪50～70年代，水库大坝90%以上为土石坝，受当时的技术和经济条件制约，多数水库未按设计标准完成，加之年久失修，大部分水库淤积严重，不同程度存在绕坝渗漏和坝体、输水卧管、溢洪道水毁等险情，虽经多年除险加固，但仍有部分水库带病运行，存在安全隐患。尤其是无定河流域的红柳河水库群、芦河水库群、榆溪河水库群，设施不配套，泄水能力小，病害环生，无专职管理机构，极易发生漫溢溃决和连锁垮坝险情。现有淤地坝80%运行时间在40年以上，许多工程存在不同程度的病险问题，仅中型以上病险淤地坝就有6524座。流域内沟壑发育引起的以滑坡、崩塌、泥石流为主的地质灾害频发，突发性强，成灾快，破坏力大。这些风险和隐患，是黄河防洪安全的艰巨任务，也是巨大压力和重大责任，丝毫不能放松警惕。

（二）高质量发展水平亟待提高

第一，科技创新对产业支撑力较弱。科技创新引领作用不足。陕西是全国科教资源大省，科技和人才资源富集，但科技资源与科技创新没能及时有效转化为经济发展成果，突出表现为科学研究、技术应用研究和产业开发不平衡。陕西在国家重大基础或科学领域具有重要地位和影响，但是技术应用研究相对薄弱，产业转化劣势更为明显，科技创新和经济发展"两张皮"现象严重。如何优化科技资源配置效率，让科技创新成为引领经济发展新引擎,对陕西提升高质量发展水平意义重大。产业创新明显不足。主要表现在,首先,陕西现代产业发展滞后。在第一产业的发展中,仍然以传统农业为主体,工业中原材料、能源化工产业占比较高,第三产业仍以批发零售、交通运输、仓储邮政等传统服务业为主。其次,新兴产业不够活跃,新业态发展比较滞后。现代金融、物流、科技服务等现代服务业发展滞后,电子信息、医疗保健、文化创意等新兴产业比重偏低。一些新兴产业组织,比如新型合作社、产业联盟、产业协会等其组织模式发育不良。一些与互联网关联的新业态、新模式,比如智慧旅游、智能制造、云经济、在线医疗等发展不足。企业创新能力不强。陕西产业整体发展水平不高,能源、原材料和消费品三类工业产值依然占规上工业总产值的75%。因此,多数企业处于传统行业,且集中于产业链的中、低端环节,缺乏关键和核心技术。陕西缺乏具有全国影响力和占据行业制高点的核心企业,特别是高速成长的瞪羚、独角兽企业尤为短缺。西安高新区"瞪羚企业"数量及瞪羚率远远低于其他五大科技园区。

第二,特色优势产业发展动能不足。陕西拥有瑰奇壮丽的自然景观、悠久丰厚的历史文化、丰沛富集的能源、深厚巨大的(科教)创新潜力、独具优势的军工科研,然而,这些资源优势尚未形成与其地位匹配的产业优势。陕西能源产业大而不强,虽然拥有丰沛的能源资源(其中油气当量位居全国第一,煤炭产量位居全国第三),但由于开发效率不高,一次性能源特征明显,产业链短小,绿色能源比重偏低,大大削弱了能源产业竞争优势。同时,丰沛的能源资源也尚未在全国形成价格"低洼"优势,未能为载能型产业奠定优势基础。在制造业方面,陕西传统产业能源化工的占比仍然比较高,而以高新技术为主的制造业发展缓慢,与黄河流域中的经济发达省份存在较大差距。陕西是全国科教资源大省,但科技研发产出与科技型产业仍与其地位有较大落差。2019年,陕西规模以上工业企业新产品开发项目数为7595项,与黄河流域中的山东(44196项)、河南(19035项)、四川(17648项)等省份相比,还存在较大差距。从而导致当年陕西新产品销售收入不高,分别仅为上述三省的19.04%、37.80%和60.92%。另外,陕西省发明专利授权量44101件，也远远落后于黄河流域东部的山东、河南和西部的四川等省份（见表6）。可见，较低的创新水平是制约陕西制造业竞争力提升的重要原因，已经严重延缓了陕西制造业的发展水平和速度的提升。[①]

表6　2019年黄河流域各省份有关数据对比

地区	新产品开发项目数(项)	新产品销售收入(万元)	发明专利授权数(件)
青海	259	1233887	3046
四川	17648	42118322	82066
甘肃	1458	5527138	14894
宁夏	1448	4476886	5555
内蒙古	1996	11274431	11059
陕西	7595	25660429	44101
山西	4778	19892632	16598
河南	19035	67883527	86247
山东	44196	134800845	146481

资料来源：《中国统计年鉴》。

第三，区域和城乡发展不平衡。陕西三大区域产业发展差异较大。近十年平均统计数据显示，关中生产总值6796.26亿元，三次产业比例分别为8.45∶42.77∶48.78，工业基础良好，产业体系完备，在全省发挥着引领作用；陕北生产总值2518.23亿元，三次产业比例分别为7.41∶66.31∶26.28，第二产业比重较高，第一、第三产业比重明显偏低；陕南生产总值1384.72亿元，三次产业比例为17.58∶40.82∶41.60，第一产业比例明显偏高，第二产业低于全省平均水平。

陕西城乡居民收入整体偏低并且二者差距不断扩大。横向比较，陕西城乡居民收入总量偏低。2019年黄河流域城镇居民人均可支配收入35923.2元，陕西城镇居民人均可支配收入36098.2元，高于流域平均水平，流域内排名第3，但全国排名第19，处于全国中下游水平；黄河流域农村居民人均

---

① 韩海燕、任保平：《提升制造业竞争力水平　实现经济高质量发展》，《陕西日报》2020年4月29日。

可支配收入 13567.4 元，陕西农村居民人均可支配收入 12325.7 元，仅高于青海和甘肃，全国排名第 27，处于下游位置。纵向比较，陕西城乡居民收入绝对差距逐渐扩大。2000 年以来，陕西城乡居民收入比值先升后降，总体呈下降趋势，从 2003 年的 3.87∶1 逐步下降到 2019 年的 2.93∶1，但仍高于黄河流域平均水平（2.65∶1），且陕西城乡居民收入绝对差距不断扩大，从 2000 年的 3626 元增加到 2019 年的 23772 元（见图 7）。陕西省城乡居民可支配收入差距越来越大，严重制约着经济高质量发展水平提升。

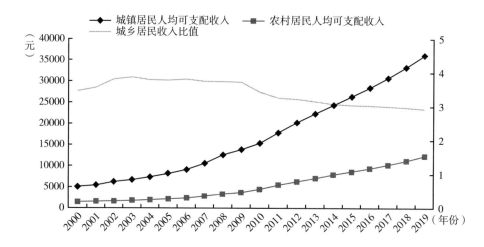

图 7 2000～2019 年陕西省城乡居民人均可支配收入及比值

资料来源：《陕西省统计年鉴》。

（三）对外开放竞争力仍需提升

第一，经济外向度不高。虽然陕西省对外贸易规模逐年增长，但从其占全国对外经贸总额的比重来看，2014～2019 年，进出口总额全国占比从 0.64% 提高到 1.11%，对外非金融类直接投资全国占比从 0.37% 回落到 0.35%；实际利用外资全国占比从 3.49% 提高至 5.60%，无论是比重还是涨幅都不大；其外贸依存度自 2010 年起始终在 1% 附近徘徊，2014 年才开始上行趋势，2019 年达到 13.63%（见图 8）。

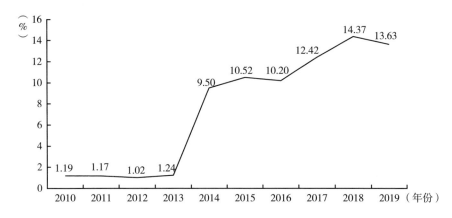

图8　2010～2019年陕西省外贸依存度

资料来源：《陕西省统计年鉴》。

2019年度，全国平均外贸依存度31.85%，黄河流域整体除山东省外均低于全国平均水平，陕西省2019年外贸依存度比全国平均水平低18.22个百分点，经济外向度较低，对外开放水平不高（见图9）。

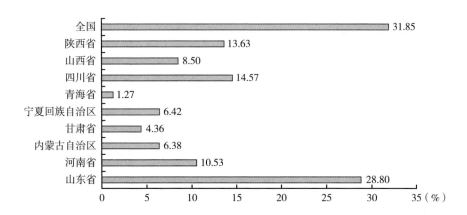

图9　2019年沿黄九省区外贸依存度与全国平均外贸依存度对比

资料来源：《中国统计年鉴》《陕西省统计年鉴》。

第二，"一带一路"融入不深。"一带一路"倡议为陕西对外开放跨越式发展带来了难得的机遇，陕西与"一带一路"沿线国家的合作也在不断深化，但与黄河流域九省区相较，2019 年陕西省与"一带一路"沿线国家进出口总额 177.5 亿元，处于中等偏下水平，仅高于宁夏回族自治区和青海省，参与"一带一路"建设的现状并不尽如人意（见图 10）。陕西省作为"一带一路"重要节点，更要着力推动黄河流域深度融入"一带一路"倡议，进行更高水平的经济建设。

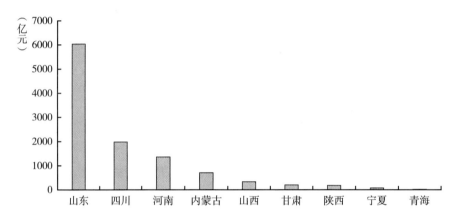

图 10　2019 年沿黄九省区对"一带一路"沿线国家进出口总额

资料来源：《中国统计年鉴》和沿黄九省区统计年鉴。

第三，区域间开发合作水平较低。作为重大国家发展战略，黄河流域区域合作、协调发展仍然面临着诸多问题，主要表现在，区域合作机制日趋完善但体制机制运转缓慢，区域合作多停留在签订的合作协议、协定阶段，各省区受行政区划限制，协调难度较大；黄河流域城市群内部交通一体化程度偏低，各个区域也没有有效联通，各种资源要素区域间流通受到很大限制；[①] 各省区之间的文化旅游产业发展也基本上处于各自发展的状态，缺乏资源共享、区域合作的联合咨询、共同开发建设的体制机制；流域内部还未能形成双赢的区域关系，总体区域间合作水平低。

第四，基础设施支撑开放能力不足。经过多年努力，陕西省逐渐形成内

---

① 宋宇：《黄河流域高质量发展中的协调发展》，载任保平、师博主编《黄河流域高质量发展的战略研究》，中国经济出版社，2020，第 356 页。

陆地区效率高、成本低、服务优的交通通道，基础设施建设、交通运输服务品质和通达深度、安全应急保障能力有所提升，但着眼于黄河流域生态保护和高质量发展的新要求，仍然存在一些问题，"米"字形高铁网与城际铁路建设进展偏慢，通达京津冀、长三角、珠三角、成渝以及中原等地区的高铁通道仍有缺失，普速铁路入西南、出口岸通道不足；高速公路省际通道、过境通道以及连接通道布局尚不完善；水运航道等级偏低，配套设施不够完善。旅客联程运输、货物多式联运仍需提升；运输结构调整有待深化，铁路在中长距离和大宗货运中的优势尚未充分发挥。大数据、互联网、云计算、人工智能等创新技术在协同管控、综合服务、智能监测、信息服务等方面的深度应用和跨界融合方面仍处于摸索阶段。高品质的综合交通运输互联互通仍需完善。

（四）黄河文化弘扬传承有待深入

第一，对黄河文化内涵缺乏深入挖掘。陕西有 14 个朝代、上千年的建都史，历史上留下了 5 万多处文物遗址、700 多万件馆藏文物，拥有兵马俑、黄帝陵、秦岭、华山等中华文明、中华地理的精神标识和自然标识，是中华根脉文化、盛世文化、生态文化、都城文化的富集地，经过历史文化挖掘保护工作的持续努力，相对完整的中华文明史发展序列也初步彰显。但作为中华民族重要的发祥地之一，黄河文化孕育、生成、壮大的核心区域，陕西还需站在"中华民族的根和魂"的高度，进一步深入发掘黄河文化所蕴含的"大一统"、和合共生、人与自然和谐相处的价值理念，勤劳勇敢、自强不息、百折不挠的民族精神，以及开放包容、兼收并蓄、厚德载物的文化态度[①]；还需系统地研究黄河文化内涵外延、价值体系、重要影响，以提炼出中华民族最深层的精神追求和独特的精神标识，彰显黄河文化时代内涵。

---

① 《陕西黄河文化保护弘扬传承的战略展望》，陕西旅游网，http：//www.sxtourism.com/News/327.html。

第二，黄河文旅资源缺乏系统整合。目前陕西省黄河文化旅游仍然以生态景观、文化遗址类景观为主，文旅资源缺乏系统整合，主题脉络不清。红色历史追忆碎片化突出：红色文化资源是陕西黄河流域发展文化旅游产业的重要优势。目前黄河流域沿线红色旅游以革命纪念地、纪念馆、展览馆、遗址遗迹、领袖故居等参观为主要形式，对红色文化的了解局限于"一地、一处、一事、一人"，红色感悟难以形成系统，红色历史追忆碎片化，红色景点间的关联性弱，红色旅游线路开发不足，众多高等级红色资源尚未发挥应有价值，未形成整体系统的红色旅游网络。历史文化资源分散化明显：重点文物保单位和宗教文化资源空间分布较为分散，历史文化资源的系统性、关联性和主题文化不清晰。基于历史或大区域的角度，数量众多的历史文化资源所承载的传统内涵和历史记忆，尚未进行文化的深度挖掘、价值再发现及整合激活，尚未使人们感受到历史文化资源在当代物质、精神生活中的价值，从而促进文化传承的自觉。农业文化资源受重视程度低：黄河沿线的农业文明一是农业生产中形成的农具、梯田等农耕文化遗产；二是农民生活过程中形成的民居院落、乡村饮食等农业特色生活文化；三是农田、村庄、山水形成的独特的生态系统，其也具备重要的农业生态文化价值。农业文化遗产是黄河沿线农业文明的重要标志，但由于城镇化的快速发展和外来文化的冲击，农业文化资源受重视程度低，保护与传承面临严峻挑战。

第三，黄河文化旅游资源亟待融合提升。陕西是黄河流域文旅资源最丰富的地区之一，文旅产业发展势头强劲，但从增长率来看，自2014年开始旅游总收入、旅游总人数增长缓慢，部分年份年还有所下降（见图11）。

目前陕西省黄河沿线的优质文旅资源未能依托陕西黄河流域的自然地理和人文景观，统筹做好华夏根脉文化、关中民俗文化、红色文化、生态文化、都城文化的弘扬，突出陕西特色黄河文化内涵；还未能形成以沿黄观光公路为主轴，串联起沿线文化遗产、水利遗产、农耕遗产、历史文化名城名镇名村、传统村落、国家级文化生态保护试验区、国家级和省级文化产业集聚区、名胜古迹景点等的世界级黄河文化和旅游廊道，打造出具有国际影响力的黄河文化旅游带，文旅融合质量亟待提升。

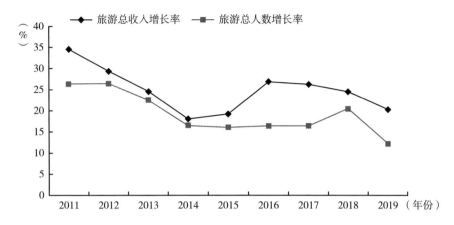

图11　2011～2019年陕西省旅游总收入、旅游总人数增长率

资料来源：《陕西省统计年鉴》。

四　推动黄河流域陕西段发展的对策建议

针对陕西黄河流域生态保护和高质量发展面临的机遇与挑战，陕西必须以生态优先、绿色发展为首要原则，切实贯彻新发展理念，坚定走绿色、可持续发展之路；以产业发展为引领，加快建设现代产业体系，引领科技进步和产业升级，促进经济高质量发展；以对外开放为驱动，充分利用国际国内两个市场，形成以国内大循环为主体、国内国际双循环相互促进的新发展格局；以文旅融合为依托，充分挖掘黄河文化的内涵和价值，促进旅游业转型升级。

（一）生态保护创新性提升发展

第一，强化生态空间管控。目前，陕西省已经出台《陕西省人民政府关于加快实施"三线一单"生态环境分区管控的意见》，建立起了以生态保护红线、环境质量底线、资源利用上线和生态环境准入清单为核心的生态环境分区管控体系，区分优先保护、重点管控和一般管控三类环境管控单元，严格实施生态环境空间管控。进一步细化黄河流域各市、县、乡镇甚至村一级对"三线一单"的具体要求，使主体功能区规划在操作上真正落地，以此作为黄河流域生态保护的依据和生态保护监管的重点。加快推进"多规合一"由试点走向覆盖全流域。首先，在省域层面，按照环境资源承载能力，特别是水资源承载能力，科学划定城镇空间、农业空间、生态空间，结合生态保护红线、永久基本农田、城镇开发边界三条控制线，整合形成协调一致的空间管控分区，清晰界定陕西黄河流域生态空间管控范围边界。其次，按照流域内不同生态空间的功能定位，对黄河流域生态保护红线内的生态空间进行系统严格的保护。按照"一带三屏三区"布局，构建黄河流域生态保护修复新格局。"一带"为黄河沿岸生态安全重建带，"三屏"自北向南依次为毛乌素沙地防护屏障、黄龙山桥山防护屏障、秦岭北坡生态防护屏障，"三区"为白于山区、陕北黄土高原区和关中北山，按照因地制宜、分类施策的原则，推动陕西黄河流域从过度干预、过度利用向自然修复、休养生息转变。另外，大力推进市县"多规合一"，实现省级和市县级空间规划的顺利衔接，形成各方协调一致的空间规划体系，为陕西黄河流域绿色高质量发展绘制蓝图。

第二，推进山水林田湖草沙一体化治理。坚持山水林田湖草沙系统治理，坚持因地制宜、分类施策，围绕着防风固沙、退耕还林、矿山修复、水土保持、水源涵养五大主要任务，提升流域生态系统稳定性和质量，实现人与自然和谐共生，筑牢生态安全屏障。一是在陕北黄土高原毛乌素沙漠地区，实施以自然恢复为主的退耕还林还草，修复退化林，加强沙化土地综合治理，封禁管护沙区原生植被，实现沙退绿进。二是在水土流失特别严重的陕北多沙粗沙区、砒砂岩区和黄土丘陵沟壑区，加强水土保持工程管理维护，科学配比各项水土保持措施，注重提升水土流失治理的质量而非数量；借助地理空间分析、地学信息图谱和大数据挖掘等现代信息技术，深度挖掘黄土高原水土流失治理的有益经验，形成智能化水土流失治理新模式；深度耦合区域水土流失治理与社会经济发展，优化水土流失治理模式，实现以水土流失治理促进区域经济发展的目的。三是在渭北黄土塬开展固沟保塬综合治理，从塬面、沟头、沟坡、沟道四方面开展生态修复，并对河道生态护岸和河漫滩开展湿地保护修复。四是对陕北和渭北台塬区历史遗留矿山开展生态修复，重塑地形地貌，重建生态植被，恢复矿区生态环境，同时控制矿产资源开发强度，加强绿色矿山建设，边开采边治理边修复。五是在秦岭生态保护修复区，开展水源涵养林建设，按照核心保护区、重点保护区、一般保护区划分，分区实施封山育林育草，加强原生林草植被保护；加强珍稀濒危物种栖息地保护和恢复，推进生态廊道建设。此外，在陕西黄河流域全域内还需加快建立以国家公园为主体的自然保护地体系和野生动植物保护，加强生态保护和修复基础研究、关键技术攻关和技术集成示范应用。

第三，系统开展环境污染治理。统筹推进渭河陕西段干支流的农业面源污染治理、工业污染治理、城乡生活污染防治和矿区生态环境综合治理，其中重点做好农业面源污染防治。切实改善农村环境，做好"厕所革命"与农村生活污水治理的衔接，加大农村排水管网设施建设力度；以生态清洁小流域建设为抓手，统一规划、有效整合分散在各个部门的水土流失治理、水资源保护、农村基础设施建设、农业集约化生产等多项任务，对小流域进行系统保护和开发，提升生态清洁小流域建设的数量、规模和建设标准，将农业面源污染治理嵌入农村人居环境改善和生产发展中去解决；降低化肥、农药投入，大力推广测土配方、节肥增效施肥技术，注重科学施用农药，提高农药利用效率；以建设人工湿地、生态沟道、污水净塘等生态拦截净化设施为手段，开展农田退水污染综合治理及农田退水循环利用；加强秸秆、农膜等农业废弃物综合利用，开展秸秆多渠道综合利用，制定农业废弃物回收处置办法，建立农膜回收处置市场化运行机制；发展可持续农业技术，推广畜禽养殖业健康发展技术应用；在渭河、延河、无定河流域等重点支流完善污染排放监控体系，形成日常监控与动态监测相结合的面源污染监控网络。对于工业污染开展从源头至末端的全过程防治。从源头上严格禁止"两高一资"项目和新建产业园区在黄河干支流沿岸布局，建立覆盖全流域的排污口在线监测系统，加强排污许可证管

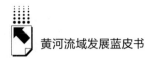

理，规范排污口设置审核。

第四，保障黄河长治久安。黄河长治久安的关键在于水沙关系调节这个"牛鼻子"。要实现养水减沙，就必须重视陕北黄土高原黄河粗泥沙来源区水土流失的治理。除了继续开展植被建设、淤地坝建设和宽幅旱作梯田建设外，这一区域未来还需要着重开展以下工作。一是对陕北多沙粗沙区开展细致的水土流失监测调查与评价，搞清水土保持攻坚点和难点，以达到精准治理，在此基础上加大投资力度。二是强化水土保持的科技支撑，加大对生态脆弱区土壤侵蚀机制、水土流失精确预测预报、水土保持措施优化布局、精准施策的应用基础、关键技术和协调发展研究，用科研工作带动水土保持项目建设与投资。三是提升生态空间监测水平，完善监测站网布局，把黄土高原水土保持监测站网建成国家生态监测网络体系的重要组成部分。四是建立水土保持国家战略示范区，推进形成我国自主的黄土高原现代化水土保持与生态治理科学技术体系、生态衍生产业体系、监督评估体系、管理创新体系和模式示范应用体系。在黄河流域陕西段全域开展自然保护地调查与评估，推进秦岭国家公园前期建设工作，开展子午岭（桥山）国家公园前期研究工作，建设一批以黄土地质遗迹、湿地为保护对象的自然公园，以此形成黄土高原"腹芯"自然保护地群，编制自然保护地体系规划，开展自然保护地勘界定标；开展黄河流域生态空间提质增效行动，重点提升黄龙山、桥山、关山等林区森林质量，健全天然林保护修复制度，巩固退耕还林成果，实施退化林和退化草原修复、流域退化湿地综合治理，统筹森林城市、森林乡村创建，探索建立以奖代补、先造后补、购买服务、赎买租赁、以地换绿等机制。同时，结合已建成的刘家峡、三门峡、小浪底等水库，拟建的黑山峡、碛口、古贤水库，充分利用在建的泾河东庄水库和渭河干支流已有水库的防洪作用，围绕渭河下游防洪减淤和潼关高程稳定降低目标，加强水沙调控机制研究论证，构建有利于渭河下游河槽维持的防洪减淤调控体系。立足于黄河流域陕西段当前防洪安全存在的主要问题，切实提升防洪治理能力。重点实施黄河小北干流综合治理、三门峡库区渭河河道及返库移民区综合治理、延河综合治理工程，黄河重要支流防洪提升工程、病险库坝除险加固、山洪灾害监测预警工程等。同时还要注重改善非工程措施条件，对河道监测预警设备、山洪灾害监测预警系统、视频会商系统、病险库坝信息管理系统等平台的设备维护更新费用和人才需求给予充分保障，避免其成为防洪能力提升的短板。

（二）产业体系创新性协同发展

第一，顶层理念的认识协同。黄河流域各区域经济发展更加注重人口、经济、社会、资源、环境等的空间均衡，更加注重区域之间的协同发展，更加注重提高发展质量和效益避免同质化产业竞争，更加注重高水平双向开放在促进区域协同发展中的作用，这是新时代下黄河流域区域发展的大背景、大逻辑和大方向。另外，各地区要正确处理自身局部利益与全局共同利益的关系，把局部发展的观念融入整体"一盘棋"的协同发展大格局中来考量。因此，黄河流域各省区的主要领导应该建立相关的协同发展的协调工作体制机制。每年举办主要领导参与的联席"共商协同会议"，研究决定区域合作方向、原则、目标与重点等重大问题。2020 年 9 月 18 日，黄河流域生态保护和高质量发展协作区第三十一次联席会议在陕西西安召开，就"协同推进大保护大治理，建设造福人民的幸福河"合作主题达成共识；加强协同配合，明确分工，制定协同项目实施方案，从制度上保证协同发展的有效和实施效果。努力把陕西打造成工业发达、居民收入水平较高、生态环境优美的城市群，打造成黄河经济带重要的经济增长极。

第二，加快构建陕西黄河流域产业体系。陕西在贯彻落实党的十九届五中全会精神和习近平来陕考察重要讲话精神的生动实践中，不断引领黄河经济带协同发展，紧抓陕西得天独厚的区位优势和资源禀赋，以推进黄河流域绿色高质量发展，关键在于优化产业体系，把培育新动能、厚植新优势作为最为紧迫的任务。陕西黄河流域重大产业布局必须和陕西现代化产业体系建设相衔接，陕西黄河流域重大产业体系的基本框架主要包括以下几个。

一是战略性新兴产业体系。加快以新一代信息技术为主的高新技术产业发展步伐，聚焦高端产业和产业高端，促进陕西黄河流域战略性新兴产业体系的构建。战略性新兴产业体系体现了陕西黄河流域现代化产业体系的现代特色，是陕西黄河流域现代化产业体系的主导和新支柱产业，代表未来的发展趋势和新动能。打好产业基础高级化和产业链现代化攻坚战，培育新一代信息技术、新能源汽车、新材料、高端装备制造、生物医药、节能环保等战略性新兴产业集群。落实制造业高质量发展若干意见，打造万亿级先进制造业集群。推进产业基础再造，加大核心基础零部件元器件、先进基础工艺、关键基础材料、产业技术基础等"四基"领域攻关度。实施传统产业智能化改造和转型升级专项行动，提升有色冶金、食品加工、纺织轻工、建筑建材等产业发展水平。支持西安、咸阳、渭南、榆林等地创建国家数字经济创新发展试验区，推进数字经济与制造业融合发展，推动优势制造业绿色化转型、智能化升级和数字化赋能。支持民营经济发展，支持制造业企业跨区域兼并重组。对符合条件的先进制造业企业，在上市融资、企业债券发行等方面给予支持。支持西安加快建设先进制造业强市，打造千亿级先进制造业集群。支持西咸新区做精做强制造业主导产业，发挥晋陕豫黄河金三角承接产业转移示范区作用（见表7）。

表7 陕西战略性新兴产业重点项目

序号	项目	内容
1	新一代信息技术	推进三星闪存芯片二期、奕斯伟硅产业基地、彩虹光电、新型电力电子产业化、数字经济新基建等项目建设
2	新能源汽车	推进西安吉利新能源汽车、西安西沃纯电动客车、渭南南京金龙纯电动商用车、比亚迪动力电池、渭南新能源汽车动力电池等项目建设，建设宝鸡汽车零部件产业园、渭南高新区新能源整车生产基地等
3	生物医药	建设西安国际医学制剂中心、咸阳细胞制备中心、铜川中医药产业园、药王山中医药产业园、延安医药中间体产业园、神木溯源中药材基地、商洛泰华天然医药产业园、渭南华阴医药产业示范园区等

续表

序号	项目	内容
4	新材料	推进宝鸡钛及钛合金、宝鸡石墨烯及石墨烯重防腐涂料、榆林高端镁铝合金深加工、榆林铝合金型材加工、大荔纳米谷、韩城动力电池、韩城—河津新型合金材料等产业园区(基地)建设。推进西安稀有金属材料、空天新材料、光电新能源新材料、3D打印新材料、生物应用新材料等产业集群建设
5	高端装备制造	推进西安西部智能装备、西安航天智能装备、西安航天高技术应用、宝鸡陆港高端装备制造、咸阳装备制造、铜川空天动力装备、铜川航空航天科技、渭南国家民机试飞基地、达刚控股渭南总部等产业园区(基地)建设

二是产业链创新链价值链融合的先进制造业体系。以通信与电子设备制造、汽车及零部件制造、重型装备制造、动力设备制造、机床工具制造为重点，着力推进装备制造业产品升级、规模壮大、企业做强、产业链延伸，全面构造融入全球产业分工、占据全国重点链条、产品链创新链价值链人才链有机融合的装备制造产业体系。依托陕北国家能源化工基地，以石油化工、煤化工、盐化工、化工新材料、有机化工、可再生能源产业为基础，加快推进深度加工、高附加值、高科技产业产品开发，拉长产业链条，提高原料配套和产业协同水平，实现由低端向高端化发展的转变。重点是在煤制烯烃、煤制油、煤制甲醇产能居全国前列的基础上，延伸基本化工、精细化工、化工材料深加工产业链。着力推进基于绿色农业的三次产业融合发展，积极发展粮油菜畜果特优势农业，挖掘农业多重新功能、新价值，推进农业新型业态和经营模式创新，着力发展农副产品多层次加工制造业，积极推进营养品、保健品、医用品高端产业链延伸。按照药材种植、中药加工制造、医疗服务融合发展思路，最大限度挖掘产业化潜能和国际化市场空间，构建跨越三次产业的现代化医药产业体系。

三是现代服务业产业体系。实施服务业创新发展行动，加快构建以全域旅游文化、数字化现代物流、普惠金融服务、创意科技与信息服务、幸福康养保育为主导，会展商贸、社区服务等生产生活服务全面发展，现代化综合服务水平进入全国前列的现代服务业体系。推动研发设计、检验检测、知识产权、商务咨询、商事法务等生产性服务业加快发展。围绕建设"一带一路"连接北方内陆地区的现代物流基地，以智慧物流为方向，大力发展现代物流业，加快西安、宝鸡、延安等国家物流枢纽建设，培育壮大一批物流龙头企业，打造一批国家级物流示范园区。围绕"一带一路"合作发展提供更具针对性的金融服务，加快发展壮大陕西地方金融体系，深化金融科技应用，推动金融业实现高质量发展。依托自然保护区和城市近郊森林公园，打造一批融旅游、居住、养生、医疗、护理为一体的康养产业园区，鼓励养老机构横向联合创建养老综合体。培育发展文旅创意、数字娱乐、电子竞技等新业态，推动休闲、体育、广告等服务业提质扩容。加快实施扩大内需战略，补齐消费软硬短板（见表8）。

表8 服务业创新发展十大行动

序号	项目	内容
1	现代物流创新发展工程	加快物流大通道、枢纽物流园区和冷链物流建设，推进"互联网＋物流"发展，健全城乡物流配送体系
2	现代金融创新发展工程	聚焦金融科技、绿色金融、普惠金融、民生金融等专业金融服务功能，深化农村信用社改革，着力拓宽金融创新深度和广度，加快构建多元化融资格局
3	数字经济创新发展工程	做大做强5G、大数据、云计算、物联网等核心引领产业，超前布局人工智能、区块链等前沿新兴产业
4	现代商贸创新发展工程	打造一批特色鲜明、布局合理、产业联动的城市消费商圈，大力发展跨境电商、社区电商、农村电商
5	科技研发创新发展工程	着力发展科技信息、研发设计、检验检测、知识产权等服务，推动生产性服务业和先进制造业融合发展
6	旅游产业创新发展工程	着力推动旅游业态、产品和服务创新，大力发展全域旅游，打造传承中华文化世界级旅游目的地
7	文化产业创新发展工程	深入推进国有文化企业改革，打造一批代表性强的重点文化产业集聚区，培育文化创意、数字娱乐等新业态
8	养老服务创新发展工程	完善扶持政策，构建多层次智慧养老服务体系，打造养老服务体系公共服务品牌

续表

序号	项目	内容
9	医疗卫生创新发展工程	健全公共卫生服务体系，深化"三医"联动，大力发展"互联网＋医疗健康"，加快推进健康陕西建设
10	会展服务创新发展工程	加快新建一批会展场馆、星级酒店，培植一批优质市场主体，打造多层次、多样化会展品牌

　　四是陕北能源化工产业体系。根据水资源和生态环境承载力，优化能源开发布局，坚持优煤稳油扩气，合理确定能源行业生产规模，推动榆林、延安、彬长等重要能源基地高质量发展。以巩固黄河流域对国家能源安全的保障功能，促进能源、化工、原材料和基础工业基地转型升级。

　　合理控制煤炭开发强度，推动煤炭产业绿色化、智能化发展，强化安全监管执法。推进煤炭清洁高效利用，严格控制新增煤电规模，加快淘汰落后煤电机组。支持延安等地加强石油战略储备，建设国家储气库。稳定油气产量，统筹常规与非常规天然气开发，突破页岩油、煤层气、页岩气等勘探开发技术瓶颈。以煤油气资源向下游精细化工转化延伸为重点，打造能源化工全产业链。开展风、光等气候资源精细化普查和评估，发展风、光等非化石能源，积极布局氢能源产业。开展大容量、高效率储能工程建设。加快创建榆林国家级能源革命创新示范区，深入推动能源化工产业高端转型发展（见表9）。

表9　能源化工重大项目

序号	项目	内容
1	煤炭	统筹资源环境承载能力，在榆神、榆横、府谷、永陇、彬长、子长等矿区建设一批现代化矿井，建成大保当、可可盖、红墩界等煤矿
2	电力	实施"十四五"省内自用煤电工程、彬长CFB低热值煤发电示范等项目，加快建设华能延安、泛海红墩界、大唐彬长二期等新增火电机组2300万千瓦、新能源发电2700万千瓦

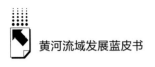

续表

序号	项目	内容
3	油气	加强陕北老油气区扩边精细勘探,加快富县、旬邑、彬长等新区带勘探开发,推进韩城、吴堡非常规天然气勘探开发,数据线增储上产
4	资源转化	加快榆林国家级现代煤化工产业示范区和延安综合能源基地建设,推进1500万吨/年煤炭分质清洁高效转化示范、神华榆林循环经济煤炭综合利用、中煤榆林煤炭深加工、中石油兰石化乙烷制乙烯、延长榆林800万吨/年煤提取焦油与制合成气一体化(CCSI)、70万吨/年煤制烯烃下游聚合、延炼千万吨炼油升级、延长高端智能化等项目建设

　　五是现代农业产业体系。陕西作为农业大省,中华猕猴桃、沙棘、绞股蓝、富硒茶等资源极富开发价值,生漆产量和质量在全国均名列前茅,红枣、核桃、桐油是陕西传统出口产品,天麻、杜仲、苦杏仁、甘草等药用植物在全国具有重要地位。在陕西黄河流域经济发展与现代化产业体系构建的过程中,更不能忽略农业这一基础产业的转型发展,应以现代农业体系作为陕西黄河流域现代产业体系构建的关键思路。

　　聚焦保障国家粮食安全,加快关中灌区、渭北旱原和陕北长城沿线等粮食功能区建设,积极推广优质粮食品种种植,提升粮食产量和品质。大力建设高标准农田,实施保护性耕作,开展绿色循环高效农业试点示范。以规模化、标准化、绿色化为主攻方向,以苹果、奶山羊、设施农业三个千亿级产业为龙头,构建"3＋X"特色农业产业体系。打造杨凌农业气象高新技术中心,建设"3＋X"特色农业气象技术应用示范基地。建设特色农产品优势区,打造黄河地理标志产品。积极发展休闲农业、都市农业、创意农业等富民乡村产业,推动农产品精深加工,探索建设农业生产联合体,因地制宜发展现代农业服务业。构建"田间—餐桌""牧场—餐桌"农产品产销新模式,打造实时高效的农业产业链供应链(见表10)。

表10　农业现代化重点工程

序号	项目	内容
1	高标准农田建设	加大高标准农田建设力度，开展农田灌排设施、机料道路、农田林网、输配电设施、农机具存放设施和土壤改良等田间工程建设，持续实施新增千亿斤粮食产能规划、农村土地综合治理工程，大规模改造中低产田，加强农田水利基本建设
2	"3＋X"特色农业产业工程	大力发展"果业、畜牧业、设施农业＋特色种植业"，突出果业大提质、畜牧上水平、设施增效益，到2025年改造提升低质低效果园100万亩、奶山羊扩群300万只、设施农业改造提升50万亩，因地制宜做优做强红枣、绒山羊、肉绵羊、荞麦、大漠蔬菜、猕猴桃、樱桃、核桃、小杂粮、马铃薯、冬枣、酥梨、葡萄、黄花菜、花椒等区域特色产业。支持宝鸡、铜川、渭南等地推进生态循环农业产业化项目建设。支持韩城等地建设黄河特色水产养殖基地

六是军民融合发展的产业体系。军民融合发展产业体系是体现陕西黄河流域特色的产业体系，这是陕西黄河流域现代化产业体系的基础。陕西是国防科技工业的重点布局区域，军民融合正成为陕西黄河流域地区产业发展的新动力。根据中国宏观经济研究院产业经济与技术经济研究所对全国各区域军民融合发展的研究和综合指数测算排序，在31个省区市中，黄河流域有3个省级区域排在前十，其中陕西排在第7位。目前陕西正在积极推进国防科技成果向民用技术转化，加速军民融合带动区域产业发展，西安市正在积极创建国家军民融合创新示范区。

第三，构建陕西黄河流域区域创新体系。推动黄河流域产业体系绿色高质量发展，必须深入实施创新驱动发展战略，促进高端要素集聚和质量提升，夯实产业发展的要素支撑。

一是深入实施创新驱动发展战略。坚持"四个面向"，依托高校、科研院所、科技型企业等创新资源，围绕产业链部署创新链，围绕创新链布局产业链，实施"1155"工程①，深化军民融合、部省融合、央地融合，推进国

————————

① "1155"工程，即建设10个重点产业共性技术研发平台，建设100个龙头骨干企业承载的"四主体一联合"等新型研发平台，推动500家省级创新平台开放共享，建设500个专业化孵化器、加速器、众创空间、星创天地等创新创业平台，构建四级全链条产业技术创新体系。

家"双创"示范基地、西安全面创新改革试验区、国家自主创新示范区和榆林科创新城建设,争取国家重点实验室、产业创新中心、工程研究中心等重大创新平台在陕布局,加快高精度地基授时系统、国家分子医学转化中心,空天地海无人系统综合试验测试,鄂尔多斯二氧化碳捕集利用与封存等重大科技基础设施建设。发挥杨凌农业高新技术产业示范区作用,加强农业科技自主创新、集成创新和推广应用。

重大创新项目。推进西安超算中心、中科院西安科学园、西部科技创新港、翱翔小镇、硬科技小镇、空天领域国家实验室、榆林科创氢能新城、比亚迪高端智能终端产业园、三一西安产业园、西部传感器产业园、临空智慧云港光电子应用技术产业园、宝鸡高新区科技创新中心、大公湖科创菁英国、中科科创园、榆林多能融合大型集成示范基地、映西新奥泛能微网、渭南美好生活示范中心、卤阳湖航空小镇、丝绸之路科创谷、西安气象大数据应用中心(二期)、铜川商业航天城等项目建设。

二是加大人力资源要素培育。要适应陕西黄河流域产业体系绿色高质量发展需求,加大高层次人才培养和引进力度。培养更多高技能人才和职业技术人才,培养学习型、复合型、创新型的劳动者。培养高层次创新人才,改革考核和激励机制,吸引一大批有经验和影响力的复合型创新创业领军人才和团队投身产业发展。

三是深化金融创新。在黄河流域设立科技银行、民营银行和外资金融机构,鼓励当地国有银行开展中小微企业服务,形成大中小组合、国有民营外资多元的银行体系,支持金融产业发展。设立电商创业贷、微电影创业贷、新兴产业基金、农业产业化担保基金、新型农村经营主体担保基金等产业担保基金。支持金融服务实体经济发展,按照市场化、法治化原则,支持社会资本建立黄河流域科技成果转化引导基金,综合运用政府采购、技术标准规范激励机制等促进成果转化。

(三)对外开放创新性跨越发展

第一,深度融入共建"一带一路"。"一带一路"倡议开启了我国向西开放的历程，为陕西对外开放跨越式发展带来了难得的机遇，紧抓这一机遇，以打造内陆改革开放高地为目标，构建以国内大循环为主体、国内国际双循环相互促进的新发展格局，促进全省开放型经济发展。

一是积极扩大国际经贸合作。以大西安为核心引领开放，提高西安产业布局的国际化水平，大力改善提升区域城市功能和发展环境，使西安成为"一带一路"综合试验区，加快建立投资贸易便利化和集聚优质要素的体制机制，将西安打造成为黄河流域对外开放门户。依托西安科技、人才、文化艺术独特优势，把发展服务贸易作为培育国际贸易竞争新优势的战略举措，以扩大服务出口促进对外贸易优化升级。以陕西黄河流域七市一区的优势产业为依托，深化与"一带一路"沿线国家互补合作，围绕新一代信息技术、航空航天、新材料、数控机床与机器人、电力装备、节能与新能源汽车、先进轨道交通等陕西具备较强国际竞争力的优势产业，集中力量打造外向型产业集群，形成新的出口主导产业。同时依托杨凌现代农业国际合作中心，加强与丝路沿线国家的农业合作交流，特别是加强与干旱半干旱地区农业国际合作，并积极参与国际农业规则和标准制定。

二是加快构筑国际贸易通道。发挥陕西的区位优势，构建陆空立体数字丝绸之路，推动航空港、陆港联动发展，依托"三个经济"，加快将陕西建设成为效率高、成本低、服务优的国际贸易通道。进一步发挥中欧班列通道作用，推广陆铁、铁铁、铁水等多式联运，推动中欧班列"长安号"高质量运营，加快建设中欧班列（西安）集结中心，将陕西打造成为"一带一路"国际货运物流新高地。

三是进一步优化营商环境。促进综合保税区高水平开放、高质量发展，整合西安高新和西安经开综合保税区，建设空港新城、宝鸡综合保税区。压缩整体通关时间，降低通关费用，优化通关流程，不断提高口岸通关效率。加快口岸体系建设，形成以关中航空口岸为重点，以汉中、榆林口岸为两翼，东有渭南、西有宝鸡的完整口岸服务体系，加快申请设立一批新兴产业原料货物口岸，以口岸布局带动陕西产业高质量发展。持续提升投资自由化便利化水平，营造良好的亲商安商兴商环境。

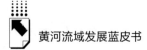
第二，健全区域间开放合作机制。生态保护方面，加强陕西与晋蒙甘宁在丘陵沟壑区水土流失治理方面的合作交流，共同开展水土保持监测研究和山水林田湖草生态修复工程；继续深化陕晋在大气污染治理方面的协同合作，共同提升汾渭平原雾霾治理的成效，争取率先在陕晋间建立黄河干流双河长制，探索黄河流域左右岸协同治理机制，加强陕晋在黄土高原交界区的协作，共同保护黄河晋陕大峡谷生态环境；与宁蒙共同谋划能源化工产业绿色发展，加强生态环境共保和水污染共治；以渭河流域横向生态补偿机制试点经验为依据，主动与上下游临近省份就各方权责、跨省界水质水量考核目标、补偿措施、保障机制等进行沟通协商，尝试建立黄河干流横向生态补偿机制，建立健全流域生态产品价值实现机制，同时形成水环境联防联控、信息资源共享、重大问题协商沟通机制，建立健全跨界污染事故、水事纠纷等问题解决机制；实施秦岭跨流域协同保护和修复，加强黄河流域与长江流域在生态保护政策、项目、机制方面的协调联动，健全南水北调中线工程受水区和水源地的对口协作机制。

经济发展方面，积极拓展陕西与其他沿黄省份，特别是相邻省份，如内蒙古、山西、河南等的互联互通和一体化发展。有序推动、统筹规划呼包鄂榆城市群能源产业发展，带动鄂尔多斯盆地综合能源基地高质量发展；打造晋陕豫黄河金三角产业转移示范区，深化区域经济合作，推动传统产业转型升级，建设郑州—洛阳—西安高质量发展带，为黄河流域中下游的经济聚集提供开放引擎。抢抓新时代推进西部大开发形成新格局的重大机遇，加强与中西部其他地区的合作发展，进一步深度融入关中—天水经济区、中原经济区和太原城市圈的合作发展。深化陕西与东部和南部的省际交流合作，特别是与京津冀、长江经济带、泛珠三角等经济区的经济技术交流，力求拓展合作领域和层次，发挥自身比较优势，承接产业梯度转移。利用西安综合保税区、西安高新综合保税区等政策优势，承接技术密集型产业，形成一批开放型经济新体制的"先行区"。

文旅融合方面，积极融入黄河文化旅游带建设。与沿黄其他省区共同制定黄河文化旅游带发展规划，协调旅游产业发展问题，共同打造形象统一的黄河文化形象和红色旅游走廊，积极促进省际资源共享、服务平台共享，实现黄河旅游全域联动。

第三，加强基础设施互联互通。新型基础设施建设方面，加快5G网络建设及场景应用，扩大千兆以上光纤覆盖范围，增强西安作为国家互联网骨干直联点的功能；发挥西安在新基建方面的智力优势和科研优势，建设区域互联网数据中心，力争成为国家超算中心，提升"互联网＋"综合应用水平。

交通运输方面，按照"核心引领、节点支撑、轴向集聚、区域协同"的思路，建设便捷智能绿色安全的综合交通网络，形成陕西黄河流域"五纵七横"的综合交通运输网络，高效覆盖流域县级节点，连接经济中心、重要工业和能源生产基地，承担80%以上客货运输总量。关中地区围绕关中平原城市群建设，以建设西安国家中心城市为重点，强化大西安的辐射引领功能，提升城际联通效率，服务区域科技、教育、能源、装备制造等产业发展，打造内陆开放高地和开发开放枢纽。陕北地区积极对接陕甘宁革命老区振兴发展、呼包鄂榆城市群发展等战略，打造国家高端能源化工基地、现代特色农业基地、红色文化旅游基地，强化"交通＋产业"融合发展，建设全面开放新门户。

流域内外基础设施互联互通方面，推进高铁新通道建设，实现陕西与周边省份高铁互通、干线连接，加强郑州—西安—兰州东西向大通道建设，加强支线和专用线建设，强化跨省高速公路建设，更加有效连接关中平原城市群、中原城市群和兰州—西宁城市群，充分发挥陕西东西双向互济枢纽门户作用；建设鄂尔多斯—榆林—西安的纵向通道和银川—绥德—太原横向通道，形成"十"字形交通网，实现城乡区域高效互联，提升陕甘宁革命老区交通基础设施现代化水平；推动西安—十堰、重庆—西安铁路重大项目实施，构建西安至成都和重庆的南北客货运大通道，实现黄河流域和长江流域的互联互通。

资源通道建设方面，完善普速铁路网布局，重点强化煤炭东出南下运输能力，构建能源输出新通道，推动西平、宝中现有铁路通道扩能改造，发挥

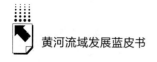
浩吉铁路功能，缓解瓶颈制约，全面提升运输能力；加快推进陕北—湖北特高压输电工程建设，打通清洁能源互补打捆外送通道。

（四）文旅融合创新性促进发展

推动文化产业和旅游产业相融合。文化是旅游的灵魂，旅游是文化的载体，推动文化与旅游融合发展，对于促进旅游业转型升级，实现文化传承具有重要意义。黄河作为中华民族的母亲河，黄河文化是黄河流域从古至今多民族在此地域内与自然进行交互作用中产生的文化总称。习近平总书记强调，黄河文化是中华文明的重要组成部分，更是中华民族的根和魂，是古代中国政治、经济、军事、科技、思想的中心和重心所在地的文化。陕西省黄河流域旅游发展不能脱离黄河文化，在"文旅融合"的新时代发展背景下，黄河文化与旅游产业融合符合现代化服务业发展的趋势要求。

第一，构建黄河文化标识体系。延安中国革命圣地红色文化标识：以延安宝塔区革命遗址遗迹以及展览展示教育场馆集群和延安精神、毛泽东思想为核心标识，包括全省上百项经典红色文化保护地及其旅游景区，形成中国革命圣地红色文化保护传承、宣传弘扬体系。华夏始祖文明起源历史文化标识：以黄帝陵为核心标识，包括蓝田华胥氏陵、宝鸡炎帝陵、蓝田猿人、大荔猿人等系列史前历史文化遗迹构成华夏始祖文明的历史文化体系。西咸大都市中国古代皇都历史文化标识：以西咸大都市城郊周秦汉隋唐都城系列遗址遗迹及其国家治理文化、临潼秦陵及陪葬墓秦兵马俑、11汉帝陵等为核心标识，包括外围地区秦雍城、大夏统万城以及关中渭北原区唐帝王18陵为主构成皇都历史文化体系。中国农业起源与水利文明历史文化标识：以武功、杨凌后稷教民稼穑和秦郑国渠、清代李仪祉泾惠渠历史文化为核心标识，包括洛南盆地旧石器遗址、半坡新石器仰韶文化遗址等从事农业生产、饲养家畜、打猎捕捞、采集果实等的系列新旧石器遗址，以及汉龙首渠、白公渠、六铺渠，宋丰利渠等古代水利工程和现代大型灌区、重大水利工程为重要内容，构成中国农业起源与水利文明历史文化体系。中国封建王朝起源初创历史文化标识：以周朝为标志，中国古代历史文明进入了创立封建王朝的伟大历史时期；以秦朝为标志，中国封建王朝进入了强化巩固的伟大历史时期。位于关中西部的初周之京"周原"和先秦之都"雍城"，历史性地担当了建立中国封建王朝准备、初创、形成时期的政治、经济、军事、文化、宗法核心，关中西部地区则成为中国封建王朝制度和思想文化的起源地。中国封建王朝起源初创历史文化标识，以"周原"和"雍城"历史文化为核心，包括围绕一"京"一"都"的"石鼓"、青铜器等历史文化以及广泛分布的周秦历史文化遗迹遗址群构成历史文化标识体系。

第二，讲好新时代陕西"黄河故事"。立足富集的黄河文化资源，树立保护理念，延续黄河历史文脉。讲好"黄河故事"，挖掘其时代价值，擦亮黄河符号，坚定文化自信，凝聚民族力量，保护传承弘扬好黄河文化，为新时代黄河沿岸区域高质量发展凝聚精神力量。要站位新时代，加强黄河题材文艺创作，推动历史文化、红色文化、民族文化传承，展示黄河文化独特魅力。制订陕西"黄河故事"传播计划，加强黄河故事展示展演、交流传播。在世界文化旅游大会、国际文化艺术节、十四运、"千年古都·常来长安"等活动中融入黄河文化元素，提高陕西"黄河故事"国际影响力，推动黄河上中下游主要城市建立黄河文旅联盟，与"一带一路"沿线国家和地区广泛开展人文合作，积极向友好省州、友好城市宣介黄河文化，支持国内外媒体宣传报道黄河故事，促进文化文明交流互鉴，举办黄河文化专题展览、主题教育和品牌活动。高扬红色文化丰碑，大力弘扬延安精神，传承照金精神、西迁精神、梦桃精神等，用以滋养初心、淬炼灵魂。加强黄河题材文艺创作，用好"鲤鱼跳龙门""巨灵擘山导河"等经典传统文化资源，实施优秀传统文艺振兴、文艺精品创作扶持、小剧场舞台艺术创作演出交流、文艺院团精品剧目巡展、美术联展、黄河文化艺术节、黄河群众文化大联欢等计划，鼓励"文学陕军""西部影视""长安画派""陕西戏剧""陕北民歌"推出一批优秀作品。推进"黄河文化云"建设，搭建黄河文化数字化国际传播平台。

第三，打造世界级黄河文化旅游廊道。推进全城旅游示范省建设，支持市县创建全域旅游示范区。实施 A 级景区倍增计划，完善景区基础设施，

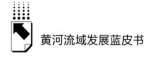

增加高品质旅游服务供给，打造世界级文化旅游目的地。依托古都、帝陵、遗迹、古迹、农耕等关中文化特色和渭河生态景观，构筑渭河文化发展带。依托延安、铜川、榆林等地革命旧址，提升转战陕北、渭华起义、西安事变、八路军东渡黄河出师抗日等纪念馆革命教育功能，打造红色文化与旅游休闲、研学教育、脱贫致富深度融合的红色文化发展带。依托陕北民歌、安塞腰鼓等符号，构筑黄土高原文化发展带。依托中央水塔、中华民族祖脉和中华文化重要象征，全面保护秦岭自然与文化景观，在秦岭沿线围绕廊道进行相关历史文化空间保护与风貌提升，通过将零散分布的古镇、古村落、古遗迹等景观、景点梳理整合形成有序列的集合，扩大秦岭景观与文化遗产的观赏价值和旅游资源影响力，提升其观赏价值及历史和教育价值，构筑森岭文化发展带。依托石峁、镇北台、明长城、统万城等遗迹，构筑边塞文化发展带。依托沿黄公路和沿线景区，打造黄河文化旅游品牌。依托互联网和大数据发展文化旅游新业态，积极推动中华老字号创新发展。支持申报创建国家文化和旅游消费试点城市，激发文化和旅游融合发展新动能。加快实施文化产业"十百千"工程，培育特色文化产业集群。

B.12
河南：聚力"四区"协同的流域标杆

贺卫华　张万里　林永然　赵斐*

摘　要：　黄河流域生态保护和高质量发展上升为重大国家战略以来，河南以打造"四区"为目标统筹全省经济社会发展，取得了显著成效。但沿黄地区依然存在生态环境脆弱、水资源供需矛盾、洪灾水患威胁、产业结构不合理等问题。河南要立足沿黄地区实际，持续加强生态保护和修复、科学调配管理黄河水资源、完善滩区防洪减灾基础设施、构建创新引领现代产业体系、弘扬传承黄河文化等，打造"四区"协同的黄河流域生态保护和高质量发展标杆。

关键词：　"四区"协同　生态保护　高质量发展　河南

　　自黄河流域生态保护和高质量发展上升为重大国家战略以来，河南省委省政府以习近平总书记重要讲话精神为指引，以打造"四区"（生态文明建设与绿色发展引领区、水资源高效利用和现代特色农业示范区、华夏历史文化传承保护利用核心区和经济高质量发展先导区）为目标，以传承弘扬黄河文化、确保黄河永久安澜为重点任务，立足沿黄地区生态特点和资源禀

　　* 贺卫华，中共河南省委党校（河南行政学院）经济学教研部副主任、教授，研究方向为区域经济；张万里，博士，中共河南省委党校（河南行政学院）决策咨询部讲师，研究方向为产业经济；林永然，博士，中共河南省委党校（河南行政学院）经济管理教研部讲师，研究方向为区域经济；赵斐，博士，中共河南省委党校（河南行政学院）党史教研部讲师，研究方向为中国近代史、中共党史、城市史。

赋，积极推进生态保护和修复、水资源节约集约利用、产业结构调整和黄河文化保护传承，从立足"要"向立足"干"转变，引领沿黄生态文明建设，在全流域率先树立河南标杆。

一 黄河流域河南段的功能定位

河南是沿黄九省区之一，位于黄河中下游。黄河从三门峡灵宝市进入河南境内，在濮阳市台前县出境，流经郑州、开封、洛阳、新乡、焦作、濮阳、三门峡、济源8个省辖市和安阳市滑县等27个县（市），河道全长711公里，流域面积约3.62万平方公里，占流域面积的5.1%。河南沿黄地区共包括72个县（市、区），国土面积5.96万平方公里，占全省的35.7%（见表1）；常住人口3865万，占全省的40.2%。① 由于黄河河南段"地上悬河"悬差大，又处于黄河的"豆腐腰"位置，决堤改道多发，曾是千年治黄的主战场。确保黄河永久安澜，河南段任务最为艰巨，在黄河全流域中具有举足轻重的地位。

表1　河南沿黄地区黄河流域面积

单位：平方公里，%

市（县）	流域面积	占全市（县）总面积比例
郑州市	1830	24.60
开封市	263.76	4.10
洛阳市	12446.1	81.80
新乡市	4184	51.20
焦作市	2100	52.50
濮阳市	2232.2	53.30
三门峡市	9376	89.30
济源市	1931	100
滑县	1762	97.13

资料来源：河南省发展和改革委员会网站。

---

① 《2019年河南省国民经济和社会发展统计公报》。

（一）河南在黄河流域生态保护和高质量发展中的功能定位

为实现河南省委"十四五"规划建议提出的"以黄河流域生态保护推动全省生态文明建设，打造沿黄科技创新带、黄河文化传承创新区，在黄河流域生态保护和高质量发展中走在前列"的目标，结合黄河河南段河道地形地貌特征、河南的区位优势、生态特点及文化资源优势，确定了如下功能定位。

一是打造生态文明建设与绿色发展引领区。把生态文明建设放在首要位置，统筹环境保护与经济发展，着力保护水资源和水环境，加强流域综合治理和森林湿地保护修复，加快形成绿色发展方式和生活方式，把河南沿黄地区建设成为天蓝地绿水洁、人与自然和谐共生的生态经济带，成为大江大河流域生态文明建设引领示范。

二是打造水资源高效利用和现代特色农业示范区。合理优化水资源配置，严格落实用水总量控制指标，健全完善的农业节水政策和激励约束机制，推广高效节水灌溉技术，集中联片建设高效节水灌溉工程，推动高效节水灌溉与灌区续建配套统筹实施、粮食生产协同发展，实现水资源高效利用和粮食安全生产共赢。

三是打造华夏历史文化传承保护利用核心区。发挥黄河文化资源优势，坚持保护和开发相协调、传承与创新相融合，挖掘和继承传统文化精髓，加快传统文化的创造性转化和创新性发展，推进文化和旅游、产业、商贸协同创新，提升根亲文化、儒释道文化、功夫文化、二里头文化、仰韶文化、大运河文化、河洛文化的品牌影响力和全球吸引力、辐射力、感召力，打造流域历史文化保护利用创新核心区域。

四是打造经济高质量发展先导区。坚持以建设郑州国家中心城市为龙头，以郑州都市圈和洛阳都市圈为引领，加快构建富有竞争力和可持续发展能力的空间结构，形成发展新经济、构筑基础设施、构建新发展格局的新支撑，探索创造联动发展新模式，在引领流域生态经济建设、支撑全省高质量发展和服务全国发展大局中发挥更大作用。

（二）河南在黄河流域生态保护和高质量发展中的重要作用

在沿黄九省区中，河南因其所处地理位置的特殊性、沿黄地区地形地貌特征的特殊性、中原文化的根源性以及沿黄区域在河南全省经济中的核心地位，决定了河南在黄河流域生态保护和高质量发展中的重要地位。

1. 河南沿黄地区地形地貌特征最为特殊，肩负着保障黄河长治久安的重大责任

"一部治黄史，半部中国史。"在中国所有的大江大河中，唯有黄河兼有母亲河与"害河"之称。黄河河南段地形地貌特殊，其最重要的特点是河道形态复杂，滩区面积大，居住人口多，历史上洪水灾害频繁，是黄河治理的重中之重。从周定王五年（公元前 602 年）到 1938 年花园口扒口的 2540 年中，有记载的决口泛滥年份有 543 年，决堤次数达 1590 余次[1]，较大的改道有 20 多次[2]。黄河历史上 1590 多次的决堤中，发生在河南境内的多达 2/3；26 次大改道中，发生在河南境内的就达 20 次之多（见表 2），自古就有"三年两决口，百年一改道"之说。黄河决口的重要地点，一个是郑州附近，一个是濮阳内黄附近，还有一个就是开封兰考附近，因此，这里是历代黄河泛滥最为严重的地方。[3] 黄河河南段水患多发与河南黄河流经区域的地形地貌特征有关。

表 2　历史上人为因素造成的黄河河南段决口、改道

时间	地点	事因及灾害情况
公元前 358 年	河南长垣	楚国出师伐魏，决黄河水灌长垣
公元前 332 年	今河南开封	齐魏联合攻打赵国，赵"决河水灌之"，齐魏退兵
公元前 281 年	今河南开封	赵国派军队至魏国东阳，"决河水，伐魏氏"

---

[1] 张卫东：《发展权在区域经济平衡发展中的意义——以黄河滩区发展为例》，《河南商业高等专科学校学报》2014 年第 6 期。

[2] 国合华夏城市规划研究院、黄河流域战略研究院：《黄河流域战略编制与生态发展案例》，中国金融出版社，2020，第 8 页。

[3] 张新斌：《找准黄河文化的河南定位，打造黄河生态文化带》，《河南日报》2019 年 12 月 23 日。

续表

时间	地点	事因及灾害情况
公元前 225 年	今河南开封	秦将王贲"引河沟灌大梁，大梁城坏"
759 年	今山东济南长清区	河南守将李铣于此决河，水淹史思明叛军
896 年	今河南滑县	"夏四月辛酉，河涨，将毁滑州城，朱全忠决其堤，成为二河，把滑州城夹在二河之中，为害甚重"
923 年	今河南延津	后梁段凝自酸枣决河以阻后唐军，因口门扩大，危害至曹州、濮州
1128 年	今河南开封	南宋东京留守杜充为阻金兵，于此决河，形成大改道
1234 年	今河南开封	蒙古兵决黄河寸金淀，以淹南宋军，形成大改道
1642 年	今河南开封	李自成军决河，水淹开封，全城覆没
1832 年	今河南开封	监生陈瑞、生员陈堂等纠众决十三堡大堤，放淤肥田，造成决口
1933 年	河南长垣	土匪姚兆丰等 400 余人，扒石头庄大堤，造成巨灾
1938 年	今河南郑州花园口	国民党军队为阻止日军西进，扒决花园口黄河大堤

资料来源：根据相关地方志整理。

一是地理位置特殊，河道形态复杂。黄河河南段处于山区向平原的过渡带，在沿黄九省区中地理位置最为特殊、河道形态最为复杂。按照地貌特征，黄河水系可以分为山地、山前和平原三种类型，这三种地貌在河南境内均有分布。黄河从三门峡市入河南境，三门峡、洛阳、巩义到荥阳段以山地丘陵为主，荥阳至台前段为平原。郑州市荥阳桃花峪是黄河中下游的分界线，黄河中游河道较窄，下游河道变宽。由于水量小、流速慢且流向多变，黄河河南段河道呈现浅、散、乱、游荡多变等特征，横河、斜河时有发生，形成游荡性河道。

二是河床悬差大，洪灾威胁严重。黄河下游由山区、丘陵地段进入平原，河道陡然变宽。黄河河南段两岸堤距一般在 5 到 10 公里之间，远大于上中游河道宽度，最宽处的新乡长垣市大车集，两岸堤距达 24 公里，是黄河全境最宽处。由于河道变宽、水量减少、水流变缓，河道泥沙大量淤积，使得黄河郑州至开封段河床高于两岸地面 3 ~ 5 米。郑州京广铁路桥附近河床悬差最大，与新乡市地面悬差达到了 23 米，成为举世闻名的"地上悬河"，每逢汛期，有大洪水夺流滚河、顺堤行洪的危险，洪灾威胁严重。

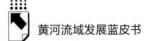
三是滩区面积最广，防洪保安任务重。河南黄河滩区从孟津县白鹤镇至台前县后方乡的张庄村，河道长达464公里，横跨洛阳、郑州、焦作、新乡、开封、濮阳6个市23县（市、区），面积达2714平方公里。依据黄河河道状况，河南滩区可分为四个河段。第一段为孟津县白鹤镇至老京广铁路桥段，这段滩区被称为"温孟滩"，滩区内修建有防洪堤，中小洪水不会漫堤。第二段老京广铁路桥至兰考东坝头段为高滩区，地势较高，发生洪灾可能性较小。第三段为兰考东坝头至濮阳县渠村镇段，河道长约70公里、宽5~20公里，且上宽下窄，呈喇叭形，是黄河的"豆腐腰"处，也是决堤最多的河段。第四段为濮阳县渠村镇至台前县张庄段，河道长165公里、宽1.4~8.5公里，该段河道漫滩概率较高。整体来看，河南易漫滩河道长达235公里，防洪保安任务较为艰巨。

2. 河南沿黄地区是全省经济中心，肩负着引领黄河流域经济高质量发展的重大使命

河南是全国户籍人口第一大省、常住人口全国第三，分别达到10952万人和9640万人。长期以来，河南GDP稳居全国第5位，是黄河流域的经济中心、制造业中心、人口集聚中心和消费中心。2019年，河南GDP规模达54259.20亿元，第二产业增加值23605.79亿元，占沿黄九省区的比重分别达到21.93%和23.34%；常住人口9640万人，占沿黄九省区的22.9%，是沿黄地区名副其实的常住人口大省和经济大省（见表3、表4）。从河南省内看，沿黄地区是全省的经济中心，是河南省经济高质量发展的动力引擎。

表3 2019年河南及沿黄九省区常住人口、GDP、第二产业增加值比重

	常住人口（万人）	GDP（亿元）	第二产业增加值（亿元）
河南	9640	54259.2	23605.79
沿黄九省区	42090.15	247407.58	101141.6
占比（%）	22.9	21.93	23.34

资料来源：沿黄九省区2019年统计公报。

表4 2019年沿黄九省区及全国主要经济社会发展指标

省区	生产总值（亿元）	全国位次	增速（%）	三次产业结构（%）	常住人口（万人）	城镇化率（%）	城镇居民人均可支配收入（元）	农村居民人均可支配收入（元）
河南	54259.2	5	7.0	8.5：43.5：48	9640	53.21	34201	15164
青海	2965.95	30	6.3	10.2：39.1：50.7	607.82	55.52	33830	11499
四川	46615.8	6	7.5	10.3：37.3：52.4	8375	53.79	36154	14670
甘肃	8718.3	27	6.2	12.1：32.8：55.1	2647.43	48.49	32323	9629
宁夏	3748.48	29	6.5	7.5：42.3：50.2	694.66	59.86	34328	12858
内蒙古	17212.5	20	5.2	10.8：39.6：49.6	2539.6	63.4	40782	15283
山西	17026.68	21	6.2	4.8：43.8：51.4	3729.22	59.55	33262	12902
陕西	25793.17	14	6.0	7.7：46.5：45.8	3876.21	59.43	36098	12326
山东	71067.5	3	5.5	7.2：39.8：53	10070.21	61.51	42329	17775
全国	990865		6.1	7.1：39.0：53.9	140005	60.60	42359	16021

资料来源：2019年沿黄九省区统计公报。

一是沿黄地区是河南全省的经济中心。在河南经济发展史上，沿黄城市一直都是全省的经济中心。新中国成立初期，河南是"一五""二五"时期国家重点建设的地区之一。"一五"时期，国家156项重点项目中有10项落户在河南。后来，国家又把一批追加重点项目及能源、原材料项目放在河南，形成了洛阳、郑州、开封、新乡、焦作等新兴工业城市，建成了洛拖、洛轴、洛矿、洛铜、洛玻、郑州六大棉纺厂、郑纺机、二砂、焦作矿务局等一大批大中型骨干企业，成为全省经济发展的支柱企业，上述城市在河南经济发展中发挥了重要的引领作用。改革开放后，尤其是党的十八大以来，上述城市深入贯彻落实新发展理念，全面推进结构调整、产业转型和动力转换，推动河南实现了由农业大省向新兴工业大省转变，奠定了河南经济跨越式发展的坚实基础。2019年，河南沿黄地区生产总值28380.29亿元，一般财政预算收入2379.79亿元，分别占全省的52.3%和58.9%，社会消费品零售总额12227.1亿元，占全省的53.8%，在全省经济发展中具有举足轻重的地位。为进一步发挥郑州、洛阳、开封、焦作、新乡、济源等城市的引领作用，河南与周边省份深度合作，谋划并推动中原城市群于2016年上升为国家战略。从国务院批复的《中原城市群发展规划》看，河南沿黄地区8个省辖市中的郑州、洛阳、焦作、新乡、开封和济源均位于中原城市群的核心发展区。在河南谋划的郑州和洛阳两大都市圈中，郑州和洛阳是两大都市圈的核心城市。河南省委"十四五"规划建议和2021年的《政府工作报告》都明确提出，要构建主副（郑州国家中心城市和洛阳副中心城市）引领、两圈（郑州都市圈和洛阳都市圈）带动、三区协同、多点支撑的高质量发展动力系统和空间格局。可以预见，进入新发展阶段，沿黄地区将成为河南打造双循环新发展格局的重要支撑地区，是"十四五"乃至更长时期河南经济发展的中心区域。

二是沿黄地区是河南省制造业和创新中心。制造业是一个地区生产力水平的直接体现，创新是经济发展的第一动力。制造业发展水平和创新能力直接决定着一个地区的发展实力和潜力。从近年来河南经济发展实践看，沿黄地区是全省制造业和创新中心。2019年，沿黄地区装备制造业增加值近2579亿元，占全省的62.3%，已成为全国领先的工业机器人、盾构装备、矿山机械、轨道交通装备、新能源汽车等先进制造业基地。在创新方面，沿黄地区是河南创新资源的主要聚集地。郑洛新自主创新示范区、国家超算郑州中心、国家生物育种产业创新中心、国家农机装备制造业创新中心等国家级创新平台主要集中在沿黄地区。截至2019年底，河南沿黄地区拥有省级以上创新平台超过1700家，高新技术企业2462家，国家科技型中小企业3641家，省级科技小巨人（培育）企业665家，分别占全省的70%、79%、73%和78%。另外，沿黄地区的郑州、洛阳和新乡三市是河南R&D经费投入最高的地区，R&D经费投入强度均超过2%，远高于全省1.46%的平均水平。

三是沿黄地区是河南建设开放强省的核心区。河南省委"十四五"规划建议提出要建设"四个强省"，其中之一就是建设"开放强省"，发展壮大开放型经济，实现更高水平的对外开放。为此，河南提出"五区"（郑州航空港区、自贸试验区、郑洛新自创区、跨境电商试验区、大数据综合试验区）联动、"四路"（空中丝绸之路、陆上丝绸之路、网上丝绸之路、海上丝绸之路）协同的战略举措，打造内陆开放高地，深度融入"一带一路"

建设。从区域分布看，"五区"主要位于郑州、洛阳、开封、新乡等沿黄地区，"四路"的主要战略支撑点也在沿黄地区。近年来，随着郑州国家中心城市建设加速推进、郑州大都市圈深度融合发展再提速、洛阳都市圈建设起步并加速、三门峡市黄河金三角区域中心城市建设快速发展，上述开放平台和对外开放的通道叠加效应已逐步显现，成为全省、全国乃至全球产业、人才、资本等高端资源和要素的聚集地。如郑州市，2019 年地区生产总值完成 11589.7 亿元，在沿黄九省区省会城市中居第 1 位，在全国城市中排第 16 位，跻身全球经济竞争力 100 强城市、全球营商环境友好 100 强城市、全国数字 10 强城市。以郑州大都市圈和洛阳大都市圈为核心引领的中原城市群，在北方 6 大城市群中居第 3 位，国土面积 28.7 万平方公里，常住人口超过 1 亿人，加上突出的区位优势、良好的资源禀赋以及国家构建新发展格局、促进中部地区崛起、推动黄河流域生态保护和高质量发展三大战略叠加带来的机遇，未来河南沿黄地区必将迸发出巨大的发展潜力，成为引领黄河流域经济高质量发展的开放高地。

3. 河南沿黄地区是中华文明的发源地和核心区域，肩负着弘扬传承黄河文化的使命担当

黄河是中华民族的摇篮，被誉为"母亲河"。千百年来，黄河不仅滋养和哺育了数以亿计的炎黄子孙，更孕育了灿烂的黄河文化。黄河文化是中华民族的"根"和"魂"。习近平总书记强调指出，要深入挖掘黄河文化蕴含的时代价值，讲好"黄河故事"，延续历史文脉，坚定文化自信，为实现中华民族伟大复兴的中国梦凝聚精神力量。[1] 以河南为核心的中原地区是黄河文化的发祥地，黄河文化的根源性、延续性、融合性、核心性都与河南有着密切的关系，[2] 弘扬传承黄河文化，不仅是黄河流域生态保护和高质量发展的需要，更是河南立足新发展阶段、贯彻新发展理念，打造双循环新发展格局战略支点和重要节点，加快推进现代化新河南建设的必然要求。

---

① 习近平：《在黄河流域生态保护和高质量发展座谈会上的讲话》，《求是》2019 年第 20 期。

② 陈正雷、陈斌：《黄河流域的璀璨文化珍宝——太极拳》，《中华武术》2020 年第 9 期。

一是河南沿黄地区孕育了华夏文明。黄河与洛水在河南巩义交汇，两河交汇地称河洛地区。河洛地区是炎黄二帝的诞生地，也是二帝活动的主要区域。古史传说时代的黄帝都有熊、颛顼都帝丘、尧都平阳、舜都蒲坂、禹都阳城，夏、商、周三代亦均居于河洛之间。① 长期以来，以河洛地区为核心的黄河中下游的中原地带，是中国的政治、经济、文化中心。河洛地区形成的文化，即河洛文化在中华文明相当长的历史时期占据主流地位。河洛文化肇始于"河图洛书"，是古代先哲们超凡想象和智慧的结晶，是儒家经典的重要来源，后来演变为中国大一统的政治教化思想、国家政治制度、社会规范以及一整套国家运行机制，影响了中国数千年，是中华文明的摇篮文化，孕育了整个华夏文明。

二是河南黄河文化源远流长。黄河文化内涵丰富，既包括上游的河湟文化、陇右文化、河套文化，中游的三晋文化、关中文化、河洛文化，也包括中下游的中原文化、齐鲁文化。② 在这些文化中，形成于黄河中下游分界处河洛地区（今河南巩义市境内）的河洛文化，由于自然条件、经济基础和历史渊源，数千年来不断绵延发展，在世界文明"百花园"中一直独领风骚。河洛文化的第一阶段是夏文化，距今已有近4000年的历史。"一部河南史，半部中国史。"我国5000多年的文明史，其中有3000多年的文明集中在河南。最早有文明记载的朝代夏、商均发源于河南，其都城均在河南地区。历史上有20多个朝代在河南建都，中国八大古都河南有其四，沿黄地区的郑州是五朝古都，洛阳是十三朝古都，开封是十一朝古都，拥有郑州、洛阳、开封和濮阳4个国家历史文化名城，开封朱仙镇、郑州古荥镇等5个国家历史文化名镇名村，积淀形成了始祖文化、二里头文化、仰韶文化、大运河文化、河洛文化、商都文化、姓氏文化等，成为中华文化的生命之根。

三是河南沿黄地区文化旅游资源丰富。源远流长的黄河文化和优越的地理位置，使得河南沿黄地区人文景观和山水资源荟萃。目前，河南沿海地区

---

① 李立新：《深刻理解黄河文化的内涵与特征》，《中国社会科学报》2020年9月21日。
② 李立新：《深刻理解黄河文化的内涵与特征》，《中国社会科学报》2020年9月21日。

拥有"天地之中"历史建筑群、少林寺、黄帝故里、龙门石窟等世界著名人文历史景观和云台山、八里沟、王屋山等全国知名山水景观。近年来，依托丰富的人文景观，河南沿黄地区文化旅游业迅速发展。2019 年，河南沿黄地区接待国内外游客 54347 万人次，旅游总收入 5052 亿元，分别占全国的 9%、8.8%。文化旅游业正在成为河南沿黄地区传承弘扬黄河文化重要的载体平台。

4. 河南引黄灌区是粮食生产核心区和深加工区，肩负着保障国家粮食安全的重要责任

习近平总书记出席 2020 年中央农村工作会议并发表重要讲话指出，要牢牢把住粮食安全主动权，粮食生产年年要抓紧。① "手中有粮、心中不慌"，对于 14 亿人口的大国来说，任何时候都是真理。2020 年初突袭而至的新冠肺炎疫情如此严重，我国社会能始终保持稳定，粮食和重要农副产品稳定供给功不可没。河南是粮食生产大省，全国五个粮食调出省之一。2014年习近平总书记视察河南时指出，粮食生产是河南的一大优势，也是河南的一张王牌，这张王牌什么时候都不能丢。这是习近平总书记对河南粮食生产提出的要求，也是对河南的政治嘱托。沿黄区域是河南重要的粮食生产地区，在稳定河南粮食产能中发挥了重要作用。

一是河南引黄灌区覆盖区域是全国粮食生产核心区。长期以来，河南就是全国重要的粮食生产区域和畜牧业大省，有些年份曾是全国第一产粮大省。自 2017 年起河南粮食总产量已连续 4 年稳定在 1300 亿斤以上，占全国的 1/10，其中小麦产量稳定在 700 亿斤以上，占全国的 1/4。2020 年河南粮食总产量首次跨越 1350 亿斤台阶，其中夏粮总产 750.75 亿斤，同比增长0.2%，秋粮总产 614.41 亿斤，同比增长 4.1%，大疫之年再夺丰收。河南粮食生产不仅解决了近 1 亿人口的吃饭问题，每年还调出近 2000 万吨的原粮及加工制品，对保障国家粮食安全作出了重要贡献。2020 年，河南粮食总产量达 1365.16 亿斤，居全国第 2 位，在沿黄九省区居第 1 位（见图 1），

① 习近平：《坚持把解决好"三农"问题作为全党工作的重中之重促进农业高质高效农村宜居宜业农民富裕富足》，《人民日报》2020 年 12 月 30 日。

占比达 28.7%。其中,引黄灌区覆盖区是河南粮食生产的重要区域。河南引黄灌区覆盖区域比较广,既包括沿黄地区,又包括周口、商丘、许昌、安阳、鹤壁等非沿黄地区。上述区域是河南粮食主产区,也是全国粮食生产核心区。近年来,河南在沿黄地区规划建设了 17 个大型灌区(见表 5),这些大型灌区在确保国家粮食安全方面发挥了重要作用。2020 年,河南 13 个受水省辖市粮食产量 803.7 亿斤,占全省产量的 58.9%,成为稳定河南粮食生产能力的中坚力量。

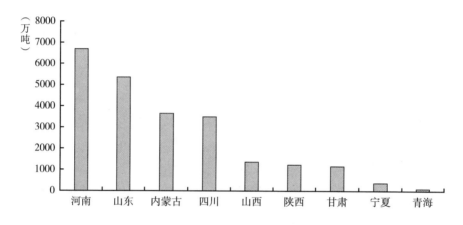

图 1　2019 年沿黄九省区粮食总产量

资料来源:沿黄九省区 2019 年统计公报。

表 5　河南省 17 个引黄灌溉大型灌区

灌区规模	灌区类型	灌区名称	设计灌溉面积(万亩)	有效灌溉面积(万亩)	所在市(地)	所在县(市、区)
大型	自流引水	小计	2148.38	1137.95		
		中牟县杨桥灌区	41.30	22.10	郑州市	中牟县
		赵口灌区	572.13	161.46	郑州市	中牟县
		柳园口灌区	46.35	30.00	开封市	祥符区
		三义寨灌区	326.00	255.00	开封市	兰考县
		祥符朱灌区	36.50	16.19	新乡市	原阳县

续表

灌区规模	灌区类型	灌区名称	设计灌溉面积（万亩）	有效灌溉面积（万亩）	所在市（地）	所在县（市、区）
大型	自流引水	韩董庄灌区	58.16	36.69	新乡市	原阳县
		大功灌区	252.99	122.00	新乡市	封丘县
		石头庄灌区	35.00	25.80	新乡市	长垣市
		武嘉灌区	36.00	29.33	焦作市	武陟县
		人民胜利渠	148.85	118.29	焦作市	武陟县
		彭楼灌区	31.08	27.15	濮阳市	范县
		渠村灌区	193.10	97.16	濮阳市	濮阳县
		南小堤灌区	110.21	43.92	濮阳市	濮阳县
		陆浑灌区	134.00	65.42	洛阳市	嵩县
		广利灌区	51	25.95	焦作市	沁阳市
		引沁灌区	40.04	30.90	济源市	济源市
		窄口灌区	35.67	30.59	三门峡市	灵宝市

资料来源：由河南省发展改革委员会提供。

二是河南沿黄地区是全省重要的农副产品深加工区。河南不仅是全国粮食生产大省，也是全国第一粮食加工大省、第一肉制品大省，生产了全国1/2的火腿肠、1/3的方便面、1/4的馒头、3/5的汤圆、7/10的水饺。河南沿黄地区是全省重要的农副产品深加工区。在全省7250家规模以上农产品加工企业中，沿黄地区有3929家，占比达54.2%。2019年，河南规模以上农产品加工业实现营业收入1.18万亿元，居全国第2位，农产品出口到130多个国家和地区，[①] 成为名副其实的"国人粮仓""国人厨房""世人餐桌"。在2020年新冠肺炎疫情最困难的时刻，河南组织向湖北及武汉调送大批面肉蔬菜和速冻食品，仅2020年春节大年初十就紧急采购速冻食品123.7吨驰援武汉，展现了农业大省的实力和作为。2019年全国农产品加工业100强榜单中，河南有6家企业入围，其中3家位于沿黄地区。

---

① 沈立宏：《规划引领产业振兴新画卷——农业农村部印发〈全国乡村产业发展规划（2020~2025年）〉》，《农村工作通讯》2020年第16期。

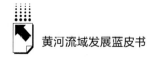

二 黄河流域河南段的探索实践

2019 年 9 月，习近平总书记在郑州主持召开黄河流域生态保护和高质量发展座谈会时指出，黄河流域生态保护和高质量发展是重大国家战略。河南深入贯彻落实习近平总书记重要讲话精神，以"共同抓好大保护、协同推进大治理"为基本遵循，统筹推进生态保护、黄河文化传承和产业结构调整，取得了明显成效。

（一）建设沿黄生态廊道，筑牢黄河生态屏障

为贯彻落实习近平总书记关于"治理黄河，重在保护，要在治理"① 的指示精神，河南省将生态廊道建设作为推进黄河流域生态保护的切入点和抓手，坚持左右岸统筹、山水河林路一体、文化自然融合、区域有机连接，高标准打造集生态屏障、文化弘扬、休闲观光、生态农业于一体的复合生态长廊。

一是筑牢黄河生态屏障。通过增加黄河两岸生态"绿量"、提高森林质量、推动国土绿化，不断增强沿黄森林水源涵养、防治水土流失，达到防风固沙的目的。再结合高标准建设河、坝、路、林、草有机融合的生态体系，为建设幸福河筑牢生态屏障。

二是推动沿黄生态廊道建设提档升级。根据黄河沿线地形地貌、水库岸线、城镇滩区等的不同特色，制定生态廊道建设标准，打造凸显生态特色、人河城和谐统一的生态廊道示范段，把抓好沿黄生态廊道规划建设作为推动国土绿化提速的重中之重，集中开工三门峡、洛阳、郑州、新乡、开封等地市沿黄生态廊道示范工程，率先启动三门峡百里黄河生态廊道、小浪底南北岸生态廊道、郑州至开封段百里沿黄生态廊道、新乡黄河段生态廊道、黄河濮阳段生态廊道五大片区建设，统筹构建堤内绿网、堤外绿廊、城市绿芯的

---

① 习近平：《在黄河流域生态保护和高质量发展座谈会上的讲话》，《求是》2019 年第 20 期。

区域生态格局。

三是构建"一廊三段七带多节点"生态廊道布局。构建堤内绿网、堤外绿廊、城市绿芯的区域生态格局。"一廊"即黄河生态廊道；"三段"即立足沿黄地形地貌、水库岸线、城镇滩区等不同特色，分三段确定生态廊道具体功能定位；"七带"明确了黄河主河道保护带和两侧的河滩生态修复带、大堤生态屏障带、堤外生态过渡带；"多节点"主要是充分利用沿黄生态、文化资源，重点打造 14 个功能节点。2021 年，河南将进一步分段分类推进沿黄生态廊道建设，使之成为集水源涵养、水土保持、防风固沙、弘扬文化、休闲观光为一体的生态防护廊道、生态经济廊道和休闲游憩廊道。

（二）打造湿地公园群，强化沿黄湿地保护

湿地是重要的国土资源和自然资源，被誉为"地球之肾"，具有保持水土、净化水质、蓄洪防旱、调节气候和维护生物多样性等多方面作用。黄河是河南最大的一块湿地，接近全省湿地总面积的 1/5。近年来，河南把黄河湿地保护作为提升黄河生态水平和生态空间的重要举措。

一是大力开展湿地保护恢复。大力开展湿地保护恢复，制定实施《河南省湿地保护条例》，持续加强湿地保护工作。目前，河南已在沿黄地区建成国家级自然保护区 5 个、森林公园 14 个、湿地公园 6 个，省级自然保护区 6 个、森林公园 44 个、湿地公园 3 个，湿地面积达 132.94 万亩。

二是规划建设沿黄湿地公园群。为加强河南沿黄湿地保护工作，河南以郑州黄河湿地公园、三门峡天鹅湖湿地公园为重点，规划建设了沿黄湿地公园群，开展千公顷湿地公园群建设试点，建成长葛双泪河、柘城容湖、虞城周商永运河、伊川伊河 4 个国家湿地公园，新建登封、通许、栾川、汝阳、内黄、浚县、鹤山区、原阳、沁阳、建安区、太康、扶沟 12 个省级湿地公园。

三是支持洛阳创建国际湿地城市。《关于支持洛阳加快建设副中心城市的意见》明确提出，支持洛阳黄河流域生态保护和高质量发展项目建设，谋划建设黄河国家湿地公园，创建国际湿地城市。目前，《洛阳市城区生态

湿地建设行动方案》已印发并实施。该方案谋划了一系列湿地建设和保护修复工程，包括 9 处新建城区湿地样本工程。2021 年洛阳市城区湿地率将达到 12%，2025 年提升至 18%。

（三）开展干支流水环境综合治理，改善流域生态环境

习近平总书记指出，黄河的问题"表象在黄河，根子在流域"[①]。黄河水少沙多、水沙关系不协调，生态环境脆弱。为持续改善黄河流域生态环境，提升生态容量，河南加快实施"四水同治"，持续开展"黄河'清四乱'、保护母亲河"专项行动，把高效利用水资源摆在首要位置，明确将集约节约用水贯穿水资源开发利用、治理配置、管理保护的全过程，有效提升了黄河流域生态环境质量。

一是推动山水林田湖草生态综合修复。开展南太行地区山水林田湖草生态保护修复工程，包括开展矿山修复、工业污染防治、黑臭水体治理、湿地生态系统修复、土壤污染源头治理等，通过摸底排查、关停整改、综合治理、严格管理等举措，持续加快黄河流域生态修复。

二是积极开展黄河岸线利用项目专项整治。全面落实水利部全面排查黄河岸线利用项目专项整治行动，认真开展自查工作，对黄河流域岸线利用项目数量、类型、分布及河道管理范围内建设项目工程建设方案审批许可（以下简称涉河建设项目许可）等情况进行全面排查，不留空白、不留死角。为确保黄河岸线利用项目专项整治效果，河南省委书记王国生、省长尹弘签发第 2 号河南总河长令，在全省深入开展河湖"清四乱"行动，以黄河流域河道采沙综合整治作为"清四乱"重点，全面开展黄河岸线利用项目专项整治，并对排查出的"四乱"问题进行整改督导，定期调度进展情况，全面整治环境遗留问题。

三是开展流域污染状况排查。黄河流域生态保护和高质量发展上升为重大国家战略以来，河南各地全面开展流域污染状况排查。如郑州、开封、洛

---

① 习近平：《在黄河流域生态保护和高质量发展座谈会上的讲话》，《求是》2019 年第 20 期。

阳、濮阳等地利用无人机对黄河干流和一级支流进行入河排污口排查、污染源溯源等工作，对黄河干流以及重要支流沿岸 500 米范围内的入河排污口、工业企业、园区、养殖场、废物堆存点、采矿采沙场、农村生活污水等进行全面排查。对洛河、金堤河、涧河、青龙涧河等主要支流实施综合治理。目前已完成 68 个清洁河流行动重点项目、910 个建制村环境综合整治、146 个地表水型水源保护区环境问题整治。启动三门峡 18 条一级支流生态提升工程，一体推进洛阳干支流综合治理和"四河三渠"综合治理，全面消除黄河流域劣 V 类水体。

四是探索依法治河管河新机制新模式。实行多部门联合行动，构建有关职能部门与司法部门执法协作机制和 24 个市、县（区）河长制框架下联防联控机制，推动行政力量与司法力量的有机整合，确保水环境治理取得重要成效。探索新形势下河道采砂许可与管理联审联批新模式，在黄河流域率先建立"河长＋检察长"保护河湖生态环境新模式，推动河长制、湖长制从"有名"向"有实""有为"转变，提升管河治河水平。

（四）加强防洪安全防范，标本兼治保黄河安澜

从黄河历史看，河南段是黄河水患最为严重的地区。新中国成立以来，在党中央、国务院的坚强领导下，河南聚焦流域防洪、河道和滩区治理，完善水沙调控机制，实施河道和滩区综合提升治理，健全防洪减灾体系，提升防洪减灾能力，牢牢守住水旱灾害防御的底线，全力保障黄河长久安澜。

一是持续加大防洪治理投资建设力度。围绕黄河滩区综合治理、二级悬河治理、引黄涵闸改扩建及灌区配套建设、河道整治、水利信息化建设等工作领域，前瞻性、系统性地开展基础研究工作，推动实施了新一轮河道整治工程建设，加快标准化堤坝建设，建成河南黄河南岸郑州至开封总长 159 公里的标准化堤防全线，为沿岸 1600 多万人民筑就融御险与观光为一体的生命防线。

二是完善黄河防洪减灾体系。为降低洪水风险对下游滩区百姓生产生活带来的巨大威胁，"让黄河成为造福人民的幸福河"，河南坚持水资源、水

环境、水生态、水安全统筹并重的治水方略，完善黄河干流控导工程体系，全面整治游荡性河段，提升重点河道行洪能力。以"洪水分级设防、泥沙分区落淤、三滩分区治理"为原则，建设引黄调蓄水库和水利工程，推进蓄滞洪区治理，改造引黄调水工程和引黄灌区，以提升水旱灾害防御能力。例如，新乡市为确保黄河新乡段大堤不决口、河床不抬高，打造"三条防线"，确保将22000立方米/秒以下的洪水控制在大堤以内。濮阳市开展黄河河道治理，完成"二级悬河"治理工程8.3公里，改造险工控导21处，黄河堤防标准化建设144公里。

三是提升黄河防洪安全防范水平。完成"十三五"防洪工程建设、沁河下游防洪治理工程建设任务，建成501公里标准化黄河堤防，渠村分洪闸除险加固等4项工程通过竣工验收，进一步完善了河南黄（沁）河防洪工程体系；充分发挥小浪底水库防洪减淤功能，缓解"地上悬河"形势；推进封丘倒灌区安全建设（贯孟堤扩建）前期工作，积极推进卫河共产主义渠治理工程，研究谋划桃花峪水库建设工程，实施三门峡库区清淤工程和黄河滩区居民迁建工程等，有效提升了黄河防洪安全防范水平。

（五）全面加强水资源管理，科学配置黄河水资源

贯彻落实习近平总书记"以水而定、量水而行"的要求，河南深入实施开展节水控水行动，优化水资源配置体系，合理利用黄河水资源。

一是健全黄河防汛抗旱管理组织体系。重新组建黄河防汛抗旱办公室，进一步理顺防汛抗旱体制机制，制订印发2020年黄（沁）河防汛抗旱工作方案，首次将小浪底南岸灌区工程纳入河南黄河统一调度管理，圆满完成引黄入冀补淀调水任务，实现河南黄河连续20年不断流、14年未预警，保障了黄河供水安全。

二是优化水资源配置体系。强化水资源承载能力的刚性约束，优化水资源配置体系，建设引黄灌溉等重大水利工程，实施小浪底北岸灌区、小浪底南岸灌区、赵口引黄灌区二期、西霞院水利枢纽输水及灌区等工程，推进引江济淮工程（河南段）跨区域调水工程建设，构建调蓄并举水网水系；同

时调整农业种植结构，大力推广应用节水灌溉技术，推进农业水价综合改革，优化农业用水结构，支持许昌、商丘、周口等受水城市大力发展农业节水灌溉，用足用活黄河水，实现节水优先，还水于河。

三是严格黄河水资源管理。坚持"集约"提质效，以"三条红线"（水资源开发利用控制红线、用水效率控制红线、水功能区限制纳污红线）倒逼产业结构升级，严控新上或扩建高耗水、高污染项目，统筹用好黄河水资源。对地下水超采严重的黄淮海平原地区，制订减少地下水超采规划，量化压缩地下水开采指标，明确各行政区域的用水总量、压缩总量、灌溉定额等指标，科学合理利用水资源。

（六）传承弘扬黄河文化，讲好黄河故事

按照习近平总书记"要深入挖掘黄河文化蕴含的时代价值，讲好'黄河故事'，延续历史文脉"的要求，河南不断加强黄河文化遗产保护和时代价值挖掘，努力讲好新时代"黄河故事"，赓续历史文脉。

一是打造黄河历史文化主地标。坚持保护与开发相协调、传承与创新相融合，深入挖掘、开发与利用黄河留下的宝贵资源财富，做好黄河精神的传承与发扬。通过大力实施黄河郑州段文化遗产系统保护工程，系统展示仰韶文化5000余年的历史脉络，形成"北看红山、南看良渚、中看仰韶"的中华文化展示格局；打造沿黄慢行绿道系统和连接郑汴洛的轨道交通快线，推动"黄河文化带""环嵩山文化带"和郑州中心城区"商代王城遗址""二七商圈""二砂工业遗存"等文化板块紧密结合，讲好郑州、开封、洛阳"三座城、三百里、三千年"文化发展故事；用国际话语体系阐述黄河文化的人类价值，确立郑州"华夏之根、黄河之魂、天地之中、文明之源"的黄河历史文化主地标城市地位；在洛阳打造华夏历史文明传承创新核心区和黄河文化主地标城市，用载体节会传承活态、促文旅融合发展业态；推动开封启动建设"一带一馆一城一中心一讲述地"黄河历史文化主地标。

二是推进黄河文化与大运河文化融合发展。黄河河南段与大运河在空间上高度重合，这是河南在沿黄九省区、大运河沿线八省市中的独特优势。近

年来，河南充分发挥黄河文化、大运河文化互相叠加的优势，统筹推进大运河文化保护传承利用与黄河文化保护传承弘扬。2020 年 3 月 24 日至 4 月 9 日，在对同处大运河国家文化公园和古今黄河流域文化遗产资源全面普查的基础上，河南省文化和旅游厅遴选了 34 处一级资源，重点谋划了隋唐洛阳城国家历史文化公园等 7 个先行建设区，重点跟进洛阳隋唐大运河文化博物馆等一批重大项目，积极推动大运河沿线地区差异化建设，促进黄河文化与大运河文化深度融合。

三是开展黄河文化遗产系统保护。全面贯彻落实习近平总书记"要推进黄河文化遗产的系统保护，守好老祖宗留给我们的宝贵遗产"的要求，河南大力推动黄河文化遗产系统保护，积极开展黄河文明保护传承工程。该工程主要包括依据国土空间规划及相关专项规划，建设大运河文化带和河南博物院新馆、河南省文物考古研究院（新址）、黄河悬河开封城摞城展示工程、宋都古城保护和修缮工程、隋唐洛阳城遗址公园、汉霸二王城生态遗址公园等一批精品博物馆、国家考古遗址公园，形成黄河博物馆群，打造展示黄河文明的重要窗口。在县、乡建设黄河驿站、农家乐渔村，积极传承弘扬黄河文化、黄河文明，促进生态旅游产业和服务业发展。

三　黄河流域河南段的问题挑战

黄河流域生态保护和高质量发展上升为重大国家战略以来，河南把贯彻落实这一重大战略作为重要的政治任务，并以此统领全省经济社会发展，通过完善政策、搭建平台、谋划项目，推动沿黄地区生态保护和高质量发展取得明显成效。但总体来看，河南黄河流域生态保护和高质量发展依然面临诸多问题。

（一）沿黄地区生态脆弱，生态环境保护任务艰巨

习近平总书记强调指出，生态环境脆弱是黄河流域存在的突出问题之一。河南地处黄河中下游，近年来由于降水量减少、生态保护和修复滞后、

面源污染存在等因素，沿黄地区生态环境保护任务依然艰巨。

一是支流污染问题亟须整治。近年来，河南不断加大对黄河流域生态治理力度，尤其是黄河流域生态保护和高质量发展上升为国家重大战略以来，河南采取了一系列水污染治理措施，取得了明显成效。目前，河南黄河干流和部分支流污染已得到全面控制，整体上达到了国家要求。但部分支流污染问题依然存在，例如宏农涧河、蟒沁河的重金属污染问题，金堤河流域的畜禽养殖和农业面源污染问题和伊洛河生活污染问题等。另外，河南"垃圾河"问题也比较突出。随着黄河沿线观光农业和休闲旅游日益增多，对沿线生态环境造成了一定影响，加之日常管理机制不健全，滩区和大堤沿线野炊痕迹、生活垃圾、建筑垃圾及农业废弃物乱堆乱放现象比较常见，尤其在沁河、伊洛河等主要入黄口，郑州花园口、开封柳园口、台前将军渡等主要渡口更为突出。

二是生态环境修复面临较大困难。习近平总书记强调指出，要坚持生态优先、绿色发展。近年来，河南不断加大对黄河流域生态保护治理力度，建设沿黄生态廊道、加强湿地保护、开展干支流水环境综合治理等，河南沿黄地区生态环境明显改善。但由于河南黄河大堤内补划了231.38万亩耕地且193.61万亩为基本农田，其中永久基本农田与湿地重叠面积达50.30万亩，与自然保护区重合44.84万亩，这些区域无法开展林业产业、自然修复、退耕还林、退耕还湿等生态修复，导致河南沿黄地区生态修复面临较大困难。此外，黄河水环境保护、湿地管理、保护林带建设等涉及多个部门，统分结合、整体联动的工作机制尚未建立，多头管理问题依然存在。

（二）水资源供需矛盾突出，节水控水难度大

黄河水是河南重要的过境水源，承载着沿黄14个地市的供水任务，为全省经济社会发展和粮食连年稳产增产提供了坚实的水资源保障。但是水资源分布不均衡，水资源利用较为粗放，农业用水效率不高，地下水超采严重等问题突出。

一是水资源总量不足、分布不均衡。河南黄河供水区人均水资源占有量为275立方米，仅为全省平均水平的64.5%、全国的13.7%，属于严重资

源性缺水地区。水资源空间分布不均，山区多、平原少，南部多、北部少。山地丘陵区占总面积的1/4，集中了70%的地表径流，平原地区面积占总面积的3/4，地表径流仅占30%。国家"八七"分水方案分配给河南的黄河地表水耗水量为55.4亿立方米，其中干流35.67亿立方米，支流19.73亿立方米。河南黄河干流年均取水达32.26亿立方米，取水指标几乎用尽，而支流水资源因水质较差、调水距离较远等无法使用，难以保证灌区用水安全，河南沿黄地区生产、生活、生态用水严重不足（见表6）。

表6　水利部批准下达黄河可供耗水量分配计划

单位：亿立方米

年度	分配指标
2013～2014	47.61
2014～2015	48.66
2015～2016	44.92
2016～2017	43.42
2017～2018	52.81
2018～2019	57.14

资料来源：黄河水利委员会网站。

二是水资源节约集约利用效率不高。如焦作人均水资源占有量不足223立方米，仅为全省平均水平的1/2，全国平均水平的1/10，受黄河主河槽下切、滩区内引水渠道不稳定、灌区配套设施薄弱等因素影响，年均1亿立方米黄河引水指标无法使用，生产生活生态用水严重不足，存在守在黄河边、用不好黄河水的问题；洛阳全市平均万元工业增加值用水量为30.3立方米（含火电），高于全省平均水平。水资源高效利用的工程技术体系还不完善，先进高效的节水技术开发和推广应用力度还不够大。

三是农业用水效率不高。农业灌溉用水是农业用水和耗水的主体，传统农业的大水漫灌等灌溉方式水利用率仅为40%～50%，灌溉用水量超过作物需水量的1/3甚至一倍以上，带来水资源的极大浪费。农田灌排基础设施依旧薄弱，渠系配套不完善，老化失修问题严重，大部分中型灌区未完成升级改造，高效农业节水技术覆盖率低。例如洛阳农业灌溉方式整体仍较为粗放，农业灌溉水利用系数为 0.571，低于全省平均水平。

四是部分地区地下水超采严重。黄河流域供水区内有 3 处地下水严重超采区，已形成地下漏斗 8760 平方公里，其中"安阳—鹤壁—濮阳"漏斗区面积达 6760 平方公里，地下水开采程度达 136%，地下水超采严重。

（三）河床悬差大，洪灾威胁依然存在

受伊洛河、沁河和小浪底下泄流量影响，河南黄河下游地区郑州、开封、新乡、濮阳等市出现中小洪水的概率仍然较大，特别是濮阳、范县、台前、兰考等低滩区，"洪水漫滩—家园重建—再漫滩"的状况没有得到根本改变；游荡性河势尚未得到有效控制。由于"二级悬河"的存在，漫滩洪水流进滩后迅速扩展，易出现大面积受灾和"小水大灾"的局面。正如习近平总书记所指出的，洪水风险依然是流域的最大威胁[1]。

在所有河流当中，黄河是水患最严重的一条河。因此，一直以来，消除黄河洪水灾害、保障黄河长治久安就是黄河治理的重要内容。近年来，随着小浪底和三门峡水利枢纽工程等的竣工运行、河道治理及堤坝加固，黄河决堤溃坝引发洪灾的现象已不复存在。但由于黄河河南段地处山区向平原的过渡地段，地理位置特殊，河道形态复杂，河势游荡多变，横河、斜河时有发生，加之河床高、滩区面积大，沿黄地区洪灾威胁依然存在。

一是干支流洪水风险依然存在。如开封处于黄河"豆腐腰"最脆弱的位置，黄河干流在开封市境内总长 88 公里，河面宽 5～10 公里，河床平均高出开封市区 7～10 米，"地上悬河"特点突出；濮阳市境内黄河干流尚有 125 公里"二级悬河"未治理，易发生"横河""斜河"，顺堤行洪甚至发生"滚河"的危险，有造成堤防冲决或溃决的可能。伊河、洛河、沁河、蟒河、金堤河等是黄河重要支流，流域范围广、径流量大，仅上游布局了陆浑、故县两座防洪水库，而中下游没有防洪水库，这对黄河干流下游地区造

---

① 习近平：《在黄河流域生态保护和高质量发展座谈会上的讲话》，《求是》2019 年第 20 期。

成较大防洪压力。

二是水沙调节能力严重不足。如洛阳处于黄河流域水沙调控的关键地位，但小浪底和西霞院水库库区泥沙淤积问题日益突出，严重制约了水沙调节能力的发挥，特别是作为流域水沙调节关键工程的小浪底工程，目前拦沙库容已淤积35亿立方米，占设计拦沙库容的46%，拦沙库容淤满后，仅能长期依靠10.5亿立方米库容调水调沙，调水调沙后续能力有限。

三是游荡性河段河势尚未得到有效控制。黄河在郑州桃花峪以下称为黄河下游，其中桃花峪至山东东明高村河道长206.5公里，属于典型的游荡性河道。小浪底水库投入运用以来，经过多年调水调沙生产运用，黄河下游的河道过洪能力不同程度上得到恢复，各河段平滩流量普遍超过了3500立方米/秒。但是与20世纪六七十年代6000立方米/秒的过洪能力相比，目前黄河下游河道过洪能力仍然偏小。经过多次调水调沙，下游主槽过流能力虽有一定提升，但持续的小水作用，河道平面形态也出现了新的特征，其中以局部河段出现的不利河势和畸形河势为主，这些不利河势和畸形河势集中出现在游荡性河段内，是游荡性河段未得到有效控制的一个显著体现。

（四）滩区清理整治难度大，巩固脱贫攻坚成果任务艰巨

历史上河南黄河滩区就有人居住，近代又有大量的难民涌入，逐渐在这里建设了自己的家园。因而，黄河滩区既是群众赖以生存的空间，又是滞洪沉沙的重要场所、黄河下游防洪体系的重要组成部分。"三合一"的功能，不仅给河南黄河滩区治理带来较大难度，而且加重了滩区民生保障任务。

一是滩区居民外迁难度大。河南黄河滩区面积大，总面积达2714平方公里，占黄河下游河道总面积的60%、下游滩区面积约71%。另外，河南滩区人口多，规模达152.69万人（含封丘倒灌区43.14万人），占黄河下游滩区总人口（约190万）的80.4%。黄河滩区清理整治，最彻底最有效的方法是对滩区人口进行搬迁安置。目前，河南已通过脱贫攻坚完成了30.02万人的搬迁，但仍有100.39万人需妥善安置。完成这一任务，将面临两大困难。首先是安置费用高。经初步核算，滩区居民外迁安置每户大约需要

35万元，筑台安置每户大约需要40万元，完成100多万滩区居民的安置，总耗资达650亿元之巨，对于年一般公共预算收入只有4000多亿元的河南来说，压力较大。其次是滩区居民搬迁意愿不高。由于长期在滩区生活，部分群众不愿意外迁，搬迁安置面临较大的阻力和困难。

二是巩固脱贫攻坚成果任务重。黄河滩区是河南三大连片特困区域之一。自脱贫攻坚战实施以来，河南沿黄地区累计脱贫人数达104.67万人（见图2），圆满完成了脱贫攻坚任务，但是由于该区域多是农业地区，人口多、底子薄、基础差、工业弱、财力困难，尤其是受新冠肺炎疫情的影响，农民外出务工机会相对减少，滩区脱贫群众极易重新返贫，拓展巩固脱贫攻坚成果任务艰巨。

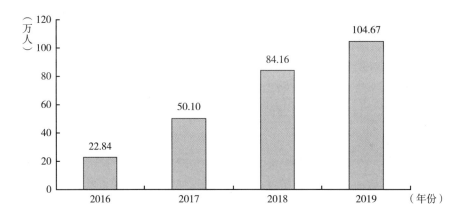

图2　2016～2019年河南省沿黄地区累计脱贫人口

资料来源：河南省扶贫开发办公室。

三是滩区居民进一步增收面临困境。为打赢脱贫攻坚战，县级财政资金大多整合用于贫困户和贫困村脱贫，滩区非贫困村和非贫困户受益不大，增收条件改善不明显。当前，许多黄河沿岸村道、防护堤等需要新建改建，特别是一些高山峡谷等偏远地区的基础设施，需要大量的财政资金投入，但因沿黄地区县级财政资金困难而难以实施，影响滩区居民就地就业、创业，进一步增收面临困境。

（五）产业结构不尽合理，经济转型发展任务重

合理的产业结构是经济高质量发展的基础。河南沿黄地区多以农业为主，受历史上水患、旱灾、风沙及战争等因素影响，经济基础相对薄弱。新中国成立后，国家在洛阳、郑州、焦作、濮阳等城市规划了一批重工业城市，带动了河南沿黄地区经济发展。但目前部分城市产业结构不优、转型不畅，经济高质量发展压力大。

一是产业结构转型升级面临挑战。河南省沿黄地区多是传统农区或重工业地区，如滑县是典型的农业大县、财政小县，农业大而不强、结构不优、品牌优势不突出、集约化规模化组织化程度不高及抵御市场风险的能力不强。濮阳市、焦作市、灵宝市是国家确定的资源枯竭型城市，传统产业占比高、主导产业发展不优、产业链配套不完善、企业创新能力不强、污染治理压力大。郑州、新乡、洛阳、三门峡、开封、济源等城市有些产能需淘汰升级，如郑州的水泥、有色金属行业，洛阳的焦炭、建材行业，三门峡的电力行业，开封的建材行业等，均存在落后的生产线或生产设备，需要淘汰落后产能，更新升级。①

二是新兴产业发展和创新能力不足。2019 年，河南战略性新兴产业占规模以上工业增加值的比重仅为 19.0%，远低于安徽的 31.8% 和山东的 28%。与此同时，河南能源原材料工业主营业务收入占全口径工业比重达 40% 左右，比广东、江苏等沿海省份高 10 个百分点以上。在创新方面，由于具有创新活动的企业少、创新平台不足、创新人才缺乏、R&D 经费投入低，整体创新能力不强，河南沿黄地区总体创新能力弱，产业转型升级动力不足。

三是沿黄地区经济发展不平衡。从省内看，河南沿黄地区经济社会发展呈现"南强北弱"态势，2019 年，黄河南岸的郑州、开封、洛阳、三门峡 4 市 GDP 总量达 20432.56 亿元，而北岸的济源、新乡、焦作和濮阳 4 市 GDP 总量仅为 7947.73 亿元，南岸 4 市是北岸 4 市的 2.5 倍以上（见表 7）。

---

① 《河南省淘汰落后产能工作 2 号公告》，2020 年 7 月 31 日。

仅郑州一个城市，2019 年 GDP 就达 11589.7 亿元，约是北岸 4 市的 1.5 倍，区域不平衡问题突出。在常住人口方面，2019 年，黄河南岸 4 市常住人口总量达 2411.56 万人，而北岸 4 市仅有 1366.82 万人，南岸 4 市人口是北岸 4 市的 1.76 倍。同时，河南沿黄城市辐射力、吸引力和发展潜力也存在较大差距。黄河南岸的郑州为国家中心城市，洛阳为副中心城市。以郑州和洛阳为核心城市的两大都市圈是河南经济的两大增长极，对省内乃至省外要素具有较强的吸引力，而黄河北岸 4 市在吸引力和辐射力方面明显不足。从全国来看，河南沿黄地区经济社会发展不充分也较为明显。以城镇化率为例，2019 年末全国城镇化率平均为 60.6%，而河南沿黄 8 市，仅郑州、焦作、济源 3 市超过全国平均水平，开封、濮阳的城镇化率尚未达到 50%（见表7）。在区域交通方面，河南沿黄地区东西向公路通道不畅，国道 G310、连霍高速郑州段等部分区段能力趋于饱和，省道 S312 技术等级较低。在跨黄河通道方面，河南境内既有黄河桥梁 18 座，在建 9 座，平均 3.8 座/百公里，而同为黄河下游的山东，境内既有和在建黄河桥分别为 24 座和 6 座，平均 4.8 座/百公里。从区域对外运输通道看，焦作、濮阳、济源 3 市尚未通高速铁路，支撑城镇化和都市圈发展的城际、市域铁路发展滞后。此外，黄河滩区内交通基础设施薄弱，污水垃圾处理设施不完备，公共服务体系尚不健全，转型发展任重道远。

表7　2019 年河南沿黄 8 市经济社会发展概况

沿黄城市	GDP 总量（亿元）	经济增长速度（%）	常住人口（万人）	城镇化率（%）
郑州	11589.7	6.5	1035.2	74.6
洛阳	5034.9	7.8	692.22	59.1
开封	2364.14	7.0	456.49	48.9
三门峡	1443.82	7.5	227.65	57.70
新乡	2918.18	7.0	574.30	50.44
焦作	2761.1	8.0	359.71	60.94
濮阳	1581.49	6.8	361.04	46.8
济源	686.96	7.8	71.77	63.61

资料来源：王传健主编《河南调查年鉴 2019》，中国统计出版社，2019；各地政府公开网站。

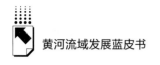
四　推动黄河流域河南段发展的对策建议

黄河流域生态保护和高质量发展上升为重大国家战略，为河南经济社会发展带来了新的历史机遇。河南应站位全局，着眼长远，按照习近平总书记提出的黄河流域生态保护和高质量发展的总体目标和五大任务，立足河南沿黄地区实际和要素禀赋，加强顶层设计，打好"组合拳"，全面推进黄河流域生态保护和高质量发展。

（一）持续加强生态保护和修复，扩大生态空间和生态容量

习近平总书记指出，保护黄河是事关中华民族伟大复兴和永续发展的千秋大计。黄河流域生态保护和高质量发展，保护是前提，发展是目标，要在保护中发展，在发展中保护。河南位于黄河中下游地区，泥沙淤积导致沿黄地区水系生态屏障功能弱化，生态环境脆弱。要深入践行"绿水青山就是金山银山"理念，统筹推进山水林田湖草系统治理，加强生态保护和修复，扩大生态空间和生态容量，夯实河南经济高质量发展的生态基础。

1. 做好生态保护顶层设计和总体规划

河南沿黄地区横跨8个省辖市27个县（市），河道距离长、流域面积大。加强沿黄地区生态保护和修复，必须加强顶层设计和总体规划，提高生态系统的稳定性和整体性。一是弄清黄河河南段总体生态布局和特征。明确河南黄河流域总体生态布局、重点任务和目标。深入调研分析黄河流域生态保护的基本情况、面临的严峻形势及生态保护存在的突出问题，全面梳理分析产生问题的根源和症结。在此基础上，制定河南黄河流域生态保护和修复的具体措施。二是科学编制河南黄河生态保护总体规划。确定沿黄生态保护红线，根据不同区段的具体情况，建设一批沿黄国家公园、生态湿地和自然保护区，形成特色突出、功能完善、效益明显的国家级生态保护带。在加强生态保护的同时建立综合性的污染防控体系，全面治理空气污染、水污染、

土壤污染和噪声污染，切实提升人民群众的幸福感。① 三是科学整合优化现有各类保护区。以保持生态系统完整性为原则，系统配置森林、湿地、野生动植物栖息地等生态空间，确保保护面积不减少、保护强度不降低、保护性质不改变。加强生物多样性保护、珍稀濒危野生动植物拯救性保护，加快构建沿黄生物多样性保护网络。开展退耕还湿、退养还滩、扩水增湿、生态补水，加快推进郑州黄河中央湿地公园建设，提升完善龙湖、龙子湖、象湖、雁鸣湖湿地公园和连通水系工程。继续实施焦作太行山绿化工程，加快开封、新乡、焦作国家储备林基地和郑州侯寨、新郑市具茨山等森林公园建设。

2. 谋划和推进重大项目

重大项目是生态保护和修复的载体和重要抓手。推进黄河流域生态保护和修复必须以重大项目为抓手。在《2020 年河南省黄河流域生态保护和高质量发展工作要点》（以下简称《工作要点》）中，提出了规划并实施沿黄生态廊道试点示范、沿黄湿地公园群，构建黄河历史文化主地标体系等八大标志性项目。要按照《工作要点》明确的项目进度安排，加快项目实施。一是继续推进沿黄生态廊道建设。按照"一廊串三区、三线联多点、一核带全域"空间布局，打造"堤外绿廊、堤内绿网、城市绿芯"。2021 年要加快推进黄河中游部分两段（从灵宝豫陕交界至小浪底水库大坝段和小浪底水库大坝至桃花峪段）、黄河下游部分两段（从荥阳桃花峪至兰考东坝头段和东坝头至台前豫鲁交界段）的生态廊道建设。二是加快推进沿黄湿地公园群建设。按照河南省林业局编制的《河南黄河湿地公园群概念规划》，有序推进沿黄湿地公园群建设，保护和修复沿黄地区生态。三是持续开展支流水环境综合治理。以降低工业、城镇生活污水、农业面源污染以及尾矿库污染为重点，统筹山水林田湖草生态综合修复，持续打好黄河流域"清四乱"攻坚战，继续推进三门峡 18 条一级支流生态提升工程，一体推进洛阳干支

① 宋冠群：《黄河流域生态保护和高质量发展国家战略背景下河南经济发展路径》，《黄河黄土黄种人》2020 年第 8 期。

流综合治理和"四河三渠"综合治理，全面消除黄河流域劣Ⅴ类水体。

3.提升污染防治能力

实行严格的环境准入政策，加快淘汰落后产能，推进重点行业清洁化改造，提升沿黄城市污染治理能力。一是加快推进沿黄城市建成区黑臭水体治理。完善城镇污水、垃圾处理设施建设，在保持现有城镇污水处理厂稳定运营的基础上，加快推进郑州（东部）环保能源工程等7个生活垃圾焚烧发电项目建设，加快完善濮阳县垃圾焚烧发电项目等19个拟建项目前期手续，全面推进项目开工建设。开展黄河流域蟒河、宏农涧河等重点河流水体治理，提升伊洛河、涧河、沁河、济河等较好水体水质，加强金堤河、三门峡水库水污染风险防范。二是加强沿黄农村环境污染治理。推进沿黄农村污水垃圾收集处理，探索建设农村污水处理设施，加强沿黄地区农业面源污染防控，推进畜禽养殖粪污资源化利用，提升沿黄地区农村生态水平。三是健全生态产品价值实现机制。坚持政府主导、企业和社会参与、市场化运作，建立可持续的多元化生态保护补偿机制。积极争取中央纵向转移支付资金和专项奖补资金，优先支持重点生态功能区内的基础设施和基本公共服务设施建设。以重要支流上下游、引调水工程受水区与水源地之间为重点，探索建立以水资源贡献、水质改善、节约用水等为主要指标的生态补偿机制，积极推进资金补偿、对口协作、产业转移、人才培训、共建园区等补偿方式。建立健全资源开发补偿、水权交易、排污权交易、碳排放权交易、用能权交易等制度，实现生态保护者和受益者良性互动。实行更加严格的生态环境损害赔偿制度，推进生态环境损害成本内部化，提高破坏生态环境违法成本。加强绿色金融体系建设，打造黄河流域绿色发展的金融支撑体系。

（二）科学调配管理黄河水资源，构筑和谐人水关系

按照习近平总书记提出的"四定"方针，合理规划城市、产业和人口。执行最严格的水资源管理制度，加强水资源节约集约利用，破解水资源供需矛盾，构建人水和谐的沿黄生态新格局。

1. 提升调水调沙能力，保障黄河水安全

统筹推进流域综合治理，实行上下游、干支流、南北岸联动，完善水沙调控机制和防洪工程体系，[①] 确保黄河水安全和黄河长治久安。一是持续推进黄河下游河道综合治理。以游荡性河段河道整治和顺堤行洪治理为重点，推进河道治理工程。如加固加高防护坝、险工段河堤，疏浚畅通支流河道等；开工建设桃花峪水库等黄河干流骨干工程，加快推进贯孟堤扩建、卫河共产主义渠治理等项目建设，适时启动北金堤改建工程和北金堤蓄滞洪区建设前期工作，推进黄河防洪安全防范治理。二是完善引黄工程基础设施。加大引黄工程基础设施新建、改建和改造投入力度。加快推进引水涵闸或引水泵站新建工程、引黄涵闸改建工程建设等，对现有引黄设施、调蓄工程等进行改造和新开口门建设，加快建设小浪底南、北岸灌区、赵口引黄二期、西霞院水利枢纽输水等大型灌区。

2. 发展灌区节水型农业，促进水资源节约集约利用

河南沿黄地区多以农业为主，是河南粮食生产核心区的重要区域，灌溉需水量大，要发展高效节水农业，降低农业灌溉用水需求量，提高水资源利用效率。一是加快建设节水改造工程项目。以大中型灌区续建配套与节水改造项目、农田水利设施维修养护等项目为重点，推进沿黄地区节水改造项目建设，提高灌溉保证率和农田抗御旱灾能力。二是加大节水灌溉技术推广应用。完善节水灌溉设施，在沿黄地区和黄河灌区普及推广高效节水灌溉技术，因地制宜发展建设一批规模适度、技术先进、管理科学、效益显著的高效节水灌溉工程。全面推进农业水价综合改革，建立健全有利于节约用水的价格机制，推动农业节水。同时，推广节水型畜禽养殖方式。[②] 三是提高黄河支流水资源利用效率。科学调度伊洛河水资源，加强栾川、嵩县等地调蓄水工程建设，将栾川、嵩县等地丰富的水资源合理调配至洛阳市区及偃师等

---

① 《推动黄河流域生态保护和高质量发展 谱写新时代中原更加出彩的绚丽篇章》，《河南日报》2019 年 10 月 10 日。

② 张廉、段庆林、王林伶：《黄河流域生态保护和高质量发展报告（2020）》，社会科学文献出版社，2020，第 211 页。

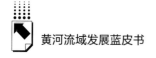
缺水地区，有效解决水资源条件与经济社会发展不协调问题。

3. 加强雨洪中水资源化利用

破解河南黄河流域水资源供需矛盾，既要节流，更要开源，加强雨洪中水资源化利用就是沿黄地区水资源开源的重要途径。一是加大沿黄地区雨洪资源利用设施建设力度。构建有效转化利用雨洪水资源的工程体系，推进黄河故道水库清淤扩容，充分发挥大中小型水库防洪蓄水功能，科学调度利用洪水。二是加快兴建滞洪和储蓄雨水的蓄水池、旱井等雨洪水调蓄设施。健全以水土保持治沟骨干工程为主体的沟道坝系，把天然降水转化成时空可调节、可利用的水资源。三是加快城市中水利用管道建设。加强中水利用安全监管，提升中水资源化利用水平。优化调整用水结构，在保障居民、工农业用水的前提下，增加生态用水占比，实施河流、湖泊地下水回补试点，加强地表水回灌系统建设，统筹推进海绵城市建设与改造，有效修复地下水生态环境。

（三）改善滩区生产生活条件，提高滩区居民生活品质

随着脱贫攻坚任务的完成、全面建成小康社会的收官，我国将由第一个百年奋斗目标向第二个百年奋斗目标迈进，进入新发展阶段。改善滩区居民生产生活条件，让滩区群众富起来，是新发展阶段沿黄地区民生工作的重要内容。一是继续做好滩区居民迁建工作。制订新发展阶段下黄河滩区居民迁建工作计划，建立工作台账、细化明确时间节点，有序推进滩区居民搬迁工作。二是完善滩区基础设施。统筹推进水电路气、学校、卫生院、污水垃圾处理设施及管网基础设施建设，同时抓好商业、超市等生活服务设施建设，方便群众生产生活，增强滩区居民获得感、幸福感。三是推动滩区居民稳定增收。因地制宜、因人施策，通过技能培训劳务输出一批，产业发展就近就地转移一批，土地流转规模化经营安置一批，购买公益岗位吸纳一批，消除"零就业"，确保有劳动能力的家庭至少有 1 人稳定就业，持续增加滩区居民收入水平。四是推进巩固脱贫攻坚成果与乡村振兴有效衔接。贯彻落实党的十九届五中全会精神和河南省委十届十二次全会暨省委经济工作会议精

神，严格落实"四个不摘"要求，健全防止返贫监测和帮扶机制，做好黄河滩区居民迁建后续帮扶工作，保证财政投入不减少、产业有发展，确保滩区已脱贫人口不返贫、边缘人口不致贫。同时，培育和发展滩区产业，实施滩区农村集体经济"清零行动"，增强滩区居民内生发展能力。

（四）构建创新引领现代产业体系，打造高质量发展先导区

坚持"两个高质量"，以"四个强省"（经济强省、文化强省、生态强省、开放强省）、"一个高地"（打造中西部创新高地）、"一个家园"（幸福美好家园）为目标，深化供给侧结构性改革，改造提升传统动能，加快构建集聚度高、竞争力强的现代产业体系，打造沿黄流域生态保护和高质量发展先导区。

1. 扛稳粮食安全重任，提高农业比较效益

编制实施新一轮粮食安全核心区规划，建立粮食生产稳定增长的长效机制，推动藏粮于地、藏粮于技，稳步提升粮食产能。在此基础上，深化农业供给侧结构性改革，推动多种形式适度规模经营，发展壮大特色林果、蔬菜等优势特色农业，高标准规划建设一批现代农业产业园，促进农村一二三产业融合发展，鼓励和支持发展农业新业态，如智慧农业、体验农业等，提高农业综合效益和竞争力。

2. 打造优势产业集群

推进大数据、物联网、人工智能向传统产业渗透，拓展"互联网＋"和"智能＋"，发展新型制造模式，加快制造业数字化、网络化、智能化转型。大力发展生产性服务业，推进先进制造业和现代服务业深度融合，拓展产业价值链。在此基础上，巩固提升装备制造、绿色食品、电子信息等具有规模优势的主导产业，补齐产业链短板、提升价值链层级，加快打造先进制造业集群，创建国家制造业高质量发展示范区。推进资源型城市产业转型，加快化工、建材、冶金等产业改造提升，培育特色优势产业，形成产业接续替代。

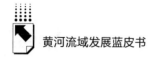

3. 增强产业创新能力

以郑洛新国家自主创新示范区为重点,加强科技资源整合集聚,开展体制机制创新和政策先行先试。争取布局建设大科学中心、重大科技基础设施、产业创新中心等国家创新战略平台,打造一批高水平前沿科学交叉研究平台和产业技术创新平台。积极融入全球创新网络,加大引智引技力度,完善建立加速科技成果转化机制,促进人才、技术、平台等创新资源集聚。

4. 完善产业协同发展机制

以郑州、洛阳为核心,以开封、新乡、焦作、濮阳、三门峡、济源等为支点,健全产业分工合作机制,加强产业发展引导,实现各地错位联动发展。发挥各类产业发展载体在产业合作中的积极作用,支持各地通过委托管理、投资合作等多种形式合作共建产业园区,发展"飞地经济",共同拓展市场和发展空间。

(五)弘扬传承黄河文化,扛牢保护传承创新责任

黄河文化具有根源性和核心性,是中华文明的"根"和"魂"。以河南为核心的中原地区是黄河文化的发祥地。弘扬传承黄河文化,讲好"黄河故事",河南责无旁贷。

1. 加强非遗保护,传承好黄河文化

优秀传统文化和文物是黄河文化的重要载体。非遗承载着独特而丰富的历史记忆、文化意识和民族精神。黄河流域历史悠久、文化厚重,河南沿黄地区是中华文明的发祥地和古都、文化遗址最为集中的地区,我国最早的文字、王朝、都城均产生于此,积淀形成了始祖文化、二里头文化、仰韶文化、大运河文化、河洛文化、商都文化、姓氏文化等,真实、完整地见证了中国封建王朝的兴衰和中华文明的灿烂,具有重要的突出普遍价值。发挥沿黄地域文脉相近的优势,统筹推进文化遗产连片整体性保护。以郑州黄河国家公园建设为重点,沿线布局建设黄河文化博物馆、文化产业园、展览馆等,全面启动黄河母亲地标复兴,构建特色突出、互为补充的黄河文化综合展示体系,弘扬传承黄河文化。

2. 深入挖掘黄河文化价值

实施黄河文化探源研究工程，借助中国社会科学院郑州研究院等智库机构，建立黄河文化信息数据公共平台，深入研究黄河文化的内涵、外延、载体、价值和功能等。推进黄河文化创意创新行动，引导黄河文化融入文化创意、休闲旅游、传统设计等领域，推动黄河文化资源产业化开发和社会化应用。

3. 推动文化与旅游业融合发展

整合沿线峡谷奇观、黄河湿地、地上悬河等特色旅游资源，加快推动沿黄旅游一体化发展。实施黄河文化旅游精品工程，开发中华文明溯源之旅、大河风光体验之旅等不同主题的旅游精品线路，建设一批文化旅游综合体，充分对接融入国家"黄河华夏文明旅游带"。

4. 打造黄河文化品牌

围绕"中华源·黄河魂"主题，统筹推进黄河文化整体品牌开发，培育沿黄旅游品牌，建设一批文化旅游名城、名镇、名村、名景、名店，形成具有中原韵味的黄河母亲形象新标识。谋划推进"两山两拳"战略，推进焦作和郑州登封市、荥阳市、巩义市、上街区融合发展，打造沿黄生态经济带文旅协同新亮点。发挥节会平台窗口作用，推出以黄河文化为主题的大型实景演出、精品剧目等，提升重点媒体传播能力，提升黄河文化品牌影响力。建设黄河中下游文化和旅游廊道，以洛阳、郑州、开封、安阳四大古都为节点，实现联动发展、集群发展。①

---

① 李建华：《河南黄河流域生态保护和高质量发展存在的问题及对策建议》，《科技经济导刊》2020 年第 8 期。

B.13
山东：绘就黄河下游高质量
发展的齐鲁画卷

张彦丽*

摘　要： 山东高度重视黄河流域生态保护和高质量发展国家战略，确
立了"地处黄河下游，工作力争上游"的总体目标，深入践
行习近平总书记关于"发挥山东半岛城市群龙头作用"的基
本要求，积极推动黄河战略落地落实。本报告从生态功能、
经济发展和黄河文化视角分析了山东在黄河流域的发展定
位，梳理总结了山东贯彻落实黄河战略的举措、取得的成
绩，以及深入推进黄河战略存在的主要问题，并有针对性地
提出了加强科技创新、推动产业绿色转型，推进水资源保护
和节约，加强沿黄地区污染防治，实施黄河三角洲生态保护
和修复，构建区域协同治理机制，传承弘扬黄河文化等
建议。

关键词： 生态保护　产业转型　高质量发展　山东

　　黄河流域生态保护和高质量发展国家战略提出以来，山东省在认真学习
贯彻习近平总书记相关重要讲话①和重要指示批示要求、党的十九届五中全

---

* 张彦丽，博士，中共山东省委党校（山东行政学院）社会和生态文明教研部副教授，研究
方向为生态文明、绿色发展。
① 习近平：《在黄河流域生态保护和高质量发展座谈会上的讲话》，《求是》2019 年第 20 期。

会精神的基础上，全面落实国家《黄河流域生态保护和高质量发展规划纲要》部署要求，首先明确了区域发展定位，积极推动山东省黄河战略规划编制和实施，深入研究谋划如何在推动黄河流域生态保护和高质量发展中发挥龙头作用，突出问题导向，在加强黄河流域生态保护，聚焦动能转换，提高发展质量，促进区域协调发展，推动黄河流域生态保护和高质量发展国家战略在山东贯彻落实中取得了阶段性成效。

一 黄河流域山东段的功能定位

黄河发源于青藏高原巴颜喀拉山北麓，一路流经青海、四川、甘肃等九省区，在山东省东营市垦利区注入渤海，干流全长约 5464 公里。在山东，黄河流经菏泽、济宁、泰安、聊城、济南、德州、滨州、淄博、东营 9 市，共 25 个县区。山东境内黄河长度为 628 公里，约占黄河总长度的 11.5%。山东省沿黄 9 市面积总计 82205 平方公里，占全省总面积的 52.06%；2019 年底，9 市总人口 5432.79 万，占全省总人口的 53.95%；地区生产总值 34185.02 亿元，占全省的 48.51%。

黄河从山东入海，在黄河流域生态系统中，黄河口三角洲是世界上最年轻的湿地系统，是生物多样性保护的重要生态功能区，构成黄河流域重要生态屏障。在推动黄河流域高质量发展上，习近平总书记明确提出要"发挥山东半岛城市群龙头作用，推动沿黄地区中心城市及城市群高质量发展"[1]。这是基于对山东区位优势、开放优势和发展优势科学分析的基础上做出的重大判断，为山东贯彻落实黄河战略明确了定位、指明了方向，山东提出了"地处黄河下游，工作力争上游"的高质量发展目标。[2] 在传承弘扬黄河文化方面，齐鲁文化是黄河文化的重要组成部分，山东是齐鲁文化的发源传承之地，肩负着讲好黄河故事，传承好、弘扬好黄河文化的重任。

---

[1] 《抓好黄河流域生态保护和高质量发展　大力推动成渝地区双城经济圈建设》，《人民日报》2020 年 1 月 4 日。

[2] 刘家义：《地处黄河下游　工作力争上游》，《求是》2019 年第 21 期。

（一）黄河下游的重要生态功能区

山东沿黄地区湿地总面积约 97 万公顷，包括沼泽湿地、近海与海岸湿地、湖泊湿地、人工湿地、河流湿地等。湿地中有 90 个被列为各类自然保护地，面积 74 万公顷。[①] 黄河三角洲是由黄河携带的泥沙在入海口沉积而形成的冲积平原，是中国造陆速度最快的河口三角洲之一。黄河三角洲湿地面积为 11.3 万公顷，占自然保护区面积的 74%，湿地内栖息鸟类 265 种。黄河三角洲为海陆交界、咸水和淡水交汇地带，在海洋和大陆的交互作用下，形成了滨海湿地、沼泽湿地、河流湿地、人工湿地、湖泊湿地等多种湿地类型。黄河三角洲湿地位于我国温暖带，拥有丰富的生物多样性，是不可替代的重要生态区域。湿地和自然保护地在抵御洪水、涵养水源、调节气候、降解污染物和保护生物多样性等方面发挥着重要作用，是黄河下游重要的生态功能区。

水是生命之源、生态之基。山东省内黄河流域水系丰富，较大的一级支流有大汶河、金堤河、玉符河、北大沙河等 11 条（流域面积 50 平方公里以上），除金堤河为跨省河流外，其余支流均不跨省界，主要集中在泰安、聊城、济南境内。山东省黄河流域内的湖泊主要是东平湖，位于东平县境内，是黄河流域唯一的重点滞洪区，东平湖老湖区防洪库容 12.28 亿立方米，新湖区防洪库容 23.67 亿立方米，总蓄水面积 632 平方公里。近十年来，黄河干流每年为山东供水 70 亿立方米，占山东省供水总量的 30% 以上。[②] 其中，农业用水、工业和生活用水、生态用水所占比例分别为 69.1%、26.7%、4.2%。山东省设有 37 处城镇引黄水源地，在全省 16 市中，除枣庄、日照、临沂外的 13 个设区市 115 个县（市、区）使用黄河水，供水范围内人口超过 8000 万人。作为山东最主要的客水资源，黄河在山东经济社会发展中体现着重要的生产生活价值和生态功能价值。

[①]《介绍推进黄河流域生态保护和高质量发展有关情况》，山东省人民政府网，http：//www.shandong.gov.cn/vipchat1//home/site/82/1522/article.html。

[②]《介绍推进黄河流域生态保护和高质量发展有关情况》，山东省人民政府网，http：//www.shandong.gov.cn/vipchat1//home/site/82/1522/article.html。

（二）黄河流域的高质量发展龙头

山东省在黄河流域具有独特的地理区位和对外开放优势，近几年通过实施新旧动能转换和科技创新，在陆海统筹、海洋强省建设和乡村振兴等方面具备了新的优势。山东省的地区生产总值、工业总产值、进出口总额等主要经济指标均居沿黄省区首位，对沿黄九省区的高质量发展辐射带动作用明显。

近年来，山东省人口规模稳定增长，成为全国唯一常住人口和户籍人口"双过亿"的省份，2019 年常住人口城镇化率达 61.51%。2019 年，山东省经济总量在沿黄九省区经济总量中的占比达 32%，常住人口占沿黄九省区人口总量的 24%，进出口总额占沿黄九省区进出口总额的 50% 以上。① 2020 年，山东省生产总值达 7.3 万亿元，比上年增长 3.6%。人均生产总值超过 1 万美元；三次产业结构由 2015 年的 8.9∶44.9∶46.2 调整为 2020 年的 7.3∶39.1∶53.6；一般公共预算收入 6559.9 亿元；2020 年进出口总额 2.2 万亿元，同比增长 7.5%，比全国进出口总额高 5.6%；实际使用外资 176.5 亿美元，同比增长 20.1%，比全国高 15.6%。② 山东沿黄地区资源能源丰富，分布有丰富的煤炭、石油资源。胜利油田是我国的第二大油田。沿黄地区在有色金属冶炼、稀土工业领域具有优势。山东省具有坚实的工业基础，工业门类齐全，是全国唯一一个拥有全部联合国所划分的 41 个工业大类的省份，是名副其实的工业大省和制造业大省。"古来黄河流，而今作耕地。"山东沿黄地区主要为农产区，是全国的"粮棉油之库，水果水产之乡"。山东省的小麦、棉花、花生、麻类、蔬菜、海产品、蚕茧和药材等生产在全国占有重要地位。4 个粮食总产过 90 亿斤的市全部属于沿黄地区，综上，丰富的

① 《介绍推进黄河流域生态保护和高质量发展有关情况》，山东省人民政府网，http：//www.shandong.gov.cn/vipchat1/home/site/82/1522/article.html。

② 山东省统计局、国家统计局山东调查总队：《2020 年山东经济运行逆势上扬 高质量发展行稳致远》，山东省统计局官网，http：//tjj.shandong.gov.cn/art/2021/1/22/art_ 6109_ 10284583.html。如无特殊说明，本文数据均来源于国家统计局和山东省统计局发布的各年度统计公报和统计年鉴。

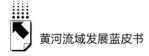

能源、资源分布，坚实的产业发展基础和现代农业发展优势，为山东发挥黄河流域高质量发展龙头作用提供了基础保障。

（三）黄河文化的发源传承弘扬地

黄河文化是中华文明的源头性、代表性文化，承载着中华民族基因，流淌着中华民族精神。山东不仅是黄河下游的重要生态屏障、带动黄河流域高质量发展的龙头，同时还是黄河文化中齐鲁文化的发源地、传承地和弘扬地。滔滔黄河哺育着齐鲁儿女，也孕育了齐鲁文化。山东是中华文明的发源地，是齐鲁故都、孔孟故里，素有"孔孟之乡""礼仪之邦"的美誉。省内分布着享誉世界的"一山一水一圣人"，即东岳泰山、天下泉城和孔府孔庙等历史人文和风景名胜。千百年来，泰山文化、运河文化、泉水文化、儒家文化和海洋文化等在齐鲁大地融合发展，并不断被赋予新的时代内涵，是黄河文化的重要组成部分。在漫长的社会生产和发展中，齐鲁文化既通过黄河吸纳了中西部不同地域文化的有益成分，又借助黄河文化将自己融入中华文明之中。

二　黄河流域山东段的实践举措

黄河流域生态保护和高质量发展上升为重大国家战略以来，山东积极推动战略落地落实，明确了沿黄地区发展的思路目标，提出了生态保护和高质量发展的重点任务、政策措施和一系列工程项目。着力发挥山东半岛城市群龙头作用，构建起"一群两心三圈"区域发展格局。在科学编制规划，加强黄河流域生态环境保护，引导产业科技创新、培育壮大发展新动能、提高发展质量，改善沿黄地区群众生产生活环境，提高民生福祉等方面取得了明显成效。

（一）开展黄河调研，科学编制规划

山东紧紧抓住黄河国家战略的历史机遇，以此推动各项工作"走在前

列、全面开创"，高度重视规划编制工作，成立了规划领导小组。省委书记刘家义多次主持专题会议研究推进，并亲自推动沿黄市县普查调研，组织了25个调研小组分赴山东沿黄25个县（市、区），围绕生态保护、污染治理、黄河安澜、水资源利用和黄河文化等7个专题进行摸底式调研，调研成果全面反映了沿黄地区生态环境和产业发展情况，为落实国家战略提供了重要支撑，为规划初稿的修改和完善提供了现实依据。①

为了增强规划编制的科学性和前瞻性，山东组建了由6位两院院士领衔的规划编制咨询委员会。规划编制过程中充分征求了国家发展改革委、科技部、生态环境部、自然资源部、黄河委员会等相关部门的意见，把贯彻落实习近平总书记对山东工作的指示要求、发挥山东半岛城市群龙头作用贯穿规划编制过程的始终。为了提高规划的系统性和一致性，注重统筹协调省黄河流域生态保护和高质量发展规划、山东半岛城市群发展规划和省"十四五"规划纲要三个重点规划的编制工作，把党的十九届五中全会精神和国家"十四五"规划纲要要求全面、系统地落实到规划中，做到在指导思想、战略定位、目标任务和重大工程等规划内容上有机衔接。2021年1月，山东省委省政府印发了《山东省黄河流域生态保护和高质量发展规划》，掀开了山东贯彻落实黄河战略的新篇章。

（二）突出问题导向，加强生态保护

黄河流域的问题"表象在黄河，根子在流域"。针对沿黄流域调研和规划编制中梳理出的突出问题，山东积极推动沿黄地区生态保护和修复，坚持生态优先，评估调整沿黄地区生态保护红线，统筹山水林田湖草系统治理。

一是加强区域内水生态、水环境保护和修复。启动泰山区域山水林田湖草系统修复工程，已完成投资的72%；实施湿地保护项目，地方配套投入120多亿元，清理、整治河湖违法问题近1.9万件。2017～2020年，山东压减

---

① 《介绍推进黄河流域生态保护和高质量发展有关情况》，山东省人民政府网，http://www.shandong.gov.cn/vipchat1/home/site/82/1522/article.html。

3.77 亿立方米地下采水量，治理水土流失面积 4659 平方公里。2019 年，山东境内黄河干流水质达到Ⅱ类标准，沿黄 9 市地表水优良比例达 75.6%。

二是促进黄河三角洲生态保护和功能恢复。2002 年至今，完成黄河三角洲退化湿地恢复 35 万亩，黄河三角洲自然保护区内湿地水面占比由 15%增至 60%。2019 年，东营市启动了投资 6.5 亿元的 9 大湿地保护工程。从 2008 年起，连续多年对黄河三角洲自然保护区进行生态补水，2019 年的生态补水量为 1.33 亿立方米，对恢复湿地生态功能起到重要作用。2005 年以来，东方白鹳在自然保护区内繁殖了 1954 只，种群扩增了一倍。黄河三角洲自然保护区建区之初，鸟类有 187 种，现在已增至 368 种，野生动物增至 1627 种。

三是开展东平湖生态保护和治理。东平湖是黄河下游唯一的蓄滞洪区，湖区 31 万亩湖面上曾围网养鱼 12.56 万亩，造成严重的水质污染，东平湖水质一度难以达到Ⅲ类水质标准。近年来，东平县开展了"清网净湖""取缔餐船""清障拆违"等九大攻坚治理行动，取得了良好成效，东平湖和其主要支流大汶河的水质稳定达到了国家Ⅲ类水质标准。2015 年启动实施的东平湖库区避险工程已经完工；长度为 20 公里的湖东滨湖生态林带示范工程，总投资 2.3 亿元，正在加速推进。

四是加强堤岸防护，提升防洪能力。"九曲黄河万里沙。"在山东境内，黄河大部分河段是地上悬河，"二级悬河"形势严峻。尤其是从黄河流入山东至东明县高村水文站长约 56 公里的河段，为游荡型河段，是历史上著名的"豆腐腰"堤段，对两岸堤防提出较高的防护要求。2016 年以来，菏泽市黄河河务局通过加固、接长、下延、上延等方式，陆续对王高寨、辛店集、老君堂和苏泗庄等黄河控导工程进行了新修或改建。加固、改建了刘庄、贾庄等堤段的险工和护岸，提升了黄河下游堤岸防洪抗灾能力。

（三）聚焦动能转换，提高发展质量

山东省自 2018 年实施新旧动能转换重大工程以来，以"凤凰涅槃、浴火重生"的战略定力推进经济发展方式转型和结构调整。经过三年的探索

实践，山东的传统发展优势得以夯实塑强，新生发展优势得以加速凝聚，新旧动能转换初见成效，高质量发展的优势正在积厚成势。山东经济实现了从质量结构到体制机制、发展环境的系统性变革和重塑。2020年12月，在新旧动能转换"三年初见成效"评估中，评估组对山东省新旧动能转换工作和成效给予了充分肯定。① 山东省推进新旧动能转换、提高发展质量的举措和成效主要体现在以下三个方面。

一是加强创新型省份建设，发挥创新引领作用，为新旧动能转换提供创新人才、创新科技和创新平台支撑。全面实施山东省级大科学计划、大科学工程规划，启动了600多项重大科研项目，近三年获得69项国家科技奖励，位居全国前列。启动了首批5家省级实验室项目，山东产业技术研究院、高等技术研究院和能源研究院等创新平台相继成立。为了更好地促进产学研结合，组建了新的齐鲁工业大学和山东第一医科大学。截至2020年，山东共聘任了98位住鲁两院院士和海外学术机构院士，国家级和省级领军人才达到4145名。2020年11月7日，山东省人民政府和中国社会科学院在济南共同主办了黄河流域生态保护和高质量发展国际论坛，省政府向大会推介了山东在新旧动能转换、生态环保和交通基础设施等领域的259项重点项目。同时，揭牌成立了"中国社会科学院生态文明研究智库—中共山东省委党校（山东行政学院）黄河研究院"，旨在全面践行习近平生态文明思想，加强黄河流域重大问题研究和机制创新，推动山东深入贯彻落实黄河战略，以国际视野、全球眼光推动构建黄河流域共谋、共治、共建、共享新格局。

二是着力把淘汰落后动能、改造提升传统动能和培育壮大新动能相结合，推进新旧动能转换。"十三五"期间，在淘汰落后产能方面，山东省压减2110万吨粗钢产能、970万吨生铁产能和2800万吨焦化产能，关闭退出3767万吨煤炭产能和321万吨违规电解铝产能。山东省化工园区由199家压减到84家，总计2000多家不达标的化工企业关闭退出，为新产业、新动

---

① 《全省新旧动能转换重大工程情况》，山东省发展和改革委员会官网，http://fgw.shandong.gov.cn/art/2021/1/27/art_188275_10288061.html。

能培育腾出了发展空间。在促进传统产业转型提升方面，山东实施了"万项技改""万企转型"工程，启动投资达到 500 万元以上工业技术改造项目 7 万余个。在培育发展新产业、新动能方面，2017 年以来，山东省新一代信息制造业、高端装备产业和新能源新材料产业的增加值分别增长 28.9%、25.7% 和 34%。① 近 5 年，山东新增 102 家上市公司，其中 8 家企业市值超过千亿元。到 2020 年底，山东省"四新"经济增加值占地区 GDP 的比重达到 30.2%，共培育高新技术企业超过 1.4 万家，高新技术产业产值占规模以上工业总产值的 45.1%，比 2015 年提高了 12.6 个百分点。

三是贯彻落实国家重大战略，打造乡村振兴齐鲁样板，推进黄河战略落地落实，增强山东特色和发展优势。山东大力推动乡村振兴战略，近 5 年建成 6113 万亩高标准农田，农业发展中科技进步贡献率超过 65%。2019 年以来，统筹整合涉农资金 1673 亿元，规范项目资金使用，为乡村振兴重大工程提供资金保障。2020 年，山东省成为全国首个跨过万亿元农业总产值台阶的省份，农业总产值为 10190.6 亿元，粮食总产量为 5446.8 万吨，增长 1.7%；畜牧产能稳定恢复，禽肉、猪肉、禽蛋产量分别增长 7.0%、6.4% 和 6.8%。② 在推进黄河战略的贯彻落实方面，着眼发挥山东半岛城市群龙头作用，构建了"一群两心三圈"区域协调发展格局，推出促进沿黄地区生态保护和高质量发展的重大事项和重大项目 556 个，启动了引黄灌区农业节水工程、南四湖生态保护和修复工程、黄河三角洲湿地生态修复与水系连通工程等重大项目建设。

（四）协调区域发展，塑强发展龙头

区域之间发展不平衡不充分的问题是新时代我国社会主要矛盾的重要方

---

① 《省长李干杰向省十三届人大五次会议作政府工作报告》，山东省发展和改革委员会官网，http://fgw.shandong.gov.cn/art/2021/2/3/art_92527_398443.html。

② 山东省统计局、国家统计局山东调查总队：《2020 年山东经济运行逆势上扬　高质量发展行稳致远》，山东省统计局官网，http://tjj.shandong.gov.cn/art/2021/1/22/art_6109_10284583.html。

面。党的十八大以来，我国非常重视推进区域协调发展，先后把京津冀协同发展、长江三角洲区域一体化、粤港澳大湾区、黄河流域生态保护和高质量发展作为重大国家战略部署推进。实施区域协调发展战略，特别是黄河国家战略，是贯彻新发展理念、破解新时期社会主要矛盾、推动区域高质量发展的基本要求。山东省委省政府把"发挥山东半岛城市群龙头作用"作为推动黄河国家战略在山东落地落实的主线和关键，将推动区域协调发展作为"八大发展战略"之一，着力构建山东半岛城市群"一群两心三圈"的区域发展格局。2020年，山东省地区生产总值达7.3万亿元，增长3.6%，山东半岛城市群在带动沿黄地区中心城市和城市群高质量发展上具备良好基础。

一是坚持龙头引领，提升济南和青岛两大中心城市能级。山东省重视发挥济南、青岛两大中心城市的竞争力和带动力，建立了以中心城市引领、辐射和带动城市群发展的区域协调模式。济南和青岛均以建成区人口超过500万而迈入特大城市行列，从而成为山东半岛城市群的两个中心。济南发展定位为建设国家中心城市，出台了建设国家中心城市三年行动计划，正在加快北跨黄河进程、促进"拥河"发展，实施"产业兴城"战略，聚力打造工业互联网创新发展示范高地，高水准规划建设"中国算谷"。推进国际消费中心城市建设，打造对外开放高能级平台，正在推进自由贸易试验区济南片区、绿地全球贸易港、国际招商产业园等项目建设。青岛发展定位全球海洋中心城市，对标深圳建设"开放现代、活力时尚"的国际大都市。青岛发挥沿海和开放优势，推动海洋生物、医药等海洋产业聚集区和产业集群建设，正在推进的134个涉海重点项目总投资4000多亿元。青岛联合清华大学共同推进海工装备孵化平台建设，组建了中国海洋工程研究院；联合中国药科大学，促进医药研究成果在青岛集聚、转化，成立了创新药物研究院。2020年，青岛海洋产业投资增长5.7%，逐渐形成了"领军企业＋优势产业集群＋特色园区"的高质量发展模式。

二是坚持融合互动，推动省会经济圈、胶东经济圈和鲁南经济圈一体化发展。推动区域协调发展，山东省出台了省会经济圈、胶东经济圈和鲁南经济圈一体化发展指导意见，建立协调发展机制，促进区域战略统筹和创新产业发展，构建优势互补的区域经济发展新格局。在基础交通设施方面，到2020年，山东省内高铁通车里程2110公里，实现高铁在省内成环运行；高速公路通车里程7473公里，省内县域全部实现高速公路连通，交通便利程度大幅提升。在产业协同发展方面，推动8万家工业企业实现与海尔卡奥斯等工业互联网平台连接，充分发挥平台服务共享功能，提高生产效率和发展效益。省内文旅资源整合方面，以济南为中心的省会经济圈，着力打造"山水圣人"黄河文化旅游线路，省会经济圈内7市市民均可办理济南市的公园年票。在公共服务共享方面，省会经济圈推动企业注册开办、药品耗材联合采购和职工公积金异地贷款等通办事项；胶东经济圈推动实现"一卡通"医疗；鲁南经济圈则推动文化旅游资源同城化共享、文化旅游精品线路对外共推等。山东半岛城市群在推动区域一体化发展中建立了便利的交通设施、密切的产业协作、共建共享的合作互助和顺畅的要素流动机制。

三是发挥对外开放优势，融入发展新格局。山东立足沿海区位优势，积极参与"一带一路"建设。2020年，与"一带一路"沿线国家外贸进出口额达6608.2亿元，同比增长9.1%，比全省外贸进出口增速高1.6个百分点，与"一带一路"沿线国家外贸进出口额占全省外贸进出口额的30%。2020年山东对"一带一路"沿线国家投资157.1亿元，同比增长16.8%。抢抓黄河战略机遇，加强与其他沿黄八省区对接，提出了黄河流域7个领域近100个合作事项。谋划了黄河口国家公园、沿黄达海高铁大通道、沿黄科创走廊和特色优势产业带等一批重大项目，为山东发挥黄河流域高质量发展龙头作用提供了重要支撑。

（五）着力改善民生，提高民生福祉

"十三五"期间，山东省聚焦民生改善，就业形势稳定，年新增就业120万人以上，居民基础养老金最低标准由85元/（人·月）提高到142元/（人·月）。积极推进"医养结合"和"互联网＋医疗健康"体系建设，居民和职工医保住院报销比例分别提高到70%左右和80%以上。2020

年，山东省城镇新增就业 122.7 万人，年末城镇登记失业率为 3.1%，比上年下降 0.2 个百分点。城乡居民收入增加，人均可支配收入达 32886 元。

2020 年，山东城镇和农村居民的低保标准分别增长 55%、98%，实现了省级贫困标准以下 251.6 万人口脱贫，8654 个省扶贫工作重点村退出，脱贫攻坚取得了决定性成就。此外，黄河滩区居民迁建工程事关黄河安澜，也是民生大事。2017 年以来，山东省启动了以"外迁安置、就近筑村台、筑堤保护、旧村台改造提升和临时撤离进行道路改造提升"5 种方式为主的滩区脱贫迁建工程，到 2020 年底，已完成 60 万黄河滩区群众的迁建任务，沿黄地区人民的幸福感、获得感不断提升。

三　黄河流域山东段的问题和挑战

自 2019 年以来，山东在深入推进黄河国家战略上做了一些探索，取得了阶段性成效。目前，山东沿黄地市生态保护和高质量发展存在产业发展水平不高、水资源紧缺刚性约束加剧、生态环境问题仍较突出、黄河三角洲面临生态退化风险和流域统筹治理能力需要加强等问题。

（一）山东沿黄地区产业发展水平不高

山东沿黄地区经济社会发展中还存在不少矛盾和制约，发展不平衡不充分的问题依然比较突出。一是工农业绿色发展中创新含量有待提高，科技创新能力不足，工业产业集聚度不高；产业结构中传统产业和重化工业占比偏高，经济发展对资源、能源依赖仍较大，产业转型发展任务较重；工业生产污染物排放削减困难，导致生态环境保护特别是区域大气污染防治压力较大。二是沿黄 9 市中工业化城市占比较高，重工业占总产值比重长期保持在 80% 以上，经济增长倚重工业、倚重投资的倾向十分明显。三是除了传统产业、重化工产业占比较大的问题之外，新经济增长动力不足的问题也较为突出，主要表现为新兴产业尚未形成主导优势，以科技创新为主要推动力的现代经济增长模式还没有形成，以国有投资为主的投资模式没有实质性改变，民间投资活力不够、效率不高，大项目引领全域经济发展的能力欠缺。四是沿黄地区农业生产方式仍以传统生产方式为主，施用农药、化肥等化学投入品较多，生态农业发展不快，农业生态防控技术推广应用不足，限制了农业的绿色发展。生态农产品供应体系不健全、品牌影响力不足，沿黄地区省级农产品知名品牌数量仅占全省农产品知名品牌的 15% 左右。

（二）区域发展的水资源刚性约束加剧

山东省是北方缺水型省份，水资源总量 308 亿立方米，人均水资源占有量 344 立方米，仅为全国人均占有量的 13%。水资源供需矛盾和工程性缺水问题突出，水资源短缺日益成为山东高质量发展的瓶颈，沿黄 25 个县（市、区）的一般年份缺水量 7.98 亿立方米。[①] 山东省发展的水资源约束主要表现，一是引黄水量指标偏少，山东省节水水平在全国领先，但按照经济社会发展水平和经济总量，分配给山东省的引黄指标水量不能满足山东省生态文明建设和经济社会可持续发展的用水需求。二是生态用水短缺导致生态格局维持受限，黄河沿线各市无生态用水指标，导致各地难以对河湖进行有效生态补水，制约河湖水质的持续改善。大汶河及其支流河道缺乏生态用水，河道沿线为拦蓄河水设置多座闸坝，导致戴村坝下游河道断流，河流生态功能难以保障。黄河三角洲自然保护区的湿地恢复区 18 万亩，需要补水量为每年 2.43 亿~3.05 亿立方米。三是黄河季节性缺水威胁生态多样性，2002 年以来，黄河每年 7 月份进行调水调沙，黄河水量较大的只有伏汛，严重威胁到已经适应了"四汛"并利用汛期生存繁衍的黄河沿岸及河内生物物种，"河—海—陆"水文连通受阻，隔断了鱼类洄游，导致在河口近海产卵繁殖的物种减少，黄河三角洲湿地生物多样性和生态功能受到威胁。

（三）沿黄地区生态环境问题依然突出

大气污染关键指标改善压力大，山东省黄河流域产业结构以资源能源消

---

① 高妍蕊：《"地处下游，力争上游"：践行"黄河国家战略"的山东实践》，《中国发展观察》2020 年第 19、20 期合刊。

耗为主，传统产业结构比重大，污染物排放量大，转型发展任务重。2019年，沿黄9市 PM$_{2.5}$ 年均浓度为56微克/立方米，比全省平均浓度高6微克/立方米，超出国家二级标准21微克/立方米。2020年山东省优良天数比率达到69.7%，压力主要集中在济宁、济南、淄博和德州等5个市。山东省处于全国168个重点城市后20位的淄博、济南、聊城均为沿黄城市。

地表水环境质量提升难度大，"十四五"期间，山东省黄河流域国控考核断面增至17个，由于部分区域城镇基础设施欠账较多，畜禽养殖管理运营模式相对粗放，农业农村面源污染缺乏有效治理措施，部分国控断面水环境质量提升难度较大，东平湖总磷浓度一直处于达标边缘，北大沙河入黄河口处水质为劣Ⅴ类，大汶河泰安段水质长期处于Ⅳ类水平。近岸海域水质输入污染管控难，由于河流和海洋水质考核标准体系不同，河流水质不考核总氮指标，而海洋水质却考核无机氮，黄河中上游地区输入无机氮污染物，是造成近岸海域水质超标的主要因素。审计署在组织环渤海生态环保专项审计反馈时指出"2018年，经黄河排入渤海的无机氮达14.04万吨"。2019年，黄河入海口有13个站位集中出现无机氮超标问题，东营市近岸海域水质优良面积比例仅为43.3%。

农业面源污染防治任务繁重，山东黄河河道两岸河滩地上广泛种植农作物，化肥、农药、农膜、生长调节剂等普遍使用，2019年，沿黄25个县（市、区）的化肥、农药施用量约62千克/亩、0.40千克/亩，农作物不能充分利用的化肥、农药会造成土壤污染，大部分化学农药的分解周期很长，和化肥一起长期残留在土壤中将导致土壤板结和总氮富余。此外，沿黄地区农村生活污水治理设施覆盖率较低，农村黑臭水体整治刚刚起步，全面治理任务依然繁重。

（四）黄河三角洲面临着生态退化风险

黄河三角洲是黄河下游生态环境相对比较脆弱的区域。近年来，受到黄河水位丰欠调节和黄河入海水沙减少等因素影响，黄河三角洲地区出现了不同程度的土壤盐碱化、土壤沙化、湿地退化和互花米草等外来有害生物入侵等生态问题，面临着湿地生态退化风险。存在的主要问题，一是黄河来水来沙量降低，影响黄河下游生态格局。黄河来水来沙量减少导致黄河三角洲区域海水倒灌和海岸带侵蚀，湿地生态需水严重不足，河口自然湿地近30年减少约52.8%，盐地碱蓬等滨海湿地传统优势物种面积逐步萎缩。东营市湿地面积330余万亩，其中1/3以上的湿地由于淡水补充不足面临萎缩、退化。二是土壤缺水性盐碱化致使人工林地大面积退化。黄河水量不足导致黄河三角洲地下水水位下降，造成海水倒灌入侵，同时降低了河水泛滥淤泥压制沙碱的能力，黄河三角洲土壤盐碱化加剧。自20世纪90年代初开始，黄河三角洲的许多林场出现人工刺槐林枯梢或成片死亡的现象，人工林死亡面积已超过60%，面临整体崩溃式退化的风险。三是外来物种入侵及大量围海开发破坏了生态平衡。据海洋与渔业部门2016年统计，互花米草在东营沿海滩涂面积已达39.7平方公里，严重威胁海滨湿地的生物多样性；近几十年来黄河三角洲开展大规模的围填海工程，破坏了海、河、陆间的良性水文交互和循环，造成盐沼湿地和滩涂湿地退化严重，盐地碱蓬、柽柳等黄河三角洲滨海湿地传统优势物种面积出现严重萎缩。

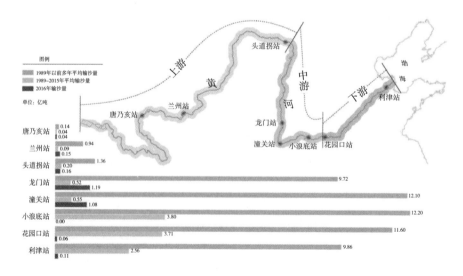

图1　黄河干流主要水文站不同年份输沙量比较

（五）流域环境协同治理能力需要加强

目前，黄河山东段仍面临着严峻的防洪减灾形势。习近平总书记在讲话中强调："尽管黄河多年没出大的问题，但黄河水害隐患还像一把利剑悬在头上，丝毫不能放松警惕。"① 黄河山东段河道多高于两岸地面 4~6 米，设防水位高出两岸地面 8~12 米，是典型的"二级悬河"。当前，山东黄河的洪水风险尚未完全破解。流域环境风险隐患较多。山东沿黄 9 市分布了全省近 60% 的化工园区，各类危险化学品、危险废物生产储运给黄河沿线带来一定的风险；黄河滩区部分饮用水水源地存在管护机制不健全、水源地周边环境较差等问题，滩区内大面积的农业种植及居民生产生活对流域生态环境造成一定的影响。黄河流域生态环境保护河海统筹和上下游协同联动机制尚不完善，流域空间协同治理能力薄弱；黄河流域生态环境保护资金投入不足，财政奖补和生态补偿制度有待进一步完善；黄河流域生物多样性保护、生态补水等基础研究需要进一步深化；泰山生态区、黄河三角洲等重点区域的监测评估、生物多样性观测能力亟待提升。

四　推动黄河流域山东段发展的对策建议

"黄河宁，天下平。"促进黄河流域生态保护和高质量发展，要以习近平生态文明思想为指导，"共同抓好大保护、协同推进大治理"，紧扣生态保护和高质量发展两个关键，聚焦解决山东黄河流域在生态保护和高质量发展中面临的突出问题，在推动沿黄地区产业绿色转型、水资源保护和集约高效利用、系统开展污染防治、实施黄河三角洲生态保护和修复、构建协同治理机制和传承弘扬黄河文化等方面全面突破。

---

① 习近平：《在黄河流域生态保护和高质量发展座谈会上的讲话》，《求是》2019 年第 20 期。

（一）加强科技创新，推动产业绿色转型

科技创新是促进绿色低碳发展的技术保障。"十四五"时期，科技创新在环境污染防治、传统产业转型升级、新产业新动能培育等领域将发挥决定性作用。2021年的《山东省政府工作报告》中指出，山东要"加快科技自立自强，全力建设高水平创新型省份"①。一是完善科技创新体系，构建多层次实验室体系，深入实施省委提出的大科学计划和大科学工程。推动大型工业企业成立服务于自身创新发展和行业高质量发展的研发机构；推动国家高新技术企业和科技型中小企业"双倍增"计划在山东落地落实。二是要加强创新平台支撑，创建综合性国家科学中心，加快建设中科院济南科创城，助力重大科技创新攻关。三是针对"十强"产业发展瓶颈问题，着力突破"卡脖子"核心技术研发，保障高新产业链供应链安全。四是突出企业创新主体地位，大力培育创新型领军企业和科技型中小企业，鼓励由企业牵头组建创新联合体推动产业合作。五是加强人才培育和引进，提升泰山产业领军人才工程，鼓励青岛探索建设院士创新特区，发挥高层次人才在产业创新发展中的核心作用。

加强科技创新，推动产业绿色转型，要把淘汰落后产能、培育壮大新动能和发展现代产业体系等相结合，深入推进资源节约集约利用。继续淘汰传统落后产能，分行业制定和实施落后产能淘汰方案，推动落后动能有序退出。培育新动能，就要支持新一代信息技术项目，加快工业互联网赋能。抓好"现代优势产业集群＋人工智能"试点示范项目，支持青岛打造世界工业互联网之都，促进大中小企业融通发展。发展现代产业体系，重点培育战略性新兴产业，实施企业自动化、数字化和智能化技术改造。开展"数聚赋能"行动，发挥山东大数据优势，提升产业链和供应链现代化水平。促进济南国家新一代人工智能创新发展试验区、青岛国际客厅等重大平台建设。

---

① 《省长李干杰向省十三届人大五次会议作政府工作报告》，山东省发展和改革委员会官网，http：//fgw. shandong. gov. cn/art/2021/2/3/art_ 92527_ 398443. html。

（二）推进水资源保护和集约、高效利用

作为我国第二大河，黄河水资源总量不足长江水资源总量的7%，黄河流域人均水资源占有量仅为全国平均水平的27%。然而，黄河流域水资源利用方式还比较粗放，水资源开发利用率高达80%，远远超过40%的生态警戒线。面对尖锐的用水矛盾，习近平总书记强调指出，要坚持"有多少汤泡多少馍"[①]，要求我们牢牢把握"以水而定、量水而行"的原则要求。依水而定，就是要把节约和保护水资源放在优先位置，作为衡量战略实施成效的重要标尺。量水而行，就是要把维护河流健康、改善水生态环境、平衡水沙关系等作为重中之重。把水资源作为最大的刚性约束，牢牢把握水资源先导性、控制性和约束性的作用，统筹全流域生产、生活、生态用水，推进水资源节约、集约、高效利用。

水资源是当下和未来城市发展的最大刚性约束之一，实现水资源的可持续高效利用，也是经济高质量发展的必然要求。山东应着力推进水资源保护，重点实施饮用水水源地保护建设工程、健康水生态保护示范工程、地下水环境保护工程。系统优化水资源配置，重点完善水资源配置保障工程体系，加快非常规水源开发利用，创新水资源高效利用体制机制。全面建设节水型社会，重点打造节水农业示范区，提升工业节水效能，推进城镇生活节水。其一，推进农业节水增效，要进一步完善节水灌溉设施，普及推广高效节水灌溉技术。同时，优化调整作物种植结构，适度实施轮作休耕；实施规模养殖场节水改造和建设，推广节水型畜禽养殖方式。其二，提升工业节水效能，要大力推进现有工业节水改造，推动水循环利用，形成"低投入、低消耗、低排放、高效率"的"三低一高"型节约增长模式。其三，推进城镇生活节水，要以海绵城市建设试点为契机，全面推进节水型城市建设；深入开展公共领域节水，在公共建筑、行政事业单位推广节水应用技术和产品；控制高耗水型服务业用水和各行业用水定额，积极研发、推广水的循环利用技术。

---

① 习近平：《在黄河流域生态保护和高质量发展座谈会上的讲话》，《求是》2019年第20期。

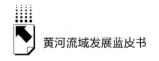

（三）加强污染防治，精准科学依法治污

近些年来，山东省开展污染防治攻坚力度大、措施实，取得了明显成效。同时，随着生态环境治理的深入推进，也遇到一些深层次的难题与矛盾，治理难度不断增加。在"十四五"时期，深入打好新时期污染防治攻坚战，更要讲究方式方法，要系统开展污染防治，确保取得更好的治理成效。山东沿黄地市首先应强化能源消费"双控"，从源头进行污染防治。其次，突出抓好河湖排污口排查整治和黑臭水体治理，有效控制面源污染。在治理方式方法上，应突出精准治污、科学治污和依法治污。

精准治污，要抓住主要问题，进行重点突破。精确识别污染源、明确治理对象，通过数据分析找出影响环境质量的主要因素；通过环境监测、污染源普查、环保督察、群众信访等方式，确定突出问题和薄弱环节。针对问题不同特点和成因，对症下药，靶向治疗。根据企业的治污能力、环境管理水平及守法情况，实行差别化管理。科学治污，要明确重点任务，创新治理模式。加强污染物生成转化规律研究，实施细颗粒物和臭氧协同治理。加快海洋大省到海洋强省建设，消劣、净滩、打造美丽海湾。加强地下水超采及污染治理、大宗固体废弃物处理、土壤生态修复和农村环境污染治理。支持第三方治理、环保管家等创新模式，提升治理效能。依法治污，要树立法治思维，坚持依法行政。避免"拍脑袋"式决策，杜绝平时不作为、急时"一刀切"。依法履职、严格执法，落实企业治污主体责任，逐步提高违法罚款上限，解决违法成本过低问题。规范自由裁量权，避免随意执法、任性处罚。

（四）实施黄河三角洲生态保护修复工程

黄河三角洲是黄河唯一入海口，附近海域是我国海洋经济种类重要产卵场、育成场。黄河三角洲生态保护和修复，重在解决由生态流量缺失而造成的三角洲湿地退化和河口低盐萎缩、区域自然保护地体系混乱和生物多样性降低问题。要着力保障三角洲和河口的基本生态需水，遵循黄河口自然演变规律，实施黄河三角洲湿地生态系统修复工程，建立国家公园体系，严格保护河口新生湿地，重点保护河口淡水湿地，以自然修复为主，控制大规模人工生态重建，保护黄河口原生生态系统，建议采取以下具体措施。

一是创建黄河口国家公园。加快自然保护区功能区优化调整，合理划定核心保护区和一般控制区；加强黄河三角洲自然保护地建设，构建自然保护地分类分级管理体制；建设黄河三角洲自然保护区保护管理能力提升及公共服务设施提升工程，促进自然保育、巡护和监测的信息化、智能化。

二是实施黄河三角洲湿地生态保护与修复工程。实施退耕还湿、退养还湿等生态治理项目，修复滩涂湿地和河口新生湿地；实施清水沟流路生态补水等工程，对黄河清水沟主流路，刁口河备用流路及黄河三角洲区域内流域面积 100 平方公里以上的入海河流路进行生态补水，促进黄河三角洲湿地、河流生态系统的健康发展。

三是实施黄河三角洲生物多样性保护工程。加强黄河沿岸湿地资源、植物、动物等生物多样性保护。强化自然保护区、种质资源保护区建设，重点对野大豆、罗布麻、天然柽柳等生境进行封闭式保护管理；实施互花米草治理工程，加强对外来入侵物种的治理。开展鸟类栖息地保护行动，保护好鸟类迁徙中转站、越冬地和繁殖地；严格执行海洋休渔政策，增加黄河、刁口河等入海淡水量，保持 5、6 月份月均 22 亿立方米的最低入海径流量，维持黄河口海域不低于 500 平方公里的低盐区，建设海洋生物综合保育区，促进黄河带鱼、小黄鱼、中国对虾等传统鱼虾蟹贝类的繁衍恢复。

四是实施河口、海湾污染防治工程。开展入河入海排污口排查整治，对东营、滨州 2 市入河入海排污口进行规范化整治；开展海水养殖污染治理，加快河口区生态渔业工厂化养殖尾水处理、水产养殖废水循环示范利用等项目建设，推动海水池塘和工厂化养殖升级改造；开展入海河流和近岸海域垃圾综合治理和船舶污染治理，完善港口、船舶污水处理设施，禁止船舶向水体超标排放含油污水。

（五）构建沿黄地区协同治理和发展机制

加强黄河沿线城市建设与合作，建立跨省区和本省城市合作机制，推动资源共享、优势互补，实现本地优势发展与区域之间协作发展有机结合，更好发挥黄河流域高质量发展龙头作用。一是加强区域合作，推进山东沿黄9市协调发展。提升济南、青岛核心城市竞争力，发挥辐射带动作用，强化济南都市圈、青岛都市圈引领，推动全省区域一体化发展。二是发挥沿海区位、海洋强省、开放通道等比较优势，在解决黄河流域城市群发展共性问题上发挥示范作用。推动黄河流域跨区域合作，探索城市群协同发展新机制，建设黄河科技创新大走廊，共建黄河现代产业合作示范带。三是聚焦要素配置，创新合作机制和合作渠道，建设黄河流域城市群与国家重点城市群之间互动合作的战略枢纽。深度融入京津冀协同发展，精准对接雄安新区规划和建设需求，掌握其产业布局情况，主动承接航空航天、教育医疗等高端产业转移，建设高端合作交流平台。

（六）传承弘扬黄河文化，讲好黄河故事

新时代围绕建设现代化强省的总体目标，山东应积极推动黄河文化的研究阐释、弘扬黄河精神、打造黄河文化标识、彰显黄河文化的时代价值，努力把黄河文化的优势转化为推进现代化强省建设和迈向高质量发展阶段的精神动力。

具体而言，一是打造黄河文化标识。打造黄河文化标识是延续历史文脉、讲好黄河故事的重要形式，是塑造山东省黄河文化的整体形象，凸显山东黄河文化地位的重要载体。重视黄河文化精神的深入挖掘和提炼，着力塑造黄河入海的文化品牌形象，为打造黄河文化标识提供内在的支撑。

二是弘扬和彰显黄河精神的时代价值，宣传和弘扬黄河精神。深入挖掘黄河文化蕴含的精神财富，全面融入现代化强省建设。黄河是一条承载着中华文明基因、传播民族力量的大动脉，黄河文化中蕴含的团结奋争、百折不挠、自强不息、无私奉献等优良精神基因，最终将演化为伟大的中华民族精神。

三是推动黄河文化全面融入生产生活，以齐鲁优秀传统文化创新工程为引领，形成完善的黄河文化研究、教育、实践，养成、保护和传承传播交流

体系，构建黄河文化保护传承弘扬的大格局，推动黄河文化进校园、进教材、进课堂。加强黄河文化展示、传播和推广，把黄河文化蕴含的优秀思想理念、人文精神和道德规范转化为广大人民的价值认知、情感认同和行为习惯。

附　录

Appendix

B.14
黄河流域生态保护和高质量发展指数数据

表1　2006～2018年黄河流域及全国生态保护和高质量发展综合指数

年份	青海	四川	甘肃	宁夏	内蒙古	陕西	山西	河南	山东	黄河流域	全国平均
2006	0.4068	0.4326	0.4103	0.4016	0.4244	0.4303	0.4331	0.4207	0.4618	0.4495	0.4491
2007	0.4175	0.4492	0.4179	0.4156	0.4367	0.4364	0.4400	0.4319	0.4666	0.4435	0.4563
2008	0.4252	0.4700	0.4226	0.4234	0.4555	0.4462	0.4491	0.4452	0.4803	0.4542	0.4626

续表

年份	青海	四川	甘肃	宁夏	内蒙古	陕西	山西	河南	山东	黄河流域	全国平均
2009	0.4448	0.4763	0.4339	0.4300	0.4632	0.4574	0.4477	0.4519	0.4765	0.4586	0.4648
2010	0.4485	0.4888	0.4448	0.4313	0.4665	0.4602	0.4497	0.4473	0.4748	0.4605	0.4694
2011	0.4516	0.4798	0.4382	0.4331	0.4829	0.4751	0.4562	0.4542	0.4827	0.4650	0.4740
2012	0.4748	0.4823	0.4445	0.4402	0.4911	0.4803	0.4575	0.4531	0.4857	0.4705	0.4778
2013	0.4713	0.4839	0.4211	0.4439	0.4906	0.4805	0.4598	0.4636	0.5088	0.4780	0.4833
2014	0.4787	0.5091	0.4630	0.4578	0.4914	0.4974	0.4623	0.4709	0.5139	0.4856	0.4954
2015	0.4802	0.5249	0.4699	0.4527	0.4956	0.5002	0.4631	0.4797	0.5056	0.4884	0.5061
2016	0.4883	0.5225	0.4747	0.4695	0.4919	0.4965	0.4733	0.4971	0.5210	0.4932	0.5077
2017	0.4867	0.5313	0.4604	0.4549	0.4821	0.5009	0.4859	0.4991	0.5272	0.4920	0.5120
2018	0.4861	0.5232	0.4635	0.4608	0.4757	0.5091	0.4934	0.5039	0.5308	0.4939	0.5167

表2 2006~2018年黄河流域及全国生态保护和高质量发展类别指数：生态环境保护

年份	青海	四川	甘肃	宁夏	内蒙古	陕西	山西	河南	山东	黄河流域	全国平均
2006	0.1423	0.1518	0.1435	0.1330	0.1501	0.1502	0.1368	0.1307	0.1222	0.1434	0.1440
2007	0.1443	0.1591	0.1441	0.1348	0.1573	0.1520	0.1368	0.1344	0.1233	0.1460	0.1449
2008	0.1435	0.1636	0.1436	0.1349	0.1598	0.1516	0.1374	0.1415	0.1284	0.1481	0.1468
2009	0.1462	0.1609	0.1466	0.1373	0.1659	0.1586	0.1396	0.1452	0.1304	0.1510	0.1473
2010	0.1476	0.1595	0.1471	0.1373	0.1631	0.1571	0.1397	0.1390	0.1298	0.1496	0.1479
2011	0.1487	0.1560	0.1441	0.1347	0.1629	0.1566	0.1374	0.1350	0.1205	0.1480	0.1448
2012	0.1493	0.1551	0.1431	0.1353	0.1649	0.1557	0.1372	0.1358	0.1200	0.1481	0.1449
2013	0.1506	0.1536	0.1447	0.1360	0.1651	0.1585	0.1379	0.1357	0.1253	0.1494	0.1464

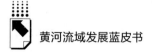

续表

年份	青海	四川	甘肃	宁夏	内蒙古	陕西	山西	河南	山东	黄河流域	全国平均
2014	0.1453	0.1573	0.1456	0.1362	0.1583	0.1558	0.1357	0.1362	0.1238	0.1483	0.1482
2015	0.1442	0.1655	0.1475	0.1359	0.1648	0.1571	0.1364	0.1354	0.1244	0.1498	0.1510
2016	0.1457	0.1689	0.1478	0.1388	0.1617	0.1569	0.1445	0.1432	0.1275	0.1506	0.1513
2017	0.1477	0.1763	0.1514	0.1388	0.1595	0.1614	0.1475	0.1458	0.1290	0.1525	0.1521
2018	0.1486	0.1592	0.1516	0.1393	0.1605	0.1603	0.1501	0.1457	0.1298	0.1513	0.1501

表3 2006～2018年黄河流域及全国生态保护和高质量发展类别指数：黄河长治久安

年份	青海	四川	甘肃	宁夏	内蒙古	陕西	山西	河南	山东	黄河流域	全国平均
2006	0.1360	0.1239	0.1325	0.1339	0.1191	0.1302	0.1384	0.1286	0.1377	0.1311	0.1321
2007	0.1368	0.1221	0.1327	0.1354	0.1192	0.1286	0.1370	0.1281	0.1397	0.1311	0.1322
2008	0.1368	0.1347	0.1318	0.1358	0.1240	0.1349	0.1390	0.1309	0.1456	0.1349	0.1331
2009	0.1371	0.1303	0.1338	0.1355	0.1164	0.1356	0.1384	0.1258	0.1350	0.1320	0.1332
2010	0.1369	0.1434	0.1430	0.1366	0.1251	0.1344	0.1392	0.1292	0.1333	0.1357	0.1344
2011	0.1374	0.1304	0.1345	0.1363	0.1263	0.1367	0.1400	0.1293	0.1380	0.1344	0.1345
2012	0.1375	0.1334	0.1383	0.1369	0.1241	0.1376	0.1429	0.1311	0.1441	0.1363	0.1360
2013	0.1376	0.1308	0.1126	0.1385	0.1327	0.1301	0.1429	0.1338	0.1483	0.1342	0.1366
2014	0.1383	0.1433	0.1411	0.1394	0.1339	0.1428	0.1430	0.1365	0.1595	0.1419	0.1403
2015	0.1374	0.1428	0.1420	0.1381	0.1266	0.1437	0.1427	0.1388	0.1504	0.1403	0.1406
2016	0.1387	0.1444	0.1380	0.1398	0.1251	0.1360	0.1438	0.1427	0.1587	0.1408	0.1401
2017	0.1372	0.1433	0.1373	0.1365	0.1235	0.1366	0.1454	0.1383	0.1551	0.1393	0.1403
2018	0.1380	0.1427	0.1364	0.1356	0.1290	0.1381	0.1460	0.1379	0.1553	0.1399	0.1407

表 4　2006～2018 年黄河流域及全国生态保护和高质量发展类别指数：水资源节约集约利用

年份	青海	四川	甘肃	宁夏	内蒙古	陕西	山西	河南	山东	黄河流域	全国平均
2006	0.0684	0.0607	0.0671	0.0774	0.0725	0.0732	0.0878	0.0765	0.0786	0.0684	0.0607
2007	0.0717	0.0672	0.0691	0.0783	0.0744	0.0750	0.0870	0.0778	0.0807	0.0717	0.0672
2008	0.0745	0.0705	0.0713	0.0796	0.0754	0.0764	0.0878	0.0789	0.0828	0.0745	0.0705
2009	0.0756	0.0718	0.0726	0.0815	0.0770	0.0772	0.0906	0.0803	0.0840	0.0756	0.0718
2010	0.0775	0.0744	0.0741	0.0821	0.0787	0.0778	0.0949	0.0817	0.0857	0.0775	0.0744
2011	0.0789	0.0758	0.0772	0.0828	0.0799	0.0805	0.0955	0.0828	0.0867	0.0789	0.0758
2012	0.0798	0.0768	0.0774	0.0832	0.0785	0.0803	0.0959	0.0831	0.0872	0.0798	0.0768
2013	0.0799	0.0769	0.0748	0.0842	0.0796	0.0808	0.0973	0.0837	0.0885	0.0799	0.0769
2014	0.0808	0.0774	0.0762	0.0848	0.0792	0.0817	0.0945	0.0840	0.0888	0.0808	0.0774
2015	0.0836	0.0782	0.0800	0.0851	0.0815	0.0843	0.0955	0.0860	0.0904	0.0836	0.0782
2016	0.0867	0.0797	0.0798	0.0861	0.0812	0.0853	0.0971	0.0866	0.0904	0.0867	0.0797
2017	0.0826	0.0796	0.0779	0.0849	0.0817	0.0871	0.1005	0.0866	0.0914	0.0826	0.0796
2018	0.0822	0.0798	0.0748	0.0867	0.0815	0.0877	0.0995	0.0863	0.0920	0.0822	0.0798

表 5　2006～2018 年黄河流域及全国生态保护和质量发展类别指数：经济社会高质量发展

年份	青海	四川	甘肃	宁夏	内蒙古	陕西	山西	河南	山东	黄河流域	全国平均
2006	0.0498	0.0586	0.0505	0.0564	0.0654	0.0565	0.0694	0.0773	0.0958	0.0829	0.0750
2007	0.0586	0.0650	0.0546	0.0614	0.0715	0.0601	0.0759	0.0816	0.0983	0.0726	0.0781
2008	0.0643	0.0663	0.0586	0.0649	0.0783	0.0646	0.0792	0.0851	0.0992	0.0761	0.0800
2009	0.0676	0.0712	0.0613	0.0647	0.0811	0.0648	0.0719	0.0871	0.0989	0.0767	0.0785
2010	0.0649	0.0709	0.0589	0.0633	0.0796	0.0661	0.0714	0.0843	0.0967	0.0745	0.0786
2011	0.0631	0.0802	0.0644	0.0621	0.0894	0.0778	0.0804	0.0937	0.1050	0.0807	0.0854

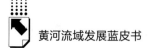
续表

年份	青海	四川	甘肃	宁夏	内蒙古	陕西	山西	河南	山东	黄河流域	全国平均
2012	0.0798	0.0797	0.0655	0.0693	0.0906	0.0807	0.0786	0.0946	0.1043	0.0834	0.0859
2013	0.0794	0.0830	0.0694	0.0737	0.0982	0.0862	0.0814	0.0969	0.1078	0.0915	0.0886
2014	0.0879	0.0890	0.0777	0.0821	0.0990	0.0932	0.0846	0.1040	0.1149	0.0930	0.0946
2015	0.0897	0.0926	0.0805	0.0779	0.1012	0.0949	0.0819	0.1088	0.1157	0.0944	0.0980
2016	0.0953	0.0898	0.0828	0.0872	0.1004	0.0978	0.0808	0.1114	0.1192	0.0969	0.0988
2017	0.0943	0.0935	0.0722	0.0781	0.0939	0.0999	0.0854	0.1150	0.1238	0.0960	0.1011
2018	0.0935	0.0993	0.0756	0.0840	0.0829	0.1038	0.0892	0.1134	0.1235	0.0964	0.1052

表6 2006~2018年黄河流域及全国生态保护和高质量发展类别指数：保护传承弘扬黄河文化

年份	青海	四川	甘肃	宁夏	内蒙古	陕西	山西	河南	山东	黄河流域	全国平均
2006	0.0160	0.0184	0.0153	0.0175	0.0228	0.0159	0.0160	0.0109	0.0183	0.0156	0.0194
2007	0.0112	0.0200	0.0148	0.0168	0.0195	0.0174	0.0159	0.0128	0.0183	0.0161	0.0203
2008	0.0129	0.0194	0.0142	0.0173	0.0221	0.0154	0.0181	0.0113	0.0192	0.0163	0.0199
2009	0.0151	0.0265	0.0165	0.0207	0.0272	0.0170	0.0207	0.0167	0.0216	0.0187	0.0218
2010	0.0189	0.0260	0.0182	0.0197	0.0247	0.0205	0.0207	0.0171	0.0201	0.0190	0.0227
2011	0.0215	0.0240	0.0164	0.0242	0.0271	0.0213	0.0186	0.0157	0.0236	0.0192	0.0226
2012	0.0244	0.0233	0.0177	0.0220	0.0342	0.0231	0.0203	0.0113	0.0214	0.0196	0.0236
2013	0.0199	0.0218	0.0145	0.0188	0.0199	0.0216	0.0179	0.0163	0.0302	0.0193	0.0231
2014	0.0227	0.0239	0.0178	0.0227	0.0241	0.0208	0.0197	0.0125	0.0212	0.0185	0.0236
2015	0.0254	0.0253	0.0163	0.0227	0.0229	0.0194	0.0206	0.0124	0.0196	0.0180	0.0262
2016	0.0253	0.0224	0.0193	0.0240	0.0248	0.0198	0.0229	0.0145	0.0184	0.0182	0.0271
2017	0.0245	0.0203	0.0168	0.0219	0.0273	0.0180	0.0258	0.0130	0.0188	0.0176	0.0271
2018	0.0229	0.0217	0.0178	0.0221	0.0286	0.0202	0.0267	0.0191	0.0228	0.0201	0.0287

Abstract

The Yellow River is the mother river for China. Making the Yellow River a happy river to bring benefit to the people is of great symbolic significance to the overall strategic situation of great rejuvenation of the Chinese nation. Since the 18th Party's Congress, general secretary Xi Jinping has attached great importance to the governance of the Yellow River Basin, who has visited the Yellow River Basin for many times to investigate ecological protection and development situation, and put forward requirements for ecological protection and construction of key areas such as Sanjiangyuan, Qilian Mountains and Qinling Mountains. In Sep 18, 2019, general secretary Xi Jinping hosted a symposium on Ecological Protection and High-quality Development of the Yellow River Basin in Zhengzhou, from when Ecological Protection and High-quality Development of the Yellow River Basin became a major national strategy.

Analysis report on High-quality Development and Governance of the Yellow River Basin (2021) is edited and planned by Party School of the Central Committee of CPC (National Academy of Governance). The report includes five parts: general report, index reports, special report, regional reports and appendix.

With title of "overall requirements for Ecological Protection and High-quality Development of the Yellow River Basin", the general report focuses on overall requirements of major national strategy for Ecological Protection and High-quality Development of the Yellow River Basin from historical opportunity, great significance and strategic objectives, and combs international experiences in governance of large rivers.

The index reports consists of comprehensive index evaluation, category index analysis and collaborative governance. Entropy Weight Method is used to construct the comprehensive index of Ecological Protection and High-quality Development of the Yellow River Basin. The comprehensive index shows an upward trend as a whole, but there are some differences in different provinces. Constructing the category index of Ecological Protection and High-quality Development of the Yellow River Basin from five aspects, including ecological environment protection, long-term stability of the Yellow River, economical and intensive utilization of water resources, high-quality economic and social development, protection, inheritance and promotion of the Yellow River culture.

The special report thinks Ecological Protection and High-quality Development of the Yellow River Basin should take overall consideration and implement comprehensive policies, constantly enhance the systematicness, integrity and synergy, and firmly grasp main line of collaborative promotion of large-scale governance from dimensions of governance requirements, governance objectives, governance subjects and governance orientations.

The regional report is about ecological protection and high-quality development of the nine provinces and regions flowing through the Yellow River Basin, each of the nine provinces and regions has its own functional positioning. Qinghai should shoulder the important responsibility of protecting the source of the Yellow River, Sichuan should cooperate construction of water conservation of the upper reaches of the Yellow River Basin, and Gansu should build a demonstration zone for Ecological Protection and High-quality Development of the Yellow River Basin, Ningxia should build a pilot area for Ecological Protection and High-quality Development of the Yellow River Basin, Inner Mongolia should take a new path of high-quality development oriented by ecological priority and green development, Shanxi should building an important barrier to safeguard the ecological security of the Beijing-Tianjin-Hebei and the Yellow River, Shaanxi should cast the heart of ecological protection and the core of high-quality development of the Yellow River Basin, and Henan should create a watershed benchmark for the coordination of "Four Districts", Shandong should draw the Qilu picture scroll of high-quality development in the lower reaches of the Yellow River. In addition, systematically analyzing development status, problems and challenges, and putting forward countermeasures and suggestions for ecological protection and high-quality development of each part of basin.

The appendix is specific data of the comprehensive index and category index of Ecological Protection and High-quality Development of the Yellow River Basin.

Keywords: Ecological Protection; High-quality Development; Governance; The Yellow River Basin

Contents

I   General Report

Abstract: The national strategy of Ecological Protection and High-quality Development of the Yellow River basin is a major regional strategy launched in the new era, which is based on problem orientation, promoting regional coordinated development, and the combination of the central government and local governments of all levels. Ecological Protection and High-quality Development of the Yellow River basin is a systematic project. We should learn from the international experience in the governance of large rivers and promote the development and utilization of natural resources with water resources as the core and the sustained and healthy economic development focusing on cross administrative coordination. Through systematic treatment, comprehensive treatment and collaborative treatment, we can realize the transformation from the maximization of the interests of the administrative area to the maximization of the overall interests of the river basin. We should build a long-term mechanism for collaborative governance and vigorously improve the capacity of Watershed Governance. We should deeply grasp the opportunities and challenges and crack the institutional obstacles to coordinate the development of river basins. We should strengthen the excavation and protection of the cultural heritage of the Yellow River, and explore and innovate a new path for the dissemination of the Yellow River culture. We should grasp the major logic of entering a new development stage, implementing the new development concept and building a new development pattern, and give full play to the great contribution of the Yellow River Basin in the "double cycle" pattern.

Keywords: Ecological Protection; High-quality Development; The Yellow River Basin

II   Index Reports

B.2   Comprehensive Index Evaluation of Ecological Protection and High-quality Development of the Yellow River Basin

Wang Xuekai / 026

Abstract: A total of 45 indicators in 5 categories are selected. Based on data from 2006 to 2018, Entropy Weight Method is used to construct the comprehensive index of Ecological Protection and High-quality Development of the Yellow River Basin. From a vertical perspective, the comprehensive index of Ecological Protection and High-quality Development of the Yellow River Basin shows an upward trend as a whole. From a horizontal perspective, the comprehensive index of Ecological Protection and High-quality Development of

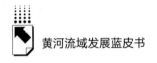
the Yellow River Basin is lower than the national average comprehensive index, and the gap between them shows a trend of narrowing first and then widening. From a regional perspective, there are three types named high-level, catch-up and low-level development among the nine provinces and regions.

Keywords: Ecological Civilization; Ecological Protection; High-quality Development; The Yellow River Basin

B. 3   Category Index Analysis of Ecological Protection and High-quality Development of the Yellow River Basin

Wang Xuekai / 051

Abstract: Based on five aspects of ecological environment protection, long-term stability of the Yellow River, economical and intensive utilization of water resources, high-quality economic and social development, protection, inheritance and promotion of the Yellow River culture, this part constructs the category index of Ecological Protection and High-quality Development of the Yellow River Basin by using Entropy Weight Method. In terms of ecological environment protection, it can be divided into relatively sufficient areas, relatively moderate areas and relatively insufficient areas. In terms of the long-term stability of the Yellow River, the index shows an irregular and weak growth trend, and disaster damage faced by various provinces and regions is different, and governance and restoration is an important measure to ensure the long-term stability of the Yellow River. In terms of economical and intensive utilization of water resources, the index rises slowly, the lower reaches of the Yellow River basically belong to relatively efficient area of water resources conservation and intensive utilization, and the middle and upper reaches belong to relatively inefficient area. In terms of high-quality economic and social development, the index has made steady progress, the lower reaches of the Yellow River are the leading areas for high-quality economic and social development, and the middle and upper reaches are potential areas. In terms of protection, inheritance and promotion of the Yellow River culture, the index is lower than the national average, and the index of individual provinces and regions fluctuates greatly.

Keywords: Ecological Protection; High-quality Development; The Yellow River Culture; The Yellow River Basin

Ⅲ   Special Report

B.4   Promoting Ecological Protection and High-quality
Development of the Yellow River Basin in
Cooperating Situation   *Wang Ru* / 075

Abstract: Ecological protection and high-quality development of the Yellow River Basin should be coordinated and comprehensively implemented to continuously enhance systematicness, integrity and synergy. We need to firmly grasp main line of promoting large-scale governance from the aspects of governance requirements, governance objectives, governance entities and governance orientations. And we need to effectively accomplish the key tasks of high-level ecological environmental protection, long-term stability of the Yellow River, conservation and intensive use of water resources, high-quality economic and social development, protection and inheritance of the Yellow River culture. It is also very important to strengthen top-level design, coordination mechanisms, market orientation, institutional guarantees, and infrastructure, basic research and other strategic support systems.

Keywords: Collaborative Governance; Ecological Protection; High-quality Development; The Yellow River Basin

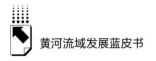

Ⅳ Regional Reports

B.5 Qinghai: Shouldering the Important Responsibility of
Protecting the Source of the Yellow River   *Zhang Zhuang* / 107

Abstract: The Yellow River basin in Qinghai covers an area of 152,300 square kilometers, the length of the main stream accounts for 31% of the total length of the Yellow River, and the average annual outflow of water accounts for 49.4% of the total flow of the Yellow River. It is not only the source area, but also the main stream area, which has a decisive influence on the sustainable development and utilization of water resources in the Yellow River basin. Since the 18th National Congress of the Communist Party of China, Qinghai has resolutely shouldered the great responsibility of protecting the sources of the three rivers and protecting the "Water tower of China", and actively explored the road of high-quality development with ecological priority and green development as the guidance. This part discusses how Qinghai province shoulders the important responsibility of protecting the source of the Yellow River, clarifies the function orientation of the Qinghai section of the Yellow River basin, analyzes the current situation of the Qinghai section of the Yellow River basin, explains the difficult problems faced by the Qinghai section of the Yellow River basin, and puts forward countermeasures and suggestions to promote the development of the Qinghai section of the Yellow River Basin.

Keywords: Source Consciousness; Ecological Priority; Green Development; Qinghai

B.6 Sichuan: Cooperating Construction of Water
Conservation of the Upper Reaches of the
Yellow River Basin

Xu Yan, Pei Zeqing, Sun Jiqiong, Wang Wei,
Wang Xiaoqing and Feng Yuqin / 141

Abstract: Sichuan is an important water conservation and replenishment area in the upper reaches of the Yellow River and an important wetland ecological function area in China. The Yellow River Basin in Sichuan is an important part of the "China water tower". It has important geographical location, rich ecological resources, rich culture, unbalanced and inadequate economic and social development, fragile ecological environment and great difficulty in protection and management, and it plays an important role and has a great responsibility in Ecological Protection and High-quality Development of the Yellow River Basin. In recent years, Sichuan has made remarkable achievements in systematically and comprehensively promoting the ecological protection and restoration of the river basin, protecting and inheriting the source culture of the Yellow River, promoting the ecological enrichment and improvement of people's livelihood in the river basin, and establishing and improving the institutional system of river basin protection and governance. However, due to natural, historical, economic and social reasons, Sichuan is still facing a severe situation of ecological governance. There are still many problems to be solved in the improvement of ecological governance capacity, the cultivation of ecological enriching industries and policy support. Therefore, the primary task of Ecological Protection and High-quality Development of the Yellow River Basin in Sichuan is to protect ecological security. On the premise of giving priority to ecological protection, restoration and governance, moderately develop the economy to enrich the people and enhance the ecological, economic and social value of the ecological environment.

Keywords: Ecological Security; Ecological Protection; High-quality Development ; Sichuan Section of the Yellow River Basin

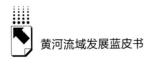
B.7　Gansu: Building a Demonstration Zone for Ecological

　　Protection and High-quality Development of the

　　Yellow River Basin

Zhang Jianjun, Zhang Ruiyu and Zhai Xiaoyan / 175

Abstract: Gansu section of the Yellow River Basin has key ecological status, important political status, unique economic status and special cultural status, which is the core area and top priority of ecological protection and high-quality development of the Yellow River Basin. Gansu has become the first place for ecological protection and high-quality development of the Yellow River Basin. Based on the analysis of the functional orientation and current challenges of the Gansu section of the Yellow River Basin, nine suggestions are put forward to build Gansu into a demonstration area of ecological protection and high-quality development of the Yellow River Basin, They are to take ecological protection as the central task to support the high-quality development of Gansu section of the Yellow River Basin, take the battle of water control as the first important point of ecological protection in Gansu section of the Yellow River Basin, accelerate the implementation of the West Route of South-to-North Water Transfer Project as a strategic support for the ecological protection and high-quality development of the Yellow River Basin, fight the battle of sand prevention and control positions to solve the biggest problem of high-quality development in Gansu section of the Yellow River Basin, take the construction of the wisdom Yellow River as a decisive measure to support the high-quality development of Gansu section of the Yellow River Basin, take the high-quality development of Gansu section of the Yellow River Basin as an important grasp to promote the economic and social development of the whole province, take the ten ecological industries as the biggest driving force to support the high-quality development of Gansu section of the Yellow River Basin, take the cultural construction of the Yellow River as a new kinetic energy to strengthen the high-quality development of the Yellow River basin, build the Yellow River Basin into a demonstration zone for the great rejuvenation of the Chinese nation in the 21st century with ecological construction-cultural innovation-high-quality development as its core.

Keywords: Ecological Protection; the Yellow River Culture; High-quality Development; Gansu

B. 8   Ningxia: Building a Pilot Area for Ecological Protection and High-quality Development of the Yellow River Basin

Yang Liyan, *Wang Xuehong* / 196

Abstract: General Secretary Xi Jinping has entrusted Ningxia with the important task of the times to build the Yellow River basin ecological protection and high-quality development pilot area. With the construction of the pilot area, Ningxia is leading the beautiful new Ningxia and the modernization of the whole region. Ningxia unswervingly implements the new development concept and continuously improves the ecological and environmental quality and makes steady progress in high-quality development. However, there are still many problems, such as the contradiction between ecological and environmental protection and economic development, the unreasonable industrial structure and the lack of momentum for economic development. This paper proposes to focus on the strategic positioning of "five districts" and give full play to the spatial effect of the overall layout of ecological production and living of "One River, Three Mountains" and "One Belt, Three Districts" and aim at the important areas that are the first to break through, so as to make Ningxia contribution to the realization of ecological protection and high-quality development of the whole Yellow River basin.

Keywords: Ecological Protection; High-quality Development; New Development Concept; Ningxia

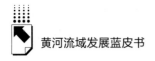
B.9　Inner Mongolia: Taking a New Path of High-quality
　　　Development Oriented by Ecological Priority and
　　　Green Development

Zhang Xuegang, Zhang Zhuxiang and Dai Dandan / 223

Abstract: This report analyzes the development situation and future development environment of Inner Mongolia section of the Yellow River basin, and puts forward relevant countermeasures and suggestions to promote ecological priority and green development in Inner Mongolia section of the Yellow River basin from the perspective of basin coordinated development. In terms of ecological corridors, it is proposed to coordinate ecological restoration and environmental governance, strictly observe the ecological red line, and build a green ecological corridor along the Yellow River in Inner Mongolia. In terms of infrastructure system, it is proposed to build a modern comprehensive infrastructure system with high efficiency, safety and convenience, green and low carbon. In terms of modern industrial corridor, it puts forward a new path of centralized agglomeration and intensive development, and creates a modern industrial corridor with high agglomeration, strong competitiveness, green and low carbon. In terms of innovation ability, it is proposed to deepen the reform of science and technology management system and improve the ability and level of scientific and technological innovation. In terms of opening up and cooperation, it is proposed to serve and integrate into the "Belt and Road" construction, and build the important bridgehead for China's opening up to the north. In terms of the system and mechanism of coordinated development, it is proposed to improve the institutional foundation for coordinated regional development, promote the construction of the unified regional market, and innovate the mechanism for coordinating interests.

Keywords: Ecological Priority; Green Development; High-quality Development; Inner Mongolia

B.10   Shanxi: An Important Barrier for Protecting the
Ecological Security of the Beijing-Tianjin-Hebei and the
Yellow River   *Zhao Chunyu, Nie Na and Yan Binbin* / 246

Abstract: Ecological Protection and high-quality development of the Yellow
River basin, as a major national strategy personally planned, laid out and promoted
by President Xi Jinping, is not only a matter of great national rejuvenation, it is
also a major strategic opportunity for Shanxi province to implement the concept of
green development, carry out the important instructions of General Secretary
Xi Jinping's visit to Shanxi, and realize high-quality transformation and
development of a resource-based economy. Shanxi province is an important part of
the ecological restoration belt of Sichuan and Yunnan, which is the national
ecological security pattern, and an important barrier to protect the ecological
security of Beijing-Tianjin-Hebei and the Yellow River. Therefore, in the strategy
of ecological protection and high-quality development in the Yellow River basin,
Shanxi should correctly find its own position, clarify its development ideas, and
clarify the basic status quo, difficulties and problems of high-quality development in
Shanxi province, overall planning, promote ecological protection and high-quality
development, and strive to achieve high-quality transformation of Shanxi resource-
based economy to take the lead in wading a new way.

Keywords: Ecological Protection; Transformation and Development;
High-quality Development; Shanxi

B.11   Shaanxi: Casting the Heart of Ecological Protection and the
Core of High-quality Development of the Yellow River Basin
Zhang Pinru, Zhang Qian, Zhang Ailing,
Li Juan, Zhang Weiqing and Ren Lu / 271

Abstract: The ecological environment of Shaanxi section in the Yellow

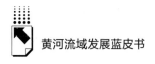
River Basin plays an important role in the strategic pattern of ecological security in the Yellow River basin and even in the whole country, meanwhile it is the strategic center of economic and social development in Shaanxi Province. In order to solidity shaanxi's position as the demonstration area of ecological environmental protection, the regional advanced area of high-quality development, the inland highland of reform and opening-up and the core area of the Yellow River culture protection and promotion, this report analyzes the current development situation of shaanxi and the problems and challenges it facing from above-mentioned four aspects, Suggests shaanxi establish a new pattern of ecological protection and restoration in the Yellow River Basin based on the "One Belt, Three screens, and three zones" plan, strengthen the control of soil erosion in the coarse sediment producing areas in northern Shaanxi, jointly build the industrial system and innovation system in the Yellow River Basin of Shaanxi, deeply integrate into the "Belt and Road", and innovatively promote the syncretic development of culture and tourism.

Keywords: Ecological Protection; The Yellow River Culture; High-quality Development; Shaanxi

B.12 Henan: Creating a Watershed Benchmark for the Coordination of "Four Districts"

He Weihua, Zhang Wanli, Lin Yongran and Zhao Fei / 319

Abstract: Since the Ecological Protection and High-quality Development of the Yellow River Basin have become the important national strategy, Henan Province has made remarkable achievements. But along the Yellow River there are still fragile ecological environment, water supply and demand contradiction, flood threat, unreasonable industrial structure and so on. Based on the reality of the Yellow River region, Henan should continue to strengthen ecological protection and restoration, scientifically allocate and manage the water resources of the Yellow

River, improve flood control and disaster reduction infrastructure in floodplain areas, build innovative and modern industrial systems, carry forward and carry forward the Yellow River culture, etc. , building a "four regions" coordinated eco-protection and high-quality development benchmark of the Yellow River Basin.

Keywords: " Four Districts "; Ecological Protection; High-quality Development; Henan

B. 13   Shandong: Drawing the Qilu Picture Scroll of High-quality Development in the Lower Reaches of the Yellow River

Zhang Yanli / 354

Abstract: Shandong Province attached great importance to the national strategy for Ecological Protection and High-quality Development of the Yellow River Basin, and had established the overall goal of "located in the lower reaches, but strives for the upper reaches in the work" . In depth implementation of General Secretary Xi Jinping's basic requirements for "Shandong Peninsula city group should play a leading role", Shandong Province actively promoted the implementation of the Yellow River strategy. This report analyzed the development orientation of Shandong Province in the Yellow River Basin from the perspective of ecological function, economic development and Yellow River culture. The measures and achievements of Shandong Province in implementing the Yellow River strategy and the main problems existed in further promoting the strategy had been combed and summarized. This report also putted forward some suggestions such as strengthening scientific and technological innovation, promoting industrial green transformation, promoting water resources protection and conservation, strengthening pollution prevention and control along the Yellow River, implementing ecological protection and restoration of the Yellow River Delta, constructing regional collaborative governance mechanism, inheriting and

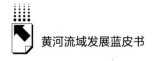
carrying forward the Yellow River culture.

Keywords：Ecological Protection；Industrial Transformation；High-quality Development；Shandong

V Appendix

权威报告・一手数据・特色资源

皮书数据库
ANNUAL REPORT(YEARBOOK)
DATABASE

分析解读当下中国发展变迁的高端智库平台

所获荣誉

- 2019年，入围国家新闻出版署数字出版精品遴选推荐计划项目
- 2016年，入选"'十三五'国家重点电子出版物出版规划骨干工程"
- 2015年，荣获"搜索中国正能量 点赞2015""创新中国科技创新奖"
- 2013年，荣获"中国出版政府奖・网络出版物奖"提名奖
- 连续多年荣获中国数字出版博览会"数字出版・优秀品牌"奖

成为会员

通过网址www.pishu.com.cn访问皮书数据库网站或下载皮书数据库APP，进行手机号码验证或邮箱验证即可成为皮书数据库会员。

会员福利

- 已注册用户购书后可免费获赠100元皮书数据库充值卡。刮开充值卡涂层获取充值密码，登录并进入"会员中心"—"在线充值"—"充值卡充值"，充值成功即可购买和查看数据库内容。
- 会员福利最终解释权归社会科学文献出版社所有。

数据库服务热线：400-008-6695
数据库服务QQ：2475522410
数据库服务邮箱：database@ssap.cn
图书销售热线：010-59367070/7028
图书服务QQ：1265056568
图书服务邮箱：duzhe@ssap.cn

社会科学文献出版社 皮书系列
SOCIAL SCIENCES ACADEMIC PRESS (CHINA)

卡号：392911915156
密码：

基本子库
SUB DATABASE

中国社会发展数据库（下设 12 个子库）

整合国内外中国社会发展研究成果，汇聚独家统计数据、深度分析报告，涉及社会、人口、政治、教育、法律等 12 个领域，为了解中国社会发展动态、跟踪社会核心热点、分析社会发展趋势提供一站式资源搜索和数据服务。

中国经济发展数据库（下设 12 个子库）

围绕国内外中国经济发展主题研究报告、学术资讯、基础数据等资料构建，内容涵盖宏观经济、农业经济、工业经济、产业经济等 12 个重点经济领域，为实时掌控经济运行态势、把握经济发展规律、洞察经济形势、进行经济决策提供参考和依据。

中国行业发展数据库（下设 17 个子库）

以中国国民经济行业分类为依据，覆盖金融业、旅游、医疗卫生、交通运输、能源矿产等 100 多个行业，跟踪分析国民经济相关行业市场运行状况和政策导向，汇集行业发展前沿资讯，为投资、从业及各种经济决策提供理论基础和实践指导。

中国区域发展数据库（下设 6 个子库）

对中国特定区域内的经济、社会、文化等领域现状与发展情况进行深度分析和预测，研究层级至县及县以下行政区，涉及省份、区域经济体、城市、农村等不同维度，为地方经济社会宏观态势研究、发展经验研究、案例分析提供数据服务。

中国文化传媒数据库（下设 18 个子库）

汇聚文化传媒领域专家观点、热点资讯，梳理国内外中国文化发展相关学术研究成果、一手统计数据，涵盖文化产业、新闻传播、电影娱乐、文学艺术、群众文化等 18 个重点研究领域。为文化传媒研究提供相关数据、研究报告和综合分析服务。

世界经济与国际关系数据库（下设 6 个子库）

立足"皮书系列"世界经济、国际关系相关学术资源，整合世界经济、国际政治、世界文化与科技、全球性问题、国际组织与国际法、区域研究 6 大领域研究成果，为世界经济与国际关系研究提供全方位数据分析，为决策和形势研判提供参考。

法律声明